大学入試

▼

10日
あればいい!

短期
集中
ゼミ

基礎からの 数学Ⅱ+B+C Express

福島國光

●本書の特色

- 本書は,「例題」→「練習」→「Challenge(チャレンジ)」の3段階構成です。
- 「例題」「練習」は解法を必ず身につけたい教科書レベルの基礎的な大学入試問題,「Challenge(チャレンジ)」はやや高いレベルですが,一度は解いておきたい大学入試問題です。
- 各例題の後には,明快な『アドバイス』と,入試に役立つテクニック『これで解決』を掲げました。

※問題文に付記された大学名は,過去に同様の問題が入学試験に出題されたことを参考までに示したものです。

●目次

CONTENTS

CONTENTS

1 二項定理・多項定理

(1) $(2x-y)^4$ の展開式において，x^2y^2 の係数は □ である。

〈立教大〉

(2) $(x-3y+2z)^5$ の展開式において，xy^2z^2 の項の係数は □ である。

〈明治大〉

解 (1) $(2x-y)^4$ の展開式の一般項は

$${}_4C_r(2x)^{4-r}(-y)^r={}_4C_r2^{4-r}(-1)^rx^{4-r}y^r$$

x^2y^2 は $r=2$ のとき

よって，${}_4C_2\cdot2^2(-1)^2=6\times4\times1=\mathbf{24}$

⬅ $(2x)^{4-r}=2^{4-r}x^{4-r}$
$(-y)^r=(-1)^ry^r$
係数と文字を分けておくと計算しやすい。

(2) $(x-3y+2z)^5$ の展開式の一般項は

$$\frac{5!}{p!q!r!}x^p(-3y)^q(2z)^r \quad (p+q+r=5)$$

xy^2z^2 の係数は　$p=1$，$q=2$，$r=2$ のとき

よって，$\dfrac{5!}{1!2!2!}(-3)^2\cdot2^2=30\times9\times4=\mathbf{1080}$

⬅ $(-3y)^q=(-3)^qy^q$，
$(2z)^r=2^rz^r$
係数と文字を分ける。

アドバイス

- 二項定理も多項定理も，一般項を覚えておくことにつきる。二項定理の係数は右のパスカルの三角形でも求められるが，限界がある。
- 計算するときは，次のように文字と係数の部分を分けて累乗の形で表すとよい。

$(-3y)^q=(-3)^qy^q$

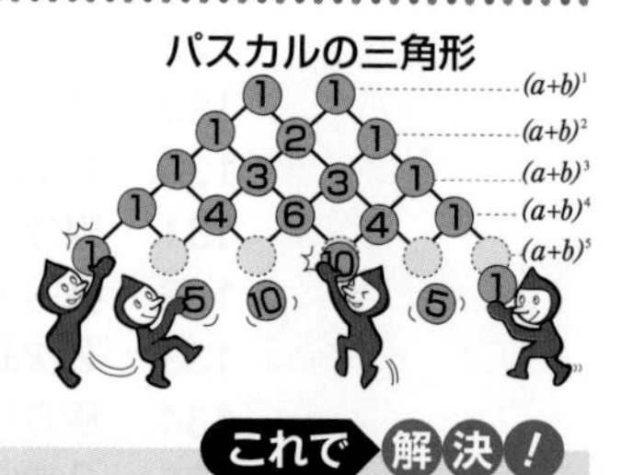

これで解決！

二項定理 ➡ $(a+b)^n$ の一般項は ${}_nC_ra^{n-r}b^r$

多項定理 ➡ $(a+b+c)^n$ の一般項は $\dfrac{n!}{p!q!r!}a^pb^qc^r$ $(p+q+r=n)$

PS $(a+b)^n={}_nC_0a^n+{}_nC_1a^{n-1}b+{}_nC_2a^{n-2}b^2+\cdots+{}_nC_{n-1}ab^{n-1}+{}_nC_nb^n$ は二項定理の一般項 ${}_nC_ra^{n-r}b^r$ に $r=0,\ 1,\ 2,\ \cdots,\ n$ を代入したもの。

練習1 (1) $(x-2y)^8$ の展開式において，x^5y^3 の係数は □ である。〈立教大〉

(2) $(x+2y+3z)^6$ を展開したとき，xy^2z^3 の係数は □ である。〈中部大〉

Challenge

$\left(2x^2-\dfrac{1}{2x}\right)^6$ の展開式で，x^3 の係数は □ であり，定数項は □ である。

〈南山大〉

2 整式の割り算

$(2x^3+2x^2-1)\div(x^2-2)$ を計算すると，商は［　　］，余りは［　　］となる。

〈北海道工大〉

解

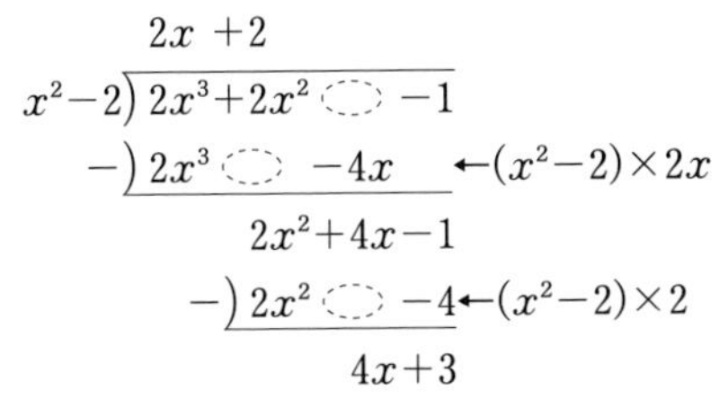

よって，商は $\boldsymbol{2x+2}$，余りは $\boldsymbol{4x+3}$

アドバイス

- 整式（多項式）の割り算は，降べきの順に整理した式を次数の高い項に着目して，商を立て，順々に消去していく。余りの次数が割る式の次数より低くなったところで終わりだ。
- あきのある項があったら，その分のスペースを十分とっておかないと計算が窮屈になるから注意しよう。
- 割られる式，割る式，商，余りの"除法の関係式"は，次の割り算の形をかくとすぐ見えてくる。

これで解決！

整式の割り算 と 除法の関係式 ➡

A ＜商
B) $P(x)$ ＜割られる式
割る式　　計算
R ＜余り

$P(x)=B\cdot A+R$
割る式の次数 ＞ 余りの次数

PS この計算は引き算するときに符号が変わるので，ミスをすることが多い。気をつけよう！

練習2 (1)　$(2x^3-12x+9)\div(x+3)$ を計算すると，商は［　　］，余りは［　　］。

〈北海道薬大〉

(2)　整式 x^3+2x^2+x-5 を x^2+x-1 で割ったときの商と余りを求めよ。

〈京都産大〉

Challenge

整式 x^3+2x^2-x-7 を整式 B で割ったときの商は $x-2$，余りは $3x+1$ である。このとき，B を求めよ。

〈東海大〉

3 分数式の計算

次の分数式を計算して簡単にせよ。

(1) $\dfrac{x+1}{2x-1} \div \dfrac{x^2+3x-4}{2x^2+7x-4}$ 〈大阪産大〉

(2) $\dfrac{1}{x^2+x} + \dfrac{1}{x^2+3x+2}$ 〈徳島文理大〉

(1) $(\text{与式}) = \dfrac{x+1}{2x-1} \div \dfrac{(x-1)(x+4)}{(2x-1)(x+4)}$ ⬅まず，分母，分子を因数分解。

$= \dfrac{x+1}{2x-1} \times \dfrac{(2x-1)(x+4)}{(x-1)(x+4)} = \boldsymbol{\dfrac{x+1}{x-1}}$ ⬅ひっくり返して掛けて，約分ができれば，約分をする。

(2) $(\text{与式}) = \dfrac{1}{x(x+1)} + \dfrac{1}{(x+1)(x+2)}$ ⬅まず，分母を因数分解。

$= \dfrac{x+2}{x(x+1)(x+2)} + \dfrac{x}{x(x+1)(x+2)}$ ⬅分母の最小公倍数で通分。

$= \dfrac{2(x+1)}{x(x+1)(x+2)}$ ⬅分子を計算する。

$= \boldsymbol{\dfrac{2}{x(x+2)}}$

アドバイス

- 分数式の乗法と除法は，分母，分子を因数分解して約分する。除法はひっくり返して（逆数にして）掛けるのは実数の場合と同じだ。
- 加法と減法では，まず，通分する（分母を同じにする）ことからはじめる。通分するには，分母の最小公倍数の求め方を知っておこう。

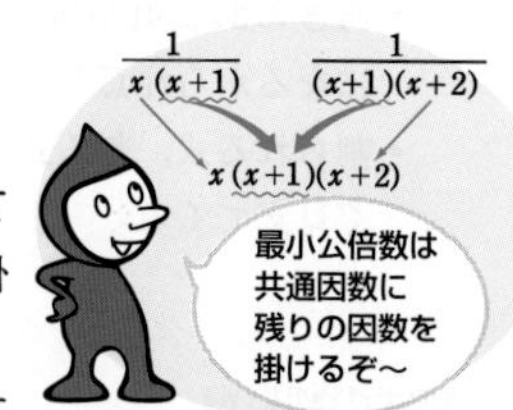

これで解決！

分数式の計算 ➡ 乗法，除法は因数分解⟶約分
加法，減法は，まず通分して⟶分子の計算
通分は⟶共通因数に残りの因数を掛ける

練習3 次の分数式を計算して簡単にせよ。

(1) $\dfrac{2x^2-8}{x^2+7x+10} \div \dfrac{x^2-5x+6}{x^2+2x-15}$ 〈千葉商大〉

(2) $\dfrac{2}{x-1} - \dfrac{2x+5}{x^2+2x-3}$ 〈名城大〉

Challenge

$\dfrac{1}{\sqrt{x}-1} - \dfrac{1}{\sqrt{x}+1} - \dfrac{2}{x+1} + \dfrac{4}{x^2+1}$ を計算せよ。 〈東京電機大〉

4 複素数の計算

(1) $\dfrac{2+3i}{1-5i}$ を $a+bi$ の形で表せ。〈神奈川大〉

(2) $(1-i)^2+a(1-i)+b=0$ のとき，実数 a，b を求めよ。〈高知工科大〉

解 (1) $\dfrac{2+3i}{1-5i}=\dfrac{(2+3i)(1+5i)}{(1-5i)(1+5i)}=\dfrac{2+(10+3)i+15i^2}{1-25i^2}$

$=\dfrac{-13+13i}{26}=\boldsymbol{-\dfrac{1}{2}+\dfrac{1}{2}i}$

⬅分母に i があるときは，共役な複素数を掛けて実数にする。

(2) $(1-i)^2+a(1-i)+b=0$

$(1-2i+i^2)+(a-ai)+b=0$

$(a+b)-(a+2)i=0$　⬅$A+Bi=0$ ⇕ $A=0$，$B=0$

$a+b$，$a+2$ が実数だから

$a+b=0$，$a+2=0$

これより　$\boldsymbol{a=-2,\ b=2}$

共役な複素数

$a+bi$ ⇄ $a-bi$

複素数の相等

$a+bi=c+di$ のとき

$a=c$ かつ $b=d$

アドバイス

- $\sqrt{-1}=i$ すなわち $i^2=-1$ となる数を虚数単位といった。i を含んだ数は $a+bi$ の形で表され，これを複素数という。
- 複素数の計算は，i を文字と考えてふつうに計算すればよいが，i^2 は -1 に，分母に i がある場合は実数にする。
- 等式では実部と虚部に分けて，“複素数の相等” の考えを使うと覚えておこう。

これで解決！

複素数の計算 $(a+bi)$ ➡

- i は文字と同じ扱い。i^2 は -1 に
- 分母の i は実数化（i をなくす）
- i を含む等式は (実部)+(虚部)i に分ける
  一緒にはならないから別々に考える
- $a+bi=c+di \Longleftrightarrow a=c$ かつ $b=d$

PS $x^2=i$ を $x=\pm\sqrt{i}$ とするのはルール違反。$\sqrt{\ }$ 中に i がある数は定義されていない。

練習4 次の □ に適する実数を入れよ（a，b は実数）。

(1) $\dfrac{1-2i}{3-i}-\dfrac{5+i}{5i}=$ □ $+$ □ i 〈東京工科大〉

(2) $(a+bi)(2-i)=14+13i$ のとき，$a=$ □，$b=$ □ である。〈千葉工大〉

Challenge

$\dfrac{10+ai}{b+4i}=2-i$ を満たす実数 a，b は $a=$ □，$b=$ □ である。〈北海道工大〉

5　2次方程式と判別式

2つの方程式 $x^2-(a-1)x+4=0$, $ax^2-4x+a-3=0$ がともに実数解をもたないような実数 a の値の範囲を求めよ。　〈類　関西学院大〉

解　$x^2-(a-1)x+4=0$ の判別式を D_1,
$ax^2-4x+a-3=0$ の判別式を D_2 とすると
$D_1<0$ かつ $D_2<0$ であればよい。

⬅$D<0$ のとき虚数解となり，実数解をもたない。

$D_1=(a-1)^2-4\cdot4<0$　より
$(a+3)(a-5)<0$
$-3<a<5$　……①

$\dfrac{D_2}{4}=(-2)^2-a(a-3)<0$　より
$a^2-3a-4>0$
$(a+1)(a-4)>0$
$a<-1$, $4<a$ ……②

⬅$ax^2+2b'x+c=0$ のとき（x の係数が2の倍数）$\dfrac{D}{4}=b'^2-ac$ が使える。

①，②の共通範囲だから
$-3<a<-1$, $4<a<5$

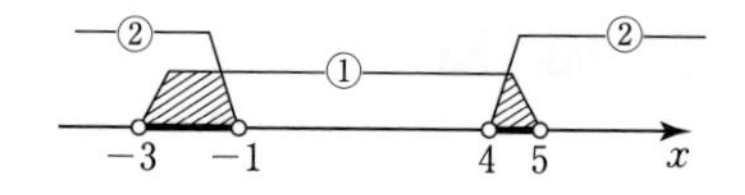

アドバイス

- 2次方程式 $ax^2+bx+c=0$ の判別式 $D=b^2-4ac$ について，$D<0$ のとき，数Ⅰでは実数解はないとしたが，数Ⅱでは虚数が扱えるので“異なる2つの虚数解をもつ”となる。
- $y=ax^2+bx+c$ のグラフで考えると，$D<0$ のとき x 軸と共有点をもたない。

これで解決！

$ax^2+bx+c=0$ の判別式 $D=b^2-4ac$ ➡	$D>0$……異なる2つの実数解	合わせて実数解
	$D=0$……重解	合わせて実数解
	$D<0$……異なる2つの虚数解	

PS　虚数解はいつも $p+qi$ と $p-qi$ の共役な複素数の形でペアになって出てくる。

練習5　2つの方程式 $x^2-4x+a-1=0$ ……①, $x^2+ax+a+3=0$ ……② のうち，①が実数解，②が虚数解をもつように，a の値の範囲を定めよ。　〈類　広島工大〉

Challenge

a を実数とする。4次方程式 $(x^2+ax+1)(x^2+x+a)=0$ が異なる2つの実数解と異なる2つの虚数解をもつような a の値の範囲を求めよ。　〈東京都市大〉

6 解と係数の関係と対称式

2次方程式 $x^2-2x+3=0$ の2つの解を α，β とするとき，次の値を求めよ。

(1) $\alpha^2+\beta^2$　　(2) $\alpha^3+\beta^3$　　(3) $\dfrac{\alpha}{\alpha-1}+\dfrac{\beta}{\beta-1}$　〈類　麻布大〉

解 解と係数の関係より

$\alpha+\beta=2$，$\alpha\beta=3$ だから

(1) $\alpha^2+\beta^2=(\alpha+\beta)^2-2\alpha\beta$

$=2^2-2\cdot3=\mathbf{-2}$

(2) $\alpha^3+\beta^3=(\alpha+\beta)^3-3\alpha\beta(\alpha+\beta)$

$=2^3-3\cdot3\cdot2=\mathbf{-10}$

(3) $\dfrac{\alpha}{\alpha-1}+\dfrac{\beta}{\beta-1}=\dfrac{\alpha(\beta-1)+\beta(\alpha-1)}{(\alpha-1)(\beta-1)}$

$=\dfrac{2\alpha\beta-(\alpha+\beta)}{\alpha\beta-(\alpha+\beta)+1}=\dfrac{2\cdot3-2}{3-2+1}=\mathbf{2}$

解と係数の関係

$ax^2+bx+c=0$ $(a\neq0)$
の2つの解を α，β とすると
$\alpha+\beta=-\dfrac{b}{a}$，$\alpha\beta=\dfrac{c}{a}$

基本対称式の変形

$\alpha^2+\beta^2=(\alpha+\beta)^2-2\alpha\beta$
$\alpha^3+\beta^3=(\alpha+\beta)^3-3\alpha\beta(\alpha+\beta)$

アドバイス

- 解と係数の関係は，2次方程式 $ax^2+bx+c=0$ の2つの解が α，β のとき，解を求めなくても，その和 $\alpha+\beta$ と積 $\alpha\beta$ の値が求められるという公式。
- $\alpha+\beta$，$\alpha\beta$ が基本対称式なので，式の値の題材によく使われるが，それ以外でもしばしば登場する。

これで解決！

◤解と係数の関係◢
2次方程式 $ax^2+bx+c=0$
の2つの解を α，β とすると ➡ $\alpha+\beta=-\dfrac{b}{a}$，$\alpha\beta=\dfrac{c}{a}$

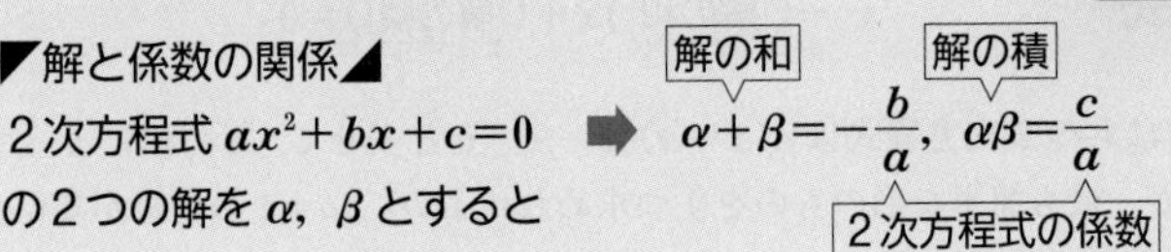

PS 2次方程式の2つの解が α，β……ときたら，解と係数の関係を考えよう。

練習6 2次方程式 $x^2-3x+4=0$ の2つの解を α，β とするとき，次の値を求めよ。

(1) $\alpha^2+\beta^2$　　(2) $\alpha^3+\beta^3$　　(3) $\dfrac{\beta}{\alpha-1}+\dfrac{\alpha}{\beta-1}$

〈類　山形大〉

Challenge

p を正の定数とし，2次方程式 $x^2+px-p-1=0$ の2つの解を α，β $(\alpha<\beta)$ とする。α と β が $\dfrac{1}{\alpha^2}+\dfrac{1}{\beta^2}=\dfrac{10}{9}$ を満たすとき，p，α，β の値を求めよ。〈西南学院大〉

7　2次方程式と解と係数の関係

(1)　2つの解が -3 と 5 であるような2次方程式で，x^2 の係数が1である方程式を求めよ。〈類　順天堂大〉

(2)　$x^2+2x+3=0$ の2つの解を α，β とするとき，$\alpha+\beta$ と $\alpha\beta$ を解にもつ2次方程式を求めよ。〈工学院大〉

解

(1)　(解の和)$=-3+5=2$

　(解の積)$=-3\times5=-15$

よって，$\boldsymbol{x^2-2x-15=0}$

⬅2数の和と積がわかれば2次方程式がつくれる。
x^2-(解の和)$x+$(解の積)$=0$

(2)　解と係数の関係より

$\alpha+\beta=-2$，$\alpha\beta=3$ だから　⬅まず，$\alpha+\beta$，$\alpha\beta$ の値を押さえる。

(解の和)$=(\alpha+\beta)+\alpha\beta=-2+3=1$

(解の積)$=(\alpha+\beta)\cdot\alpha\beta=-2\cdot3=-6$　⬅解の和と積を求める。

よって，$\boldsymbol{x^2-x-6=0}$

アドバイス

和が11で
積が28ですね？

- 2数 α，β を解とする2次方程式は
  $(x-\alpha)(x-\beta)=0$　とかける。
- 展開すると $x^2-(\alpha+\beta)x+\alpha\beta=0$
  となるから2数の 和 と 積 がわかれば，
  2次方程式がつくれる。

α，β を解にもつ2次方程式 ➡ $x^2-(\alpha+\beta)x+\alpha\beta=0$
$x^2-($解の和$)x+($解の積$)=0$

PS　α，β を解にもつ2次方程式は $a(x-\alpha)(x-\beta)=0$ と表せて，a の値によって無数にでてくるが，最も簡単な形のものを1つ求めればよい。($a=1$ の場合が多い。)

練習7　(1)　2つの数 α，β がある。$\alpha+\beta=2$，$\alpha\beta=5$ が満たされるとき，α，β は $\boxed{}$，$\boxed{}$ である。〈静岡理工科大〉

(2)　2つの数 $\dfrac{1+\sqrt{3}i}{2}$，$\dfrac{1-\sqrt{3}i}{2}$ が2次方程式 $x^2+ax+b=0$ の解のとき，$a=\boxed{}$，$b=\boxed{}$ である。〈慶応大〉

Challenge

2次方程式 $x^2-3x+9=0$ の2つの解を α，β とする。このとき，別の2次方程式 $x^2-ax+b=0$ が $\alpha+3$，$\beta+3$ を解とするとき，$a=\boxed{}$，$b=\boxed{}$ である。〈東洋大〉

8　解の条件と解と係数の関係

2次方程式 $x^2-mx+18=0$ において，1つの解が他の解の2倍であるとき，m の値とそのときの解を求めよ。〈東京工芸大〉

解　2つの解を α，2α とおくと，解と係数の関係より

$$\begin{cases}\alpha+2\alpha=m & \cdots\cdots① \\ \alpha\cdot 2\alpha=18 & \cdots\cdots②\end{cases}$$

②より　$\alpha^2=9$　　よって，$\alpha=\pm3$

①に代入すると

$\alpha=3$ のとき　$\boldsymbol{m=9}$

そのときの解は　**3，6**

$\alpha=-3$ のとき　$\boldsymbol{m=-9}$

そのときの解は **−3，−6**

解と係数の関係

$ax^2+bx+c=0$ $(a\neq0)$ の2つの解を，α，β とすると，

$\alpha+\beta=-\dfrac{b}{a}$　$\alpha\beta=\dfrac{c}{a}$

アドバイス

- 2次方程式の2つの解の条件が与えられたとき，2つの解のおき方，表し方が重要な point になる。
- 解がおければ，その2つの解に対して解と係数の関係を適用すればよい。たいてい連立方程式を解くことになる。
- 代表的な解の表し方には，次のようなものがあるので覚えておこう。

これで解決！

2次方程式の2つの解のおき方 ➡
- 1つの解が他の解の n 倍 ┈┈▸ α と $n\alpha$
- 2つの解の差が d ┈┈▸ α と $\alpha+d$
- 1つの解が他の解の2乗 ┈┈▸ α と α^2

PS　2つの解の比が $m:n$ のときは，$m\alpha$ と $n\alpha$ とおく。

練習8　2次方程式 $x^2-kx-2k+6=0$ の1つの解が，他の解の4倍であるとき，定数 k の値は［　　］と［　　］で，小さいほうの k の値のとき，2次方程式の解は［　　］と［　　］で，大きいほうの k の値のとき，2次方程式の解は［　　］と［　　］である。〈類　神奈川工科大〉

Challenge

p を正の実数とする。2次方程式 $x^2-px+24=0$ の2つの解の差が5であるとき，$p=$［　　］である。〈大阪歯大〉

9 剰余の定理

3次式 x^3+ax^2+bx+2 は $x-1$ で割っても，$x+1$ で割っても割り切れる。このとき，$a=$□，$b=$□ である。〈西日本工大〉

解 $P(x)=x^3+ax^2+bx+2$ とおく。

←整式（多項式）は $P(x)$ や $f(x)$ で表す。

$x-1$ で割り切れるから

$P(1)=1+a+b+2=0$ より

←$x-1$ で割ったときの余りは $P(1)$

$a+b+3=0$ ……①

$x+1$ で割り切れるから

$P(-1)=(-1)^3+a\cdot(-1)^2+b\cdot(-1)+2=0$ より

←$x+1$ で割ったときの余りは $P(-1)$

$a-b+1=0$ ……②

①，②を解いて　$\boldsymbol{a=-2}$，$\boldsymbol{b=-1}$

アドバイス

- 剰余の定理は，整式 $P(x)$ を1次式 $x-\alpha$ で割ったときの余りを求める定理で，何といっても割り算をしないでも余りが求められるのがスゴイ。
- 整式の余りに関する問題の基本となる考え方だ。

その原理は，右の関係より

$P(x)=(x-\alpha)Q(x)+R$

が成り立つ。$x=\alpha$ を代入して

$P(\alpha)=(\alpha-\alpha)Q(\alpha)+R$

ゆえに　$R=P(\alpha)$

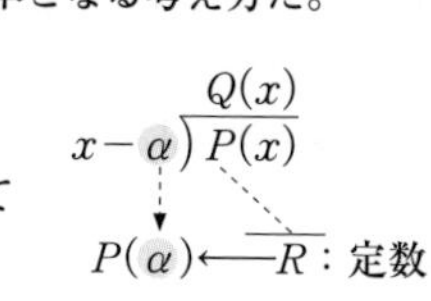

これで解決！

剰余（じょうよ）の定理 ➡ 整式 $P(x)$ を $x-\alpha$ で割ったときの余り R は割り算しないで → $R=P(\alpha)$

PS $P(x)$ を1次式 $ax+b$ で割ったときの余り R は $R=P\left(-\dfrac{b}{a}\right)$ である。

練習9 (1)　3次式 x^3+Ax^2+Bx+4 は $x+1$ で割り切れるが，$x-2$ で割ると -6 余る。このとき，$A=$□，$B=$□ である。〈同志社大〉

(2)　整式 $2x^3+ax^2-bx-14$ が x^2-4 で割り切れるとき，定数 a，b の値は $a=$□，$b=$□ である。〈千葉工大〉

Challenge

x の多項式 $P(x)$ を x^2-x-2 で割った余りが $2x+5$ のとき，$P(x)$ を $x-2$ で割った余りは□，$x+1$ で割った余りは□である。〈類　静岡理工科大〉

10 剰余の定理と2次式で割った余り

整式 $P(x)$ を $x-1$ で割ると 3 余り，$x-2$ で割ると 5 余る。このとき $P(x)$ を $(x-1)(x-2)$ で割った余りを求めよ。〈山形大〉

解 $P(x)$ を $(x-1)(x-2)$ で割ったときの商を $Q(x)$，余りを $ax+b$ とすると，

$P(x)=(x-1)(x-2)Q(x)+ax+b$

と表せる。

⬅$(x-1)(x-2)=x^2-3x+2$ の2次式で割った余りは1次式 $ax+b$ で表せる。（$a=0$ のときは定数）

$P(1)=3$，$P(2)=5$ だから

$P(1)=a+b=3$ ……①

$P(2)=2a+b=5$ ……②

⬅剰余の定理より $P(x)$ を $x-\alpha$ で割った余りは $P(\alpha)$ である。

①，② を解いて，$a=2$，$b=1$

よって，余りは　$\boldsymbol{2x+1}$

アドバイス

- 整式 $P(x)$ を 2 次式 $(x-\alpha)(x-\beta)$ で割ったときの余りを求めるには，余りを 1 次式 $ax+b$ とおいて，

  $P(x)=(x-\alpha)(x-\beta)Q(x)+ax+b$

  の関係式をつくることだ。
- 後は $(x-\alpha)(x-\beta)=0$ となる $x=\alpha$，β を $P(x)$ に代入する。
- そして，剰余の定理で余り $P(\alpha)$，$P(\beta)$ を求めて，a，b の連立方程式を解けばよい。

これで解決！

$P(x)$ を $(x-\alpha)(x-\beta)$ で割った余りは，1次以下なので

➡ $P(x)=(x-\alpha)(x-\beta)Q(x)+ax+b$ とおく

PS $P(x)$ を 3 次式で割ったときの余りは 2 次以下なので

$P(x)=(3\text{ 次式})Q(x)+ax^2+bx+c$ とおいて考えればよい。

練習10 整式 $P(x)$ を $x-2$ で割ると 3 余り，$x+3$ で割ると -7 余る。このとき，$P(x)$ を $(x-2)(x+3)$ で割った余りを求めよ。〈中央大〉

Challenge

整式 $f(x)$ を $x-1$ で割ると 1 余り，$(x-2)(x-3)$ で割ると 5 余るという。この $f(x)$ を $(x-1)(x-2)(x-3)$ で割るときの余りを求めよ。〈明星大〉

11 因数定理と高次方程式

3次方程式 $x^3-2x^2-x+14=0$ の解は $x=\boxed{}$,
$x=\boxed{}\pm\sqrt{\boxed{}}\,i$ である。 〈関東学院大〉

解 $P(x)=x^3-2x^2-x+14$ とおくと
$P(-2)=-8-8+2+14=0$ だから
$P(x)$ は $x+2$ を因数にもつ。
右の割り算より

$P(x)=(x+2)(x^2-4x+7)$

$P(x)=0$ の解は

$x+2=0$, $x^2-4x+7=0$ より

$x=-2$, $x=2\pm\sqrt{3}\,i$

⬅3次以上の方程式は，定数項14の約数 α を代入して，$P(\alpha)=0$ となる α を見つける。

-2	1	-2	-1	14
		-2	8	-14
	1	-4	7	0

アドバイス

- 剰余の定理では，整式 $P(x)$ を $x-\alpha$ で割った余りが $R=P(\alpha)$ であった。
  ここで，$R=P(\alpha)=0$ の場合，余りが 0 だから $P(x)$ は $x-\alpha$ で割り切れることになる。
- すなわち
  $P(x)=(x-\alpha)Q(x)$
  と因数分解される。
  $$x-\alpha\,\overline{)\,P(x)\,}\quad\text{商 } Q(x),\ \text{余り } 0$$
  ここから，次の因数定理が導かれ，これを利用して高次方程式が解ける。

これで解決！

因数定理 ➡ $P(\alpha)=0 \iff P(x)$ は $x-\alpha$ で割り切れる

高次方程式 $P(x)=0$ の解法

➡ $P(\alpha)=0$ となる α を見つけて，$P(x)=(x-\alpha)(\quad)=0$

↑ $P(x)$ の定数項の約数

PS $P(x)$ が $ax+b$ で割り切れるためには $P\left(-\dfrac{b}{a}\right)=0$ となればよい。

練習11 次の方程式を解け。

(1) $x^3+6x^2+3x-10=0$ 〈専修大〉 (2) $2x^3+x^2+x-1=0$ 〈東京電機大〉

Challenge

3次方程式 $x^3+ax^2-ax+7=0$ の解の1つは -1 である。このとき，定数 a の値と他の解を求めよ。 〈高崎経大〉

12 高次方程式の解

3次方程式 $x^3+(a+2)x^2-4a=0$ がちょうど2つの実数解をもつような実数 a の値をすべて求めよ。〈学習院大〉

解　$P(x)=x^3+(a+2)x^2-4a$ とおくと
$P(-2)=0$ だから $P(x)$ は $x+2$ を因数にもつ。
よって，$(x+2)(x^2+ax-2a)=0$ となる。

⬅$P(x)$ の定数項 $-4a$ の約数を代入して因数を見つける。

(i)　$x^2+ax-2a=0$ が重解をもつとき
判別式を D とすると
$D=a^2+8a=0$ より $a=0,\ -8$
$a=0$ のとき　$x^2=0$ より重解は $x=0$
$a=-8$ のとき　$(x-4)^2=0$ より重解は $x=4$

⬅$(x+2)(x-●)^2=0$ の形になる。

⬅重解が $x=-2$ とならないことを確認する。

(ii)　$x^2+ax-2a=0$ が $x=-2$ を解にもつとき
$4-2a-2a=0$ から $a=1$
このとき，$(x+2)^2(x-1)=0$　となり
$x=-2$（重解）と1を解にもつから適する。

⬅$a=1$ のときの解を実際に求めて確認する。

よって，(i)，(ii)より $\boldsymbol{a=0,\ 1,\ -8}$

アドバイス

- 3次方程式では，$(x-a)(x^2+bx+c)=0$ と因数分解されたとき，
$$x-a=0 \text{ と } x^2+bx+c=0$$
が共通の解をもつことがあるので注意する。
- $x^2+bx+c=0$ が異なる2つ実数解または重解の中に $x=a$ と同じ解がないか調べなくてはならない。
それには，実際に解を求めるのが明快だ。

これで解決！

3次方程式の解の個数 ➡ $(x-a)(x^2+bx+c)=0$
$(x-a)$ ← 解は $x=a$　(x^2+bx+c) ← $x=a$ の解があるか注意

練習12　3次方程式 $x^3+(a-2)x^2-4a=0$ が2重解をもつとき，a の値をすべて求めよ。〈立教大〉

Challenge

a，b は実数とする。3次方程式 $x^3+ax^2+3bx+2b=0$ の実数解が $x=-2$ だけであるとき，a の値の範囲は □ である。〈愛知工大〉

13 $p+qi$ が解のとき

a, b を実数とする。3次方程式 $x^3+ax^2+8x+b=0$ が $1+i$ を解にもつとすると，$a=$□，$b=$□ である 〈立教大〉

解 $x=1+i$ が解だから，方程式に代入すると

$$(1+i)^3+a(1+i)^2+8(1+i)+b=0$$
$$(-2+2i)+2ai+8+8i+b=0$$
$$(b+6)+(2a+10)i=0$$

$b+6$, $2a+10$ は実数だから

$b+6=0$, $2a+10=0$ より

$\boldsymbol{a=-5}$, $\boldsymbol{b=-6}$

⬅方程式の解を代入すれば成り立つ。

⬅(実部)＋(虚部)$i=0$ の形に変形する。

別解 係数が実数だから $1+i$ が解ならば $1-i$ も解である。3つの解を $1+i$, $1-i$, γ とすると3次方程式の解と係数の関係より

$$(1+i)+(1-i)+\gamma=-a \quad \cdots\cdots①$$
$$(1+i)(1-i)+(1-i)\gamma+\gamma(1+i)=8 \quad \cdots\cdots②$$
$$(1+i)(1-i)\gamma=-b \quad \cdots\cdots③$$

②より $2\gamma=6$ よって，$\gamma=3$

①，③に代入して，$\boldsymbol{a=-5}$, $\boldsymbol{b=-6}$

3次方程式の解と係数の関係

$\boldsymbol{x^3+ax^2+bx+c=0}$

の3つの解が α, β, γ とすると

$\boldsymbol{\alpha+\beta+\gamma=-a}$

$\boldsymbol{\alpha\beta+\beta\gamma+\gamma\alpha=b}$

$\boldsymbol{\alpha\beta\gamma=-c}$

アドバイス

- この問題のように，方程式の解が与えられたときは，まず，解を方程式に代入するのが基本である。
- また，係数が実数である方程式では，$p+qi$ が解ならば，$p-qi$ も解であることは知っていて損はない。

これで解決！

実数が係数の方程式 $\boldsymbol{p+qi}$ が解のとき  ・$\boldsymbol{p+qi}$ を代入して(　　)＋(　　)$\boldsymbol{i=0}$ の形に
・$\boldsymbol{p+qi}$ と $\boldsymbol{p-qi}$ はいつもペアで解になる

練習13 a, b を実数とする。3次方程式 $x^3+ax+b=0$ ……① が $1+3i$ を解にもつとき $a=$□，$b=$□ である。このとき，①の解は $x=$□，□，$1+3i$ である。 〈法政大〉

Challenge

上の問題を，別の方法で解け。

14 恒等式

次の恒等式が成り立つように a, b の値を決定せよ。

$x^2+x+1=(x-2)^2+a(x-2)+b$ 〈大阪産大〉

解

◤係数比較による解法◢

$x^2+x+1=(x^2-4x+4)+(ax-2a)+b$

$=x^2+(a-4)x-2a+b+4$

両辺の係数を比較して

$a-4=1$ ……①, $-2a+b+4=1$ ……②

①, ② を解いて

$\boldsymbol{a=5,\ b=7}$

x についての恒等式

$ax^2+bx+c=a'x^2+b'x+c'$

⇕

$a=a',\ b=b',\ c=c'$

◤数値代入法による解法◢

$x=2$, 1 を代入する。

$x=2$ を代入して $7=b$

$x=1$ を代入して $3=1-a+b$

これより $\boldsymbol{a=5,\ b=7}$

（このとき与式は恒等式となる）

代入法は必要条件なので，最後に"このとき，与式は恒等式となる"とかいておく。

アドバイス

- 恒等式とは (左辺)=(右辺) の等式で，見かけは違っていても，式を変形することによって同じになる式を恒等式という。だから，基本的にはどんな値を代入しても成り立つ。(特別な値のときに限って成り立つ式は方程式という。)
- 恒等式にするためには，次の 2 つの方法が主である。

これで解決！

恒等式にするには ➡ {係数を比較して / 数値を代入して} ----▸連立方程式をつくり解く

PS 数値代入法は，展開するのが大変な式や同じ因数で表されている式に有効である。

練習14 次の式が x についての恒等式となるように，a, b, c の値を定めよ。

(1) $(x+a)(x-2)+(x+b)(x+3)=2x^2+5x-3$ 〈北海道工大〉

(2) $(x+a)(x-1)+(2x+b)x+c(x-1)^2=5x^2$ 〈類　名城大〉

Challenge

次の式が x についての恒等式となるように，a, b の値を定めよ。

$$\frac{5x+7}{x^2+3x+2}=\frac{a}{x+1}+\frac{b}{x+2}$$ 〈東洋大〉

15 等式の証明

$a+b+c=0$ のとき $a^2-bc=b^2-ca$ であることを示せ。

〈類　創価大〉

解　$c=-a-b$ として与式に代入すると　⬅1文字を消去する方法が簡明。

(左辺)$=a^2-bc=a^2-b(-a-b)$　⬅左辺と右辺を別々に計算する。

$=a^2+ab+b^2$

(右辺)$=b^2-ca=b^2-(-a-b)a$

$=a^2+ab+b^2$

よって，(左辺)=(右辺) で成り立つ。

別解　(左辺)−(右辺)

$=(a^2-bc)-(b^2-ca)=a^2-b^2-bc+ca$

$=(a-b)(a+b)+c(a-b)$

$=(a-b)(a+b+c)=0$　($a+b+c=0$ より)

よって，(左辺)=(右辺) で成り立つ。

アドバイス

- 証明問題を見ただけで，拒否反応を示す人は多い。適当に計算しても形式からはずれると正解にならないからやっかいだ。
- 右のように，(左辺)=(右辺) のまま変形してもダメである。
- $a+b+c=0$ のような条件式は，$c=-a-b$ を代入して1文字を消去するのがわかりやすい。

=で結んだこんな
証明はダメだ

証明
$a^2-bc=b^2-ca$
$a^2-b(-a-b)=b^2-(-a-b)a$
$a^2+ab+b^2=a^2+ab+b^2$
終

これで解決！

等式の証明 ➡
- ・(左辺)=●，(右辺)=●（同じ式にする）
- ・(左辺)−(右辺)=0　を示す
- ・(左辺)……変形して……▸(右辺)（またはその逆）を示す
- ・条件式がある場合には，1文字消去が基本
- ・(左辺)=(右辺) のまま変形しない

練習15　$ab=1$ のとき $\dfrac{1}{a(b-1)}-\dfrac{1}{b-1}=1$ であることを示せ。　〈類　杏林大〉

Challenge

$a+b+c=0$ のとき，次の等式を証明せよ。

$$a^3+b^3+c^3+3(a+b)(b+c)(c+a)=0$$

〈成城大〉

16 不等式の証明

次の不等式を証明せよ。また，等号が成り立つのはどのようなときか。

(1)　$2(a^2+b^2) \geqq (a+b)^2$　　(2)　$a+\dfrac{4}{a} \geqq 4$　$(a>0)$　〈東北学院大〉

解　(1)　$2(a^2+b^2)-(a+b)^2$

$=2a^2+2b^2-(a^2+2ab+b^2)$

$=a^2+b^2-2ab=(a-b)^2 \geqq 0$

よって，$2(a^2+b^2) \geqq (a+b)^2$

（等号は $a=b$ のとき）

⬅（大きいほう）−（小さいほう）を計算して 0 以上を示す。

⬅(　$)^2$ の形をつくれば (　$)^2 \geqq 0$ がいえる。

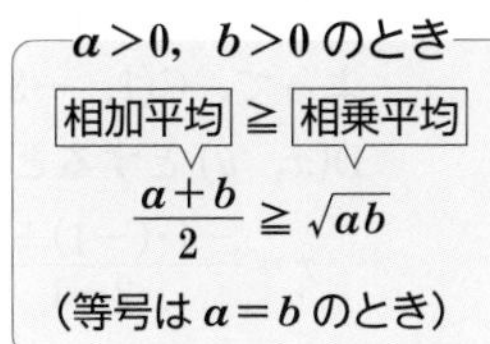

(2)　$a>0$ だから（相加平均）≧（相乗平均）より

$$a+\frac{4}{a} \geqq 2\sqrt{a\cdot\frac{4}{a}}=2\sqrt{4}=4$$

よって，$a+\dfrac{4}{a} \geqq 4$（等号は $a=\dfrac{4}{a}$ より $a=2$ のとき）

アドバイス

- 不等式の証明では，基本的に（大きいほう）−（小さいほう）≧0 を示すことになる。
- 0 以上であることは，(　$)^2$ をつくる（平方完成する）のが最も一般的な方法だ。
- （相加平均）≧（相乗平均）の関係は使い方を暗記しておかないと難しいから，この例ぐらいは覚えてほしい。

これで解決！

不等式の証明 ➡

・$\overset{\text{大きいほう}}{(A)}-\overset{\text{小さいほう}}{(B)}$ を計算して $A-B \geqq 0$ を示す
　まず，(平方完成$)^2$ をつくる方針で

・●>0，●>0 ならば
　●+●≧2√(●×●) の（相加）≧（相乗）は形を暗記

PS　（相加平均）≧（相乗平均）の等号は 2 つの数が等しいときに成り立つ。

練習16　次の不等式を証明せよ。また，等号が成り立つのはどのようなときか。

(1)　$(a+b)(a^3+b^3) \geqq (a^2+b^2)^2$　$(a>0,\ b>0)$　〈青山学院大〉

(2)　$\left(x+\dfrac{9}{y}\right)\left(y+\dfrac{1}{x}\right) \geqq 16$　$(x>0,\ y>0)$　〈愛知大〉

Challenge

次の不等式を証明せよ。また，等号が成り立つ場合をいえ。

$x^2-4x+y^2+2y+5 \geqq 0$　〈龍谷大〉

17 2点間の距離と分点の座標

点 A$(-1,\ 3)$, B$(2,\ -6)$ に対して線分 AB の長さは［　］になる。線分 AB を $2:1$ に内分する点 C の座標は［　］で, $2:1$ に外分する点 D の座標は［　］である。〈順天堂大〉

解 $AB=\sqrt{(2+1)^2+(-6-3)^2}=\sqrt{9+81}=\mathbf{3\sqrt{10}}$　⬅$AB=\sqrt{(x_2-x_1)^2+(y_2-y_1)^2}$

C$(x,\ y)$ とすると

$$x=\frac{1\cdot(-1)+2\cdot2}{2+1}=1,\quad y=\frac{1\cdot3+2\cdot(-6)}{2+1}=-3$$

よって, C$(\mathbf{1},\ \mathbf{-3})$

D$(x,\ y)$ とすると

$$x=\frac{-1\cdot(-1)+2\cdot2}{2-1}=5,\quad y=\frac{-1\cdot3+2\cdot(-6)}{2-1}=-15$$

よって, D$(\mathbf{5},\ \mathbf{-15})$

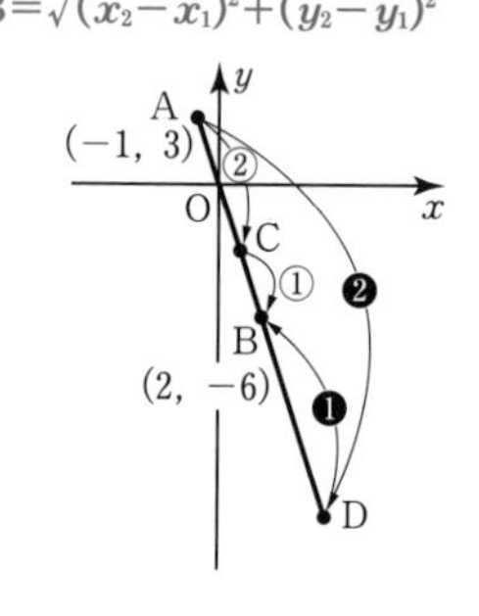

アドバイス

- 平面を xy 座標で考えるとき, 2点間の距離を求めるのと, 分点の座標を求めることは基本中の基本である。
- 分点の座標の公式は, x と y 座標や, $m:n$ をとり違えるミスが多いので, 1つ1つ確認しながら公式に代入していこう。

これで解決!

2点 $A(x_1,\ y_1)$, $B(x_2,\ y_2)$ について

$$AB=\sqrt{(x_2-x_1)^2+(y_2-y_1)^2}$$

線分 AB を $m:n$ に

- 内分する点 $\left(\dfrac{nx_1+mx_2}{m+n},\ \dfrac{ny_1+my_2}{m+n}\right)$
- 外分する点 $\left(\dfrac{-nx_1+mx_2}{m-n},\ \dfrac{-ny_1+my_2}{m-n}\right)$

PS “線分 AB を $2:1$ に内分する”と“線分 BA を $1:2$ に内分する”は同じことだ。

練習17 2点 A$(-3,\ -7)$, B$(9,\ 5)$ がある。線分 AB の長さは［　］で, AB を $5:3$ に内分する点の座標は［　］, $5:3$ に外分する点の座標は［　］である。

また, △ABC の重心が点 G$(3,\ 1)$ のとき C の座標は［　］である。

〈類　東京工芸大〉

Challenge

座標平面上に3点 O, A, B がある。O$(0,\ 0)$, A$(-2,\ -1)$ であり, B は第2象限にある。△OAB が正三角形であるとき, B の座標を求めよ。〈東京電機大〉

18 直線の方程式

次の直線の方程式を求めよ。

(1)　点 $(3,\ -2)$ を通り，傾き $-\dfrac{3}{4}$

(2)　2点 $(-1,\ -3)$，$(2,\ 3)$ を通る。　〈九州産大〉

解　(1)　$y-(-2)=-\dfrac{3}{4}(x-3)$

$y=-\dfrac{3}{4}x+\dfrac{9}{4}-2$　よって，$\boldsymbol{y=-\dfrac{3}{4}x+\dfrac{1}{4}}$

⬅$3x+4y-1=0$ と表すこともできる。

(2)　$y-3=\dfrac{3-(-3)}{2-(-1)}(x-2)$

$y=2(x-2)+3$　よって，$\boldsymbol{y=2x-1}$

直線の式は次の２通り
$y=mx+n$
$ax+by+c=0$

アドバイス

- 直線 $y=2x-1$ とそのグラフについて考えよう。これは $y=2x-1$ を満たす点の集まりが，右図のように直線になるということである。
- x の値は無数にあるから，これを満たす点は連続的につながっていく。
逆に，この直線上の点は $y=2x-1$ を満たす，というような関係になっている。

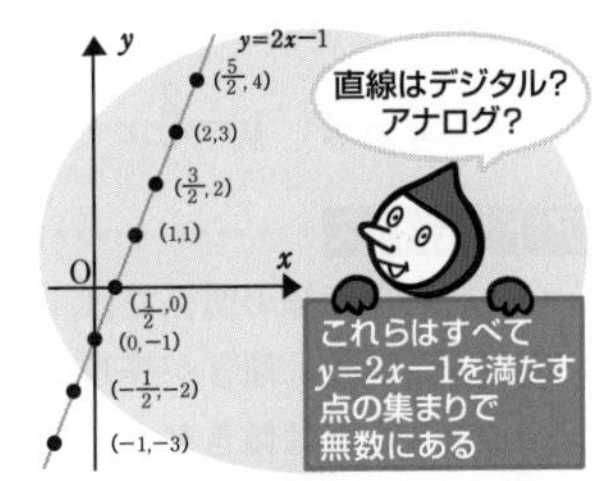

これで解決！

直線の方程式 ➡
- 点 $(x_1,\ y_1)$ を通り，傾き m
$y-y_1=m(x-x_1)$
- 2点 $(x_1,\ y_1)$，$(x_2,\ y_2)$ を通る
$y-y_1=\dfrac{y_2-y_1}{x_2-x_1}(x-x_1)$　$\left(m=\dfrac{y_2-y_1}{x_2-x_1}\right)$

PS　例題(2)の2点 $(-1,\ -3)$，$(2,\ 3)$ は，どちらを $(x_1,\ y_1)$，$(x_2,\ y_2)$ にとってもよい。

練習18　(1)　傾きが -3 で点 $(-4,\ 6)$ を通る直線の方程式を求めよ。

(2)　2点 $(-1,\ -7)$，$(3,\ 13)$ を通る直線の方程式を求めよ。　〈千葉工大〉

(3)　3点 $\mathrm{A}(1,\ 2)$，$\mathrm{B}(4,\ 1)$，$\mathrm{C}(2,\ 7)$ がある。点Aを通って $\triangle\mathrm{ABC}$ の面積を2等分する直線の方程式を求めよ。　〈類　東海大〉

Challenge

3点 $(1,\ 2)$，$(3,\ 1)$，$(x,\ -1)$ が一直線上にあるという。このとき，$x=$□ である。　〈神奈川大〉

19 2直線の平行と垂直

点 $(-6,\ 5)$ を通り，直線 $y=-\dfrac{3}{2}x$ に平行な直線と垂直な直線の方程式を求めよ。 〈千葉工大〉

解　平行な直線の傾きは $-\dfrac{3}{2}$ だから

$$y-5=-\frac{3}{2}\{x-(-6)\}$$

よって，　$\boldsymbol{y=-\dfrac{3}{2}x-4}$

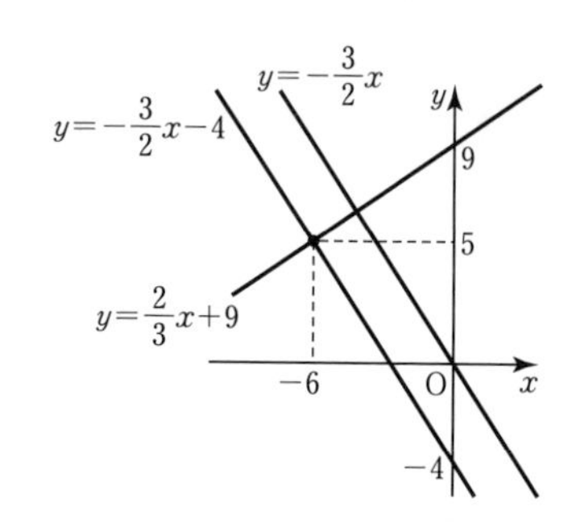

垂直な直線の傾きを m とすると

$$-\frac{3}{2}\times m=-1 \text{ より } m=\frac{2}{3}$$

$$y-5=\frac{2}{3}\{x-(-6)\}$$

よって，$\boldsymbol{y=\dfrac{2}{3}x+9}$

アドバイス

- 2直線の関係では，平行と垂直がよく出題される。
  平行は傾きが等しい。(同じ直線も平行に含める)
  垂直は傾きどうしを掛けると -1 になる。
- $ax+by+c=0\ (b\neq 0)$ の形の直線は $y=mx+n$ の形にして傾きを考えるのがわかりやすいだろう。

これで解決！

2直線の平行・垂直

平行 ➡ $y=mx+n$　$y=m'x+n'$　$m=m'$

垂直 ➡ $y=mx+n$　$y=m'x+n'$　$mm'=-1$

PS　x 軸に平行な直線 $y=p$ と y 軸に平行な直線 $x=q$ は互いに垂直な直線である。

練習19　点 $(-1,\ -1)$ を通り，直線 $2x-5y+1=0$ に平行な直線の方程式は $\boxed{}$ であり，垂直な直線の方程式は $\boxed{}$ である。 〈北海道工大〉

Challenge

2点の座標を $A(7,\ 5)$，$B(-1,\ 1)$ とする。線分 AB の垂直2等分線の y 切片の値を求めよ。 〈自治医大〉

20 直線と直線の交点

3直線 $3x+4y-1=0$, $ax-2y+5=0$, $2x-y-8=0$ が1点で交わるとき，その交点は☐で，$a=$☐ である。〈岡山商大〉

解
$$\begin{cases} 3x+4y-1=0 & \cdots\cdots① \\ ax-2y+5=0 & \cdots\cdots② \\ 2x-y-8=0 & \cdots\cdots③ \end{cases}$$
とおいて，①，③の交点を求める。

①＋③×4 より
$$\begin{array}{rr} & 3x+4y-1=0 \\ +) & 8x-4y-32=0 \\ \hline & 11x\qquad-33=0 \end{array}$$
⬅y を消去した。

$x=3$

③に代入して，$y=2\cdot3-8=-2$

よって，交点は **(3, −2)**

②が点 $(3,\ -2)$ を通るから

$3a-2\cdot(-2)+5=0$　　よって，$a=\mathbf{-3}$

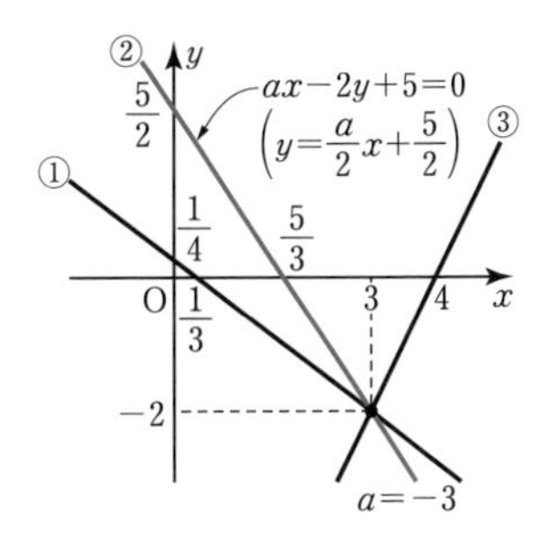

アドバイス

- 2直線の交点を求めるには，2つの方程式を連立させて解けばよい。その解が交点の座標になる。
- 2直線の交点を求めるのは，図形と方程式では基本中の基本だから，文字が入っていても惑わされないようにしっかり計算だ！

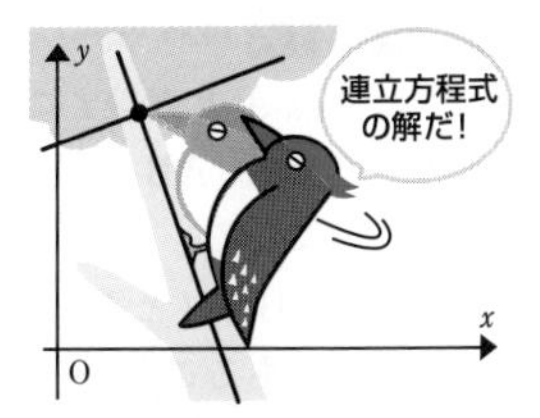

これで解決！

$\begin{cases} \text{直線 } ax+by+c=0 \\ \text{直線 } a'x+b'y+c'=0 \end{cases}$　交点の座標は ➡ 連立方程式を解く

PS 連立方程式は例題の解答のように消去法での計算のほうが楽なことが多い。

練習20 点 $(1,\ 4)$ を通り，直線 $l_1：x-2y+2=0$ と垂直に交わる直線を l_2 とする。直線 l_1 と l_2 の交点の座標は☐である。〈立教大〉

Challenge

3つの直線 $ax+y=1$, $x+2y=3$, $x-ay=-3$ が1点で交わるとき定数 a の値は☐または☐である。〈北海道薬大〉

21 直線に関して対称な点

直線 $l: y=\frac{1}{2}x+1$ に関して，点 A(2, 7) と対称な点 B の座標を求めよ。 〈津田塾大〉

解 点 A と対称な点を $\mathrm{B}(p, q)$ とする。

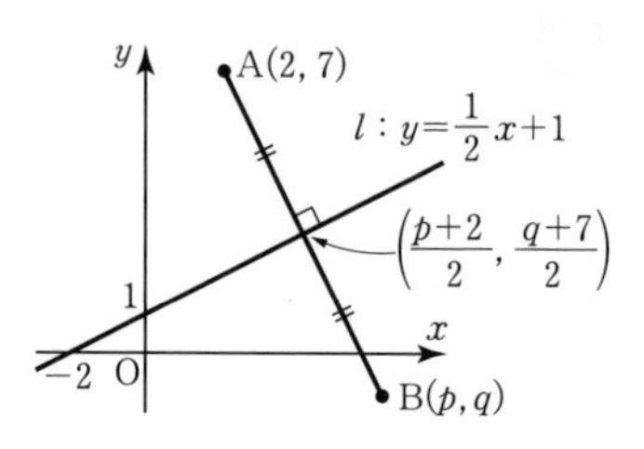

直線 AB の傾きは $\frac{q-7}{p-2}$ であり

直線 $y=\frac{1}{2}x+1$ に垂直だから

$\frac{q-7}{p-2}\cdot\frac{1}{2}=-1$ より $2p+q=11$ …①

線分 AB の中点 $\left(\frac{p+2}{2}, \frac{q+7}{2}\right)$ が

直線 $y=\frac{1}{2}x+1$ 上にあるから

$\frac{q+7}{2}=\frac{1}{2}\cdot\frac{p+2}{2}+1$ より $p-2q=8$ …②

①，②を解いて $p=6$，$q=-1$

よって，**B(6, −1)**

垂直条件
$m\cdot m'=-1$

中点の座標
$\mathrm{A}(x_1, y_1)$，$\mathrm{B}(x_2, y_2)$ の中点は
$\left(\frac{x_1+x_2}{2}, \frac{y_1+y_2}{2}\right)$

アドバイス

- 点 A と直線 l に関して対称な点 B を求める問題では“**AB の傾き**”と“**AB の中点の座標**”がカギになる。
- AB が l と垂直であることと，AB の中点が l 上にあることから連立方程式をつくる。

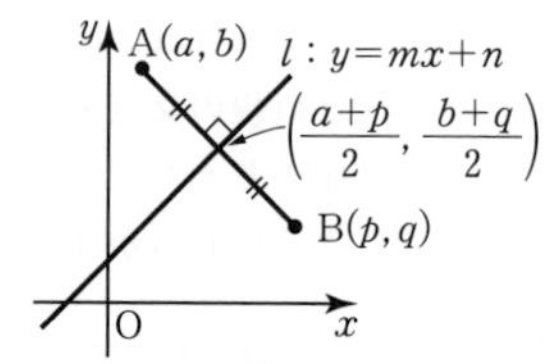

これで解決！

直線に関して対称な点
(点 A(a, b) と直線 $y=mx+n$ に関して対称な点 B(p, q) の求め方)
➡
(i) **AB は直線 $y=mx+n$ に垂直**
$$\frac{q-b}{p-a}\cdot m=-1$$
(ii) **AB の中点が直線 $y=mx+n$ 上にある**
$$\frac{b+q}{2}=m\cdot\frac{a+p}{2}+n$$

練習21 直線 $l: y=3x-6$ を対称軸として，点 A(1, 2) と対称な点 B の座標を求めよ。 〈北海道医療大〉

Challenge

直線 $y=-2x+1$ に関して，円 $(x-4)^2+(y-3)^2=5$ と対称な位置にある円の方程式を求めよ。 〈類 福岡大〉

22 点と直線の距離

点 P(2, 7) と直線 $l: y=\frac{1}{2}x+1$ との距離を求めよ。　〈類　日本大〉

解　$y=\frac{1}{2}x+1$ を $x-2y+2=0$ として

点と直線の距離の公式にあてはめる。

$$\frac{|2-2\cdot 7+2|}{\sqrt{1^2+(-2)^2}}=\frac{|-10|}{\sqrt{5}}=\frac{10}{\sqrt{5}}=\mathbf{2\sqrt{5}}$$

⬅直線の式を $ax+by+c=0$ の形にして公式を適用。

別解　点と直線の距離の公式を使わない求め方。

点 P を通って，l に垂直な直線を l' とすると

$y-7=-2(x-2)$

⬅傾きは，$\frac{1}{2}\cdot m=-1$ より $m=-2$

よって，$l': y=-2x+11$

l と l' の交点を H とすると

$\frac{1}{2}x+1=-2x+11$ より $x=4$, $y=3$

よって，H(4, 3)

$\mathrm{PH}=\sqrt{(4-2)^2+(3-7)^2}=\sqrt{20}=\mathbf{2\sqrt{5}}$

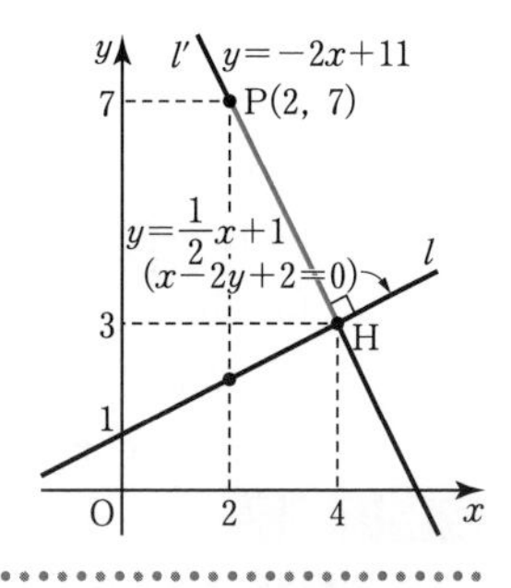

アドバイス

- 別解の面倒な計算を見れば，ありがたさがこれほどわかる公式もないだろう。
- ただし，別解の方法は図形を方程式で考える上で意味のあることである。このように公式の背景を知ってから使えるようにしたい。

これで解決！

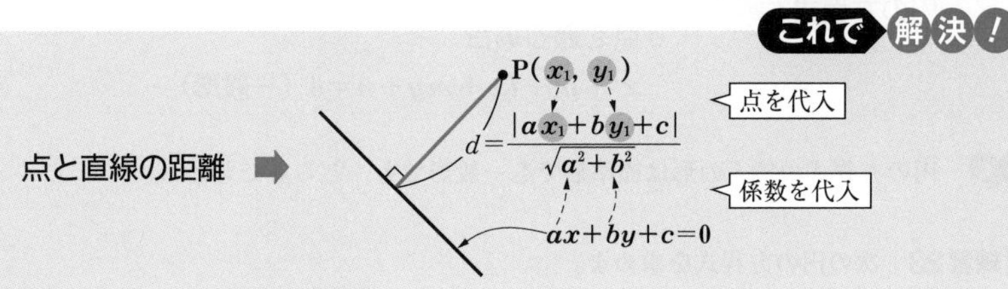

練習22　次の点と直線の距離を求めよ。

(1)　点 (−1, 1) と直線 $x-y+5=0$　〈神戸学院大〉

(2)　点 (−3, 10) と直線 $y=3x-1$　〈立教大〉

Challenge

点 $(-4,\ a)$ と直線 $3x+4y-1=0$ との距離が 1 であるとき，$a=$□ または □ である。　〈千葉工大〉

23 円の方程式

次の円の方程式を求めよ。

(1) 2点 $(-2,\ -1)$, $(4,\ 5)$ を直径の両端とする円。 〈立教大〉

(2) 3点 $(-6,\ 3)$, $(-1,\ -2)$, $(3,\ 6)$ を通る円。 〈福岡大〉

解 (1) 円の中心は $(-2,\ -1)$, $(4,\ 5)$ の中点だから

$$\left(\frac{-2+4}{2},\ \frac{-1+5}{2}\right)=(1,\ 2)$$

半径は $\sqrt{(4-1)^2+(5-2)^2}=\sqrt{18}=3\sqrt{2}$

よって, $\boldsymbol{(x-1)^2+(y-2)^2=18}$

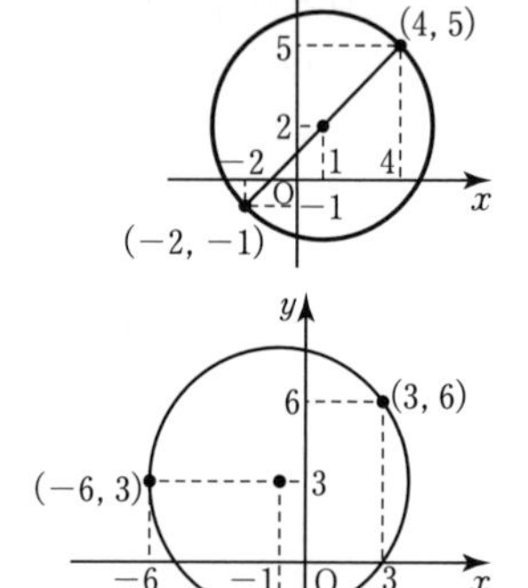

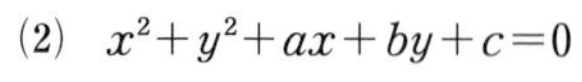

(2) $x^2+y^2+ax+by+c=0$

とおくと, 3点を通るから

$(-6,\ 3)$ $:-6a+3b+c+45=0$ ……①

$(-1,\ -2)$ $:-a-2b+c+5=0$ ……②

$(3,\ 6)$ $:3a+6b+c+45=0$ ……③

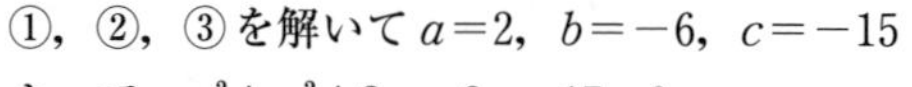

①, ②, ③を解いて $a=2$, $b=-6$, $c=-15$

よって, $\boldsymbol{x^2+y^2+2x-6y-15=0}$

アドバイス

- 円の方程式を求めるには, 次の2つのおき方がある。中心と半径が関係する場合と円の通る3点がわかっているときで, 使い分けていこう。
- その前に, どんな円になるか概形をかいてみることが大切だ！

これで解決！

円の方程式 ➡
- ・中心$(a,\ b)$と半径 r が関係したら
  $(x-a)^2+(y-b)^2=r^2$ (標準形)
- ・3点を通る場合
  $x^2+y^2+lx+my+n=0$ (一般形)

PS 円の方程式の答えの形は標準形でも一般形でも, どちらでもよい。

練習23 次の円の方程式を求めよ。

(1) 2点 $(1,\ 2)$, $(4,\ -1)$ を直径の両端とする円 〈北海道薬大〉

(2) 3点 $(-3,\ 4)$, $(4,\ 5)$, $(1,\ -4)$ を通る円 〈愛知学院大〉

(3) 点 $(2,\ 1)$ を通り x 軸, y 軸に接する円 〈京都産大〉

Challenge

2点 $(2,\ -4)$, $(5,\ -3)$ を通り, 中心が直線 $y=x-1$ の上にある円の方程式は □ である。 〈青山学院大〉

24 円と直線の交点

円 $(x-3)^2+(y-2)^2=2$ と直線 $x+2y=4$ との共有点の座標を求めよ。〈東北学院大〉

解

$$\begin{cases} x+2y=4 & \cdots\cdots① \\ (x-3)^2+(y-2)^2=2 & \cdots\cdots② \end{cases}$$ とする。

←共有点は①，②の連立方程式を解く。

①を $x=4-2y$ として②に代入して

←①を $y=-\frac{1}{2}x+2$ と変形して代入してもよいが，分数が出てくる。

$(4-2y-3)^2+(y-2)^2=2$

$(2y-1)^2+(y-2)^2=2$

$(4y^2-4y+1)+(y^2-4y+4)=2$

$5y^2-8y+3=0$

←因数分解できなければ，解の公式を使う。

$(y-1)(5y-3)=0$　より

$y=1,\ \frac{3}{5}$

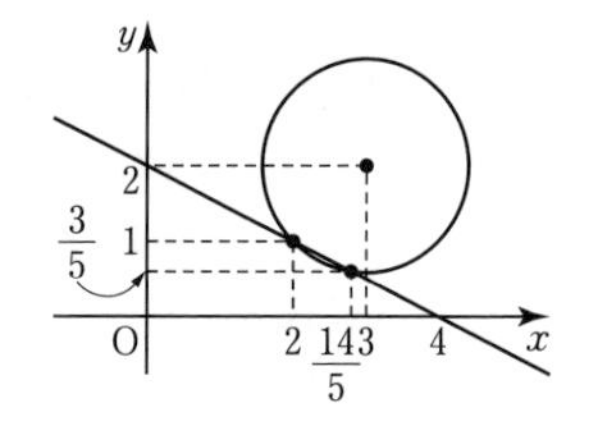

$y=1$ のとき $x=4-2\cdot1=2$

$y=\frac{3}{5}$ のとき $x=4-2\cdot\frac{3}{5}=\frac{14}{5}$

よって，$(2,\ 1)$，$\left(\frac{14}{5},\ \frac{3}{5}\right)$

アドバイス

- 直線と円や放物線の交点を求めるのも，図形と方程式の基本で，いろいろな場面で必要になる。
- 直線の式から，x か y を消去して，2 次方程式をつくる。どちらを消去するかは，分数などが出てこないように計算しやすいほうを消去するとよい。

これで解決！

直線 $ax+by+c=0$ と円や放物線との交点 ➡ $y=○x+△$ / $x=●y+▲$ として代入 ➡ 2次方程式に

PS 代入して計算するとき，計算ミスが出やすいから一歩一歩確実に進める。

練習24　次の円と直線の共有点の座標を求めよ。

(1)　円 $x^2+y^2=5$，直線 $y=x+1$　〈立教大〉

(2)　円 $x^2+y^2-8x-4y+11=0$，直線 $y=x-5$　〈立命館大〉

Challenge

円 $x^2+y^2-4x-3y=0$ と直線 $4x+3y=5$ の共有点の座標を求めよ。〈摂南大〉

25 円の接線の求め方──3つのパターン

点 $(3,\ 1)$ を通り，円 $x^2+y^2=5$ に接する直線の方程式は［　　］または［　　］である。　〈関西学院大〉

解

パターンⅠ：接点を $(x_1,\ y_1)$ とおく方法

> **円の接線**
> 円 $x^2+y^2=r^2$ 上の点 $(x_1,\ y_1)$ における接線
> $x_1x+y_1y=r^2$

接点を $(x_1,\ y_1)$ とおくと

$x_1{}^2+y_1{}^2=5$ ……①　　⬅接点 $(x_1,\ y_1)$ は円 $x^2+y^2=5$ 上の点だから①が成り立つ。

接線の方程式は

$x_1x+y_1y=5$ ……②

②が点 $(3,\ 1)$ を通るから

$3x_1+y_1=5$ ……③

③を $y_1=5-3x_1$ として①に代入すると

$x_1{}^2+(5-3x_1)^2=5$　これより

$x_1{}^2-3x_1+2=0$

$(x_1-1)(x_1-2)=0$　より

$x_1=1,\ 2$

③に代入して

$x_1=1$ のとき $y_1=2$，$x_1=2$ のとき $y_1=-1$

よって，$\boldsymbol{x+2y=5,\ 2x-y=5}$　　⬅x_1，y_1 の値を②に代入する。

パターンⅡ：傾きを m とおいて，判別式の利用

点 $(3,\ 1)$ を通る傾き m の直線の方程式は

$y=m(x-3)+1$

$x^2+y^2=5$ に代入して

$x^2+(mx-3m+1)^2=5$

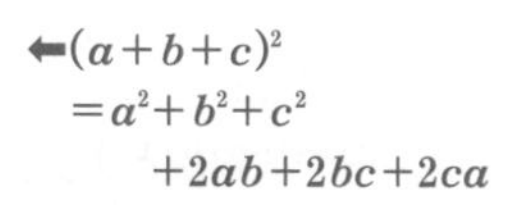

$x^2+m^2x^2+9m^2+1-6m^2x-6m+2mx=5$

$(m^2+1)x^2-(6m^2-2m)x+9m^2-6m-4=0$

接する条件は判別式 $D=0$　だから

$\dfrac{D}{4}=(3m^2-m)^2-(m^2+1)(9m^2-6m-4)=0$

$9m^4-6m^3+m^2-(9m^4-6m^3+5m^2-6m-4)=0$

これより　$2m^2-3m-2=0$

$(2m+1)(m-2)=0$　ゆえに，$m=-\dfrac{1}{2},\ 2$

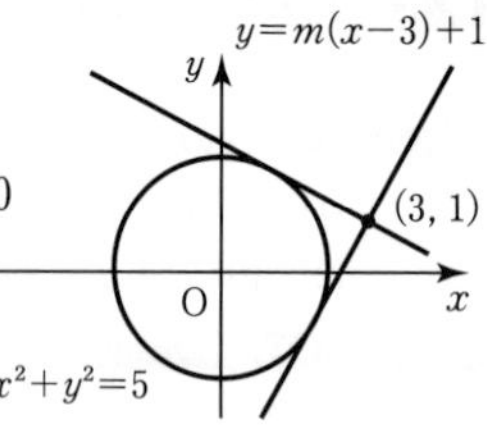

よって，$\boldsymbol{y=-\dfrac{1}{2}x+\dfrac{5}{2},\ y=2x-5}$

パターンⅢ：半径＝中心から接点までの距離 を利用

点 $(3,\ 1)$ を通る傾き m の直線の方程式は

$$y=m(x-3)+1$$

$$mx-y-3m+1=0 \cdots\cdots ①$$

⬅点と直線の距離の公式を使うときは，$ax+by+c=0$ の形にして使う。

円の半径は，中心 $(0,\ 0)$ から直線①までの距離だから

$$\frac{|m\cdot 0-0-3m+1|}{\sqrt{m^2+(-1)^2}}=\sqrt{5}$$

$$|-3m+1|=\sqrt{5}\sqrt{m^2+1}$$

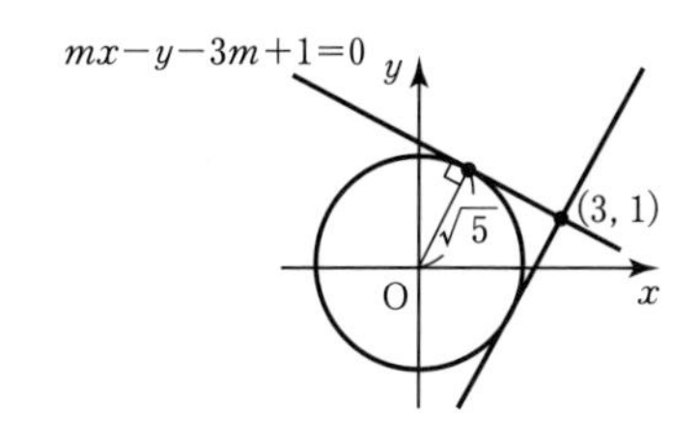

両辺を 2 乗して

$$9m^2-6m+1=5(m^2+1)$$

$$2m^2-3m-2=0$$

$$(2m+1)(m-2)=0 \quad より$$

$$m=-\frac{1}{2},\ 2$$

よって，$\boldsymbol{y=-\frac{1}{2}x+\frac{5}{2}}$，$\boldsymbol{y=2x-5}$

⬅m の値を $y=m(x-3)+1$ に代入する。

アドバイス

- パターンⅠ：接点を $(x_1,\ y_1)$ とおいて解く方法で，接線だけでなく，接点も求めるときに適する。ただし，中心が原点以外にある円では $x_1x+y_1y=r^2$ の公式は使えない。
- パターンⅡ：判別式を利用した解き方で，放物線など，円以外の 2 次曲線にも広く使える。やや計算が面倒なのが難点だが，利用範囲は広い。
- パターンⅢ：接線の傾きを m で表し，点と直線の距離の公式を使った鮮やかな解法で，原点以外に中心をもつ円のときは，特に有効な手段である。この方法がイチオシだ！

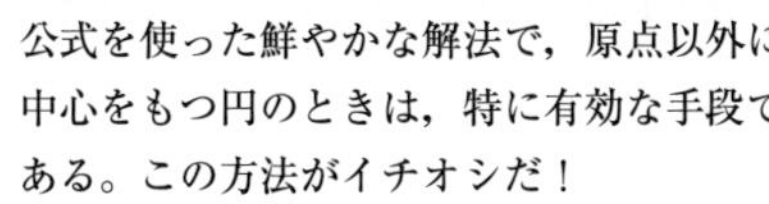

これで解決！

円の接線の方程式 ➡ 点と直線の距離で $\boldsymbol{\dfrac{|ax_1+by_1+c|}{\sqrt{a^2+b^2}}=r}$

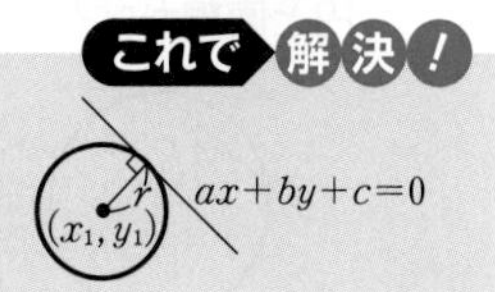

練習25　点 $(7,\ 1)$ を通り，円 $x^2+y^2=25$ に接する直線の方程式は［　　］と［　　］である。

〈立命館大〉

Challenge

円 $x^2-2x+y^2+6y=0$ に接し，点 $(3,\ 1)$ を通る直線の方程式は［　　］と［　　］である。

〈東海大〉

26 円と直線（交わる条件と切り取る線分の長さ）

円 $C：x^2+y^2=4$ と直線 $l：4x+3y=a$ がある。

(1) 円 C と直線 l が共有点をもつように a の値の範囲を定めよ。

(2) $a=5$ のとき，円 C と直線 l の交点を A，B とする。このとき，線分 AB の長さを求めよ。 〈類　東京電機大〉

解

(1) 円の中心 (0，0) と直線 $4x+3y-a=0$ の距離は

$$\frac{|4\cdot0+3\cdot0-a|}{\sqrt{4^2+3^2}}=\frac{|-a|}{\sqrt{25}}=\frac{|a|}{5}$$

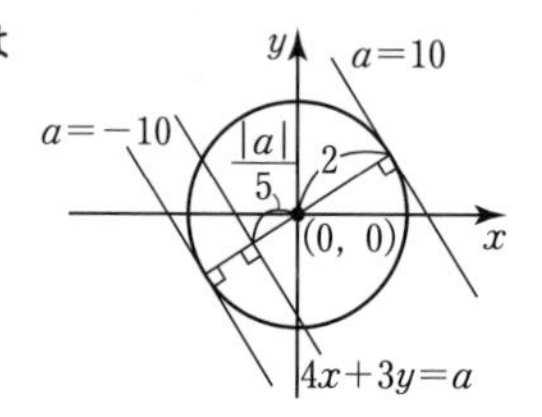

これが半径 2 以下ならば，共有点をもつから

$\dfrac{|a|}{5}\leqq 2$，$|a|\leqq 10$　よって　$\boldsymbol{-10\leqq a\leqq 10}$

(2) $a=5$ のとき，l は $4x+3y-5=0$

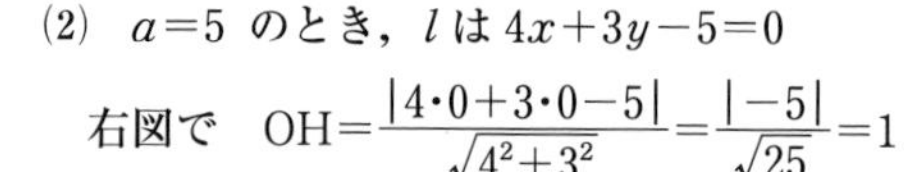

右図で　$\mathrm{OH}=\dfrac{|4\cdot0+3\cdot0-5|}{\sqrt{4^2+3^2}}=\dfrac{|-5|}{\sqrt{25}}=1$

△OAH は直角三角形だから

$\mathrm{OA}^2=\mathrm{AH}^2+\mathrm{OH}^2$　より　$2^2=\mathrm{AH}^2+1^2$

ゆえに，$\mathrm{AH}=\sqrt{3}$

よって，$\mathrm{AB}=2\mathrm{AH}=\boldsymbol{2\sqrt{3}}$

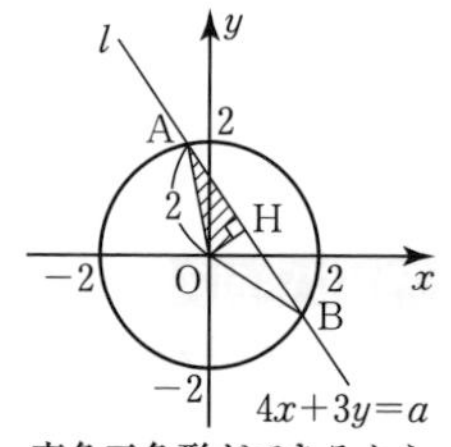

直角三角形ができるから
三平方の定理が使える。

アドバイス

• 円と直線に関する問題では，円の中心から直線までの距離が重要な要素になる。円と直線が共有点をもつ条件や切り取る線分（弦）の長さを求めるのにも使われる。

• なお，切り取る線分の長さは直角三角形をつくることがポイントといえるから覚えておこう。

これで解決！

円と直線が共有点をもつ条件

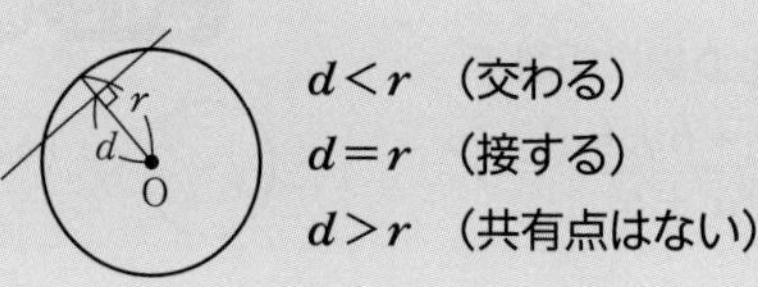

$d<r$　（交わる）
$d=r$　（接する）
$d>r$　（共有点はない）

円が切り取る線分（弦）の長さ

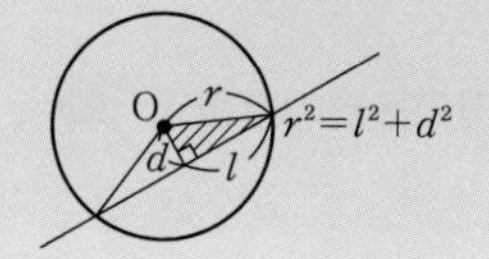

練習26　円：$x^2+y^2=18$ と直線：$y=x+a$ が異なる 2 点で交わるとき，定数 a の値の範囲を求めよ。 〈筑波技術大〉

Challenge

直線 $4x+3y=8$ が円 $x^2+y^2-2x+4y=4$ によって切り取られる線分の長さは［　　］である。 〈慶応大〉

27 軌跡と方程式

2定点 A$(-2,\ 1)$，B$(4,\ 4)$ に対して，AP：BP$=2:1$ を満たす点 P の軌跡は中心 □，半径 □ の円である。〈名城大〉

解 P$(x,\ y)$ とする。

AP：BP$=2:1$ より　AP$=2$BP

両辺を2乗して　$\mathrm{AP}^2=4\mathrm{BP}^2$

$(x+2)^2+(y-1)^2=4\{(x-4)^2+(y-4)^2\}$

$x^2+4x+4+y^2-2y+1$

$=4(x^2-8x+16+y^2-8y+16)$

$3x^2+3y^2-36x-30y+123=0$

$x^2+y^2-12x-10y+41=0$

$(x-6)^2+(y-5)^2=20$

よって，中心 **(6, 5)**，半径 **$2\sqrt{5}$** の円。

これは誤り
AP$=2$BP
$\mathrm{AP}^2=\not{2}\mathrm{BP}^2$
2の2乗を忘れている

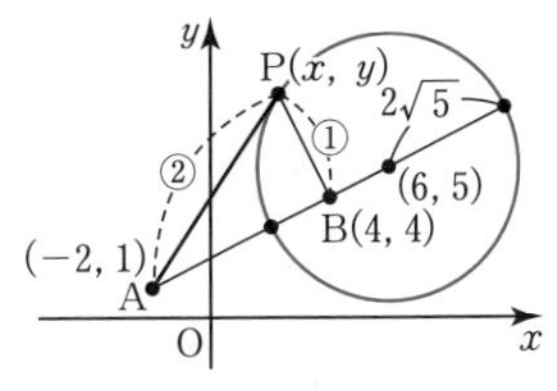

アドバイス

◤軌跡を求める2つのパターン◢

- 軌跡の問題には大きく2つのパターンがあり，1つはこの問題のように，求める動点を P$(x,\ y)$ とおいて，与えられた距離の関係を式化して計算すれば自然に求められるもの。
- もう1つは，媒介変数を消去して求めるタイプのものだ。(28，29参照)

これで解決！

定点と距離の関係で決まる動点 P の軌跡 ➡ 動点を **P$(x,\ y)$** とおいて距離の関係を式にして計算（2乗するときの計算に注意）

PS 2定点からの距離の比が $m:n$ である点の軌跡は円で，アポロニウスの円という。

練習27 座標平面上の2点 A$(1,\ 5)$，B$(4,\ -1)$ に対し，線分 AP の長さが線分 BP の長さの2倍になるような点 P$(x,\ y)$ の軌跡の方程式は □ である。〈藤田保衛大〉

Challenge

平面上の3点 A$(0,\ 2)$，B$(1,\ -2)$，C$(-2,\ 0)$ に対し，$\mathrm{AP}^2=\mathrm{BP}^2+\mathrm{CP}^2$ を満たす点 P$(x,\ y)$ の軌跡である円の中心の座標は □ で，半径は □ である。

〈福岡工大〉

28 媒介変数と軌跡

tを実数の定数とするとき，放物線 $y=x^2-2tx+3$ について，次の問いに答えよ。

(1) 頂点の座標を t で表せ

(2) tがすべての実数値をとって変化するとき，頂点の軌跡を求めよ。

〈甲南大〉

解 (1) $y=x^2-2tx+3$
$=(x-t)^2-t^2+3$

←頂点を求めるには平方完成する。

よって，頂点の座標は $(\boldsymbol{t},\ -\boldsymbol{t}^2+3)$

(2) 頂点を $\mathrm{P}(x,\ y)$ とおくと

←頂点を $\mathrm{P}(x,\ y)$ とおく。

$$\begin{cases} x=t & \cdots\cdots① \\ y=-t^2+3 & \cdots\cdots② \end{cases}$$

←x，y は t で表される。t の変化によって，x，y も変化する。このような t を媒介変数という。

①を②に代入して，tを消去すると

$$y=-x^2+3$$

←軌跡は x，y の関係式。

よって，放物線 $\boldsymbol{y=-x^2+3}$

アドバイス

◤媒介変数で表された軌跡の求め方◢

例題のような媒介変数で表される点の軌跡は，次の手順で考える。

- 求める軌跡上の点を $\mathrm{P}(x,\ y)$ で表す。
- x，y を媒介変数（t など）で表す。
- tを消去して，x，y の関係式にする

これで解決！

媒介変数で表される点 P の軌跡

$\mathrm{P}(x,\ y)$ とおいて ➡ $x=$○，$y=$●（媒介変数）➡ 媒介変数を消去して x，y の関係式に

PS 媒介変数は x と y の関係をとりもつ変数で，消去すれば x と y の直接の関係が表され，その関係式が軌跡を表す方程式になる。

練習28 aを定数とする放物線 $y=x^2+2ax-a^2+3a+1$ について，頂点の座標は（□，□）である。aが実数全体を動くとき，頂点の軌跡の方程式は $y=$□ である。

〈東京薬大〉

Challenge

方程式 $x^2+y^2+ax+by+7=0$ が半径1の円を表すように a，b を動かすとき，その円の中心のえがく軌跡の方程式を求めよ。

〈東北学院大〉

29 動点と軌跡

Oを原点とするxy平面において，円 $(x-6)^2+y^2=9$ 上を動く点Pがある。このとき，線分OPを $1:2$ に内分する点Qの軌跡の方程式を求めよ。

〈類　千葉工大〉

解 $\mathrm{P}(s,\ t)$，$\mathrm{Q}(x,\ y)$ とすると

⬅PとQを$(s,\ t)$，$(x,\ y)$の別々の文字で表す。

Pは円周上にあるから

$(s-6)^2+t^2=9$ ……①

を満たす。

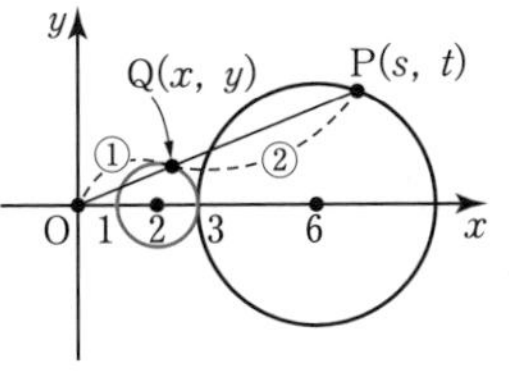

QはOPを $1:2$ に内分するから

$$x=\frac{2\cdot 0+1\cdot s}{1+2},\quad y=\frac{2\cdot 0+1\cdot t}{1+2}$$

⬅$\mathrm{P}(s,\ t)$，$\mathrm{Q}(x,\ y)$との関係を式にする。

これより

$s=3x$，$t=3y$　⬅求めるのはx，yの関係式。

として①に代入すると

$(3x-6)^2+(3y)^2=9$　⬅両辺を9で割るとき，$(\quad)^2$の中は3で割ればよい。

よって，**円 $(x-2)^2+y^2=1$**

アドバイス

- はじめに図形上を動く点Pがあり，それにともなって動く点Qの軌跡である。
- Pの動きがQに伝わるとき，PがQの媒介変数となり，Pのs，tの関係式がすりかわってQのx，yの関係式が出てくるしくみだ。

これで解決！

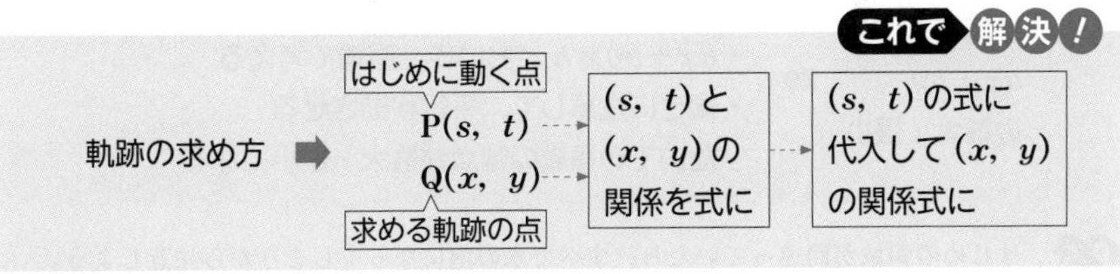

練習29　座標平面上の円 $x^2+y^2=1$ 上を動く点Pと点$\mathrm{A}(2,\ 0)$を結ぶ線分の中点Qの軌跡の方程式を求めよ。

〈立教大〉

Challenge

平面上の2点$\mathrm{A}(-2,\ -2)$，$\mathrm{B}(1,\ -4)$と円 $x^2-2x+y^2-2y-2=0$ 上の点Pを頂点とする△ABPを考える。Pが円周上を動いたとき，△ABPの重心Gの軌跡の方程式を求めよ。

〈三重大〉

30 領域における最大・最小

x, y が不等式 $y \leqq 2x$, $2y \geqq x$, $x+y \leqq 3$ を満たすとき，$2x+y$ の最大値，最小値を求めよ。 〈近畿大〉

解

境界は $\begin{cases} y=2x & \cdots\cdots① \\ y=\dfrac{1}{2}x & \cdots\cdots② \\ y=-x+3 & \cdots\cdots③ \end{cases}$

⬇領域を図示するにはまず，境界をかく。

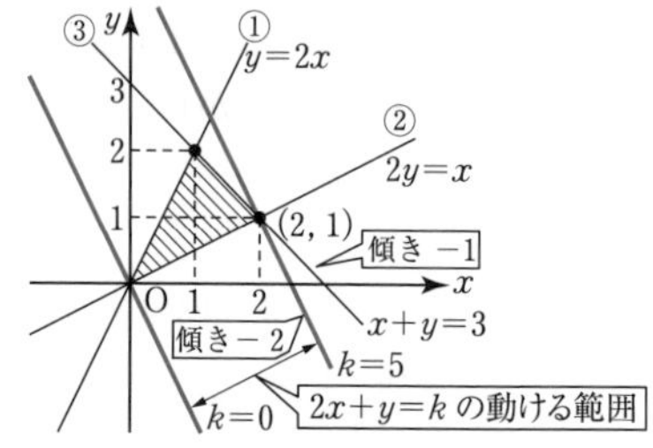

⬆$y=-2x+k$ は k の値によって $y=-2x$ を上，下に平行移動したもの。

領域は右図の境界を含む斜線部分。

②と③の交点は $(2,\ 1)$

①と③の交点は $(1,\ 2)$

$2x+y=k$ とおいて

直線 $y=-2x+k$ で考える。

点 $(2,\ 1)$ を通るとき最大で $k=2\cdot2+1=\mathbf{5}$（最大値）

点 $(0,\ 0)$ を通るとき最小で $k=2\cdot0+0=\mathbf{0}$（最小値）

アドバイス

- $(x,\ y)$ が領域の内部を動くとき，与えられた式 $ax+by$ の最大値，最小値は $ax+by=k$ とおいて，直線で考えるのが基本だ。
- 傾きに注意して，領域の端点を通るときを慎重に調べよう。

これで解決！

領域における $\boldsymbol{ax+by}$ の最大・最小 ➡
- まず，境界をかき，領域を図示する
- $\boldsymbol{ax+by=k}$ とおいて，直線で考える
- 傾きに注意して，平行移動させる
- たいてい領域の端点が最大・最小になる

PS はじめの領域が間違っていたら，すべて水の泡になってしまうから注意しよう。

練習30 連立不等式 $x-y-1 \leqq 0$, $x-3y+9 \geqq 0$, $2x+y+4 \geqq 0$ の表す領域を D とする。

(1) 領域 D を図示せよ。

(2) 点 $(x,\ y)$ が領域 D を動くとき，$y-2x$ の最大値と最小値を求めよ。

〈北海学園大〉

Challenge

x, y が2つの不等式 $y \geqq 0$, $x^2+y^2-4x-2y \leqq 0$ を満たすとき，$y-x$ の最大値は ▭，最小値は ▭ である。 〈広島工大〉

31 弧度法と三角関数の値

次の値を求めよ。

(1)　$\sin\frac{2}{3}\pi+\cos\frac{5}{6}\pi+\tan\frac{\pi}{4}$　〈岡山商大〉

(2)　$2\tan\frac{4}{3}\pi\cos\frac{5}{3}\pi$　〈千葉工大〉

(1)　$\sin\frac{2}{3}\pi+\cos\frac{5}{6}\pi+\tan\frac{\pi}{4}$

$=\frac{\sqrt{3}}{2}-\frac{\sqrt{3}}{2}+1$

$=\mathbf{1}$

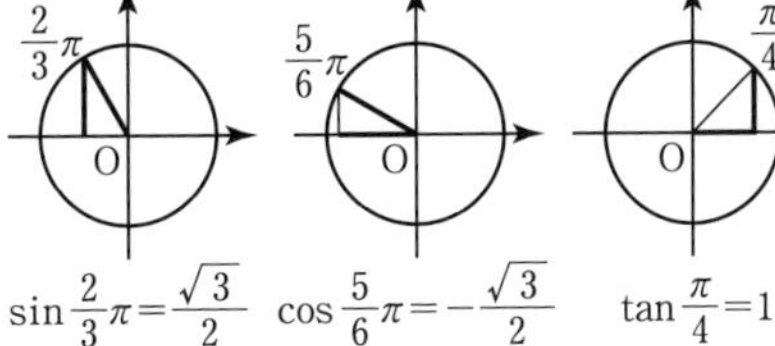

(2)　$2\tan\frac{4}{3}\pi\cos\frac{5}{3}\pi$

$=2\cdot\sqrt{3}\cdot\frac{1}{2}$

$=\sqrt{\mathbf{3}}$

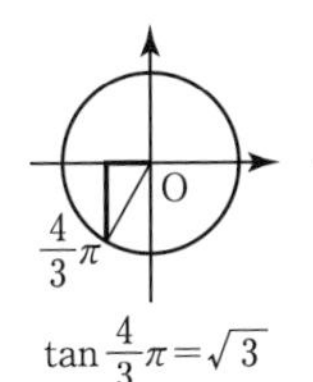

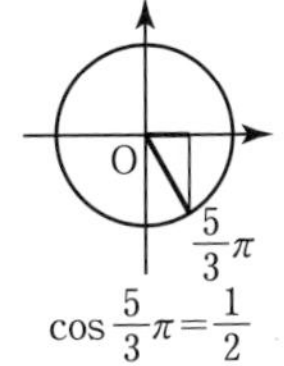

アドバイス

- 三角関数の値を求めるのに暗記している人もいるだろうが，暗記は応用がきかないし，間違いやすい。
- 単位円をかいて，与えられた角 θ をとり，定義に従って求めることをすすめる。

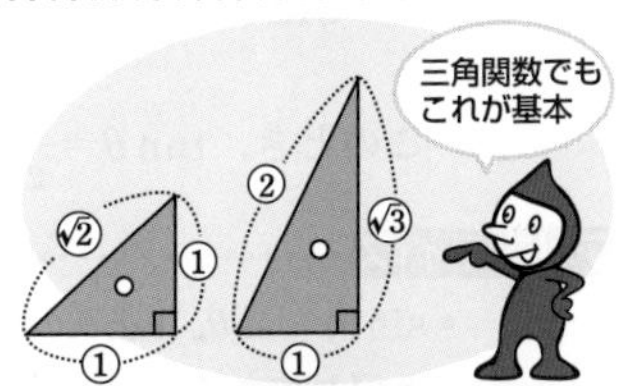

これで解決！

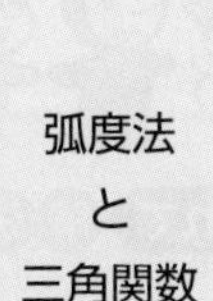

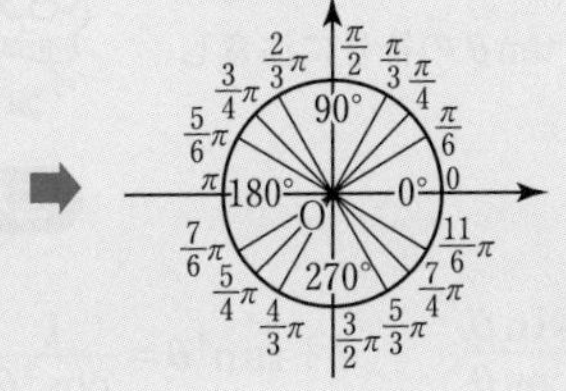

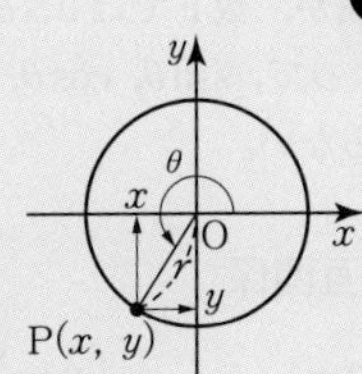

$$\sin\theta=\frac{y}{r}$$

$$\cos\theta=\frac{x}{r}$$

$$\tan\theta=\frac{y}{x}$$

練習31　次の値を求めよ。

(1)　$\sin\frac{\pi}{6}\cos\frac{2}{3}\pi+\cos\left(-\frac{\pi}{6}\right)\cos\frac{\pi}{6}$　〈久留米工大〉

(2)　$\sin\frac{\pi}{4}\cos\frac{\pi}{4}-\sin\frac{3}{4}\pi\cos\frac{3}{4}\pi+\sin\frac{5}{4}\pi\cos\frac{5}{4}\pi-\sin\frac{7}{4}\pi\cos\frac{7}{4}\pi$　〈日本大〉

Challenge

$\sin\left(\pi\cos\frac{\pi}{3}\right)+\cos\left(\frac{3}{2}\pi+\pi\sin\frac{\pi}{6}\right)$ の値を求めよ。　〈日本大〉

32 三角関数の相互関係

$\cos\theta=\dfrac{\sqrt{6}}{3}$ $(0\leqq\theta\leqq 2\pi)$ のとき $\sin\theta$，$\tan\theta$ の値を求めよ。

〈類　名古屋学院大〉

解 $\cos\theta=\dfrac{\sqrt{6}}{3}>0$ だから $0<\theta<\dfrac{\pi}{2}$ または $\dfrac{3}{2}\pi<\theta<2\pi$

⬅まず，$\cos\theta=\dfrac{\sqrt{6}}{3}$ の条件より θ がどこの角なのか押さえておく。

$\sin^2\theta+\cos^2\theta=1$ より　$\sin^2\theta=1-\cos^2\theta$

$\sin^2\theta=1-\left(\dfrac{\sqrt{6}}{3}\right)^2=\dfrac{1}{3}$　よって，$\sin\theta=\pm\dfrac{\sqrt{3}}{3}$

sinθの符号

$\dfrac{\pi}{2}$ ＋ ＋ 0 π O 2π － － $\dfrac{3}{2}\pi$

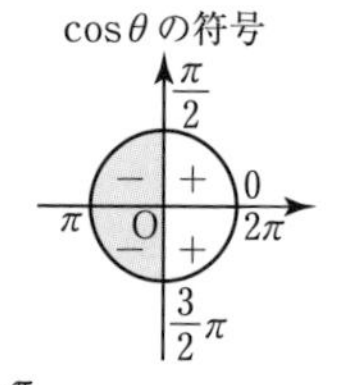

(i) $0<\theta<\dfrac{\pi}{2}$ のとき $\sin\theta>0$ だから

$\boldsymbol{\sin\theta=\dfrac{\sqrt{3}}{3}}$

このとき，$\boldsymbol{\tan\theta}=\dfrac{\sin\theta}{\cos\theta}=\dfrac{\sqrt{3}}{3}\times\dfrac{3}{\sqrt{6}}=\boldsymbol{\dfrac{\sqrt{2}}{2}}$

tanθの符号

$\dfrac{\pi}{2}$ － ＋ 0 π O 2π ＋ － $\dfrac{3}{2}\pi$

(ii) $\dfrac{3}{2}\pi<\theta<2\pi$ のとき $\sin\theta<0$ だから

$\boldsymbol{\sin\theta=-\dfrac{\sqrt{3}}{3}}$

このとき，$\boldsymbol{\tan\theta}=\dfrac{\sin\theta}{\cos\theta}=-\dfrac{\sqrt{3}}{3}\times\dfrac{3}{\sqrt{6}}=\boldsymbol{-\dfrac{\sqrt{2}}{2}}$

アドバイス

- $\sin\theta$，$\cos\theta$，$\tan\theta$ の相互関係は，数Ⅰで学んだものと同じである。数Ⅰでは $0°\leqq\theta\leqq 180°$ $(0\leqq\theta\leqq\pi)$ であった θ の範囲が，数Ⅱでは $0\leqq\theta\leqq 2\pi$ まで拡張された。
- θ の範囲によって，$\sin\theta$，$\cos\theta$，$\tan\theta$ の符号に注意しなくてはならない。

これで解決！

三角関数の相互関係

$$\sin^2\theta+\cos^2\theta=1,\qquad \tan\theta=\frac{\sin\theta}{\cos\theta},\qquad 1+\tan^2\theta=\frac{1}{\cos^2\theta}$$

PS $\sin\theta$，$\cos\theta$，$\tan\theta$ どれか1つわかれば相互関係からすべてわかる。

練習32 $\sin\theta=\dfrac{\sqrt{5}}{5}$ $(0\leqq\theta\leqq 2\pi)$ のとき，$\cos\theta$，$\tan\theta$ の値を求めよ。〈類　東海大〉

Challenge

$\tan\theta=-3$ $(0\leqq\theta\leqq 2\pi)$ のとき，$\cos\theta+2\sin\theta$ の値を求めよ。〈大阪工大〉

33 三角関数のグラフ

次の三角関数のグラフをかけ。

(1)　$y=\sin 2\theta$　　　　(2)　$y=\cos\left(\theta-\dfrac{\pi}{3}\right)$

解　(1)　$\sin 2\theta$ のおもな値を調べる。

2θ	…	$-\frac{\pi}{2}$	…	0	…	$\frac{\pi}{2}$	…	π	…	$\frac{3}{2}\pi$	…	2π	…
θ	…	$-\frac{\pi}{4}$	…	0	…	$\frac{\pi}{4}$	…	$\frac{\pi}{2}$	…	$\frac{3}{4}\pi$	…	π	…
$\sin 2\theta$	↘	-1	↗	0	↗	1	↘	0	↘	-1	↗	0	↗

$\sin 2\theta$ が 1，0，-1 となる θ を求めてその点をとる。θ の間隔は同じ幅で並ぶ。

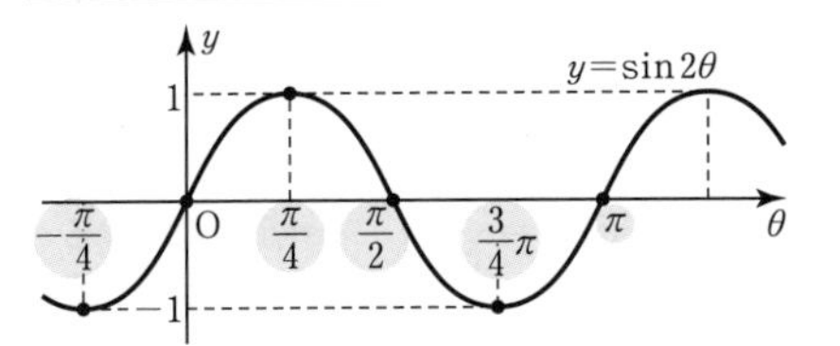

グラフのかき方

(i) 表で求めた特別な値の点 ● をとる。

(ii) ● を滑らかに結び，波の形になるようにする。

(2)　$\cos\left(\theta-\dfrac{\pi}{3}\right)$ のおもな値を調べる。

$\theta-\frac{\pi}{3}$	…	$-\frac{\pi}{2}$	…	0	…	$\frac{\pi}{2}$	…	π	…	$\frac{3}{2}\pi$	…	2π	…
θ	…	$-\frac{\pi}{6}$	…	$\frac{\pi}{3}$	…	$\frac{5}{6}\pi$	…	$\frac{4}{3}\pi$	…	$\frac{11}{6}\pi$	…	$\frac{7}{3}\pi$	…
$\cos\left(\theta-\frac{\pi}{3}\right)$	↗	0	↗	1	↘	0	↘	-1	↗	0	↗	1	↘

$\cos\left(\theta-\dfrac{\pi}{3}\right)$ が 1，0，-1 となる θ を求めてその点をとる。θ の間隔は同じ幅で並ぶ。

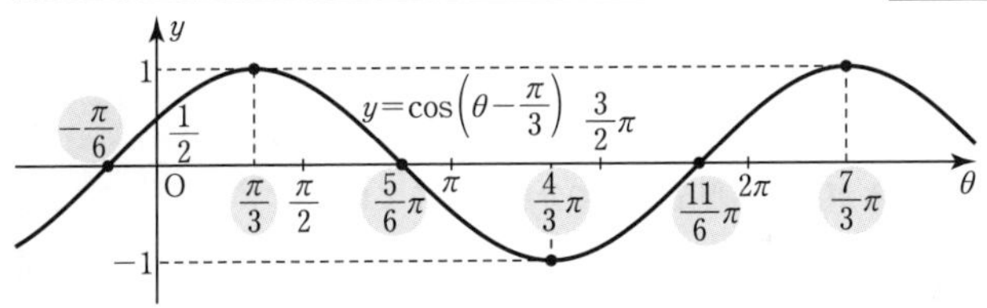

アドバイス

• 三角関数のグラフのかき方にはいろいろな方法があるが，このように，特別な点（sin，cos なら 1，0，-1 となる点）をはじめにとって，滑らかに結ぶとよい。

これで解決！

三角関数のグラフのかき方 ➡

$y=\sin$ ○，$y=\cos$ ○　1，0，-1 となる θ を求め，その点をとる。θ の間隔は同じ幅にとればよい。

$y=\tan$ ○　漸近線が通る $-\dfrac{\pi}{2}$，$\dfrac{\pi}{2}$，$\dfrac{3}{2}\pi$ となる θ を求め，はじめに漸近線をかく。

練習33　次の三角関数のグラフをかけ。

(1)　$y=2\sin\dfrac{\theta}{2}$　$(0\leqq\theta\leqq 4\pi)$　　　(2)　$y=\cos\left(\theta+\dfrac{\pi}{6}\right)$　$(0\leqq\theta\leqq 2\pi)$

Challenge

関数 $y=\sin\left(2x+\dfrac{\pi}{6}\right)$ のグラフを $-\pi\leqq x\leqq\pi$ の範囲でかけ。　〈津田塾大〉

34 加法定理

$\sin\alpha=\frac{2}{3}$，$\cos\beta=\frac{3}{5}$ $\left(ただし，0<\alpha<\frac{\pi}{2}，0<\beta<\frac{\pi}{2}\right)$ のとき，

$\sin(\alpha+\beta)=$□，$\cos(\alpha+\beta)=$□ となる。　〈静岡理工科大〉

解　$\cos^2\alpha=1-\sin^2\alpha=1-\left(\frac{2}{3}\right)^2=\frac{5}{9}$

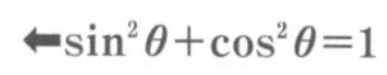

$0<\alpha<\frac{\pi}{2}$ だから $\cos\alpha>0$　よって，$\cos\alpha=\frac{\sqrt{5}}{3}$　⬅α の範囲から $\cos\alpha>0$ であることを確認。

$\sin^2\beta=1-\cos^2\beta=1-\left(\frac{3}{5}\right)^2=\frac{16}{25}$

$0<\beta<\frac{\pi}{2}$ だから $\sin\beta>0$　よって，$\sin\beta=\frac{4}{5}$　⬅β の範囲から $\sin\beta>0$ であることを確認。

$$\sin(\alpha+\beta)=\sin\alpha\cos\beta+\cos\alpha\sin\beta$$

$$=\frac{2}{3}\cdot\frac{3}{5}+\frac{\sqrt{5}}{3}\cdot\frac{4}{5}=\mathbf{\frac{6+4\sqrt{5}}{15}}$$

$$\cos(\alpha+\beta)=\cos\alpha\cos\beta-\sin\alpha\sin\beta$$

$$=\frac{\sqrt{5}}{3}\cdot\frac{3}{5}-\frac{2}{3}\cdot\frac{4}{5}=\mathbf{\frac{-8+3\sqrt{5}}{15}}$$

アドバイス

- 三角関数では，次のような変形はできない。
  $\sin75°=\sin(30°+45°)\neq\sin30°+\sin45°$
  少し面倒であるが加法定理を使って分解しなくてはならない。
- 加法定理は公式の基本となる式。これからは2倍角の公式等，あらゆる公式が導かれる。忘れたら三角関数は give up！

三角関数の加法定理 ➡

$$\sin(\alpha\pm\beta)=\sin\alpha\cos\beta\pm\cos\alpha\sin\beta$$

$$\cos(\alpha\pm\beta)=\cos\alpha\cos\beta\mp\sin\alpha\sin\beta$$

$$\tan(\alpha\pm\beta)=\frac{\tan\alpha\pm\tan\beta}{1\mp\tan\alpha\tan\beta}$$　（複号同順）

練習34　$\sin\alpha=\frac{4}{5}$ $\left(\frac{\pi}{2}<\alpha<\pi\right)$，$\cos\beta=\frac{5}{13}$ $\left(0<\beta<\frac{\pi}{2}\right)$ のとき，$\sin(\alpha+\beta)=$□，$\cos(\alpha-\beta)=$□ である。　〈大阪電通大〉

Challenge

$\tan\alpha=2$ $\left(0<\alpha<\frac{\pi}{2}\right)$，$\tan\beta=3$ $\left(0<\beta<\frac{\pi}{2}\right)$ であるとき，$\alpha+\beta=$□ である。

〈大阪薬大〉

35　2倍角の公式

$\cos\theta=\frac{1}{5}$ のとき，次の値を求めよ。ただし，$\pi\leqq\theta\leqq2\pi$ とする。

(1)　$\sin2\theta$　　　(2)　$\cos\frac{\theta}{2}$　　　〈福井工大〉

解　$\cos\theta>0$ より $\frac{3}{2}\pi<\theta<2\pi$ だから $\sin\theta<0$

$$\sin\theta=-\sqrt{1-\cos^2\theta}=-\sqrt{1-\left(\frac{1}{5}\right)^2}=-\frac{2\sqrt{6}}{5}$$

(1)　$\sin2\theta=2\sin\theta\cos\theta=2\cdot\left(-\frac{2\sqrt{6}}{5}\right)\cdot\frac{1}{5}=-\boldsymbol{\frac{4\sqrt{6}}{25}}$

(2)　$\cos^2\frac{\theta}{2}=\frac{1+\cos\theta}{2}=\frac{1}{2}\left(1+\frac{1}{5}\right)=\frac{3}{5}$

$\pi\leqq\theta\leqq2\pi$ より $\frac{\pi}{2}\leqq\frac{\theta}{2}\leqq\pi$ だから $\cos\frac{\theta}{2}\leqq0$

よって，　$\cos\frac{\theta}{2}=-\sqrt{\frac{3}{5}}=-\boldsymbol{\frac{\sqrt{15}}{5}}$

⬅必ず θ の範囲を押さえて正，負を確認する。

半角の公式の導き方

$\cos2\theta=2\cos^2\theta-1$

を逆に見て

$2\cos^2\theta=1+\cos2\theta$

$\cos^2\theta=\frac{1+\cos2\theta}{2}$

$\theta\to\frac{\alpha}{2}$ にすると

$\boldsymbol{\cos^2\frac{\alpha}{2}=\frac{1+\cos\alpha}{2}}$

アドバイス

- 2倍角の公式は加法定理で　$\alpha=\beta=\theta$　とおくと出てくる。

$\sin(\theta+\theta)=\sin\theta\cos\theta+\cos\theta\sin\theta$　　$\cos(\theta+\theta)=\cos\theta\cos\theta-\sin\theta\sin\theta$

$\sin2\theta=2\sin\theta\cos\theta$　　$\cos2\theta=\cos^2\theta-\sin^2\theta$

忘れても加法定理からすぐ導けるから心配しないように。

これで解決！

2倍角の公式 ➡ $\sin2\theta=2\sin\theta\cos\theta$

$\left(\theta と 2\theta，\theta と \frac{\theta}{2} をつなぐ式\right)$

$\cos2\theta=\cos^2\theta-\sin^2\theta$　　（半角の公式）

$=2\cos^2\theta-1\longrightarrow\cos^2\theta=\frac{1+\cos2\theta}{2}$

$=1-2\sin^2\theta\longrightarrow\sin^2\theta=\frac{1-\cos2\theta}{2}$

PS　tan の公式　$\tan2\theta=\frac{2\tan\theta}{1-\tan^2\theta}$，$\tan^2\theta=\frac{1-\cos2\theta}{1+\cos2\theta}$ は tan を $\frac{\sin}{\cos}$ で表せば求められるので，まず sin と cos の公式を使えるようにしよう。

練習35　$\frac{\pi}{2}<\theta<\pi$ で $\cos\theta=-\frac{1}{3}$ のとき，$\sin2\theta=$□，$\tan2\theta=$□　〈玉川大〉

Challenge

$0<\theta<\pi$ とする。$\cos\theta=\frac{3}{4}$ のとき，$\cos2\theta=$□，$\sin\frac{\theta}{2}=$□　〈東海大〉

36 三角関数の合成

$0 \leqq \theta \leqq 2\pi$ のとき，$y=\sin\theta+\sqrt{3}\cos\theta$ の最大値は［　　］，最小値は［　　］となる。 〈北海道薬大〉

解

$y=\sin\theta+\sqrt{3}\cos\theta$

$=\sqrt{1^2+(\sqrt{3})^2}\sin\left(\theta+\dfrac{\pi}{3}\right)$

$=2\sin\left(\theta+\dfrac{\pi}{3}\right)$

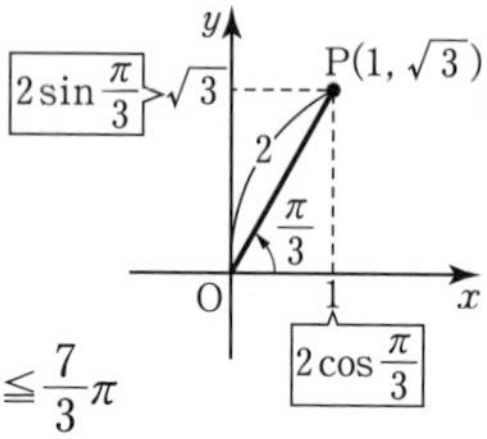

$\sin\theta$ と $\cos\theta$ の係数 1 と $\sqrt{3}$ を左図のように $\sin\dfrac{\pi}{3}$ と $\cos\dfrac{\pi}{3}$ を使って表すと，次のような変形ができる。

$0 \leqq \theta \leqq 2\pi$　より　$\dfrac{\pi}{3} \leqq \theta+\dfrac{\pi}{3} \leqq \dfrac{7}{3}\pi$

だから　$-1 \leqq \sin\left(\theta+\dfrac{\pi}{3}\right) \leqq 1$

よって，$\sin\left(\theta+\dfrac{\pi}{3}\right)=1$　$\left(\theta=\dfrac{\pi}{6}\right)$　のとき

最大値 2

$\sin\left(\theta+\dfrac{\pi}{3}\right)=-1$　$\left(\theta=\dfrac{7}{6}\pi\right)$　のとき

最小値 −2

$y=1\cdot\sin\theta+\sqrt{3}\cdot\cos\theta$

$=2\cos\dfrac{\pi}{3}\sin\theta+2\sin\dfrac{\pi}{3}\cos\theta$

$=2\left(\sin\theta\cos\dfrac{\pi}{3}+\cos\theta\sin\dfrac{\pi}{3}\right)$

加法定理より

$=2\sin\left(\theta+\dfrac{\pi}{3}\right)$

アドバイス

- 右上の変形を一般化したものが三角関数の合成の公式だ。この公式は実戦で出題されたとき，使えないとすべて終わってしまう。
- 公式の point は角 α のとり方だ。$\sin\theta$ の係数 a を x，$\cos\theta$ の係数 b を y にとると覚えよう。

これで解決！

$$\boldsymbol{a\sin\theta+b\cos\theta=\sqrt{a^2+b^2}\sin(\theta+\alpha)}$$

三角関数の合成 ➡

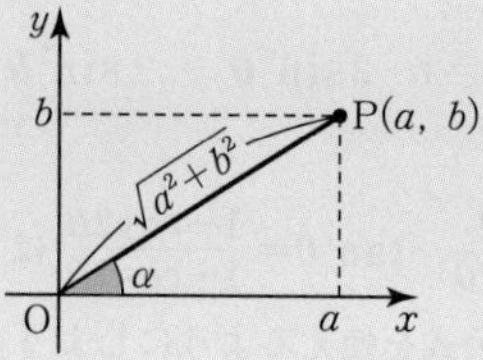

ただし

$\cos\alpha=\dfrac{a}{\sqrt{a^2+b^2}}$

$\sin\alpha=\dfrac{b}{\sqrt{a^2+b^2}}$

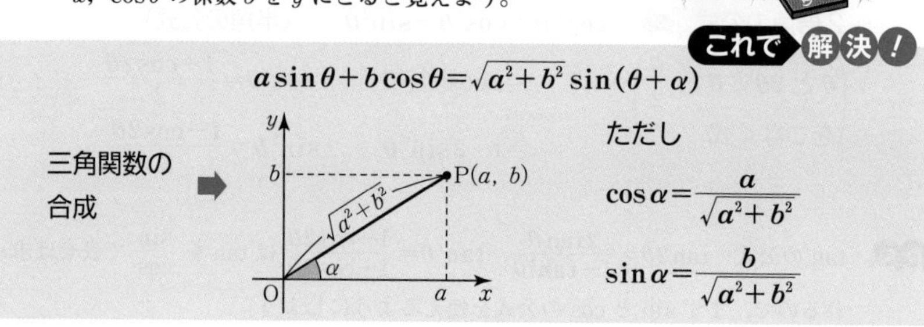

練習36　$0 \leqq \theta \leqq 2\pi$ のとき，次の最大値，最小値を求めよ。

(1)　$y=\sin\theta-\sqrt{3}\cos\theta+1$　〈山梨大〉　(2)　$y=5\sin\theta-12\cos\theta$　〈東洋大〉

Challenge

$0 \leqq \theta < 2\pi$ のとき，方程式 $\sin\theta-\cos\theta=\dfrac{1}{\sqrt{2}}$ を解け。 〈東京都市大〉

37 $\cos 2\theta$ と $\sin\theta$，$\cos\theta$ がある式

関数 $y=2\sqrt{3}\sin\theta-\cos 2\theta$ $(0\leqq\theta\leqq 2\pi)$ の最大値と最小値を求め，そのときの θ の値を求めよ。〈福島大〉

解

$y=2\sqrt{3}\sin\theta-\cos 2\theta$

$=2\sqrt{3}\sin\theta-(1-2\sin^2\theta)$

$=2\sin^2\theta+2\sqrt{3}\sin\theta-1$

⬅$\cos 2\theta=1-2\sin^2\theta$ で y を $\sin\theta$ の関数として表す。

$\sin\theta=t$ とおくと　$-1\leqq t\leqq 1$ で

⬅$0\leqq\theta<2\pi$ だから $-1\leqq\sin\theta\leqq 1$ よって，$-1\leqq t\leqq 1$

$y=2t^2+2\sqrt{3}t-1=2(t^2+\sqrt{3}t)-1$

$=2\left(t+\dfrac{\sqrt{3}}{2}\right)^2-\dfrac{5}{2}$ $(-1\leqq t\leqq 1)$

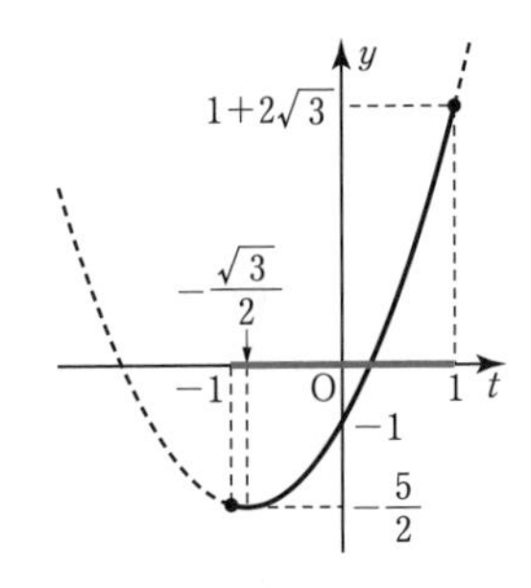

右のグラフより

$t=1$，すなわち $\sin\theta=1$　より

$\theta=\dfrac{\pi}{2}$ のとき，最大値 $1+2\sqrt{3}$

$t=-\dfrac{\sqrt{3}}{2}$，すなわち $\sin\theta=-\dfrac{\sqrt{3}}{2}$　より

$\theta=\dfrac{4}{3}\pi$，$\dfrac{5}{3}\pi$ のとき，最小値 $-\dfrac{5}{2}$

アドバイス

- 2θ と θ が1つの式の中にあるとき，2倍角の公式で θ に統一すると考えてよい。
- それと同時に，$\sin\theta$ か $\cos\theta$ のどちらかに統一する。また，t の関数で表したとき，t のとりうる範囲にも気をつけよう。

これで解決！

$\cos 2\theta$ と $\sin\theta$，$\cos\theta$ で表された式 ➡ $\cos 2\theta$ ⇢ $1-2\sin^2\theta$ で $\sin\theta$ ／ $2\cos^2\theta-1$ で $\cos\theta$ に統一

練習37　関数 $y=3\cos^2 x-\cos 2x+\sin x$ $\left(-\dfrac{\pi}{2}\leqq x\leqq\dfrac{\pi}{2}\right)$ について考える。

(1)　$\sin x=t$ とおくと，y は t の関数として $y=\square t^2+t+\square$ と表せる。

(2)　y は $x=\square$ のとき最大値 $\square$ をとり，$x=\square$ のとき最小値 $\square$ をとる。〈金沢工大〉

Challenge

$0\leqq x<2\pi$ のとき，不等式 $\cos 2x+3\cos x-1<0$ を解け。〈学習院大〉

38 $t=\sin x+\cos x$ とおく関数

関数 $y=\sin 2x+\sin x+\cos x$ について，次の問いに答えよ。

(1) $t=\sin x+\cos x$ とおいて，y を t の式で表せ。

(2) $0\leqq x\leqq \pi$ のとき，y の最大値と最小値を求めよ。　〈類　法政大〉

解

(1) $t=\sin x+\cos x$ の両辺を 2 乗して

$t^2=1+2\sin x\cos x=1+\sin 2x$

$\sin 2x=t^2-1$

$y=\sin 2x+\sin x+\cos x$ に代入して

$\boldsymbol{y=t^2+t-1}$

⬅ $(\sin x+\cos x)^2$
$=\sin^2 x+2\sin x\cos x+\cos^2 x$
$=1+2\sin x\cos x$
$(\sin 2x=2\sin x\cos x)$

(2) $t=\sin x+\cos x=\sqrt{2}\sin\left(x+\dfrac{\pi}{4}\right)$

⬅三角関数の合成（36参照）

$0\leqq x\leqq \pi$ より $\dfrac{\pi}{4}\leqq x+\dfrac{\pi}{4}\leqq \dfrac{5}{4}\pi$ だから

$-\dfrac{1}{\sqrt{2}}\leqq \sin\left(x+\dfrac{\pi}{4}\right)\leqq 1$　より　$-1\leqq t\leqq \sqrt{2}$

$y=t^2+t-1\ (-1\leqq t\leqq \sqrt{2})$

$=\left(t+\dfrac{1}{2}\right)^2-\dfrac{5}{4}$

右のグラフより

最大値 $1+\sqrt{2}$，最小値 $-\dfrac{5}{4}$

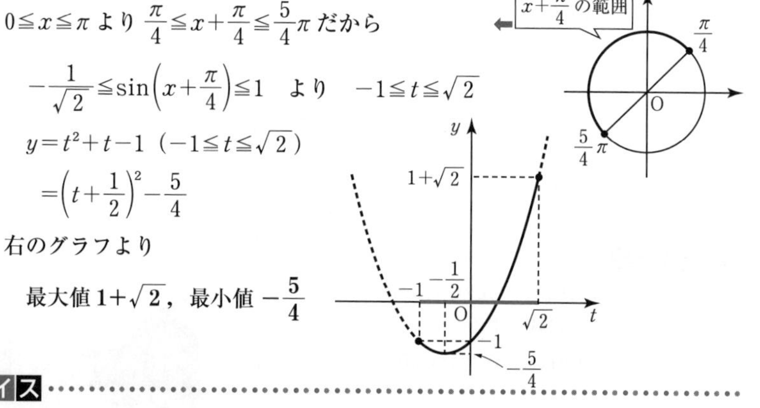

アドバイス

- $t=\sin x+\cos x$ とおくとき，まず両辺を 2 乗して $2\sin x\cos x=t^2-1$ の式をつくろう。それから，t の関数で表すことを考える。
- また，t の範囲は合成の公式を使って $t=r\sin(x+\alpha)$ の形にして求める。このとき，角 $(x+\alpha)$ の動く範囲をしっかり確認して t の範囲を押さえよう。

これで解決！

$t=\sin x+\cos x$ とおく関数 ➡ 両辺を 2 乗して $2\sin x\cos x=t^2-1$ をつくる
t の範囲は $t=\sqrt{2}\sin\left(x+\dfrac{\pi}{4}\right)$ として求める

練習 38　$y=\sin 2x-2(\sin x+\cos x)\ (0\leqq x\leqq \pi)$ とするとき，次の問いに答えよ。

(1) $t=\sin x+\cos x$ とするとき，y を t の式で表せ。　〈類　東北学院大〉

(2) t のとりうる値の範囲を求めよ。　(3) y の最大値と最小値を求めよ。

Challenge

上の問題で，(3)の最大値と最小値をとるときの x の値を求めよ。

39 指数法則と指数の計算

次の式を簡単にせよ。(ただし，$a>0$)

(1)　$2^{\frac{5}{3}}\times2^{\frac{3}{2}}\div2^{\frac{7}{6}}$　〈順天堂大〉

(2)　$\sqrt{a}\times\sqrt[3]{a^2}\div\sqrt[6]{a}$　〈久留米工大〉

(3)　$\sqrt[3]{125}+\sqrt[3]{-625}+\dfrac{25}{\sqrt[3]{25}}$　〈鶴見歯大〉

解

(1)　$2^{\frac{5}{3}}\times2^{\frac{3}{2}}\div2^{\frac{7}{6}}$

$=2^{\frac{5}{3}+\frac{3}{2}-\frac{7}{6}}=2^{\frac{10+9-7}{6}}$

$=2^{\frac{12}{6}}=2^2=\mathbf{4}$

(2)　$\sqrt{a}\times\sqrt[3]{a^2}\div\sqrt[6]{a}$

$=a^{\frac{1}{2}}\times a^{\frac{2}{3}}\div a^{\frac{1}{6}}$

$=a^{\frac{1}{2}+\frac{2}{3}-\frac{1}{6}}=a^{\frac{3+4-1}{6}}$

$=a^{\frac{6}{6}}=\boldsymbol{a}$

(3)　$\sqrt[3]{125}+\sqrt[3]{-625}+\dfrac{25}{\sqrt[3]{25}}$

$=\sqrt[3]{5^3}-\sqrt[3]{5^4}+\dfrac{5^2}{5^{\frac{2}{3}}}$

$=5^{\frac{3}{3}}-5^{\frac{4}{3}}+5^2\div5^{\frac{2}{3}}$

$=5-5^{\frac{4}{3}}+5^{\frac{4}{3}}$

$=\mathbf{5}$

⬅ $\sqrt[3]{-625}=-\sqrt[3]{625}$
外に出す

アドバイス

指数の計算は指数法則に従って計算していけば簡単な形になるが，その前に次のことは知っておこう。

- 大きな数は，素因数分解して累乗の形 ($2^{○}$，$3^{△}$，$5^{□}$，……など) で表す。
- $\sqrt[3]{-a}=-\sqrt[3]{a}$，$\sqrt[5]{-a}=-\sqrt[5]{a}$ のように奇数乗根の中の $-$ は外に出す。
- 累乗根 $\sqrt[n]{a^m}$ は $a^{\frac{m}{n}}$ の形で計算するほうが簡潔である。

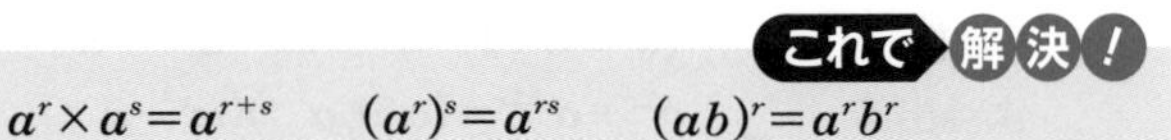

指数法則と指数の計算 ➡

$\boldsymbol{a^r\times a^s=a^{r+s}}$　$\boldsymbol{(a^r)^s=a^{rs}}$　$\boldsymbol{(ab)^r=a^rb^r}$

$\boldsymbol{\dfrac{a^s}{a^r}=a^{s-r}}$　$\boldsymbol{\left(\dfrac{a}{b}\right)^r=\dfrac{a^r}{b^r}}$　$\left(\begin{array}{l}\boldsymbol{a>0,\ b>0}\\ \boldsymbol{r} \text{ と } \boldsymbol{s} \text{ は実数}\end{array}\right)$

$\boldsymbol{n}$ が奇数　$\sqrt[n]{●-a}\to●-\sqrt[n]{a}$　外に出す

符号が変わる　$●\div a^{r}\to●\times a^{-r}$　÷を×にすると

練習39　次の式を簡単にせよ。(ただし，$a>0$，$b>0$)

(1)　$\dfrac{27^{-1}}{9^{-2}\times3^{-1}}$　〈東北工大〉

(2)　$\dfrac{\sqrt[3]{a^2}\times\sqrt[4]{a}}{\sqrt[6]{a}}$　〈近畿大〉

(3)　$4^{-\frac{3}{2}}\times27^{\frac{1}{3}}\div\sqrt{16^{-3}}$　〈立教大〉

(4)　$\sqrt[3]{\sqrt{a^7b^2\sqrt{a^5b^4}}}\div\dfrac{a}{b}$　〈湘南工科大〉

Challenge

$\sqrt[3]{24}+\dfrac{4}{3}\sqrt[6]{9}+\sqrt[3]{-\dfrac{1}{9}}$ を簡単にせよ。　〈東洋大〉

40 指数と式の値

(1) $2^x=3$ のとき，$\dfrac{2^{3x}-2^{-3x}}{2^x-2^{-x}}=\boxed{}$ である。〈福岡工大〉

(2) $2^x+2^{-x}=3$ のとき，$4^x+4^{-x}=\boxed{}$ である。〈東海大〉

解

(1) $\dfrac{2^{3x}-2^{-3x}}{2^x-2^{-x}}=\dfrac{(2^x)^3-(2^{-x})^3}{2^x-2^{-x}}$ ⬅$A^3-B^3=(A-B)(A^2+AB+B^2)$ $A=2^x$，$B=2^{-x}$ として考える。

$=\dfrac{(2^x-2^{-x})\{(2^x)^2+2^x\cdot2^{-x}+(2^{-x})^2\}}{2^x-2^{-x}}$ ⬅$2^x\cdot2^{-x}=2^0=1$ は重要！

$=3^2+1+\left(\dfrac{1}{3}\right)^2=10+\dfrac{1}{9}=\mathbf{\dfrac{91}{9}}$

(2) $2^x+2^{-x}=3$ の両辺を 2 乗すると

$(2^x+2^{-x})^2=3^2$

$(2^x)^2+2\cdot2^x\cdot2^{-x}+(2^{-x})^2=9$ ⬅$(2^x)^2=2^{2x}=(2^2)^x$ $(2^{-x})^2=2^{-2x}=(2^2)^{-x}$

$4^x+2+4^{-x}=9$

よって，$4^x+4^{-x}=\mathbf{7}$

アドバイス

- 指数計算では，次のような指数法則を使った変形がよく使われる。
  $(a^m)^n=a^{mn}=(a^n)^m$
  例えば，$4^x=(2^2)^x=2^{2x}=(2^x)^2$
- これ以外にも，次の変形は確認しておこう。

これで解決！

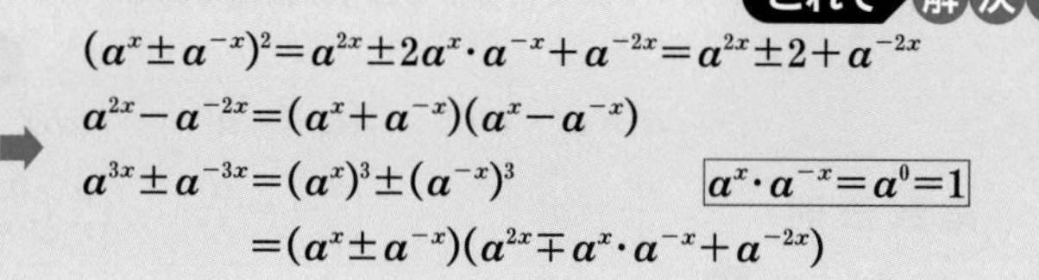
よく出る指数計算（複号同順） ➡

$(a^x\pm a^{-x})^2=a^{2x}\pm2a^x\cdot a^{-x}+a^{-2x}=a^{2x}\pm2+a^{-2x}$

$a^{2x}-a^{-2x}=(a^x+a^{-x})(a^x-a^{-x})$

$a^{3x}\pm a^{-3x}=(a^x)^3\pm(a^{-x})^3$ $\boxed{a^x\cdot a^{-x}=a^0=1}$

$=(a^x\pm a^{-x})(a^{2x}\mp a^x\cdot a^{-x}+a^{-2x})$

PS $a^{2x}+a^{-2x}=(a^x+a^{-x})^2-2a^x\cdot a^{-x}$

練習40 (1) $a^{2x}=5$ $(a>0)$ のとき，$\dfrac{a^{3x}+a^{-3x}}{a^x+a^{-x}}$ の値は $\boxed{}$ である。〈神奈川大〉

(2) $a^x-a^{-x}=\sqrt{5}$ $(a>0)$ のとき，$a^x+a^{-x}=\boxed{}$ である。〈西南学院大〉

Challenge

$x>1$ で $x^{\frac{1}{2}}+x^{-\frac{1}{2}}=3$ のとき，$x+x^{-1}=\boxed{}$，$x-x^{-1}=\boxed{}\sqrt{\boxed{}}$ である。〈東京薬大〉

41 指数関数のグラフ

次の関数のグラフをかけ。

(1)　$y=2^x$　　(2)　$y=2^{x-1}$　　(3)　$y=\left(\dfrac{1}{2}\right)^x$

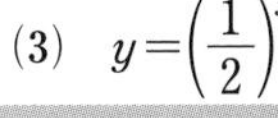

解

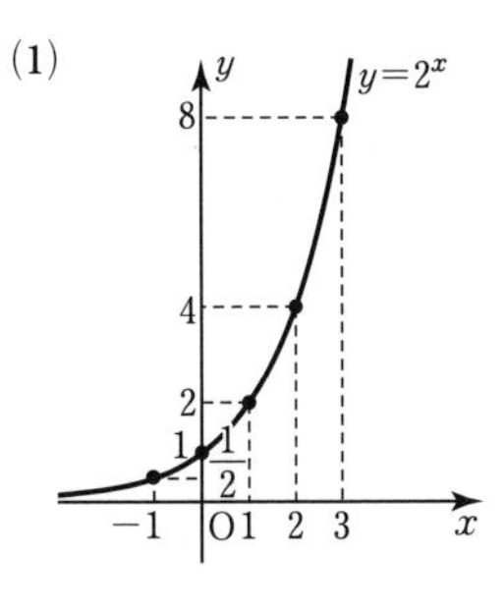

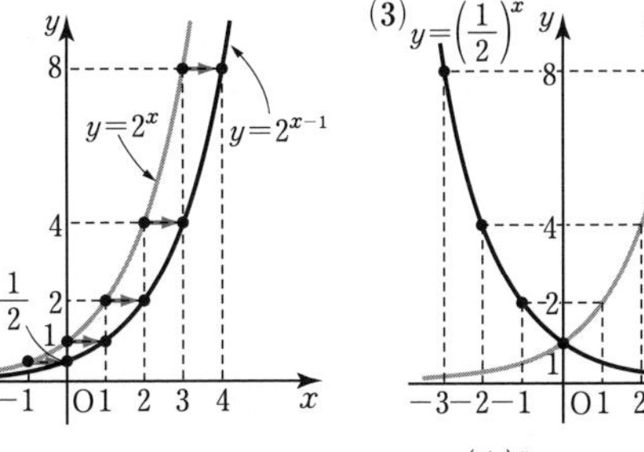

$\left(\begin{array}{l} y=2^x \text{ のグラフを } x \text{ 軸方向に} \\ 1 \text{ だけ平行移動したもの} \end{array}\right)$

$\left(\begin{array}{l} y=\left(\frac{1}{2}\right)^x=2^{-x} \text{ と } y=2^x \\ \text{のグラフは } y \text{ 軸対称} \end{array}\right)$

アドバイス

- 指数関数に限らずグラフをかくには，その形の特徴を覚えておかないと苦労する。ここで，これまでに出てきたグラフの概形を復習しておこう。

直線

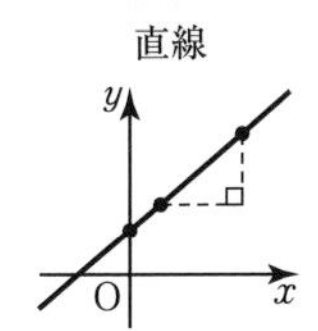

2次関数(放物線)

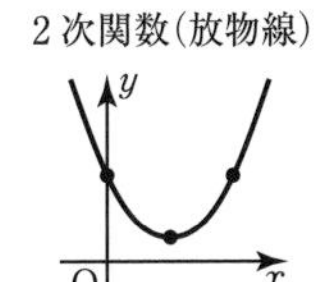

円

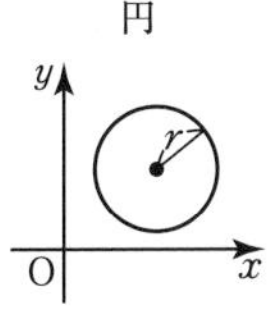

三角関数

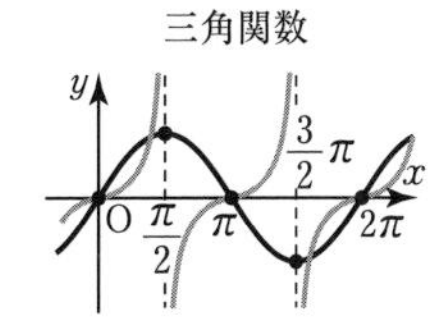

それから，次の指数関数のグラフが加わることになる。

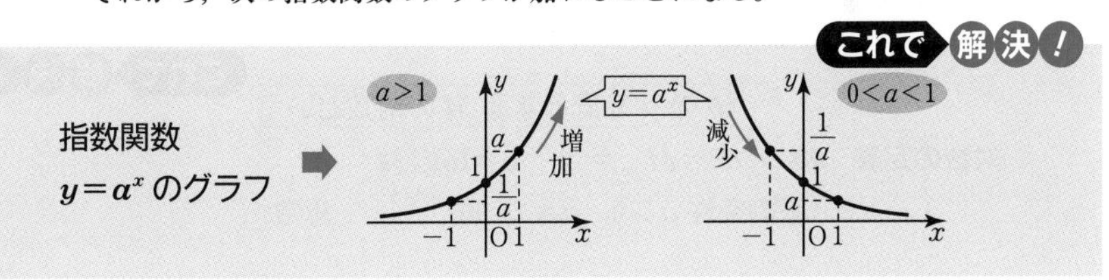

PS　グラフの概形を覚えておくことは，公式を覚えておくことと同様に大切だ！

練習41　次の関数のグラフをかけ。

(1)　$y=3^x$　　(2)　$y=2^{x+2}$　　(3)　$y=\left(\dfrac{1}{2}\right)^{x-1}$

Challenge

関数　$y=\begin{cases} 2^x & (x \geqq 0 \text{ のとき}) \\ 2-2^x & (x<0 \text{ のとき}) \end{cases}$ のグラフをかけ。　〈類　関西大〉

42 対数の定義と対数の値

次の対数の値を求めよ。

(1) $\log_2 16$ (2) $\log_9 27$ 〈類 神奈川大〉

解 対数の定義 $a^p=M \iff p=\log_a M$ を利用して

(1) $\log_2 16=p$ とすると

$2^p=16$, $2^p=2^4$

$p=4$

よって，$\log_2 16=\mathbf{4}$

(2) $\log_9 27=p$ とすると

$9^p=27$, $3^{2p}=3^3$

$2p=3$ より $p=\dfrac{3}{2}$

よって，$\log_9 27=\mathbf{\dfrac{3}{2}}$

別解 $\log_a a^n=n$ を利用して

$\log_2 16=\log_2 2^4=\mathbf{4}$

別解 底の変換公式を利用して

$$\log_9 27=\frac{\log_3 27}{\log_3 9}=\frac{\log_3 3^3}{\log_3 3^2}=\mathbf{\frac{3}{2}}$$

アドバイス

- 対数計算を苦手とする人は多い。それは対数がどんな数なのかわからないからかもしれない。
- 指数と対数の関係は，次のようになっている。
指数では 2 を 3 乗すると 8 になることを

$2^3=⑧$

これに対して，対数では 2 を何乗したら 8 になるかという数◯を

$\log_2 8=③$

と表し，一般化したのが対数の定義だ。

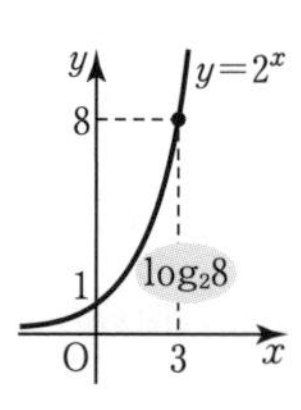

これで解決！

p を a を底とする M の対数という

対数の定義 ➡ $a^p=M \iff p=\log_a M$

(底の条件 $a>0$, $a\neq 1$) 底 ･･･ 真数

PS 整数 n は $\log_a a=1$ だから $n=n\log_a a=\log_a a^n$ と表せる。これはよく使う。

練習42 次の対数の値を求めよ。

(1) $\log_4 8$ 〈関西学院大〉 (2) $\log_{\sqrt{8}} \dfrac{1}{2}$ 〈法政大〉

Challenge

次の対数の値を求めよ。

(1) $\log_5 0.04$ 〈立教大〉 (2) $\log_8 \sin 30°$ 〈立正大〉

43 対数の性質と対数の計算

次の式を簡単にせよ。

(1)　$2\log_2\frac{2}{3}-\log_2\frac{8}{9}$　〈関西学院大〉　(2)　$\log_3 4\cdot\log_8 9$　〈下関市立大〉

解

(1)　$2\log_2\frac{2}{3}-\log_2\frac{8}{9}$　⬅$k\log_a M=\log_a M^k$

$=\log_2\left(\frac{2}{3}\right)^2-\log_2\frac{8}{9}$

$=\log_2\left(\frac{4}{9}\div\frac{8}{9}\right)$　⬅$\log_2$ ● 真数を１つにまとめる。

$=\log_2\frac{1}{2}$

$=\log_2 2^{-1}=\mathbf{-1}$　⬅$\log_a a^n=n$

(2)　$\log_3 4\cdot\log_8 9$　⬅底が異なるときは一番小さい底に統一する。$\log_a b=\frac{\log_c b}{\log_c a}$

$=\log_3 2^2\cdot\frac{\log_3 9}{\log_3 8}$

$=2\log_3 2\cdot\frac{\log_3 3^2}{\log_3 2^3}$

$=2\log_3 2\cdot\frac{2}{3\log_3 2}$

$=\mathbf{\frac{4}{3}}$

アドバイス

- 対数は定義から $M=a^p$ を $p=\log_a M$ と形を変えて表したものであるが，それにともなって，計算するのに，次の重要な性質が導かれる。
- また，底が異なる対数計算では，底の変換公式で底をそろえないと計算できない。

これで解決！

対数の性質（計算規則）➡

$\log_a M+\log_a N=\log_a MN$

$\log_a M-\log_a N=\log_a\frac{M}{N}$

$\log_a M^k=k\log_a M$

底の変換

$\log_a b=\frac{\log_c b}{\log_c a}$

PS　対数の計算では，それぞれの真数を１つにまとめて $\log_a$ ● の形で計算を進めることが多いし，そのほうが簡明である。

練習43　次の式を簡単にせよ。

(1)　$\log_3 15-\log_3 45$　〈北海道工大〉

(2)　$\frac{1}{3}\log_{10}8+\log_{10}\frac{3}{2}-\log_{10}\frac{3}{10}$　〈中部大〉

(3)　$\log_2 25\cdot\log_5 8$　〈東洋大〉　(4)　$\log_2 48-\log_4 36$　〈千葉工大〉

(5)　$(\log_3 4+\log_9 2)(\log_2 9+\log_4 9)$　〈明治学院大〉

Challenge

$\log_2 3=a$，$\log_3 7=b$ とおくとき，$\log_{56}42$ を a，b を用いて表すと [　　] となる。

〈関西大〉

44 対数関数のグラフ

次の関数のグラフをかけ。

(1) $y=\log_2 x$　　(2) $y=\log_{\frac{1}{2}} x$　　(3) $y=\log_2(x-1)$

解

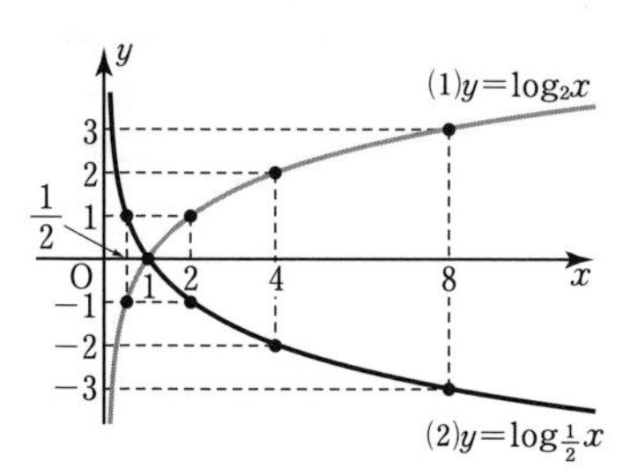

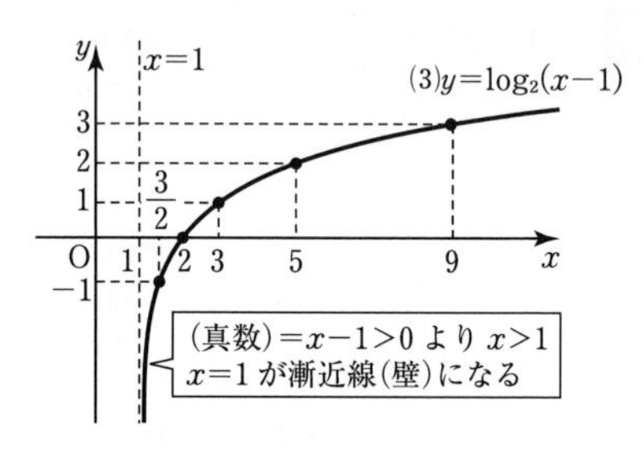

アドバイス

• $y=\log_2 x$ と $y=2^x$ との関係は，次のようになっている。

$y=2^x$ ---- x と y を入れかえる ----→ $x=2^y$ ---- $M=a^p \Longleftrightarrow p=\log_a M$ より log を用いて表す ----→ $y=\log_2 x$

結局 $y=\log_2 x$ と $x=2^y$ は同じものを形を変えて表したにすぎない。

• 対数関数のグラフをかくには

$\log_a 1=0$，$\log_a a=1$，$\log_a \dfrac{1}{a}=-1$

の点をまず押さえておく。それから

$p=\log_a a^p$ を使って適当な点をとればかけるだろう。

これで解決！

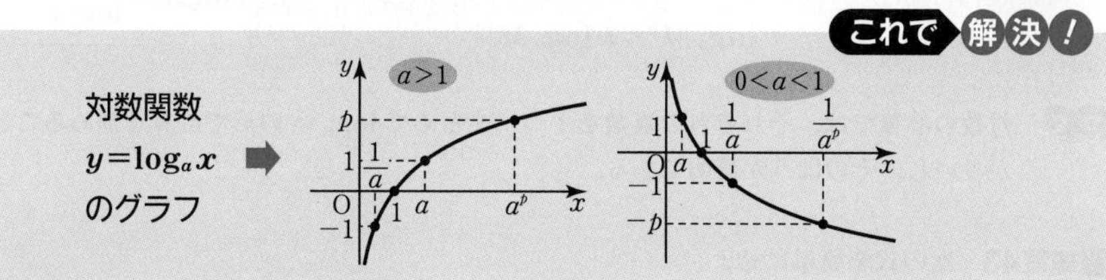

練習44　次の関数のグラフをかけ。

(1) $y=\log_3 x$　　(2) $y=\log_{\frac{1}{2}}(x+1)$　　(3) $y=\log_3 3x$

Challenge

関数 $y=\log_2\left(\dfrac{x}{2}+3\right)$ のグラフは，関数 $y=\log_2 x$ のグラフを x 軸方向に $\boxed{}$，y 軸方向に $\boxed{}$ だけ平行移動したものである。　〈関西学院大〉

45 指数方程式・不等式

次の方程式，不等式を解け。

(1)　$32^x=4$　〈久留米工大〉　(2)　$9^x \geqq 3^{x+3}$　〈大阪工大〉

(3)　$4^x+2^x-6=0$　〈北海道工大〉

解

(1)　$32^x=(2^5)^x=2^{5x}$ より

$32^x=4$ は $2^{5x}=2^2$

$5x=2$

よって，$\boldsymbol{x=\dfrac{2}{5}}$

(2)　$9^x=(3^2)^x=3^{2x}$ より

$9^x \geqq 3^{x+3}$ は $3^{2x} \geqq 3^{x+3}$

底$=3>1$ だから

$2x \geqq x+3$

よって，$\boldsymbol{x \geqq 3}$

(3)　$4^x=(2^2)^x=(2^x)^2$ だから

$2^x=X$ $(X>0)$ とおくと

$4^x+2^x-6=0$ は $X^2+X-6=0$

$(X+3)(X-2)=0$

$X>0$ より $X=2$

$2^x=2$　よって，$\boldsymbol{x=1}$

指数法則

$a^m \times a^n = a^{m+n}$

$a^{mn}=(a^m)^n=(a^n)^m$

$a^{-n}=\dfrac{1}{a^n}$

アドバイス

- 指数方程式・不等式を解くには，指数法則に従って計算していく。その際，次のような変形はよく使う。

  $4^x=(2^2)^x=(2^x)^2$，$2^{x+3}=2^3 \cdot 2^x=8 \cdot 2^x$

- また，不等式では，底が1より大きいか小さいかによって，不等号の向きが変わるから注意しよう。

$\left(\frac{1}{2}\right)^x=2^{-x}$とすると
底を$\frac{1}{2}$から2にできるんだ♪

これで解決！

指数方程式 ➡ $a^{\bigcirc}=a^{\bullet}$ ----→ $\bigcirc=\bullet$（指数部分を等しくおく）

指数不等式 ➡ $a^{\bigcirc}>a^{\bullet}$ ----→ $\begin{cases} a>1 \text{ のとき} & \bigcirc>\bullet \\ 0<a<1 \text{ のとき} & \bigcirc<\bullet \end{cases}$

PS　$\left(\dfrac{1}{2}\right)^x$ も 2^{-x} とすれば 底$=2>1$ で扱いやすくなるね。

練習45　次の方程式，不等式を解け。

(1)　$8 \cdot 2^{7-x}=\dfrac{1}{4}$　〈東北工大〉　(2)　$5^{2x+2}>\dfrac{1}{125}$　〈福井工大〉

(3)　$\left(\dfrac{1}{2}\right)^{1-x^2}<(2\sqrt{2})^{x-1}$　〈東京電機大〉　(4)　$3^{2x}-2 \cdot 3^{x+2}=-81$　〈北海道薬大〉

Challenge

不等式 $4^x+2^{x+2}-32>0$ を解け。　〈京都産大〉

46 対数方程式・不等式

次の方程式，不等式を解け。

(1) $\log_4 x=2$　　(2) $\log_2(x+1)<3$ 〈東洋大〉

(3) $\log_3 x+\log_3(x-2)=1$ 〈神奈川大〉

解 (1) $2=\log_4 4^2=\log_4 16$

$\log_4 x=\log_4 16$

よって，$\boldsymbol{x=16}$

別解 対数の定義より

$\log_4 x=2 \Longleftrightarrow x=4^2$

よって，$\boldsymbol{x=16}$

(2) 真数>0 より $x>-1$ ←真数条件を押さえる。

$3=\log_2 2^3=\log_2 8$ より ←$\log_a a=1$ だから $n=\log_a a^n$ と表せる。

$\log_2(x+1)<\log_2 8$

底$=2>1$ だから

$x+1<8$　よって，$x<7$

$x>-1$ より　$\boldsymbol{-1<x<7}$

(3) 真数>0 より $x>0$，$x-2>0$ ←真数条件を押さえる。

よって，$x>2$……①

$\log_3 x(x-2)=\log_3 3$ より ←$\log_3$○$=\log_3$● に変形する。

$x(x-2)=3$，$x^2-2x-3=0$

$(x-3)(x+1)=0$　よって　$x=3$，-1 ←真数条件①を満たすかどうか調べる。

①より　$\boldsymbol{x=3}$

アドバイス

◤対数方程式，不等式を解く手順◢

- はじめに真数>0 の条件を求める。
- 対数の計算規則（43参照）に従って計算を進め，両辺を $\log_a$○$=\log_a$● となるように変形する。
- ○と●を比較する。

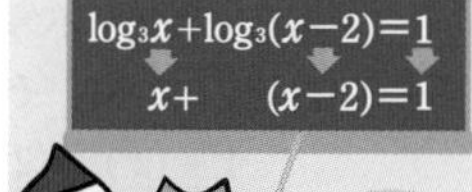

こんな計算ですめば苦労しない!

これで解決！

対数方程式 ➡ $\log_a$○$=\log_a$● ----▸ ○=●（真数を等しくおく）

対数不等式 ➡ $\log_a$○$>\log_a$● ----▸ $\begin{cases} a>1 \text{ のとき} & ○>● \\ 0<a<1 \text{ のとき} & ○<● \end{cases}$

練習46 次の方程式，不等式を解け。

(1) $\log_{\sqrt{3}} x=4$ 〈千葉工大〉　(2) $\log_3(x-3)+\log_3(x+5)=2$ 〈立教大〉

(3) $\log_{\frac{1}{2}}(x-3)>-3$ 〈東北工大〉　(4) $\log_{10}(x-2)+\log_{10}(x-5)\leqq 2\log_{10} 2$ 〈東京電機大〉

Challenge

次の方程式を解け。

(1) $(\log_2 x)^2-\log_2 x-6=0$ 〈高知工科大〉　(2) $\log_2(x-5)=\log_4(x-3)$ 〈自治医大〉

47 指数，対数関数の最大・最小

(1) 関数 $y=4^x-2^{x+3}$ は $x=$ ［　］ のとき，最小値 ［　］ をとる。
〈神奈川大〉

(2) 関数 $y=(\log_3 x)^2-2\log_3 x+3$ $(1\leqq x\leqq 27)$ は $x=$ ［　］ で最大値 ［　］ をとり，$x=$ ［　］ で最小値 ［　］ をとる。　〈日本歯大〉

解 (1) $2^x=t$ とおくと $t>0$

$y=4^x-2^{x+3}=(2^x)^2-2^3\cdot 2^x$
$\quad =t^2-8t=(t-4)^2-16$

グラフより

$t=4$，すなわち $2^x=4$ より

$x=2$ のとき，最小値 -16

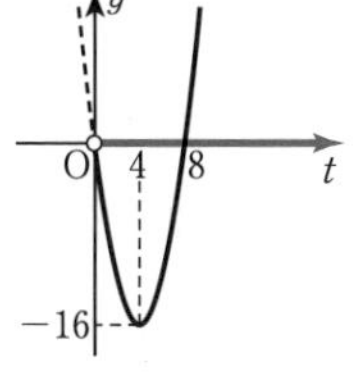

⬅2^x はいつでも正。

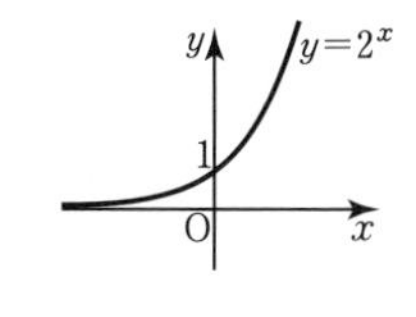

(2) $\log_3 x=t$ とおくと $1\leqq x\leqq 27$ より $0\leqq t\leqq 3$

⬅$\log_3 1=0$
$\log_3 27=3$

$y=t^2-2t+3=(t-1)^2+2$

グラフより

$t=3$，すなわち

$x=27$ のとき，最大値 6

$t=1$，すなわち

$x=3$ のとき，最小値 2

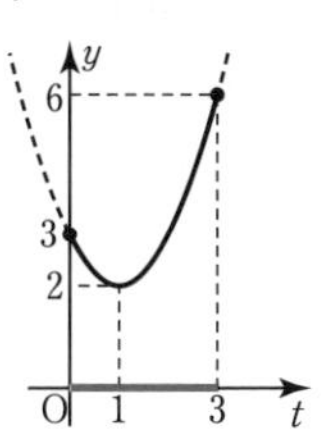

アドバイス

- 指数，対数関数で表された関数の最大，最小の問題では 2^x や $\log_3 x$ の部分を t に置きかえ，t についての2次関数などに直して考えるのがよい。

これで解決！

指数，対数関数の最大・最小 ➡ $\begin{cases} a^x=t \\ \log_a x=t \end{cases}$ とおいて，t の関数で考える。ただし，t のとりうる範囲に注意！

PS x がすべての実数のとき，$a^x>0$ だけど $\log_a x$ $(x>0)$ はすべての値をとるよ。

練習47 (1) $-1\leqq x\leqq 1$ のとき，関数 $y=4^{x+1}-2^{x+1}+1$ の最小値は ［　］，最大値は ［　］ である。
〈東洋大〉

(2) 関数 $y=(\log_2 x)^2-4\log_2 x+1$ $(1\leqq x\leqq 8)$ は $x=$ ［　］ のとき最大値 ［　］ をとり，$x=$ ［　］ のとき最小値 ［　］ をとる。
〈類　長崎科学大〉

Challenge

関数 $f(x)=\log_3 x+\log_3(18-x)$ は $x=$ ［　］ のとき最大値 ［　］ をとる。
〈神奈川工科大〉

48 $a^x=b^y=c^z$ の式の値

実数 x, y が $2^x=7^y=\sqrt{14}$ を満たすとき $\dfrac{1}{x}+\dfrac{1}{y}$ の値を求めよ。

〈富山大〉

解 $2^x=7^y=14^{\frac{1}{2}}$ の各辺の，14 を底とする対数をとると

$$\log_{14}2^x=\log_{14}7^y=\log_{14}14^{\frac{1}{2}}$$

⬅$\sqrt{14}=14^{\frac{1}{2}}$

$$x\log_{14}2=y\log_{14}7=\frac{1}{2}$$

$x=\dfrac{1}{2\log_{14}2}$, $y=\dfrac{1}{2\log_{14}7}$ だから

$$\frac{1}{x}+\frac{1}{y}=2\log_{14}2+2\log_{14}7=2\log_{14}14=\mathbf{2}$$

⬅$\log_a a=1$

別解 各辺の 10 を底とする対数をとると

$$\log_{10}2^x=\log_{10}7^y=\log_{10}14^{\frac{1}{2}}$$

$$x\log_{10}2=y\log_{10}7=\frac{1}{2}\log_{10}14$$

$x=\dfrac{\log_{10}14}{2\log_{10}2}$, $y=\dfrac{\log_{10}14}{2\log_{10}7}$ だから

$$\frac{1}{x}+\frac{1}{y}=\frac{2\log_{10}2}{\log_{10}14}+\frac{2\log_{10}7}{\log_{10}14}=\frac{2\log_{10}14}{\log_{10}14}=\mathbf{2}$$

アドバイス

- $a^x=b^y=c^z$ のように，指数の関係式が条件に与えられているときは，対数をとって1つの文字で表すことを考える。
- 対数の底は，1以外の正の数であればどんな値でも求まるが，条件式の底の一番大きな値にするのがわかりやすい。

これで解決！

対数をとって ‥‥▸ 1つの文字で表す

指数の条件式 $a^x=b^y=c^z$ ➡ $\log_c a^x=\log_c b^y=z$ ➡ $x=\dfrac{z}{\log_c a}$, $y=\dfrac{z}{\log_c b}$

練習48 $2^x=5^y=100$ のとき，$\dfrac{1}{x}+\dfrac{1}{y}$ の値を求めよ。 〈大阪薬大〉

Challenge

a, b, c は $a>1$, $b>1$, $c=ab$ を満たす実数とする。実数 x, y, z が $a^x=b^y=c^z$ を満たすとき，$xy-yz-zx$ の値を求めよ。 〈東京女子大〉

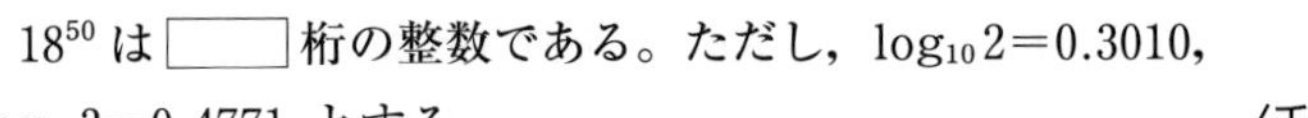

49 桁数の問題

18^{50} は□桁の整数である。ただし，$\log_{10}2=0.3010$，$\log_{10}3=0.4771$ とする。〈千葉工大〉

解 18^{50} の常用対数をとると　←底が 10 の対数を常用対数という。

$$\log_{10}18^{50}=50\log_{10}18$$ ←$\log_a M^r=r\log_a M$

$$=50(\log_{10}2+2\log_{10}3)$$ ←$\log_{10}18=\log_{10}(2\times3^2)=\log_{10}2+2\log_{10}3$

$$=50(0.3010+2\times0.4771)$$

$$=62.76$$

よって，$62<\log_{10}18^{50}<63$　←桁数を求めるため，$\log_{10}18^{50}$ を自然数で挟む。

$10^{62}<18^{50}<10^{63}$ だから

18^{50} は **63** 桁の数

アドバイス

- 桁数の問題は，常用対数（底が 10 の対数）をとって求めるが，その前に，次のことを理解しておこう。
  例えば，N が 3 桁の数ならば，N は 100 以上，1000 未満だから　$10^2\leqq N<10^3$　と表せる。
  常用対数をとると
  $$\log_{10}10^2\leqq\log_{10}N<\log_{10}10^3$$
  $$2\leqq\log_{10}N<3$$ となる。

- 逆に，常用対数をとって
  $3\leqq\log_{10}N<4$ のとき N は 4 桁，
  $8\leqq\log_{10}N<9$ ならば N は 9 桁になる。
  これを一般化すると，次のようになる。

これで解決！

N の桁数 ➡
- 常用対数をとって $\log_{10}N$ の値を求める
- $n-1\leqq\log_{10}N<n$ ←…… 自然数で挟み込む
- $10^{n-1}\leqq N<10^n$ ……→ N は n 桁の整数

PS 桁数で惑(まど)ったら $10^1\leqq N<10^2$ のとき，N は 2 桁の数。これから類推しよう。

練習49 $\log_{10}2=0.3010$，$\log_{10}3=0.4771$ とする。6^{20} は□桁の整数である。〈東京薬大〉

Challenge

12^{12} は□桁の数であり，その最高位の数字は□である。ただし，$\log_{10}2=0.3010$，$\log_{10}3=0.4771$ を用いてよい。〈東京工科大〉

50 導関数の計算

(1) 関数 $f(x)=x^3-2x^2+3x-5$ を微分せよ。

(2) 関数 $f(x)=x^2$ を定義に従って微分せよ。　〈佐賀大〉

解 (1) $f(x)=x^3-2x^2+3x-5$

$f'(x)=(x^3)'-2(x^2)'+3(x)'-(5)'$　←この式は省略してよい。

$\boldsymbol{f'(x)=3x^2-4x+3}$　←$(x^n)'=nx^{n-1}$，(定数)$'=0$

(2) $f'(x)=\lim_{h\to 0}\dfrac{f(x+h)-f(x)}{h}$

$=\lim_{h\to 0}\dfrac{(x+h)^2-x^2}{h}$

$=\lim_{h\to 0}\dfrac{x^2+2hx+h^2-x^2}{h}$

$=\lim_{h\to 0}\dfrac{h(2x+h)}{h}$

$=\boldsymbol{2x}$

導関数の定義式

$$f'(x)=\lim_{h\to 0}\frac{f(x+h)-f(x)}{h}$$

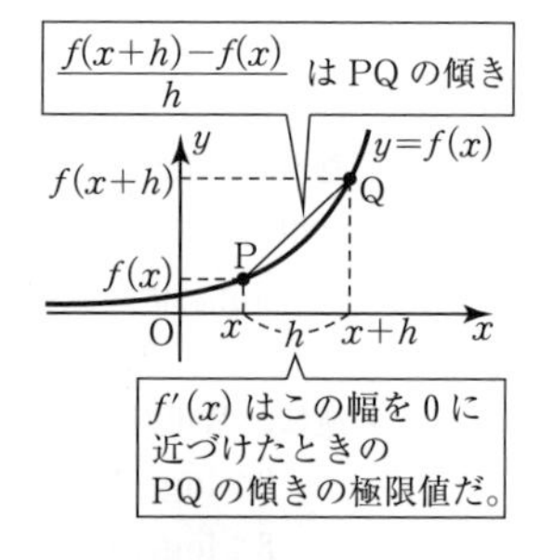

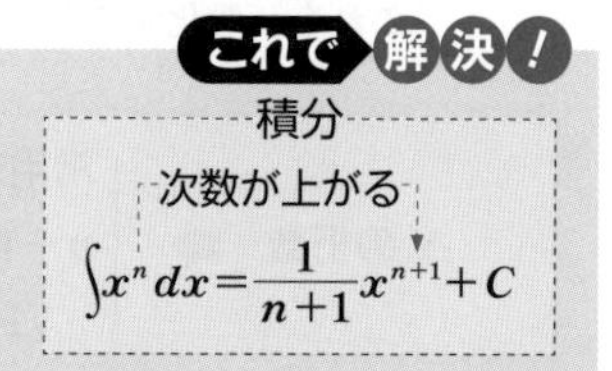

アドバイス

- $f'(x)$ を関数 $f(x)$ の導関数といい，$f'(x)$ を求めることを微分するという。
- 導関数の定義式は，右上の式であるが，問題の中に“定義に従って求めよ”と指示がない限り，次の公式を使って $f'(x)$ を求めてよい。
- $f'(x)$ を求める計算では，“係数と次数”で積分と混同しがちだから注意しよう。

これで解決！

導関数 ➡ $y=x^n$ ---→ $y'=nx^{n-1}$（次数が下がる）

$y=c$ ---→ $y'=0$
（定数）

積分（次数が上がる）

$$\int x^n dx=\frac{1}{n+1}x^{n+1}+C$$

練習50 (1) 次の関数を微分せよ。

① $y=4x^2-3x+2$　〈中央大〉　② $y=(2x-1)(2x^2+1)$　〈類　東海大〉

(2) 関数 $f(x)=x^3$ を定義に従って微分せよ。　〈宮崎大〉

Challenge

2次関数 $f(x)=ax^2+bx+c$ が3つの条件 $f(1)=2$，$f'(0)=-3$，$f'(1)=1$ を満たすとき，$a=$□，$b=$□，$c=$□　〈明治学院大〉

51 曲線上の点における接線の方程式

曲線 $y=x^3-2x$ の接線について，次の方程式を求めよ。

(1)　曲線上の点 $(2,\ 4)$ における接線。

(2)　(1)で求めた接線と傾きの等しいもう1つの接線。〈類　北海道工大〉

解

(1)　$y=f(x)=x^3-2x$　とおくと

$f'(x)=3x^2-2$

$f'(2)=3\cdot2^2-2=10$　⬅傾きを求める。

よって，$y-4=10(x-2)$　より　$\boldsymbol{y=10x-16}$

(2)　$f'(x)=3x^2-2=10$　⬅傾きが10だから $f'(x)=10$

$x^2=4,\ x=\pm2$

$f(-2)=(-2)^3-2\cdot(-2)=-4$　⬅$x=-2$ のときの y 座標を求める。

接点が $(-2,\ -4)$ だから

$y-(-4)=10(x+2)$

よって，$\boldsymbol{y=10x+16}$

アドバイス

- $f'(x)$ は $y=f(x)$ のグラフ上の点における接線の傾きを表している。いいかえれば，$f'(x)$ は，傾きを表す関数といってもよい。
- 接点の x 座標がわかれば，$f'(x)$ に代入して傾きがわかり，接線の方程式が求められる。
- また，傾きがわかれば接点の x 座標が“$f'(x)=$(傾き)”とおいて求められる。

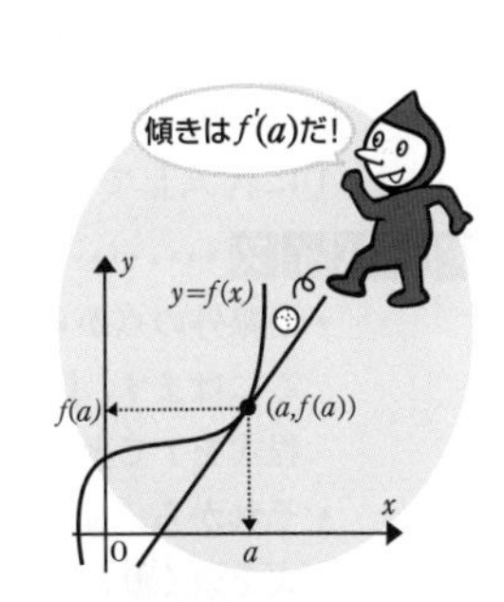

これで解決！

曲線 $y=f(x)$ 上の点 $(a,\ f(a))$ における接線 ➡ $f'(x)$ を求めて，傾き $f'(a)$ を求める

$$y-f(a)=f'(a)(x-a)$$

（通る点：a, $f(a)$；傾き：$f'(a)$）

練習51　(1)　放物線 C：$y=x^2-3x+2$ 上の点 $(3,\ 2)$ における C の接線の方程式を求めよ。〈北海学園大〉

(2)　曲線 $y=x^3-4x+3$ の $x=3$ での接線の方程式は $y=$□$x-$□ である。〈玉川大〉

Challenge

曲線 $y=x^3-9x$ について，直線 $y=3x$ に平行な接線の方程式は $y=$□，$y=$□ である。〈静岡理工科大〉

52 曲線外の点から引く接線の方程式

点 $(1,\ -5)$ から曲線 $y=x^3-3x+2$ に引いた接線の方程式を求めよ。

〈類　立命館大〉

解　$y=f(x)=x^3-3x+2$ とし，

接点を $(t,\ t^3-3t+2)$ とおく。

$f'(x)=3x^2-3$ より　⬅$f'(x)$ を求める。

$f'(t)=3t^2-3$　⬅$x=t$ を代入して傾きを求める。

接線の方程式は

$y-(t^3-3t+2)=(3t^2-3)(x-t)$

$y=(3t^2-3)x-2t^3+2$ ……①

点 $(1,\ -5)$ を通るから

$-5=3t^2-3-2t^3+2$

$2t^3-3t^2-4=0$　⬅因数定理で解く。$t=2$ で左辺は 0 になる。

$(t-2)(2t^2+t+2)=0$

t は実数だから $t=2$

①に代入して，$\boldsymbol{y=9x-14}$

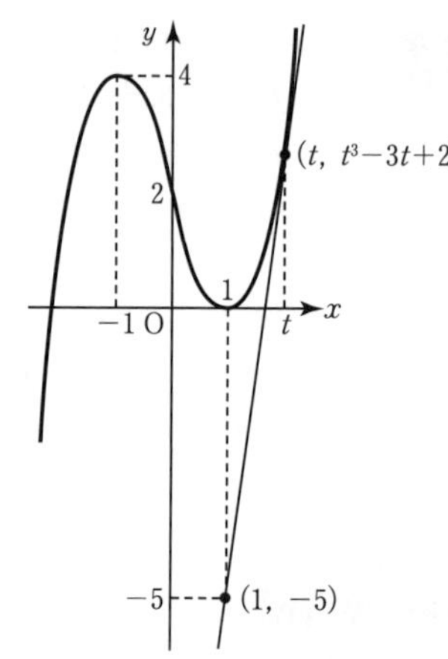

アドバイス

- 曲線外の点から曲線に引いた接線の方程式を求めるにはまず，接点を $(t,\ f(t))$ とおいて，接線の方程式を t で表す。
- それから，曲線外の通る点を代入して，t の方程式をつくり，t を出して接点を求める。

これで解決！

曲線 $y=f(x)$ 外の点 $(a,\ b)$ から引く接線の方程式 ➡
- 接点を $(t,\ f(t))$ とおいて接線の方程式を求める。
- 曲線外の点 $(a,\ b)$ を代入して t の方程式を解く。

練習52 (1)　放物線 $y=x^2+2$ に対して点 $(-1,\ -1)$ から引いた接線の方程式を求めよ。

〈名城大〉

(2)　曲線 $y=x^3+3x^2$ に点 $(1,\ -4)$ から引いた接線の方程式を求めよ。〈広島工大〉

Challenge

曲線 $y=x(x-1)(x-4)$ の接線のうち，原点を通るものの方程式をすべて求めよ。

〈東京電機大〉

53 極値と関数の決定

3次関数 $f(x)=x^3+ax^2+bx$ は $x=3$ で極値 -27 をとるとする。定数 a, b の値を求めよ。〈高知大〉

解

$f(x)=x^3+ax^2+bx$

$f'(x)=3x^2+2ax+b$

$x=3$ で極値をもつから

$f'(3)=27+6a+b=0$　より

$6a+b+27=0$ ……①

←$x=\alpha$ で極値 ⇓ $f'(\alpha)=0$

また，$f(3)=-27$ だから

$f(3)=27+9a+3b=-27$　より

$3a+b+18=0$ ……②

①，②を解いて

$\boldsymbol{a=-3}$, $\boldsymbol{b=-9}$

(このとき，条件を満たす)

$f'(x)=3(x+1)(x-3)$ より

x	$\cdots$	-1	$\cdots$	3	$\cdots$
$f'(x)$	$+$	0	$-$	0	$+$
$f(x)$	↗	極大	↘	極小	↗

←$f(3)=-27$ は極小値である。

アドバイス

- 3次関数 $y=f(x)$ は $f'(x)>0$ のときに増加し，$f'(x)<0$ のとき減少する。極大，極小は下の表から $f'(x)$ の符号が変わるときに現れる。

$f'(x)$ の符号	$+$	0	$-$
増加，減少	↗	極大	↘

$f'(x)$ の符号	$-$	0	$+$
増加，減少	↘	極小	↗

- したがって，$x=\alpha$ で極値をもつという条件があったら即，$f'(\alpha)=0$ を考えよう。

これで解決！

$x=\alpha$ で極値をもつとき ➡ $f'(\alpha)=0$

$x=\alpha$ で極値 p をもつとき ➡ $f'(\alpha)=0$ かつ $f(\alpha)=p$

PS $x=\alpha$ で極値をもつとき，$f'(\alpha)=0$ であるが，その逆は成り立たない。

(例)　$f(x)=x^3$ は $f'(x)=3x^2$ で $f'(0)=0$ であるが $x=0$ で極値にならない。

練習53　$f(x)=x^3-3x^2+Ax+B$ が $x=3$ で極小値 -25 をとるなら $A=$ ☐，$B=$ ☐ である。〈玉川大〉

Challenge

$a>0$ および b を定数とする。3次関数 $f(x)=2ax^3-3ax^2-12ax+b$ が極大値 9，極小値 -18 をとるとき，a, b の値を求めよ。〈東北学院大〉

54 3次関数のグラフ

関数 $f(x)=x^3-3x+1$ の極値を求め，その関数 $y=f(x)$ のグラフの概形をかけ。 〈埼玉大〉

解 $f(x)=x^3-3x+1$

$f'(x)=3x^2-3=3(x+1)(x-1)$ ⬅$f'(x)$ を求めて $f'(x)=0$ となる x の値を求める。

増減表は，次のようになる。

x	$\cdots$	-1	$\cdots$	1	$\cdots$
$f'(x)$	$+$	0	$-$	0	$+$
$f(x)$	↗	極大	↘	極小	↗

⬅$f'(x)$ の $+$，$-$ を入れる。

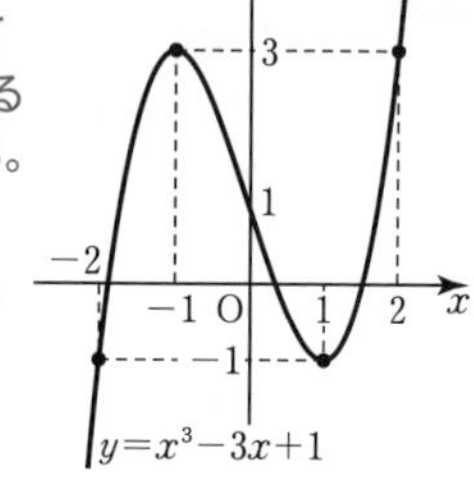

$f(-1)=(-1)^3-3\cdot(-1)+1=3$ ⬅$f'(-1)$，$f(1)$ の値を求める。

$f(1)=1^3-3\cdot1+1=-1$

よって，**極大値 3 ($x=-1$)，極小値 -1 ($x=1$)**

グラフは右図のとおり。

アドバイス

- 3次関数のグラフをかくには，必ず $f'(x)$ を求めて増減表をかかなくてはならない。
- グラフには，次の2つのパターンがあるので，覚えておいたほうがかきやすい。

これで解決！

3次関数のグラフ（α，β は $f'(x)=0$ の解）

x^3 の係数が正

x	$\cdots$	α	$\cdots$	β	$\cdots$
$f'(x)$	$+$	0	$-$	0	$+$
$f(x)$	↗	極大	↘	極小	↗

x^3 の係数が負

x	$\cdots$	α	$\cdots$	β	$\cdots$
$f'(x)$	$-$	0	$+$	0	$-$
$f(x)$	↘	極小	↗	極大	↘

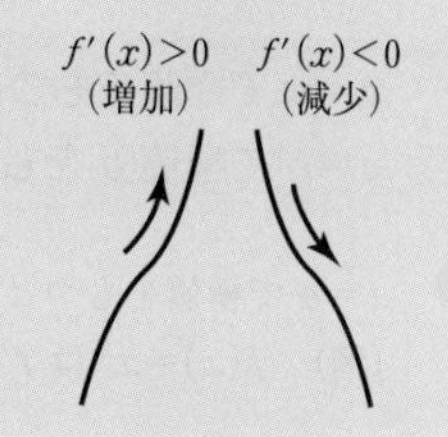

PS グラフをかくには，まず，極値を押さえることだ。すると，自然に形は決まる。

練習54 3次関数 $f(x)=x^3-3x^2+4$ について，次の問いに答えよ。

(1) 関数 $f(x)$ の極値を求めよ。

(2) 関数 $y=f(x)$ のグラフの概形をかけ。 〈神奈川大〉

Challenge

関数 $f(x)=2x^3-3x^2-12x$ の極値を求め，$y=f(x)$ のグラフをかけ。

〈東京海洋大〉

55 3次関数の最大・最小

$y=x^3-x^2$ の区間 $0\leqq x\leqq 2$ での最大値と最小値を求めよ。

〈津田塾大〉

解 $y=f(x)=x^3-x^2$ とおくと

$f'(x)=3x^2-2x=x(3x-2)$

$0\leqq x\leqq 2$ の範囲で，増減表は次のようになる。

x	0	$\cdots$	$\frac{2}{3}$	$\cdots$	2
$f'(x)$		$-$	0	$+$	
$f(x)$	0	↘	$-\frac{4}{27}$	↗	4

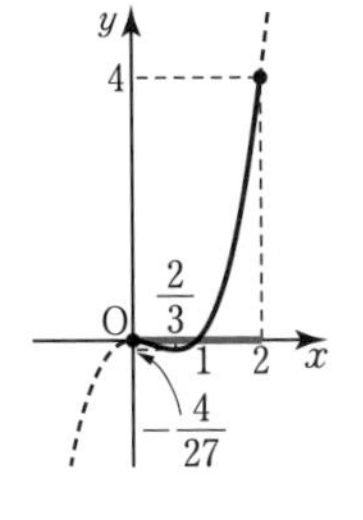

定義域を無視すれば，増減表は次のようになる。

x	$\cdots$	0	$\cdots$	$\frac{2}{3}$	$\cdots$
$f'(x)$	$+$	0	$-$	0	$+$
$f(x)$	↗	極大	↘	極小	↗

$f(0)=0$，$f\left(\frac{2}{3}\right)=-\frac{4}{27}$，$f(2)=4$

これより　最大値 **4** $(x=2)$，最小値 $\boldsymbol{-\frac{4}{27}}$ $\left(x=\frac{2}{3}\right)$

アドバイス

- 3次関数の最大，最小は増減表をかいて，グラフがかければ一目瞭然である。ただ，定義域が加わったことで，増減表がかきづらくなることもあるだろう。
- そんなときは，まず，定義域を考えずに増減表をかいてみることだ。それから，定義域の区間を取り出すとよい。

3次関数の最大・最小 ➡
- 増減表とグラフをかくのは常識
- 定義域が気になるようなら，はじめは定義域を無視し，後から定義域をかくとよい
- 極値と定義域の両端の値は最大値と最小値の候補なので慎重に調べる

PS 極大，極小と最大，最小は，用語は似ていても意味はまったく違うので気をつけよう。

練習55 関数 $f(x)=x^3-3x^2-9x+6$ $(-2\leqq x\leqq 2)$ は $x=$□ のとき最大で，最大値□，$x=$□ のとき最小で，最小値□ である。

〈神戸学院大〉

Challenge

関数 $f(x)=-x^3+x$ $(-1\leqq x\leqq 2)$ は $x=$□ で最大値□を，$x=$□ で最小値□をとる。

〈関西学院大〉

56 方程式への応用

cを定数とするとき，方程式 $x^3-3x=c$ が異なる実数解をちょうど2つもつときの c の値は ☐ と ☐ である。　〈湘南工科大〉

解　$y=x^3-3x$ と $y=c$
のグラフで考える。
$y=f(x)=x^3-3x$ とおくと
　$f'(x)=3x^2-3=3(x+1)(x-1)$
増減表よりグラフは右図。

x	$\cdots$	-1	$\cdots$	1	$\cdots$
$f'(x)$	$+$	0	$-$	0	$+$
$f(x)$	↗	2	↘	-2	↗

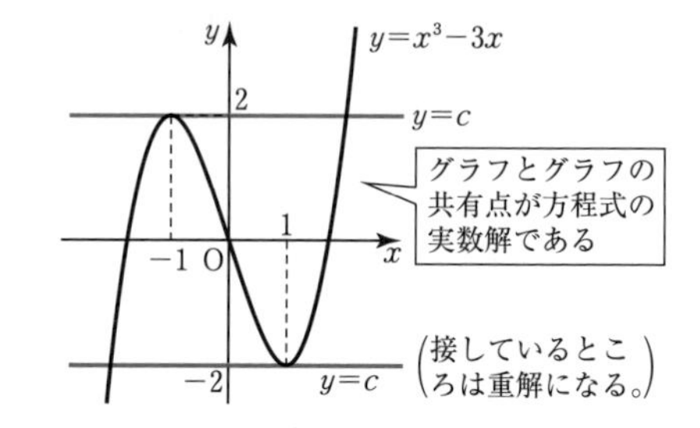

　$f(-1)=2$，$f(1)=-2$
右のグラフより実数解を2つもつのは
$c=\mathbf{2}$ と $\mathbf{-2}$ のとき。

アドバイス

- 2次方程式 $ax^2+bx+c=0$ の実数解の個数は，判別式 $D=b^2-4ac$ を使って簡単に求められたが，3次方程式の実数解の個数を調べるのに特別な式はない。
- そこで，$f(x)=a$（定数）と変形し $y=f(x)$ と $y=a$ のグラフの共有点の個数で考えるのが基本だ。

これで解決！

方程式 $f(x)-a=0$ の解の個数は ➡ $f(x)=a$ と変形して $y=f(x)$ と $y=a$ のグラフの共有点で考える

PS　$x^3-3x-c=0$ とし $f(x)=x^3-3x-c$ のグラフと x 軸との共有点で調べてもよい。

練習56　方程式 $x^3-3x^2-9x-k=0$ が異なる3個の実数解をもつように，定数 k の値の範囲を定めよ。　〈近畿大〉

Challenge

関数 $f(x)=-x^3-6x^2-9x+1$ について，次の問いに答えよ。
(1) $f(x)$ の増減表をつくり，そのグラフをかけ。
(2) k を定数とする。区間 $-5\leqq x<0$ において，方程式 $f(x)=k$ の異なる実数解の個数を調べよ。　〈福岡工大〉

57 接線の本数と解の個数

点 $(2,\ a)$ を通って，曲線 $y=x^3$ に3本の接線が引けるような a の値の範囲を求めよ。〈大阪教育大〉

解 $y=f(x)=x^3$ とし，接点を $(t,\ t^3)$ とおく。

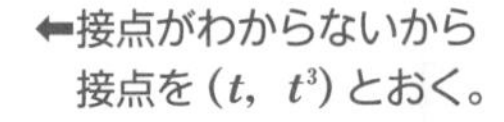

$f'(x)=3x^2$　より　$f'(t)=3t^2$

接線の方程式は

$y-t^3=3t^2(x-t)$　より　$y=3t^2x-2t^3$

点 $(2,\ a)$ を通るから

$a=6t^2-2t^3$

これが異なる3つの実数解をもてばよいから

$y=-2t^3+6t^2$　と　$y=a$

のグラフの共有点で考える。

$y'=-6t^2+12t=-6t(t-2)$

t	$\cdots$	0	$\cdots$	2	$\cdots$
y'	$-$	0	$+$	0	$-$
y	↘	0	↗	8	↘

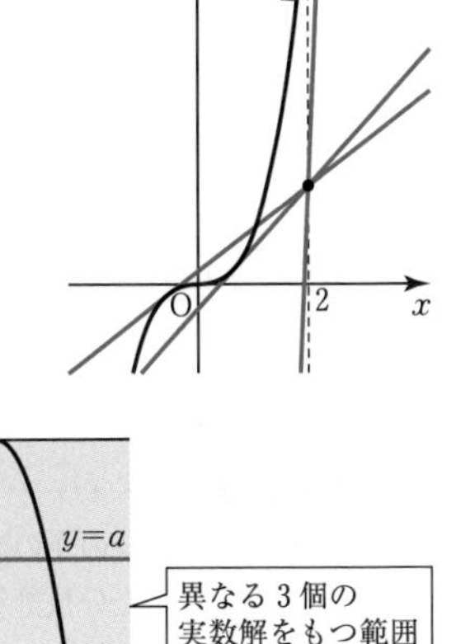

増減表よりグラフは右図。

よって，異なる3個の実数解をもつ範囲は　$0<a<8$

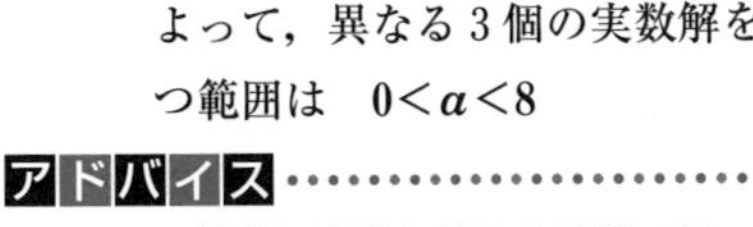

アドバイス

- 接線の本数に関する問題では，まず接点を $(t,\ f(t))$ とおいて接線の方程式を求め，接線が通る点を代入して t についての方程式をつくる。
- この方程式の異なる実数解の個数だけ接点になり，3次関数のグラフでは接点の数だけ接線が引ける。

これで解決！

曲線 $y=f(x)$ に曲線外から引く接線の本数 ➡

- 接点を $(t,\ f(t))$ とおいて接線の方程式を求め，通る点を代入。
- 接線の本数は t の方程式の異なる実数解の個数

練習57　点 $(1,\ a)$ を通って，曲線 $y=x^3+1$ に3本の接線が引けるとき，a の値の範囲を求めよ。〈類　岩手大〉

Challenge

上の問題で，点 $(1,\ a)$ を通る接線がちょうど2本引けるとき，a の値と接線の方程式を求めよ。〈類　神奈川大〉

58 不定積分と定積分

次の不定積分と定積分を求めよ。

(1) $\int(x+5)(3x-1)\,dx$　　(2) $\int_1^5(x-1)(x-5)\,dx$　〈立正大〉

解 (1) $\int(x+5)(3x-1)\,dx=\int(3x^2+14x-5)\,dx$　⬅必ず展開してから積分する。

$=3\cdot\frac{1}{3}x^3+14\cdot\frac{1}{2}x^2-5\cdot x+C=\boldsymbol{x^3+7x^2-5x+C}$　⬅積分定数 C を忘れない。

この式は省略してもよい

(2) $\int_1^5(x-1)(x-5)\,dx=\int_1^5(x^2-6x+5)\,dx$　⬅$\int_\alpha^\beta(x-\alpha)(x-\beta)\,dx=-\frac{(\beta-\alpha)^3}{6}$ の公式を利用して (与式)$=-\frac{(5-1)^3}{6}=-\frac{32}{3}$

$=\left[\frac{1}{3}x^3-3x^2+5x\right]_1^5$

(I)

$=\left(\frac{125}{3}-75+25\right)-\left(\frac{1}{3}-3+5\right)$

$=\frac{124}{3}-50-2=\boldsymbol{-\frac{32}{3}}$

(II)

$=\frac{1}{3}(5^3-1^3)-3(5^2-1^2)+5(5-1)$

$=\frac{124}{3}-72+20=\boldsymbol{-\frac{32}{3}}$

アドバイス

- 積分は微分の逆の演算で，積分する式は展開してから積分する。定積分では，こまごまとした分数計算が多く，ミスが出やすい。
- 上の解答も(I)と(II)のどちらでもよい。どちらがよいかは式によっても違うので，各自，計算方法の工夫のしどころである。
  また，ウッカリ微分の計算と勘違いすることもあるので油断しないように。

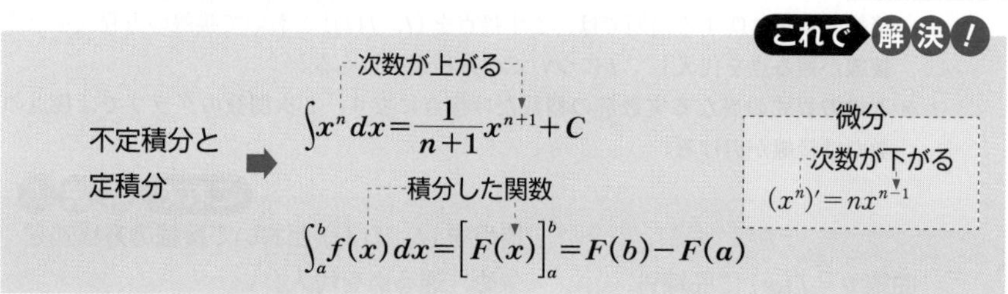

練習58 次の定積分を求めよ。

(1) $\int_0^1(3x^2+5x+4)\,dx$　〈中央大〉　(2) $\int_{-2}^0(1-3x)^2\,dx$　〈静岡理工科大〉

Challenge

関数 $f(x)$ について，$f'(x)=2x^2+4$，$f(0)=5$ であるとき，$f(x)=$□ であり，$\int_0^1 f(x)\,dx=$□ である。　〈獨協大〉

59　$f'(\alpha)$，$\int_{\alpha}^{\beta}f(x)dx$ が条件のとき

関数 $f(x)=ax^2+bx+c$ が $f(1)=\frac{1}{6}$，$f'(1)=0$，$\int_0^1 f(x)dx=\frac{1}{3}$ を満たすとき，定数 a，b，c の値を求めよ。〈久留米大〉

解　$f(x)=ax^2+bx+c$，$f'(x)=2ax+b$ だから

$f(1)=a+b+c=\frac{1}{6}$ ……①，$f'(1)=2a+b=0$ ……②　⬅与えられた条件式を素直に計算。

$$\int_0^1(ax^2+bx+c)\,dx=\left[\frac{1}{3}ax^3+\frac{1}{2}bx^2+cx\right]_0^1$$

$$=\frac{1}{3}a+\frac{1}{2}b+c=\frac{1}{3}$$

⬅a，b，c の3つが未知数だから，条件式も3つある。

$2a+3b+6c=2$ ……③

①，②，③を解いて

$$\boldsymbol{a=\frac{1}{2},\ b=-1,\ c=\frac{2}{3}}$$

アドバイス

- $f'(x)$ や $\int_{\alpha}^{\beta}f(x)dx$ が条件にある問題はとかく難しく見える。こんなとき，まず，与えられた条件の通り計算しよう。そうすれば，たいてい微分，積分の問題でなくなる。
- 表面は微分，積分の顔をしているが中身は連立方程式や恒等式の問題が多い。

これで解決！

$f'(\alpha)$ や $\int_{\alpha}^{\beta}f(x)\,dx$ が条件にある問題 ➡
- 与えられた条件式を素直に計算しよう
- $f'(\alpha)$，$\int_{\alpha}^{\beta}f(x)\,dx$ を計算すれば出てくるのはただの関係式だ！

PS　条件式は，たいてい未知数の数だけある。そうでないと連立方程式が解けないから。

練習59　a，b を定数とし，$f(x)=x^2+ax+b$ とする。$f(x)$ が $f'(1)=1$ および $\int_0^2 f(x)dx=0$ を満たすとき，$a=$□，$b=$□ である。〈京都産大〉

Challenge

関数 $f(x)=ax^2+bx+1$ が $f(1)=-6$ と $\int_0^3\{f'(x)\}^2dx=63$ を満たすならば，定数 a，b の値は $a=$□，$b=$□ である。〈立教大〉

60 定積分の表す関数

(1) 等式 $\int_a^x f(t)\,dt = x^2 - x - 6$ を満たすとき，$f(x)$ と a の値を求めよ。

〈帝京大〉

(2) 等式 $f(x) = x^2 + 2x - 3\int_0^1 f(t)\,dt$ を満たす関数 $f(x)$ を求めよ。

〈兵庫県立大〉

解 (1) 与式の両辺を x で微分して

$$\frac{d}{dx}\int_a^x f(t)\,dt = (x^2 - x - 6)'$$

よって，$\boldsymbol{f(x) = 2x - 1}$

与式に $x = a$ を代入して

$$\int_a^a f(t)\,dt = a^2 - a - 6 = 0$$

$(a-3)(a+2) = 0$　よって，$\boldsymbol{a = 3,\ -2}$

(2) $\int_0^1 f(t)\,dt = k$（定数）とおくと $f(x) = x^2 + 2x - 3k$

$$k = \int_0^1 (t^2 + 2t - 3k)\,dt = \left[\frac{1}{3}t^3 + t^2 - 3kt\right]_0^1$$

$$k = \frac{1}{3} + 1 - 3k \text{　より　} k = \frac{1}{3}$$

よって，$\boldsymbol{f(x) = x^2 + 2x - 1}$

（　）を微分せよという記号

⬅ $\frac{d}{dx}(\quad) = (\quad)'$

積分区間がない定積分

$$\int_a^a f(t)\,dt = 0$$

⬅ $\int_0^1 f(t)\,dt$ はある値（定数）になるから，k とおく。

アドバイス

- 積分と微分の関係は，記号の意味に泣かされる。ある程度は暗記だけでも対処できるが，ザックリと次の考え方ぐらいは理解しておくとよい。

これで解決！

積分して，微分するから $f(t)$ はもとのまま，変数が t から x にかわる

$$\frac{d}{dx}\int_a^x f(t)\,dt = f(x)$$

$$f(x) = g(x) + \int_a^b f(t)\,dt$$

定数になるから

$k = \int_a^b f(t)\,dt$ とおく

練習60 (1) 等式 $\int_a^x f(t)\,dt = \frac{3}{2}x^2 - 3x + \frac{3}{2}$ が任意の x で成り立つとき，関数 $f(x)$ と定数 a の値を求めよ。

〈徳島文理大〉

(2) 等式 $f(x) = x^2 + 4x - \int_0^1 f(t)\,dt$ を満たす関数 $f(x)$ は ☐ である。〈立教大〉

Challenge

$\int_0^x f(t)\,dt = x^2 + 3x$ のとき，$\int_0^1 f(x^2 + x)\,dx =$ ☐ である。

〈昭和薬大〉

61 絶対値記号を含む関数の定積分

定積分 $\displaystyle\int_0^3 |x-1|\,dx$ の値を求めよ。　〈工学院大〉

解

$|x-1|=\begin{cases} x-1 & (x\geqq 1 \text{ のとき}) \\ -x+1 & (x\leqq 1 \text{ のとき}) \end{cases}$ だから

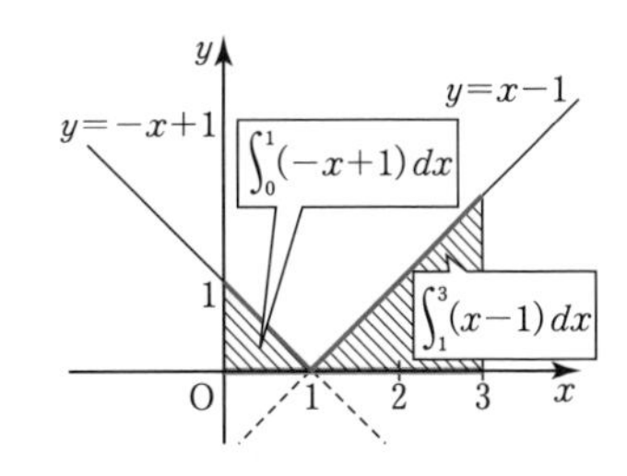

$$\int_0^3 |x-1|\,dx=\int_0^1(-x+1)\,dx+\int_1^3(x-1)\,dx$$

$$=\left[-\frac{1}{2}x^2+x\right]_0^1+\left[\frac{1}{2}x^2-x\right]_1^3$$

$$=\left(-\frac{1}{2}+1\right)+\left(\frac{9}{2}-3\right)-\left(\frac{1}{2}-1\right)$$

$$=\frac{1}{2}+\frac{3}{2}+\frac{1}{2}=\mathbf{\frac{5}{2}}$$

アドバイス

- $\displaystyle\int_0^3 |x-1|\,dx$ は関数 $y=|x-1|$ を $0\leqq x\leqq 3$ の範囲で積分せよということだ。
- したがって，このグラフがかければ，積分区間と積分される関数との関係が一目でわかる。
- 定積分より，絶対値記号のついた関数に手こずらないように日頃からグラフのかき方を身につけておこう。

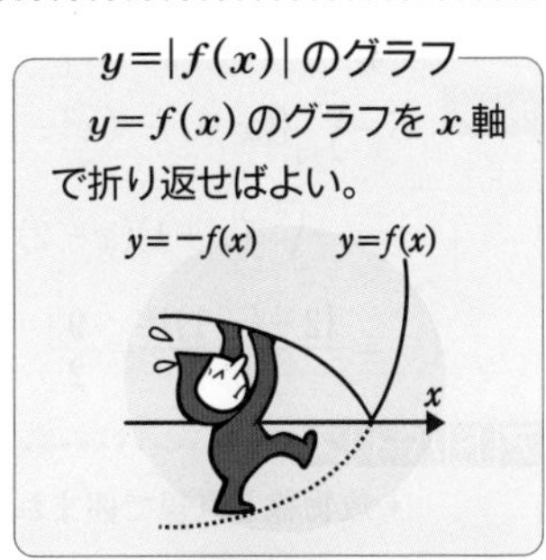

これで解決！

絶対値記号を含む関数の定積分 ➡
- まず，絶対値記号をはずし，グラフをかく
（$y=|f(x)|$ のグラフは，$y=f(x)$ のグラフの $y\leqq 0$ の部分を，x 軸で折り返すと早い）
- 積分区間と積分される関数を一致させる

PS $\displaystyle\int_a^b f(x)\,dx$ の積分区間 $a\leqq x\leqq b$ は，$f(x)$ の定義域と考えてよい。

練習61　次の定積分を求めよ。

(1) $\displaystyle\int_{-3}^0 |x+1|\,dx$　〈湘南工科大〉　(2) $\displaystyle\int_0^3 |x(x-2)|\,dx$　〈東京電機大〉

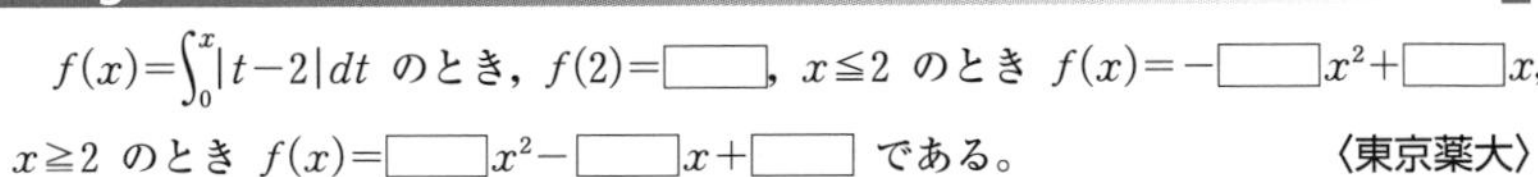

Challenge

$f(x)=\displaystyle\int_0^x |t-2|\,dt$ のとき，$f(2)=\boxed{}$，$x\leqq 2$ のとき $f(x)=-\boxed{}x^2+\boxed{}x$，$x\geqq 2$ のとき $f(x)=\boxed{}x^2-\boxed{}x+\boxed{}$ である。　〈東京薬大〉

62 放物線と直線で囲まれた図形の面積

放物線 $y=x^2-1$ と直線 $y=x+1$ とで囲まれた図形の面積 S を求めよ。 〈類　玉川大〉

解 求める面積は，右の斜線部分である。

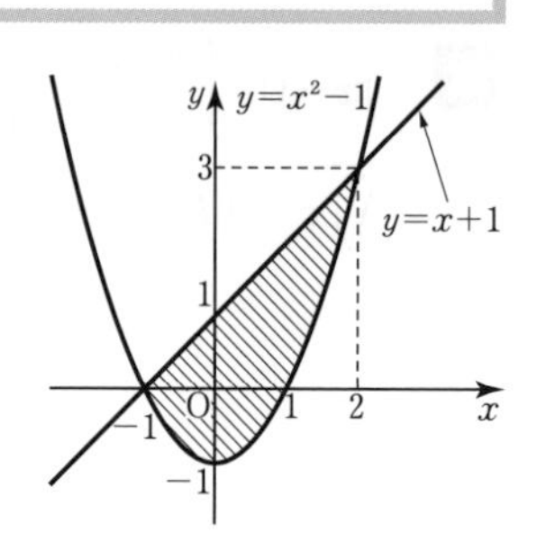

放物線と直線の交点の x 座標は

$x^2-1=x+1$ より

$(x+1)(x-2)=0$

$x=-1,\ 2$

$$S=\int_{-1}^{2}\{(x+1)-(x^2-1)\}\,dx$$

$$=\left[-\frac{1}{3}x^3+\frac{1}{2}x^2+2x\right]_{-1}^{2}$$

$$=\left(-\frac{8}{3}+2+4\right)-\left(\frac{1}{3}+\frac{1}{2}-2\right)=\mathbf{\frac{9}{2}}$$

⬅ $\left(-\frac{8}{3}+2+4\right)-\left(\frac{1}{3}+\frac{1}{2}-2\right)$
$=-3+6+\frac{3}{2}=\frac{9}{2}$

別解 $$S=\int_{-1}^{2}\{(x+1)-(x^2-1)\}\,dx$$

$$=-\int_{-1}^{2}(x+1)(x-2)\,dx$$

$$=\frac{\{2-(-1)\}^3}{6}=\mathbf{\frac{9}{2}}$$

⬅ $-\int_{\alpha}^{\beta}(x-\alpha)(x-\beta)\,dx=\frac{(\beta-\alpha)^3}{6}$ は公式として使ってよい。

アドバイス

- 放物線と直線で囲まれた図形の面積を求める場合，次のことを心掛けよう。

これで解決！

放物線と直線で囲まれた図形の面積

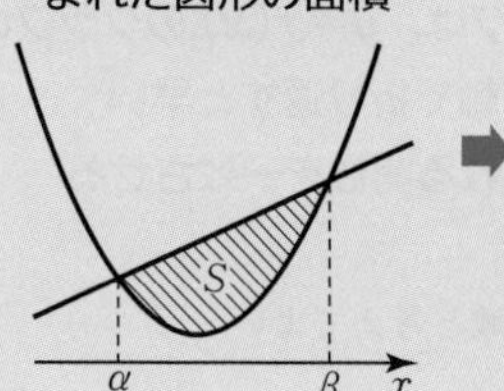

➡

- 求める図形は概形でいいからかく
- 放物線と直線の交点をしっかり求める（ここで違っては元も子もない）
- $S=-\int_{\alpha}^{\beta}(x-\alpha)(x-\beta)\,dx=\frac{(\beta-\alpha)^3}{6}$ の公式は有効に使う

練習62 次の放物線と直線で囲まれた図形の面積 S を求めよ。

(1) $y=x^2-2x-8$ と x 軸 〈玉川大〉 (2) $y=x^2-2x,\ y=x$ 〈明治学院大〉

(3) $y=-(x-2)^2+4,\ y=x$ 〈中央大〉

Challenge

2つの放物線 $y=x^2-3x+2$ と $y=-2x^2-x+3$ で囲まれた図形の面積 S を求めよ。 〈東京電機大〉

63　2曲線ではさまれた図形の面積

放物線 $y=(x-1)^2$ と直線 $y=x+1$，$x=-1$，$x=1$ で囲まれた図形の面積を求めよ。

解　求める面積は，右の S_1，S_2 である。

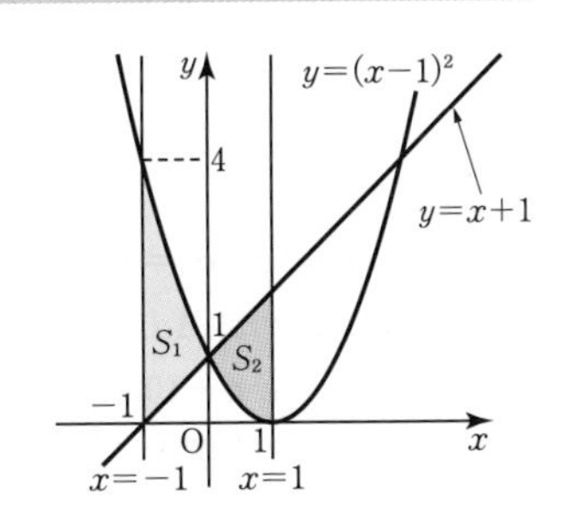

$$S_1=\int_{-1}^{0}\{(x-1)^2-(x+1)\}\,dx$$

$$=\int_{-1}^{0}(x^2-3x)\,dx=\left[\frac{1}{3}x^3-\frac{3}{2}x^2\right]_{-1}^{0}$$

$$=-\left(-\frac{1}{3}-\frac{3}{2}\right)=\frac{11}{6}$$

$$S_2=\int_{0}^{1}\{(x+1)-(x-1)^2\}\,dx$$

$$=\int_{0}^{1}(-x^2+3x)\,dx=\left[-\frac{1}{3}x^3+\frac{3}{2}x^2\right]_{0}^{1}$$

$$=\left(-\frac{1}{3}+\frac{3}{2}\right)=\frac{7}{6}$$

よって，$S_1+S_2=\dfrac{11}{6}+\dfrac{7}{6}=\mathbf{3}$

アドバイス

- 2つの曲線ではさまれた図形の面積を求めるにはグラフの上下関係をしっかり把握しておこう。
- 特に，2箇所に分割されていたり，いくつかのグラフで囲まれている場合は，共有点，グラフの上下には神経を使おう。

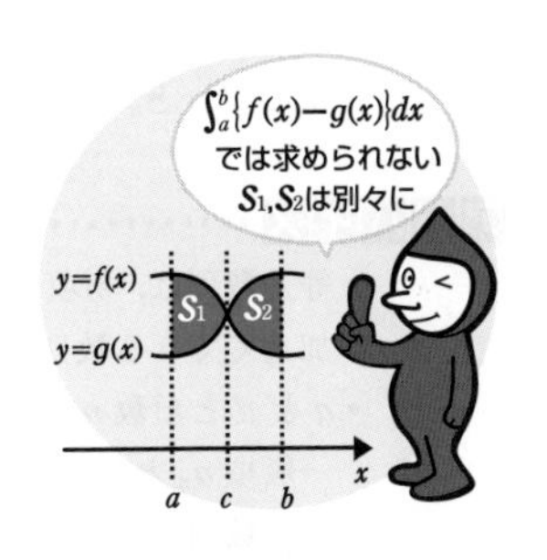

これで解決！

2曲線の間の面積 ➡ $\displaystyle\int_a^b\{f(x)-g(x)\}\,dx$　（$f(x)$：上のグラフ，$g(x)$：下のグラフ）

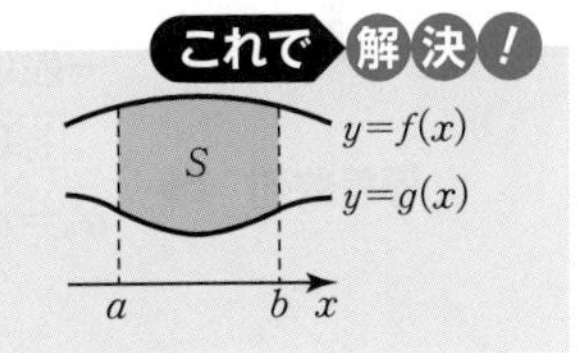

PS　積分区間でグラフの上下が逆転することもあるので注意しよう。

練習63　曲線 $y=x^2-4x+3$ と x 軸および直線 $x=-1$ で囲まれた2つの図形の面積の和を求めよ。〈類　群馬大〉

Challenge

曲線 $y=x^2-2x$ と x 軸に囲まれた図形と，この曲線と直線 $x=a$ と x 軸で囲まれた図形の面積が等しくなる定数 a の値を求めよ。ただし，$a>2$ とする。〈中部大〉

64 等差数列

(1) 初項9，公差4の等差数列の第 n 項は［　］である。〈法政大〉

(2) 第5項が9，第11項が33となる等差数列の一般項と第 n 項までの和を求めよ。〈類　中央大〉

解

(1) $a_n=a+(n-1)d$　に代入して

$=9+(n-1)\cdot 4$

よって，$\boldsymbol{a_n=4n+5}$

(2) $a_5=a+4d=9$　……①

$a_{11}=a+10d=33$……②

①，②を解いて，$a=-7$，$d=4$　だから

$a_n=-7+(n-1)\cdot 4$

よって，$\boldsymbol{a_n=4n-11}$

$S_n=\frac{1}{2}n\{2\cdot(-7)+(n-1)\cdot 4\}$

よって，$\boldsymbol{S_n=2n^2-9n}$

等差数列の一般項

初項 a，公差 d

$a_n=a+(n-1)d$

等差数列の和

$S_n=\frac{1}{2}n\{2a+(n-1)d\}$

$=\frac{1}{2}n(a+l)$

別解

$S_n=\frac{1}{2}n(a+l)$ より

$S_n=\frac{1}{2}n\{-7+(4n-11)\}$

$=2n^2-9n$

アドバイス

- 等差数列は，初項 a に公差 d（一定の値）を，次々に加えてできる数列である。
- a と d と項数 n の3つの要素から成り立っていて，一般項 a_n と和 S_n は次の式で表される。
  等差数列ときたらすぐ代入できるようにしよう。

これで解決！

等差数列 ➡ 一般項

$\boldsymbol{a_n=a+(n-1)d}$（初項 a，項数 n，公差 d）

和

$\boldsymbol{S_n=\frac{1}{2}n\{2a+(n-1)d\}}$

$\boldsymbol{=\frac{1}{2}n(a+l)}$（$l$：末項）

練習64　第3項が14，第9項が -34 である等差数列 $\{a_n\}$ がある。この等差数列は初項が［　］，公差が［　］であるから，一般項は $a_n=$［　］である。また，この数列の初項から第 n 項までの和を S_n とすると，$S_n=$［　］である。〈神奈川工科大〉

Challenge

初項が50，公差が -3 である等差数列において，項の値が最初に負になるのは第［　］項である。また，初項から第 n 項までの和を S_n とするとき，S_n の最大値は［　］である。〈東京工芸大〉

65 等比数列

(1) 数列 4，−8，16，−32，……は公比 □ の等比数列で，一般項は □，初項から第 n 項までの和は □ である。〈東洋大〉

(2) 第 3 項が 36，第 6 項が 288 である等比数列がある。初項 a と公比 r，初項から第 5 項までの和 S を求めよ。〈類　福井工大〉

解

(1) 初項 4 で公比は $(-8)\div 4=\mathbf{-2}$ だから

一般項は $a_n=\mathbf{4\cdot(-2)^{n-1}}$

和は $\dfrac{4\{1-(-2)^n\}}{1-(-2)}=\mathbf{\dfrac{4}{3}\{1-(-2)^n\}}$

(2) $a_3=ar^2=36$ ……①

$a_6=ar^5=288$……②

②÷①より　$\dfrac{ar^5}{ar^2}=\dfrac{288}{36}=8$，$r^3=8$ より　$\mathbf{r=2}$

①に代入して　$\mathbf{a=9}$，$S=\dfrac{9(2^5-1)}{2-1}=\mathbf{279}$

等比数列の一般項
初項 a，公比 r
$a_n=a\cdot r^{n-1}$

等比数列の和
$r\neq 1$ のとき
$S_n=\dfrac{a(r^n-1)}{r-1}$

アドバイス

- 等比数列は，初項 a に公比 r（一定の値）を，次々に掛けてできる数列である。
- a と r と項数 n の 3 つの要素から成り立っていて，一般項 a_n と和 S_n は次の式で表せる。
  等比数列ときたらすぐ代入できるようにしよう。

これで解決！

等比数列 ➡ 一般項 $a_n=ar^{n-1}$（初項 a，公比 r）　和 $S_n=\dfrac{a(r^n-1)}{r-1}=\dfrac{a(1-r^n)}{1-r}$ $(r\neq 1)$（初項 a，項数 n）

PS 指数法則 $a^m\times a^n=a^{m+n}$，$a^m\div a^n=a^{m-n}$，$(a^m)^n=a^{mn}$，$a^{-n}=\dfrac{1}{a^n}$ を確認しよう。

練習65 (1) 等比数列の第 2 項が 54，第 5 項が 16 のとき，初項 a は □，公比 r は □，一般項 a_n は □ となる。〈静岡理工科大〉

(2) 等比数列 $\{a_n\}$ の初項から第 3 項までの和が 1，第 4 項から第 6 項までの和が 8 である。この数列の初項は □ であり，公比は □ である。また，第 7 項から第 9 項までの和は □ である。〈摂南大〉

Challenge

公比 −2，第 n 項が 1536，初項から第 n 項までの和が 1026 である等比数列がある。このとき初項は □，項数 n は □ である。〈中京大〉

66 a, b, c が等差・等比数列をなすとき

3つの数2, a, b はこの順で等差数列をなし, a, b, 9 はこの順に等比数列をなすとき, a, b の値を求めよ。 〈摂南大〉

解 2, a, b が等差数列をなすから

$a-2=b-a$ より $2a=b+2$ ……① ⬅いきなり①の式をかいてもよい。

a, b, 9 が等比数列をなすから

$\dfrac{b}{a}=\dfrac{9}{b}$ より $b^2=9a$ ……② ⬅いきなり②の式をかいてもよい。

①を $b=2a-2$ として②に代入すると

$(2a-2)^2=9a$, $4a^2-17a+4=0$

$(a-4)(4a-1)=0$ より $a=4$, $\dfrac{1}{4}$

①に代入して

$\boldsymbol{a=4}$, $\boldsymbol{b=6}$ または $\boldsymbol{a=\dfrac{1}{4}}$, $\boldsymbol{b=-\dfrac{3}{2}}$

アドバイス

- 3つの数 a, b, c が等差数列をなすとき
  $b-a=c-b=$(公差) より $2b=a+c$
- 3つの数 a, b, c が等比数列をなすとき
  $\dfrac{b}{a}=\dfrac{c}{b}=$(公比) より $b^2=ac$
- この種の問題では, 上の関係式は必ず使うので覚えてなくても導けるようにしておこう。

これで解決!

a, b, c がこの順で ➡ 等差数列をなす ----▸ $2b=a+c$ / 等比数列をなす ----▸ $b^2=ac$ を使う

PS 自分で等差数列や等比数列をなす3つの数をおく場合は, 次のように表す。
等差数列：$\boldsymbol{a-d}$, $\boldsymbol{a}$, $\boldsymbol{a+d}$, 等比数列：$\boldsymbol{a}$, $\boldsymbol{ar}$, $\boldsymbol{ar^2}$

練習66 異なる3つの実数 a, b, c がこの順で等差数列をなし, a, c, b の順で等比数列をなす。さらに, $abc=27$ であるとき, a, b, c の値を求めよ。 〈成蹊大〉

Challenge

4つの数 x, $2x-5$, y, z がこの順で等差数列になっている。

(1) y および z をそれぞれ x を用いて表せ。

(2) x は0でない数とする。x, y, z がこの順で等比数列になっているとき, x の値をすべて求めよ。 〈関西大〉

67 Σを使った計算

1·3, 2·5, 3·7, 4·9, ……からなる数列の第 n 項までの和を求めよ。

〈東京農大〉

解 一般項（第 k 項）は

$a_k=k(2k+1)=2k^2+k$ だから

$$\sum_{k=1}^{n}(2k^2+k)=2\sum_{k=1}^{n}k^2+\sum_{k=1}^{n}k$$

$$=2\cdot\frac{1}{6}n(n+1)(2n+1)+\frac{1}{2}n(n+1)$$

$$=\frac{1}{6}n(n+1)\{2(2n+1)+3\}$$

$$=\boldsymbol{\frac{1}{6}n(n+1)(4n+5)}$$

1　2　3　4　……$\{n\}$

← 1·3, 2·5, 3·7, 4·9, ……

3　5　7　9　……$\{2n+1\}$

← $\frac{1}{3}n(n+1)(2n+1)+\frac{1}{2}n(n+1)$　共通因数

$=\frac{1}{6}n(n+1)\{2(2n+1)+3\}$

分母の3と2を通分

アドバイス

- Σの計算を苦手としている人は意外に多い。恐らくΣで表された式を見ても実感がわかないのだろう。
- そんなとき，$k=1$, 2, 3 ぐらいは代入して，どんな数列の和なのかをかくことをすすめる。
- 等比数列でない和の公式は次の式だから暗記しておけば，Σは恐くない。

これで解決！

Σの公式

$\sum_{k=1}^{n}k=\frac{1}{2}n(n+1)$,　$\sum_{k=1}^{n}k^2=\frac{1}{6}n(n+1)(2n+1)$,　$\sum_{k=1}^{n}c=cn$（c は定数）

$1+2+3+\cdots\cdots+n$　　$1^2+2^2+3^2+\cdots\cdots n^2$　　$c+c+c+\cdots\cdots+c$

PS $1^3+2^3+3^3+\cdots\cdots+n^3=\sum_{k=1}^{n}k^3=\left\{\frac{1}{2}n(n+1)\right\}^2$ も覚えておこう。

練習67 次の数列の初項から第 n 項までの和を求めよ。

(1) $\sum_{k=1}^{n}k(k-1)$ を n で表せ。〈京都産大〉

(2) 数列 1^2, 3^2, 5^2, 7^2, ……の第 n 項までの和を求めよ。〈日本医大〉

Challenge

数列 $\{a_n\}$ を初項が1，公差が $\frac{4}{3}$ の等差数列とする。

数列 $\{a_n\}$ の一般項は $a_n=$□ である。よって，$\sum_{k=1}^{n}a_k=$□ であり，

$\sum_{k=1}^{n}{a_k}^2=$□ である。〈東海大〉

68 階差数列

次の数列の一般項 a_n を求めよ。

4，11，24，43，68，99，……　〈秋田大〉

解 この数列 $\{a_n\}$ の階差数列を $\{b_n\}$ とする。

4，11，24，43，68，99，……$\{a_n\}$

7　13　19　25　31　……$\{b_n\}$

⬅$\{b_n\}$ はどんな数列か調べる。

数列 $\{b_n\}$ は初項 7，公差 6 の等差数列だから

$b_n=7+(n-1)\cdot 6=6n+1$

$n\geqq 2$ のとき

$$a_n=4+\sum_{k=1}^{n-1}(6k+1)=4+6\sum_{k=1}^{n-1}k+\sum_{k=1}^{n-1}1$$

$$=4+6\cdot\frac{1}{2}(n-1)n+(n-1)=3n^2-2n+3$$

⬅$\sum_{k=1}^{n-1}$ $n=1$ のとき 0 になってしまうので，$n\geqq 2$ のときとことわる。

$n=1$ のとき，$a_1=4$ で成り立つ。

よって，$\boldsymbol{a_n=3n^2-2n+3}$

⬅$n=1$ のときにも成り立つから最後にかいておく。

アドバイス

- 等差でも等比でもない数列は階差をとってみることだ。階差数列は，次のような構造になっているから，a_n は次のようにして求めることができる。
- ここで，a_n を求めるとき，$\{b_n\}$ の加える項数は $n-1$ 個であることに気をつけよう。

これで解決！

階差数列

a_1，a_2，a_3，a_4，……，a_{n-1}，a_n……$\{a_n\}$ ◀----もとの数列

b_1　b_2　b_3　　b_{n-1}……$\{b_n\}$ ◀----階差をとった数列

$n\geqq 2$ のとき

$$a_n=a_1+(b_1+b_2+b_3+\cdots\cdots+b_{n-1})=a_1+\sum_{k=1}^{n-1}b_k$$ （$n=1$ のときも成り立つ）

Σで表すと

練習68 次の数列の一般項 a_n を求めよ。

1，5，11，19，29，41，……　〈琉球大〉

Challenge

数列 1，11，111，1111，……の一般項 a_n を求めよ。　〈学習院大〉

69 分数で表された数列

(1) $S=\dfrac{1}{1\cdot2}+\dfrac{1}{2\cdot3}+\dfrac{1}{3\cdot4}+\cdots\cdots+\dfrac{1}{n(n+1)}$ とすると，$S=$□

〈八戸工大〉

(2) $\displaystyle\sum_{k=1}^{500}\frac{1}{\sqrt{k}+\sqrt{k-1}}$ を簡単にすると，□である。　〈大阪薬大〉

解 (1) 第 n 項を $a_n=\dfrac{1}{n(n+1)}=\dfrac{1}{n}-\dfrac{1}{n+1}$ と変形。

$$S=\left(1-\frac{1}{2}\right)+\left(\frac{1}{2}-\frac{1}{3}\right)+\left(\frac{1}{3}-\frac{1}{4}\right)+\cdots\cdots+\left(\frac{1}{n}-\frac{1}{n+1}\right)$$

$$=1-\frac{1}{n+1}=\boldsymbol{\frac{n}{n+1}}$$

⬅ $\dfrac{1}{n(n+1)}=\dfrac{1}{n}-\dfrac{1}{n+1}$ のような変形を"部分分数に分ける"という。

(2) $$\frac{1}{\sqrt{k}+\sqrt{k-1}}=\frac{\sqrt{k}-\sqrt{k-1}}{(\sqrt{k}+\sqrt{k-1})(\sqrt{k}-\sqrt{k-1})}$$

$$=\sqrt{k}-\sqrt{k-1}$$

⬅分母は $(\sqrt{k}+\sqrt{k-1})(\sqrt{k}-\sqrt{k-1})=k-(k-1)=1$

$$\sum_{k=1}^{500}\frac{1}{\sqrt{k}+\sqrt{k-1}}=\sum_{k=1}^{500}(\sqrt{k}-\sqrt{k-1})$$

$$=(\sqrt{1}-\sqrt{0})+(\sqrt{2}-\sqrt{1})+(\sqrt{3}-\sqrt{2})+\cdots\cdots+(\sqrt{500}-\sqrt{499})$$

$$=\sqrt{500}=\boldsymbol{10\sqrt{5}}$$

アドバイス

- 第 n 項が分数で表されている数列では（等差，等比を除けば）すべて部分分数に分けて求めると考えてよい。
- また，分母に $\sqrt{\quad}$ のある場合は，有理化して考えてみる。なお，部分分数に分ける式はある程度決まっているので形を暗記しておこう。

これで解決!

分数の数列とよく出る部分分数

部分分数に分けて ➡ $(b_1-b_2)+(b_2-b_3)+\cdots\cdots+(b_{n-1}-b_n)$

$(a_n=b_n-b_{n+1})$　（規則的に，消える消える）

よく出る部分分数 ➡ $\dfrac{1}{n(n+1)}=\dfrac{1}{n}-\dfrac{1}{n+1}$，$\dfrac{1}{n(n+2)}=\dfrac{1}{2}\left(\dfrac{1}{n}-\dfrac{1}{n+2}\right)$

練習69 (1) 第 k 項が $a_k=\dfrac{1}{k(k+2)}$ であるとき，$\displaystyle\sum_{k=1}^{10}a_k$ を求めよ。　〈類　星薬大〉

(2) $\displaystyle\sum_{k=1}^{48}\frac{1}{\sqrt{k+2}+\sqrt{k}}=$□$+$□$\sqrt{2}$ である。　〈日本大〉

Challenge

和 $\dfrac{1}{1\cdot3}+\dfrac{1}{3\cdot5}+\dfrac{1}{5\cdot7}+\cdots\cdots+\dfrac{1}{(2n-1)(2n+1)}$ を求めよ。　〈神奈川大〉

70 一般項 a_n と和 S_n との関係

数列 $\{a_n\}$ の初項から第 n 項までの和が $S_n=2n^2-n$ で表されるとき，この数列の一般項 a_n を求めよ。 〈神奈川大〉

解

初項は $a_1=S_1=2\cdot1^2-1=1$

←まず，初項 a_1 を求める。$S_1=a_1$ であることを利用する。

$a_n=S_n-S_{n-1}$ $(n\geqq2)$ より

$=2n^2-n-\{2(n-1)^2-(n-1)\}$

←$S_{n-1}=2(n-1)^2-(n-1)$

$=2n^2-n-(2n^2-5n+3)$

$=4n-3$……①

←①は $n\geqq2$ のときの式。

①に $n=1$ を代入すると

←①が $n=1$ のときにも使えるか調べる。

$4\cdot1-3=1$ で初項 $a_1=1$ と一致する。

よって，①は $n=1$ のときにも成り立つから

$\boldsymbol{a_n=4n-3}$

アドバイス

- 数列の問題の中には，和 S_n の式が与えられていることがある。そのようなとき，まず，関係式

  $a_n=S_n-S_{n-1}$ $(n\geqq2)$

  を使うと考えてよい。

$n\geqq2$ のとき

$$
\begin{array}{rl}
 & a_1+a_2+a_3+\cdots\cdots+a_{n-1}+a_n=S_n \\
-) & a_1+a_2+a_3+\cdots\cdots+a_{n-1}+\qquad=S_{n-1} \\
\hline
 & a_n=S_n-S_{n-1}
\end{array}
$$

- この式は，右の計算から出てくるが，$n\geqq2$ のときの式なので，$n=1$ から使えるかどうかの判定が必要なことを忘れないように。
- $S_n=f(n)$ のとき，数列 $\{a_n\}$ の初項 a_1 は S_1 である。

  また，S_n は Σ を使うと $S_n=\sum_{k=1}^{n}a_k$ とも表せる。

これで解決！

$S_n=f(n)$ が与えられたとき a_n は ➡ $a_n=S_n-S_{n-1}$ $(n\geqq2)$ で求める
ただし，$n=1$ のときにも有効かどうか調べる。a_1 が S_1 と同じなら使える

練習70 数列 $\{a_n\}$ の初項 a_1 から第 n 項 a_n までの和が $S_n=n(2n+3)$ $(n\geqq1)$ で与えられているとき，数列 $\{a_n\}$ の一般項を求めよ。 〈東京都市大〉

Challenge

数列 $\{a_n\}$ の初項から第 n 項までの和 S_n が $S_n=3n^2+4n+2$ と表されているとき，一般項 a_n を求めよ。 〈創価大〉

71　$S_n - rS_n$ で和を求める

次の数列の和 S_n を求めよ。

$$S_n = 1 + 2\cdot2 + 3\cdot2^2 + \cdots\cdots + n\cdot2^{n-1}$$

〈青山学院大〉

解

与式の両辺に 2 を掛けた式をつくり，2 式の辺々を引き算する。2 の指数をそろえて，項を 1 つずらしてかくと計算しやすい。

$$\begin{aligned} S_n &= 1 + 2\cdot2 + 3\cdot2^2 + \cdots\cdots + n\cdot2^{n-1} \\ -)\ 2S_n &= \quad 1\cdot2 + 2\cdot2^2 + \cdots\cdots + (n-1)\cdot2^{n-1} + n\cdot2^n \\ \hline -S_n &= \underbrace{1 + 2 + 2^2 + \cdots\cdots + 2^{n-1}} - n\cdot2^n \end{aligned}$$

⬅$2,\ 2^2,\ 2^3,\ \cdots,\ 2^{n-1}$ の項を縦にそろえてかく。

初項 1，公比 2，項数 n の等比数列が現れてくるので和が求まる。

等比数列の和

$$S_n = \frac{a(r^n - 1)}{r - 1}$$

$$-S_n = \frac{1\cdot(2^n - 1)}{2 - 1} - n\cdot2^n$$

$$= 2^n - 1 - n\cdot2^n = (1 - n)\cdot2^n - 1$$

よって，$S_n = \boldsymbol{(n-1)\cdot2^n + 1}$

アドバイス

- この問題のように，一般項が等差数列と等比数列の積の形になっている数列の和は，公比 r を S_n に掛けて rS_n をつくり，$S_n - rS_n$ を求める。
- 例題の解のように，等比数列が出てくるから予想しておこう。
- この計算では，各項の指数をそろえて引くことと最後の項の計算に注意する。

これで解決！

一般項 $a_n = n\cdot r^{n-1}$ の和（n：等差数列，r^{n-1}：等比数列） ➡ $S_n - rS_n$ をつくれ！

練習71　$S_n = 1 + 2\left(\frac{1}{3}\right) + 3\left(\frac{1}{3}\right)^2 + 4\left(\frac{1}{3}\right)^3 + \cdots\cdots + n\left(\frac{1}{3}\right)^{n-1}$ を n の式で表せ。

〈中央大〉

Challenge

次の数列の和 S_n を求めよ。

$$S_n = 1 + 3\cdot3 + 5\cdot3^2 + 7\cdot3^3 + \cdots\cdots + (2n-1)\cdot3^{n-1}$$

〈類　関西大〉

72 群数列の考え方

奇数の数列を第 n 群に n 個含むように分ける。次の問いに答えよ。

$1 \mid 3,\ 5 \mid 7,\ 9,\ 11 \mid 13,\ 15,\ 17,\ 19 \mid 21,\ 23,\ \cdots\cdots$

(1) 第 17 群の最後の数を求めよ。

(2) 第 n 群の最初の数を n で表せ。 〈類 昭和薬大〉

解 (1) 群を取り払った数列の一般項は

$a_m = 2m - 1$ ……①　　⬅第 n 群の n と違う文字 m で表す。

第 17 群までの項の数は　　⬅ $\underbrace{\bullet}_{1} \mid \underbrace{\bullet,\bullet}_{2} \mid \underbrace{\bullet,\bullet,\bullet}_{3} \mid \cdots\cdots \mid \underbrace{\bullet,\bullet,\cdots,\bullet}_{17} \mid$

$$1+2+3+\cdots\cdots+17 = \frac{17\times 18}{2} = 153 \text{（個）}$$

よって，①の 153 番目の数だから

$a_{153} = 2\times 153 - 1 = \mathbf{305}$

(2) $n-1$ 群までにある項の数は

$$1+2+3+\cdots\cdots+(n-1) = \frac{n(n-1)}{2} \text{（個）}$$

⬅ $\bullet \mid \bullet,\bullet \mid \cdots\cdots \mid \underbrace{\bullet,\bullet,\cdots\cdots,\bullet}_{n-1\text{群}} \mid \underbrace{\bullet,\cdots\cdots,\bullet}_{n\text{群}} \mid$　$(1+2+\cdots\cdots+n-1)+1$ 番目

n 群の最初の数は①の数列の

$$\frac{n(n-1)}{2} + 1 \text{ 番目}$$

⬅ $a_m = 2m-1$ の m に $\dfrac{n(n-1)}{2}+1$ を代入する。

よって，$2\times\left\{\dfrac{n(n-1)}{2}+1\right\}-1 = \boldsymbol{n^2 - n + 1}$

アドバイス

- 群数列のポイントは，問題となる項が群を取り払った数列の，はじめから何番目になるかを知ることだ。それが N 番目とわかれば，もとの数列の一般項に N を代入してその項の値が求まる。

これで解決！

群数列：n 群の最初の数の求め方

- 群を取り払った数列の一般項を m で表す。
- $n-1$ 群までにある項の数を n で表す。（n 群の最初の数はその次）

PS 数列を表す一般項と，群の中の項数がつくる数列の一般項を，混同しないように！

練習 72 正の偶数を次のように第 n 群に n 個含むように分ける。

$2 \mid 4,\ 6 \mid 8,\ 10,\ 12 \mid 14,\ 16,\ 18,\ 20 \mid 22,\ \cdots\cdots$

(1) 第 8 群の最初の数を求めよ。　(2) 第 8 群に含まれる数の和を求めよ。

〈日本大〉

Challenge

上の問題で 2012 は第 ☐ 群の第 ☐ 項である。 〈日本大〉

73 漸化式　$a_{n+1}-a_n=f(n)$　の型

$a_1=5$, $a_{n+1}=a_n+4n-3$ $(n=1, 2, 3, \cdots\cdots)$ で定義される数列 $\{a_n\}$ の一般項は $a_n=$□ である。〈千葉工大〉

解　$a_{n+1}-a_n=4n-3$　だから

$n\geqq 2$ のとき

$$a_n=a_1+\sum_{k=1}^{n-1}(4k-3)=5+4\cdot\frac{1}{2}(n-1)n-3(n-1)$$
$$=2n^2-5n+8$$

$n=1$ のとき，$a_1=2\cdot 1^2-5\cdot 1+8=5$

で成り立つ。

よって，$\boldsymbol{a_n=2n^2-5n+8}$

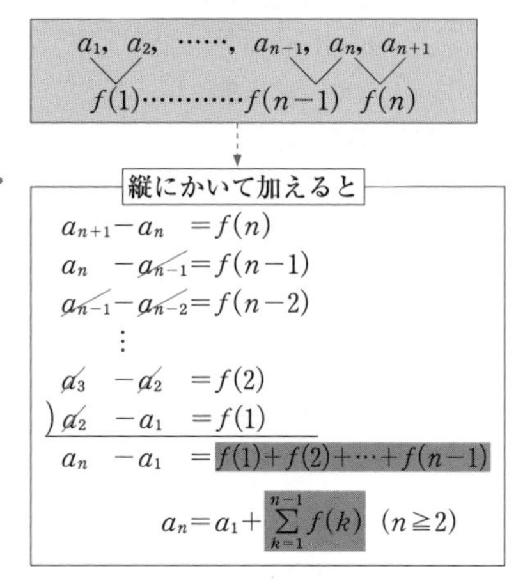

アドバイス

- 漸化式とは，数列を初項と前後の項 a_n と a_{n+1} の関係で表したもので，$a_{n+1}-a_n=f(n)$ は階差数列を表す漸化式である。これは74ページの階差数列と同じ数列であることがわかる。
- 右のように，縦に項を並べて加えるとわかるだろう。
- 漸化式を苦手とする人は，この階差数列と次の2項間の漸化式をマスターすれば十分だ。

漸化式
$a_{n+1}-a_n=f(n)$ の型 ➡ $\boldsymbol{a_n=a_1+\sum_{k=1}^{n-1}f(k)}$ **$(n\geqq 2)$**
($n=1$ のときに成り立つことも確認)

PS　$a_n-a_{n-1}=f(n)$ のときは，$a_{n+1}-a_n=f(n+1)$ に変形してから公式にあてはめる。
（n に $n+1$ を代入して）

練習73　次の式で定められる数列 $\{a_n\}$ の一般項を求めよ。

(1)　$a_1=1$, $a_{n+1}-a_n=2$ $(n=1, 2, 3, \cdots\cdots)$　〈日本大〉

(2)　$a_1=-15$, $a_{n+1}=a_n+3n$　〈津田塾大〉

Challenge

$a_1=\dfrac{2}{3}$, $\dfrac{1}{a_{n+1}}-\dfrac{1}{a_n}=n+\dfrac{3}{2}$ $(n=1, 2, 3, \cdots\cdots)$ で定義される数列 $\{a_n\}$ の一般項 a_n を n の式で表すと□である。〈福岡大〉

74 漸化式　$a_{n+1}=pa_n+q$（$p\neq 1$）の型

$a_1=2$，$a_{n+1}=3a_n+2$（$n=1$，2，3，……）で定義される数列 $\{a_n\}$ の一般項は ＿＿ である。〈北海道薬大〉

解　$a_{n+1}=3a_n+2$　を

$a_{n+1}+1=3(a_n+1)$

と変形すると，数列 $\{a_n+1\}$ は

初項 $a_1+1=2+1=3$，公比 3

の等比数列だから

$a_n+1=3\cdot 3^{n-1}=3^n$

よって，$\boldsymbol{a_n=3^n-1}$

⬅$a_{n+1}=pa_n+q$ の型の漸化式は
$a_{n+1}-\alpha=p(a_n-\alpha)$
の形に変形する。
この α は，a_{n+1}，a_n を α とおいて求める。
$a_{n+1}=3a_n+2$ の場合
$\alpha=3\alpha+2$　より
$\alpha=-1$ である。

アドバイス

- $a_{n+1}=pa_n+q$ の型の漸化式で表される数列 $\{a_n\}$ は各項から一定の値 α を引くと等比数列になる。
- この例題 $a_1=2$，$a_{n+1}=3a_n+2$ では，各項の値は，$n=1$，2，3，……を順次代入していくと

	2,	8,	26,	80,	242,	……	a_n	a_{n+1}
−)	−1	−1	−1	−1	−1	……	−1	−1
	3	9	27	81	243	……	a_n+1	$a_{n+1}+1$

×3　×3　×3　×3　……　×3

$a_{n+1}+1=3(a_n+1)$ の関係式が成り立つ。

- a_n+1 を 1 つの項とみると，数列 $\{a_n+1\}$ は初項 a_1+1，公比 3 の等比数列になる。

これで解決！

漸化式 $a_{n+1}=pa_n+q$（$p\neq 1$）➡ $\alpha=p\alpha+q$ として α を求め
$a_{n+1}-\alpha=p(a_n-\alpha)$ に変形
数列 $\{a_n-\alpha\}$ は
初項 $a_1-\alpha$，公比 p の等比数列

PS　漸化式の一般項を求める方法は，ある程度公式的に覚えておくのがよいだろう。

練習74　次の漸化式で定義される数列 $\{a_n\}$ の一般項を求めよ。

(1)　$a_1=5$，$a_{n+1}=4a_n-3$（$n=1$，2，3，……）〈摂南大〉

(2)　$a_1=2$，$a_{n+1}+3a_n=4$（$n=1$，2，3，……）〈福島大〉

Challenge

数列 $\{a_n\}$ が，$a_1=2$，$2a_{n+1}+a_n-3=0$（$n=1$，2，3，……）を満たすとき，この数列の一般項は $a_n=$ ＿＿ である。〈芝浦工大〉

75 漸化式 $a_{n+1}=\dfrac{a_n}{sa_n+t}$ の型

数列 $\{a_n\}$ を $a_1=1$，$a_{n+1}=\dfrac{a_n}{3a_n+2}$ $(n=1,\ 2,\ 3,\ \cdots\cdots)$ と定める。

(1) $b_n=\dfrac{1}{a_n}$ とおくとき，b_{n+1} と b_n の関係式を求めよ。

(2) 数列 $\{b_n\}$ および $\{a_n\}$ の一般項を求めよ。　〈岡山理科大〉

解 (1) 与式の両辺の逆数をとると

$$\frac{1}{a_{n+1}}=\frac{3a_n+2}{a_n}=3+\frac{2}{a_n}$$

$b_n=\dfrac{1}{a_n}$ とおくと　$\boldsymbol{b_{n+1}=2b_n+3}$

(2) $b_{n+1}=2b_n+3$ を

$b_{n+1}+3=2(b_n+3)$　と変形すると

数列 $\{b_n+3\}$ は，初項 $b_1+3=\dfrac{1}{a_1}+3=4$，公比 2

の等比数列だから　$b_n+3=4\cdot 2^{n-1}$

よって，$\boldsymbol{b_n=2^{n+1}-3}$，$\boldsymbol{a_n=\dfrac{1}{2^{n+1}-3}}$

⬅分数で表された漸化式は逆数をとって考える。

⬅$b_{n+1}=2b_n+3$
　↓　　↓
　$\alpha=2\alpha+3$ より
$\alpha=-3$ である。

⬅$b_n=\dfrac{1}{a_n}$ だから $a_n=\dfrac{1}{b_n}$

アドバイス

- 漸化式の中には，置きかえることによって基本型 $a_{n+1}=pa_n+q$ の型になるものがある。
- 分数で表されている式は，逆数にして $b_n=\dfrac{1}{a_n}$ とおくと $b_{n+1}=pb_n+q$ となるものが多い。
- 問題文の中に，おき方を誘導してあるものもあるが，その場合誘導に従えばたいてい基本型になる。

これで解決！

漸化式 $a_{n+1}=\dfrac{a_n}{sa_n+t}$ ➡ "逆数" にして $\begin{cases} b_n=\dfrac{1}{a_n} \text{ とおき} \\ b_{n+1}=pb_n+q \text{ の基本型に} \end{cases}$

練習75 $a_1=1$，$a_{n+1}=\dfrac{a_n}{3a_n+5}$ $(n=1,\ 2,\ 3,\ \cdots\cdots)$ で定められる数列 $\{a_n\}$ を考える。

(1) $b_n=\dfrac{1}{a_n}$ とおくとき，数列 $\{b_n\}$ の一般項を求めよ。

(2) 数列 $\{a_n\}$ の一般項を求めよ。　〈近畿大〉

Challenge

$a_1=2$，$a_{n+1}=\dfrac{a_n}{3a_n+1}$ $(n=1,\ 2,\ 3,\ \cdots\cdots)$ と定められる数列 $\{a_n\}$ の第 50 項を求めよ。　〈防衛医大〉

76 数学的帰納法

$1+3+5+\cdots\cdots+(2n-1)=n^2\cdots\cdots$① を数学的帰納法で証明せよ。ただし，$n$ は自然数とする。

解 ［Ⅰ］ $n=1$ のとき

$(左辺)=1$，$(右辺)=1^2=1$

よって，①は成り立つ。

［Ⅱ］ $n=k$ のとき①が成り立つとすると

$1+3+5+\cdots\cdots+2k-1=k^2\cdots\cdots$②

$n=k+1$ のときは

$1+3+5+\cdots\cdots+(2k-1)+(2k+1)$

$=k^2+(2k+1)=k^2+2k+1$

$=(k+1)^2$

となり，$n=k+1$ のときにも成り立つ。

［Ⅰ］，［Ⅱ］により①はすべての自然数 n について成り立つ。

⬅［Ⅰ］段階 $n=1$ のとき，左辺と右辺を必ず別々に示す。

⬅$1+3+5+\cdots+(2k-1)$ に②の式を用いて k^2 を代入。

⬅$n=k$ の式を代入してからの式変形は，ていねいに。

アドバイス

- 証明問題は嫌だと感じている人には，数学的帰納法はさらに嫌かもしれない。証明している実感がわいてこないという声をよく聞く。
  帰納法のポイントは，$n=k$ のときの式を $n=k+1$ のときの式の証明にどう生かすかということにかかっている。この例題でも次のように利用している。

$$\boxed{1+3+5+\cdots\cdots+2k-1}+(2k+1)=\boxed{k^2}+(2k+1)$$

（②の式を利用）

これで解決！

数学的帰納法 ➡ ［Ⅰ］ $n=1$ のとき成り立つことを示す
［Ⅱ］ $n=k$ のとき成り立つと仮定して
$n=k+1$ のときの式を ⟶ 証明
$n=k$ のときの式を必ず使って

練習76 $1^3+2^3+3^3+\cdots\cdots+n^3=\frac{1}{4}n^2(n+1)^2$ を数学的帰納法で証明せよ。ただし，n は自然数とする。 〈専修大〉

Challenge

$n\geqq4$ を満たす自然数に対して，不等式 $2^n\geqq3n+4$ が成り立つことを証明せよ。 〈大阪薬科大〉

77 確率変数の期待値（平均）

1のカードが1枚，2のカードが2枚，3のカードが3枚の計6枚のカードがある。このカードから2枚取り出し，カードにかかれている数の和を X とするとき，次の問いに答えよ。

(1)　X の確率分布を求めよ。

(2)　X の期待値（平均）$E(X)$ を求めよ。〈類　北海学園大〉

解

(1)　6枚から2枚を取り出す総数は ${}_6C_2=15$（通り）

X のとりうる値は3，4，5，6　　⬅x のとりうる値をすべて求める。

$X=3$ となるのは[1]，[2]のときで $1\times{}_2C_1=2$（通り）

$X=4$ となるのは[1]，[3]と[2]，[2]のときで

$1\times{}_3C_1+{}_2C_2=4$（通り）

$X=5$ となるのは[2]，[3]のときで ${}_2C_1\times{}_3C_1=6$（通り）

$X=6$ となるのは[3]，[3]のときで ${}_3C_2=3$（通り）

よって，確率分布は次のようになる。

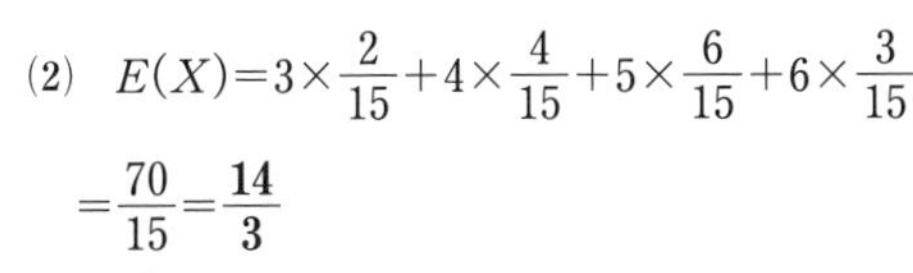

X	3	4	5	6	計
P	$\frac{2}{15}$	$\frac{4}{15}$	$\frac{6}{15}$	$\frac{3}{15}$	1

⬅確率の和が1になることを確認。（分母は約分しない）

(2)　$E(X)=3\times\frac{2}{15}+4\times\frac{4}{15}+5\times\frac{6}{15}+6\times\frac{3}{15}$

$=\frac{70}{15}=\mathbf{\frac{14}{3}}$

アドバイス

• 確率変数 X の期待値を求めるには，まず確率変数 X のとりうる値をすべて求める。次に，その X に対して，それぞれの確率を求める。このとき，X に対応するすべての確率の和は1になるので覚えておくとよい。

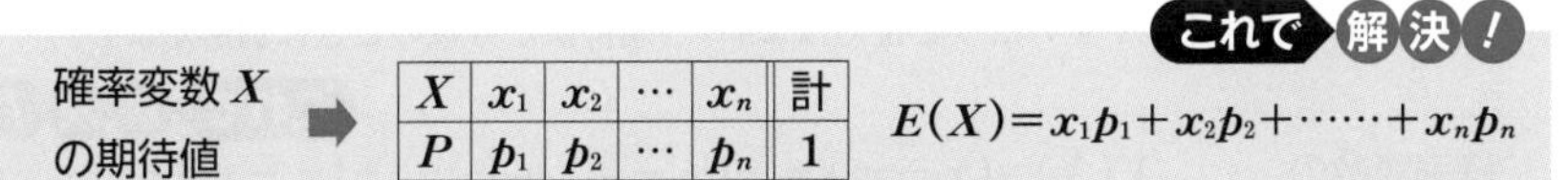

これで解決！

確率変数 X の期待値 ➡

X	x_1	x_2	…	x_n	計
P	p_1	p_2	…	p_n	1

$E(X)=x_1p_1+x_2p_2+\cdots\cdots+x_np_n$

練習77　1個のさいころを投げ，出た目の数を4で割った余りを X とするとき，X の期待値は □ である。〈千葉工大〉

Challenge

白球3個と赤球2個が入った袋から1球ずつ取り出し，赤球が出たら取り出すのをやめる。ただし，取り出した球はもとに戻さない。取り出された白球の個数の期待値（平均）を求めよ。〈類　学習院大〉

78 確率変数の分散と標準偏差

3枚の硬貨を同時に投げ，表の出る枚数を X とするとき，X の分散 $V(X)$ と標準偏差 $\sigma(X)$ を求めよ。〈日本福祉大〉

解 X のとりうる値は0，1，2，3で，そのときの確率を $P(X)$ とすると

$P(X=0)=\left(\frac{1}{2}\right)^3=\frac{1}{8}$，$P(X=1)={}_3C_1\left(\frac{1}{2}\right)^1\left(\frac{1}{2}\right)^2=\frac{3}{8}$

$P(X=2)={}_3C_2\left(\frac{1}{2}\right)^2\left(\frac{1}{2}\right)=\frac{3}{8}$，$P(X=3)=\left(\frac{1}{2}\right)^3=\frac{1}{8}$

X	0	1	2	3	計
P	$\frac{1}{8}$	$\frac{3}{8}$	$\frac{3}{8}$	$\frac{1}{8}$	1

確率分布は右上のようになる。

期待値 $E(X)$ と分散 $V(X)$ は

$$E(X)=0\times\frac{1}{8}+1\times\frac{3}{8}+2\times\frac{3}{8}+3\times\frac{1}{8}=\frac{3}{2}$$

$$V(X)=\left(0-\frac{3}{2}\right)^2\times\frac{1}{8}+\left(1-\frac{3}{2}\right)^2\times\frac{3}{8}+\left(2-\frac{3}{2}\right)^2\times\frac{3}{8}+\left(3-\frac{3}{2}\right)^2\times\frac{1}{8}$$

$$=\frac{24}{32}=\mathbf{\frac{3}{4}}$$

確率変数 X の期待値と分散

$$E(X)=\sum_{k=1}^{n}x_kp_k=m$$

$$V(X)=\sum_{k=1}^{n}(x_k-m)^2\cdot p_k$$

別解

$$V(X)=0^2\times\frac{1}{8}+1^2\times\frac{3}{8}+2^2\times\frac{3}{8}+3^2\times\frac{1}{8}-\left(\frac{3}{2}\right)^2$$

⬅ $V(X)=E(X^2)-\{E(X)\}^2$

$$=\frac{12}{4}-\frac{9}{4}=\mathbf{\frac{3}{4}}$$

標準偏差は $\sigma(X)=\sqrt{\frac{3}{4}}=\mathbf{\frac{\sqrt{3}}{2}}$

標準偏差 $\sigma(X)$

$\sigma(X)=\sqrt{分散}=\sqrt{V(X)}$

アドバイス

- 確率変数の分散を求めるには，確率分布表をかき，まず期待値 $E(X)=m$ を求める。それから，次の分散の公式にあてはめればよい。分散の公式は，解 と 別解 の2つあり計算しやすいほうを使えばよい。(期待値が分数のときは別解がよい。)

これで解決！

確率変数の分散の公式 ➡

$$V(X)=(x_1-m)^2p_1+(x_2-m)^2p_2+\cdots\cdots+(x_n-m)^2p_n$$

$$=E(X^2)-\{E(X)\}^2$$ (2乗の期待値)−(期待値の2乗)

練習78 1から8までの各整数をかいた8枚のカードから1枚引く。かいてある数を X とするとき，X の期待値と分散を求めよ。〈類　センター試験〉

Challenge

さいころを2回続けて投げるとき，出た目の数の差の絶対値を X とする。X の期待値と標準偏差を求めよ。〈関西学院大〉

79 確率変数 $aX+b$ の期待値と分散

確率変数 X は 4 個の値 1，2，3，6 をとるものとする。X がそれぞれの値を等しい確率でとるとき，$2X+3$ の期待値は□，分散は□である。〈日本大〉

解　確率分布は次のようになる。

X	1	2	3	6	計
$P(X)$	$\frac{1}{4}$	$\frac{1}{4}$	$\frac{1}{4}$	$\frac{1}{4}$	1

確率変数 X の期待値と分散

$$E(X)=\sum_{k=1}^{n}x_kp_k=m$$

$$V(X)=\sum_{k=1}^{n}(x_k-m)^2\cdot p_k$$

$$E(X)=1\times\frac{1}{4}+2\times\frac{1}{4}+3\times\frac{1}{4}+6\times\frac{1}{4}$$

$$=\frac{1}{4}(1+2+3+6)=3$$

$$E(2X+3)=2E(X)+3=2\times3+3=\mathbf{9}$$

⬅$E(aX+b)=aE(X)+b$

$$V(X)=(1-3)^2\times\frac{1}{4}+(2-3)^2\times\frac{1}{4}+(3-3)^2\times\frac{1}{4}+(3-6)^2\times\frac{1}{4}$$

$$=\frac{1}{4}(4+1+9)=\frac{7}{2}$$

$$V(2X+3)=2^2\cdot V(X)=4\times\frac{7}{2}=\mathbf{14}$$

⬅$V(aX+b)=a^2V(X)$

アドバイス

- 確率変数が $aX+b$ で表されているとき，期待値と分散は次のようになる。

$$E(aX+b)=\sum_{k=1}^{n}(ax_k+b)p_k=a\sum_{k=1}^{n}x_kp_k+b\sum_{k=1}^{n}p_k=aE(X)+b$$

$$V(aX+b)=\sum_{k=1}^{n}\{(ax_k+b)-(am+b)\}^2p_k$$

$$=a^2\sum_{k=1}^{n}(x_k-m)^2p_k=a^2V(X)$$

分散は a^2 倍か

これで解決！

確率変数 $aX+b$ の期待値と分散 ➡ $E(aX+b)=aE(X)+b$，$V(aX+b)=a^2V(X)$

練習79　1 から 5 までの数字を 1 つずつかいた 5 枚のカードがある。この中から同時に 2 枚のカードを取り出すとき，取り出したカードのかかれている数字の大きいほうから小さいほうを引いた値を X とする。このとき，$E(2X+3)=$□，$V(3X+1)=$□である。〈青山学院大〉

Challenge

上の問題で $E(5X^2+3)$ の値を求めよ。〈青山学院大〉

80 独立な確率変数 X，Y の期待値，分散

袋Aの中に赤玉3個，黒玉2個，袋Bの中に白玉3個，青玉2個が入っている。Aから玉を2個同時に取り出したときの赤玉の個数を X，Bから玉を2個同時に取り出したときの青玉の個数を Y とする。

(1) $X+Y$ の期待値を求めよ。

(2) $Z=X+3Y$ とおく。Z の期待値と分散を求めよ。 〈類 琉球大〉

解 X と Y の確率分布は次のようになる。

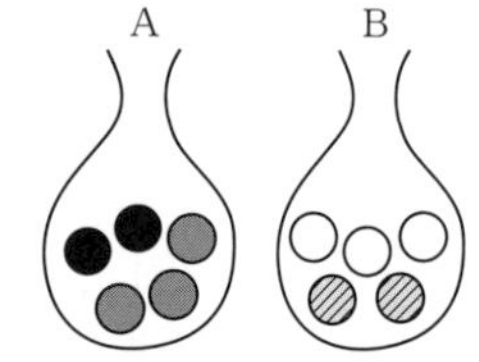

X	0	1	2	計
$P(X)$	$\frac{1}{10}$	$\frac{6}{10}$	$\frac{3}{10}$	1

Y	0	1	2	計
$P(Y)$	$\frac{3}{10}$	$\frac{6}{10}$	$\frac{1}{10}$	1

(1) $E(X)=0\times\frac{1}{10}+1\times\frac{6}{10}+2\times\frac{3}{10}=\frac{6}{5}$

$E(Y)=0\times\frac{3}{10}+1\times\frac{6}{10}+2\times\frac{1}{10}=\frac{4}{5}$

$E(X+Y)=E(X)+E(Y)=\frac{6}{5}+\frac{4}{5}=\mathbf{2}$

(2) $V(X)=0^2\times\frac{1}{10}+1^2\times\frac{6}{10}+2^2\times\frac{3}{10}-\left(\frac{6}{5}\right)^2=\frac{9}{25}$ ⬅分散の公式（簡便法）$V(X)=\sum_{k=1}^{n}x_k{}^2p_k-m^2$

$V(Y)=0^2\times\frac{3}{10}+1^2\times\frac{6}{10}+2^2\times\frac{1}{10}-\left(\frac{4}{5}\right)^2=\frac{9}{25}$

$E(Z)=E(X+3Y)=E(X)+3E(Y)=\frac{6}{5}+3\times\frac{4}{5}=\mathbf{\frac{18}{5}}$

$V(Z)=V(X+3Y)=1^2V(X)+3^2V(Y)=\frac{9}{25}+9\times\frac{9}{25}=\mathbf{\frac{18}{5}}$

アドバイス

- 独立な確率変数 X，Y に対して，その期待値と分散については次の式が成り立つ。

確率変数 X，Y の期待値と分散 ➡

$E(X+Y)=E(X)+E(Y)$
$E(XY)=E(X)E(Y)$
$V(aX+bY)=a^2V(X)+b^2V(Y)$

練習80 正四面体の各面に1から4までの目をかいたさいころと，ふつうのさいころを同時に投げる。出た目の数の和の期待値と分散を求めよ。 〈自治医大〉

Challenge

上の問題で，正四面体の目の数を X，さいころの目の数を Y とする。$2X+Y$ の期待値と分散を求めよ。また，$2XY$ の期待値を求めよ。

81 二項分布の期待値と分散

1個のさいころを30回投げて，1の目の出る回数を X とするとき，X の期待値と分散を求めよ。また，1の目が出たら5点，その他の目が出たら2点を得られるとする。得られる合計得点を Y とするとき，Y の期待値と分散を求めよ。

解　1の目が出る確率は $\dfrac{1}{6}$ だから

X は二項分布 $B\left(30,\ \dfrac{1}{6}\right)$ に従う。

よって，$E(X)=30\times\dfrac{1}{6}=\mathbf{5}$，$V(X)=30\times\dfrac{1}{6}\times\dfrac{5}{6}=\mathbf{\dfrac{25}{6}}$

⬅ $E(X)=np$
　$V(X)=npq$

また，1が X 回出たとすると，1以外の目は $(30-X)$ 回出るから得点の合計 Y は

$$Y=5X+2(30-X)=3X+60$$

よって，$E(Y)=E(3X+60)=3E(X)+60$
$=3\times5+60=\mathbf{75}$

$$V(Y)=V(3X+60)=3^2V(X)=9\times\frac{25}{6}=\mathbf{\frac{75}{2}}$$

$aX+b$ の期待値・分散
$E(aX+b)=aE(X)+b$
$V(aX+b)=a^2V(X)$

アドバイス

- $P(X=r)={}_n\mathrm{C}_r p^r q^{n-r}$ $(r=0,\ 1,\ 2,\ \cdots\cdots,\ n\ ;\ q=1-p)$ であるとき，この確率分布を二項分布といい $B(n,\ p)$ で表す。すなわち

$$P(X=r)={}_n\mathrm{C}_r p^r q^{n-r} \iff \mathbf{B(n,\ p)}$$

（n 回の試行，確率が p）

二項分布 $B(n,\ p)$ に従う確率変数 X の期待値（平均），分散は次の式で表される。

これで解決！

二項分布 $B(n,\ p)$ の期待値と分散 ➡ $E(X)=np$，$V(X)=npq$　$(q=1-p)$

練習81　1個のさいころを9回投げるとき，1の目または6の目が出る回数を X で表す。次の問いに答えよ。

(1)　X の期待値と分散を求めよ。

(2)　1の目または6の目が出たときは2点，それ以外の目が出たときは -1 点とする。このとき，得点の合計を Y として，Y の期待値と分散を求めよ。

Challenge

上の問題で，$Z=aX+b$（a，b は定数）とおくとき，確率変数 Z の期待値が10，分散が8となるように a，b の値を定めよ。ただし，$a>0$ とする。　〈類　宮崎大〉

82 確率密度関数

区間 $1 \leqq X \leqq 3$ のすべての値をとる確率変数 X の確率密度関数 $f(x)$ が $f(x)=px+1$ (p は定数) で与えられている。

(1) p の値を求めよ。　(2) $P(2 \leqq X \leqq 3)$ を求めよ。

(3) X の期待値 $E(X)$ を求めよ。

解 (1) $\int_1^3 (px+1)\,dx=\left[\frac{1}{2}px^2+x\right]_1^3=4p+2$

$4p+2=1$ より $\boldsymbol{p=-\frac{1}{4}}$

⬅$f(x)$ が X の確率密度関数だから $\int_a^b f(x)\,dx=1$

(2) $P(2 \leqq X \leqq 3)=\int_2^3 \left(-\frac{1}{4}x+1\right)dx$

$=\left[-\frac{1}{8}x^2+x\right]_2^3=\boldsymbol{\frac{3}{8}}$

⬅$\alpha \leqq X \leqq \beta$ となる確率は $P(\alpha \leqq X \leqq \beta)=\int_\alpha^\beta f(x)\,dx$

(3) $E(X)=\int_1^3 x\left(-\frac{1}{4}x+1\right)dx=\left[-\frac{1}{12}x^3+\frac{1}{2}x^2\right]_1^3$

$=\left(-\frac{27}{12}+\frac{9}{2}\right)-\left(-\frac{1}{12}+\frac{1}{2}\right)=\boldsymbol{\frac{11}{6}}$

⬅$E(X)=\int_a^b xf(x)\,dx$

アドバイス

- 連続的な確率変数 X の分布曲線が $y=f(x)$ で表されるとき，関数 $f(x)$ を X の確率密度関数という。
- 確率変数 X のとりうる値の範囲が

> $a \leqq X \leqq b$ であるとき $\int_a^b f(x)\,dx=1$
>
> $P(\alpha \leqq X \leqq \beta)=\int_\alpha^\beta f(x)\,dx$

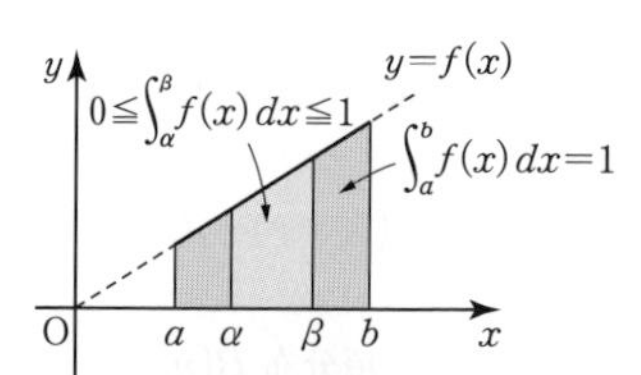

- X の期待値，分散は，次の式で与えられる。

これで解決！

確率密度関数 ➡ 期待値：$E(X)=m=\int_a^b xf(x)\,dx$

分散：$V(X)=\int_a^b (x-m)^2 f(x)\,dx$

練習82 区間 $1 \leqq X \leqq 5$ のすべての値をとる確率変数 X の確率密度関数 $f(x)$ が $f(x)=kx$ (k は定数) で与えられている。このとき，定数 k の値を求めよ。また，$P(2 \leqq X \leqq 4)$ および X の期待値 $E(X)$ を求めよ。

Challenge

右の図は，X を確率変数とする確率密度関数 $f(x)$ $(0 \leqq x \leqq 2)$ のグラフである。次の問いに答えよ。

(1) a の値を求めよ。　(2) $P(1 \leqq X \leqq 2)$ を求めよ。

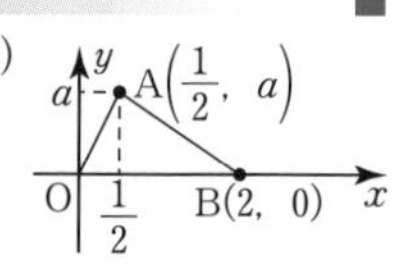

83 正規分布と標準化

ある高校の生徒 300 人の身長は，平均 170 cm，標準偏差 5 cm の正規分布に従うという。このとき，165 cm 以上 175 cm 以下の人は全体のおよそ何%か。また，175 cm 以上の生徒はおよそ何人いるか。

解　身長を X cm とすると，X は正規分布 $N(170,\ 5^2)$ に従うから

$Z=\dfrac{X-170}{5}$ とおくと Z は $N(0,\ 1)$ に従う。　⬅X を Z に変換して標準化する。

$X=165$ のとき，$Z=\dfrac{165-170}{5}=-1$

$X=175$ のとき，$Z=\dfrac{175-170}{5}=1$　だから

$P(165\leqq X\leqq 175)=P(-1\leqq Z\leqq 1)=0.6826$

よって，およそ **68 %**

また，$P(X\geqq 175)=P(Z\geqq 1)$

$=0.5-P(0\leqq Z\leqq 1)$

$=0.5-0.3413=0.1587$

175 cm 以上の生徒数は　$300\times 0.1587=47.61$　⬅(全体の人数)×(確率)

よって，およそ **48 人**

アドバイス

- 確率変数 X が正規分布 $N(\mu,\ \sigma^2)$ に従うとき，$Z=\dfrac{X-\mu}{\sigma}$ とおいて標準化する。
- 標準化された確率変数 X は $N(0,\ 1)$ に従い，このときの確率は正規分布表から求まる。なお，よく使われる代表的な確率は次のようになる。

正規分布 $N(\mu,\ \sigma^2)$ に従う確率変数の標準化 ➡ $Z=\dfrac{X-\mu}{\sigma}$ とおく

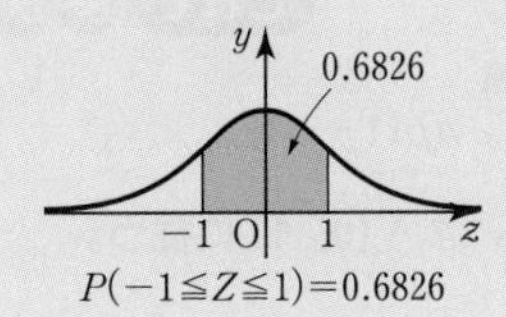

$P(-1\leqq Z\leqq 1)=0.6826$

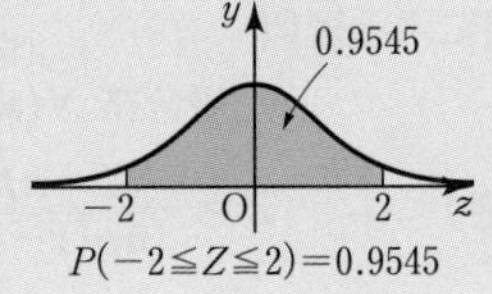

$P(-2\leqq Z\leqq 2)=0.9545$

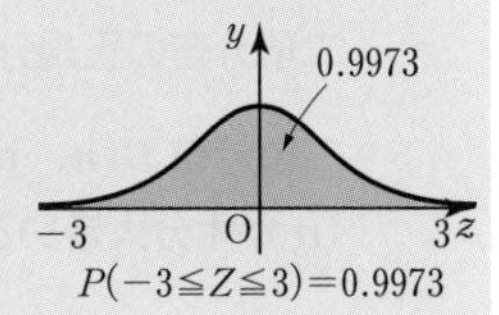

$P(-3\leqq Z\leqq 3)=0.9973$

注　確率変数 X が正規分布曲線のどの範囲にあるかを確認して求めることが大切である。

練習83　ある工場の缶詰 1000 個の重さは，平均 200 g，標準偏差 3 g の正規分布に従うという。194 g 以上 209 g 以下を規格品とするとき，規格品はおよそ何個あるか。

Challenge

500 人が 100 点満点の試験を受験した結果が，平均 62 点，標準偏差 16 点の正規分布に従うという。30 点以下を不合格とすると，不合格者はおよそ何人いるか。

84 二項分布の正規分布による近似

2 枚の硬貨を同時に 48 回投げるとき，2 枚とも表の出る回数が 15 回以下となる確率を求めよ。

解 2 枚の硬貨を同時に投げるとき，2 枚とも表の出る確率は $\frac{1}{4}$ である。

2 枚とも表の出る回数を X とすると

X は二項分布 $B\left(48,\ \frac{1}{4}\right)$ に従う。

> **二項分布**
> X が二項分布 $B(n,\ p)$ に従うとき
> $E(X)=np$（期待値）
> $V(X)=np(1-p)$（分散）
> $\sigma(X)=\sqrt{np(1-p)}$（標準偏差）

$$E(X)=48\times\frac{1}{4}=12,\quad \sigma(X)=\sqrt{48\times\frac{1}{4}\times\frac{3}{4}}=3$$

$n=48$ は十分大きな値だから

$Z=\dfrac{X-12}{3}$ とおくと　⬅$Z=\dfrac{X-\mu}{\sigma}$ で標準化

Z は近似的に正規分布 $N(0,\ 1)$ に従う。

$X=15$ のとき，$Z=\dfrac{15-12}{3}=1$ だから

$$P(X\leqq 15)=P(Z\leqq 1)=0.5+P(0\leqq Z\leqq 1)$$
$$=0.5+0.3413=\mathbf{0.8413}$$

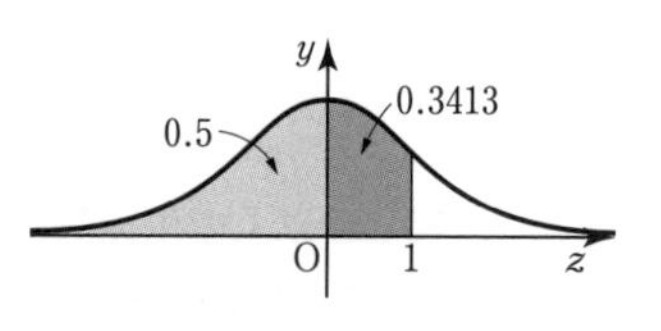

アドバイス

- 確率変数 X が二項分布 $B(n,\ p)$ に従うとき，n が十分大きければ正規分布 $N(np,\ np(1-p))$ に従う。
- さらに，$Z=\dfrac{X-np}{\sqrt{np(1-p)}}$　⬅$Z=\dfrac{X-\mu}{\sigma}$ （$\mu\leftarrow np$，$\sigma\leftarrow\sqrt{np(1-p)}$）とした式

  とすれば標準正規分布 $N(0,\ 1)$ で近似できるから，次の正規分布の考えが適用できる。

これで解決！

二項分布の正規分布による近似

二項分布 $B(n,\ p)$（n が十分大きいとき） ➡ 正規分布 $N(np,\ np(1-p))$（期待値 np，分散 $np(1-p)$）

$Z=\dfrac{X-np}{\sqrt{np(1-p)}}$ は $N(0,\ 1)$ に従う。

練習84　1 個のさいころを 450 回投げるとき，1 の目または 6 の目が出る回数について，次のようになる確率を求めよ。

(1) 140 回以下となる。　　(2) 160 回以上 180 回以下となる。

Challenge

1 枚のコインを 400 回投げて，表の出る回数を X とする。X の値が $190\leqq X\leqq 210$ となる確率を求めよ。　〈類　鹿児島大〉

85 標本平均の期待値と分散

母平均 50，母標準偏差 30 の母集団から大きさ 100 の標本を無作為抽出するとき，標本平均 $\overline{X}$ が 44 以上 53 以下となる確率を求めよ。また，56 以上となる確率を求めよ。

解　$n=100$，$\mu=50$，$\sigma=30$ だから

$\overline{X}$ は正規分布 $N\left(50,\ \dfrac{30^2}{100}\right)$，すなわち $N(50,\ 3^2)$ で近似できるので

$Z=\dfrac{\overline{X}-50}{3}$ とおくと，Z は $N(0,\ 1)$ に従う。⬅$\overline{X}$ を標準化する。

$\overline{X}=44$ のとき，$Z=\dfrac{44-50}{3}=-2$

$\overline{X}=53$ のとき，$Z=\dfrac{53-50}{3}=1$ だから

44 以上 53 以下となる確率は

$P(44\leqq\overline{X}\leqq53)=P(-2\leqq Z\leqq1)$

$=P(0\leqq Z\leqq1)+P(0\leqq Z\leqq2)=0.3413+0.4772=\mathbf{0.8185}$

56 以上となる確率は

$P(\overline{X}\geqq56)=P\left(Z\geqq\dfrac{56-50}{3}\right)=P(Z\geqq2)$

$=0.5-P(0\leqq Z\leqq2)$

$=0.5-0.4772=\mathbf{0.0228}$

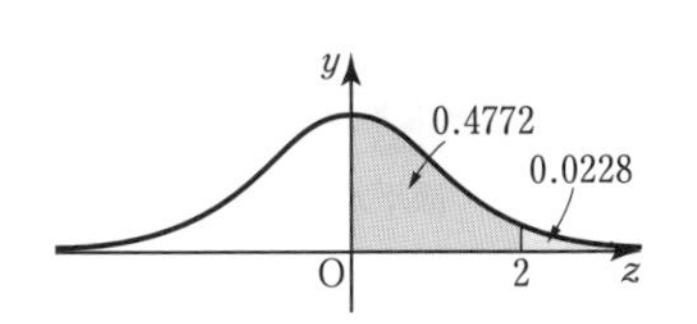

アドバイス

- 母平均 μ，母標準偏差 σ の母集団から大きさ n の標本を抽出するとき，標本平均 $\overline{X}$ の期待値と標準偏差は

期待値：$E(\overline{X})=\mu$

標準偏差：$\sigma(\overline{X})=\dfrac{\sigma}{\sqrt{n}}$

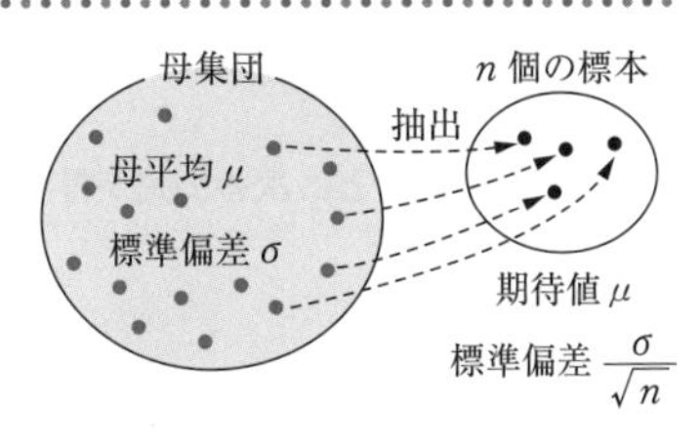

- このことから，標本平均 $\overline{X}$ の分布は次のように標準化できる。

これで解決！

母集団　母平均：μ　標準偏差：σ　—標本平均 $\overline{X}$ の分布は→　正規分布 $N\left(\mu,\ \dfrac{\sigma^2}{n}\right)$ で近似　—標準化→　$Z=\dfrac{\overline{X}-\mu}{\dfrac{\sigma}{\sqrt{n}}}$

練習85　母平均 120，母標準偏差 150 の母集団から大きさ 100 の標本を抽出するとき，標本平均 $\overline{X}$ が 105 以上 135 以下となる確率を求めよ。

Challenge

上の問題で，$\overline{X}\geqq150$ または $\overline{X}\leqq75$ となる確率を求めよ。

86 母平均の推定

A 社で製造されるピザ 100 枚を無作為に抽出して重さを測ったら，平均値 600 g，標準偏差 25 g であった。

(1) このピザの平均 μ に対する信頼度 95 %の信頼区間を求めよ。

(2) 母平均 μ に対する信頼区間の幅を 10 g 以下にするには，標本の大きさ n はどのようにすればよいか。

解 (1) 標本平均は $\overline{X}=600$，標本の大きさは $n=100$，標準偏差は $\sigma=25$ だから

$$600-\frac{1.96\times25}{\sqrt{100}}\leqq\mu\leqq600+\frac{1.96\times25}{\sqrt{100}}$$

$600-4.9\leqq\mu\leqq600+4.9$ よって，$\boldsymbol{595.1\leqq\mu\leqq604.9}$

信頼度 95 %

$$\overline{X}-\frac{1.96\sigma}{\sqrt{n}}\leqq\mu\leqq\overline{X}+\frac{1.96\sigma}{\sqrt{n}}$$

(2) 信頼度 95 %の信頼区間の幅は

$2\times\dfrac{1.96\sigma}{\sqrt{n}}$ だから $2\times\dfrac{1.96\times25}{\sqrt{n}}\leqq10$

$10\sqrt{n}\geqq98$ より $n\geqq96.04$

よって，標本の大きさを **97 枚以上**とすればよい。

信頼度 95 %の信頼区間の幅

$$2\times\frac{1.96\sigma}{\sqrt{n}}$$

アドバイス

- 母平均 μ，母標準偏差 σ の母集団から大きさ n の標本を抽出したとき，n の大きさが十分大きければ，標本平均 $\overline{X}$ は正規分布 $N\left(\mu,\ \dfrac{\sigma^2}{n}\right)$ に従うと考えてよい。
- $Z=\dfrac{\overline{X}-\mu}{\frac{\sigma}{\sqrt{n}}}$ とおくと，$P\left(-1.96\leqq\dfrac{\overline{X}-\mu}{\frac{\sigma}{\sqrt{n}}}\leqq1.96\right)=0.95$ となり，この式を μ について解くと，次の公式が得られる。

これで解決！

母平均 μ の推定 ➡

信頼度 95 % $\overline{X}-\dfrac{1.96\sigma}{\sqrt{n}}\leqq\mu\leqq\overline{X}+\dfrac{1.96\sigma}{\sqrt{n}}$

信頼度 99 % $\overline{X}-\dfrac{2.58\sigma}{\sqrt{n}}\leqq\mu\leqq\overline{X}+\dfrac{2.58\sigma}{\sqrt{n}}$

練習86 C 社で製造される缶詰 400 個を無作為に抽出して重さを測ったら，平均値が 300 g，標準偏差 50 g であった。この缶詰の平均 μ に対する信頼度 95 %の信頼区間を求めよ。

Challenge

ある工場でつくられるパンの重さの母標準偏差 σ は 12.5 g であるという。パンの重さの平均 μ を信頼度 95 %で推定するとき，信頼区間の幅を 5 g 以下にするには，標本の大きさ n はどのようにすればよいか。

87 母比率の推定

ある工場で，多数の製品の中から 900 個を無作為抽出して調べたところ，90 個の不良品が含まれていた。この製品全体の不良品の母比率 p に対する信頼度 95 %の信頼区間を求めよ。

解　標本の大きさは　$n=900$

標本比率は　$p_0=\dfrac{90}{900}=0.1$ だから

母比率 p に対する信頼度 95 %の信頼区間は

$$0.1-1.96\times\sqrt{\frac{0.1\times0.9}{900}}\leqq p\leqq 0.1+1.96\times\sqrt{\frac{0.1\times0.9}{900}}$$

$0.1-0.0196\leqq p\leqq 0.1+0.0196$

よって，$\boldsymbol{0.0804\leqq p\leqq 0.1196}$

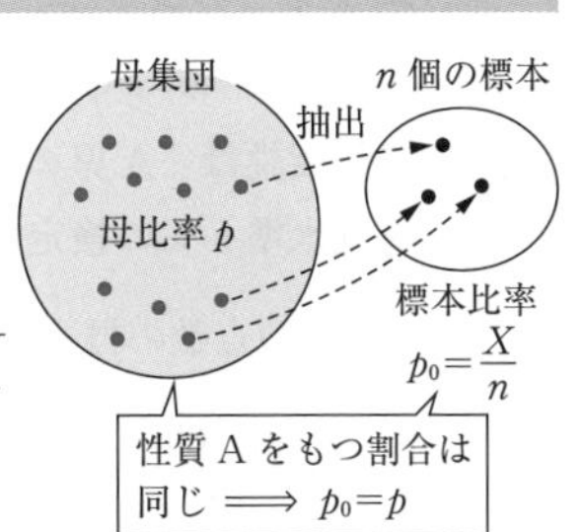

アドバイス

- 母集団の中で，ある性質 A をもつものの割合を p とするとき，p を性質 A をもつものの**母比率**という。
- この母集団から大きさ n の標本を抽出するとき，性質 A をもつものの個数を X とすると，X は二項分布 $B(n,\ p)$ に従うので，X は正規分布 $N(np,\ np(1-p))$ に従う。
- $Z=\dfrac{X-np}{\sqrt{np(1-p)}}$ と標準化すれば，$P\left(-1.96\leqq\dfrac{X-np}{\sqrt{np(1-p)}}\leqq1.96\right)=0.95$ となる。
- 上の式の (　　) の中を変形して，p について解くと

$$P\left(\frac{X}{n}-1.96\sqrt{\frac{p(1-p)}{n}}\leqq p\leqq\frac{X}{n}+1.96\sqrt{\frac{p(1-p)}{n}}\right)=0.95$$

n が十分大きいとき，標本比率 $\dfrac{X}{n}=p_0=p$ としてよいから次の公式が得られる。

これで解決！

母比率の推定
p_0 は標本比率 ➡

信頼度 95 %では

$$\boldsymbol{p_0-1.96\times\sqrt{\frac{p_0(1-p_0)}{n}}\leqq p\leqq p_0+1.96\times\sqrt{\frac{p_0(1-p_0)}{n}}}$$

信頼度 99 %では

$$\boldsymbol{p_0-2.58\times\sqrt{\frac{p_0(1-p_0)}{n}}\leqq p\leqq p_0+2.58\times\sqrt{\frac{p_0(1-p_0)}{n}}}$$

練習87　ある選挙区で 100 人を無作為に選んで，A 候補の支持者を調べたところ 20 人であった。この選挙区における A 候補の支持率 p に対する信頼度 95 %の信頼区間を求めよ。

Challenge

上の問題で，A 候補の支持者が 30 人であった場合の信頼区間を求めよ。

88 母平均の検定

ある学力試験の全国平均は 60 点であった。A 県の 100 人の点数を無作為に抽出して調べたら，平均点が 63 点，標準偏差が 16 点であった。A 県の成績は全国平均と異なるといえるか。有意水準 5 %で検定せよ。

解 帰無仮説は「A 県の成績は全国平均と変わらない」
有意水準 5 %の検定なので $|z|>1.96$ を棄却域とする。

100 人の点数の標本平均は正規分布 $N\left(63,\ \dfrac{16^2}{100}\right)$ に従う。

$$z=\frac{63-60}{\frac{16}{\sqrt{100}}}=\frac{10\times3}{16}=1.875 \quad \Leftarrow \frac{\overline{X}-\mu}{\frac{\sigma}{\sqrt{n}}}$$

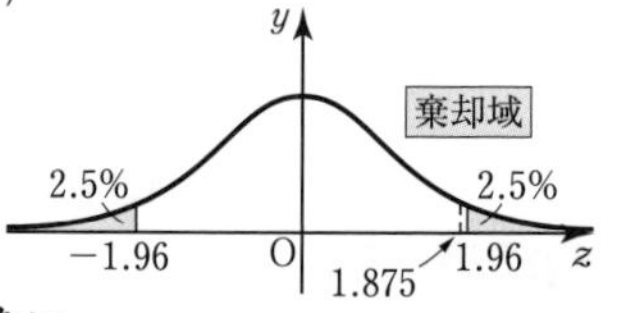

$|z|=1.875<1.96$

z は棄却域に含まれないので仮説は棄却されない。

よって，A 県の成績は全国平均と異なるといえない。

アドバイス

• 母標準偏差または標本標準偏差が σ である母集団において，「母平均が μ である」という帰無仮説に対し，大きさ n の標本平均が $\overline{X}$ のとき，n が十分大きければ正規分布で近似できるから，有意水準 5 %の仮説検定では次のようになる。

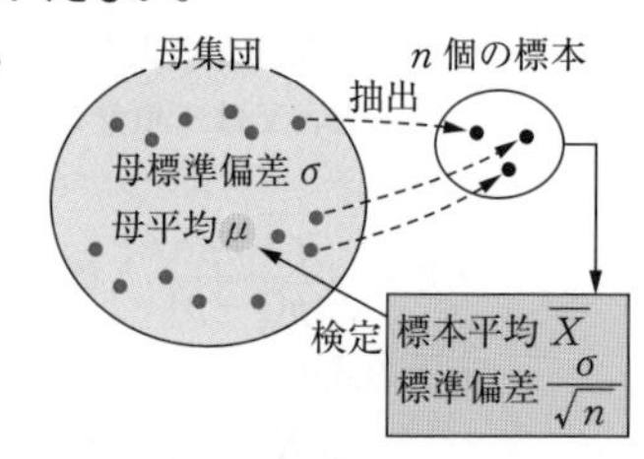

これで解決！

仮説 H：「母平均は μ である」（帰無仮説）
母集団から大きさ n の標本を抽出（平均 $\overline{X}$，標準偏差 σ）

母平均の検定
有意水準 5 % ➡ $$z=\frac{\overline{X}-\mu}{\frac{\sigma}{\sqrt{n}}}=\frac{\sqrt{n}(\overline{X}-\mu)}{\sigma}$$

$z<-1.96$　$|z|\leqq1.96$　$1.96<z$
-1.96　O　1.96　z

$|z|>1.96$ のとき，仮説 H を棄却する。
$|z|\leqq1.96$ のとき，仮説 H を棄却しない。

練習88 ある工場で生産される製品は，1 個の平均の重さが 170 g である。このたび，新しい機械で同じ製品を生産した。その中から無作為に 100 個を抽出して調べた結果，重さの平均は 168 g，標準偏差は 12 g であった。このことから，新しい機械によって製品の重さに変化があったといえるか。有意水準 5 %で検定せよ。

Challenge

1 枚の硬貨を 800 回投げたら表が 430 回出た。この硬貨は正しく作られているといえるか。有意水準 5 %で検定せよ。ただし，正しい硬貨の表の出る確率は $\dfrac{1}{2}$ とする。

89 母比率の検定

ある植物の種子は，これまでの経験から 20 %が発芽する。この種子を無作為に 400 個選んで発芽させたところ 60 個発芽した。今年は例年の種子とは異なると考えられるか。有意水準 5 %で検定せよ。

解　帰無仮説は「発芽する数の母比率は 0.2 である」

有意水準 5 %なので $|z|>1.96$ を棄却域とする。

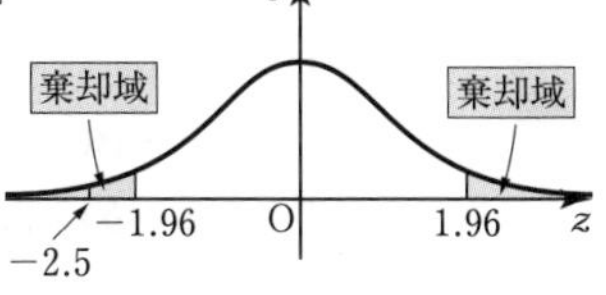

母比率は　$p=0.2$

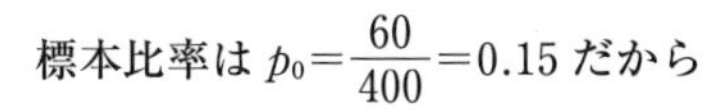

標本比率は $p_0=\dfrac{60}{400}=0.15$ だから

$$z=\frac{0.15-0.2}{\sqrt{\dfrac{0.2\times0.8}{400}}}=-\frac{0.05\times20}{0.4}=-2.5 \quad \Leftarrow z=\frac{p_0-p}{\sqrt{\dfrac{p(1-p)}{n}}}$$

$|z|=2.5>1.96$　z は棄却域に含まれるので仮説は棄却される。

よって，今年は例年の種子と異なると考えられる。

別解

$$z=\frac{60-80}{\sqrt{400\times0.2\times0.8}}=-2.5 \quad \Leftarrow \frac{X-np}{\sqrt{np(1-p)}} \text{ の式に代入}$$

アドバイス

- 母集団の中で，ある性質をもつものの割合を p とする。この母集団から大きさ n の標本を抽出するとき，その中に含まれる性質 A をもつものの個数を X とすると，標本比率は $p_0=\dfrac{X}{n}$ である。これをもとにして母比率の検定には次の式を使う。

これで解決！

仮説 H：「母比率は p である」（帰無仮説）

母比率の検定　有意水準 5 %　➡　母集団から大きさ n の標本を抽出。標本比率　$p_0=\dfrac{X}{n}$

$$z=\frac{p_0-p}{\sqrt{\dfrac{p(1-p)}{n}}} \;\cdots\cdots\; p_0=\frac{X}{n} \;\cdots\cdots\!\!\to z=\frac{X-np}{\sqrt{np(1-p)}}$$

$|z|>1.96$ のとき，仮説 H を棄却する。

$|z|\leqq1.96$ のとき，仮説 H を棄却しない。

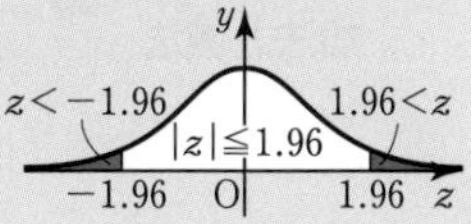

（図：$z<-1.96$，$1.96<z$，$|z|\leqq1.96$，-1.96，O，1.96，y，z）

練習89　あるワクチン A は接種した人の 75 %に効果があるといわれている。最近新しいワクチン B が開発され，それを 100 人に接種したところ 80 人に効果があった。2 つのワクチン A と B には効果の違いはあるといえるか。有意水準 5 %で検定せよ。

Challenge

上の問題で，85 人に効果があった場合，A と B には効果の違いはあるといえるか。ただし，$\sqrt{0.1275}=0.36$ とする。

90 ベクトルの加法と減法

右の正六角形 ABCDEF において，$\overrightarrow{AB}=\vec{a}$，$\overrightarrow{AF}=\vec{b}$ とする。次のベクトルを $\vec{a}$，$\vec{b}$ で表せ。

(1) $\overrightarrow{AD}$　　(2) $\overrightarrow{AC}$

(3) $\overrightarrow{BF}$　　(4) $\overrightarrow{BD}$　　〈類　神奈川大〉

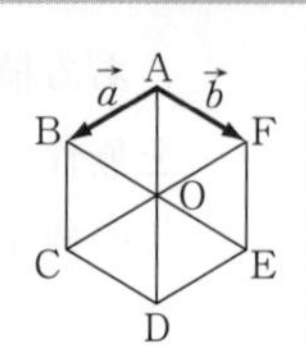

解

(1) $\overrightarrow{AD}=2\overrightarrow{AO}$

$\overrightarrow{AO}=\overrightarrow{AB}+\overrightarrow{BO}=\vec{a}+\vec{b}$

$\overrightarrow{AD}=2(\vec{a}+\vec{b})=\mathbf{2\vec{a}+2\vec{b}}$

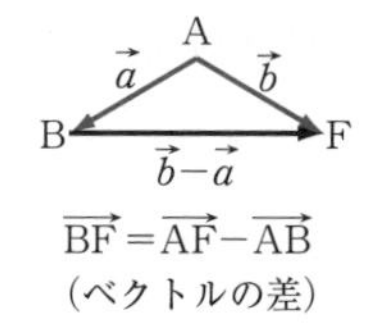

$\overrightarrow{AO}=\overrightarrow{AB}+\overrightarrow{BO}$
（ベクトルの和）

⬅(1)，(2)は A を始点としたベクトルなので，ベクトルを追っていく。

(2) $\overrightarrow{AC}=\overrightarrow{AB}+\overrightarrow{BC}$　⬅$\overrightarrow{BC}=\overrightarrow{AO}$

$=\vec{a}+(\vec{a}+\vec{b})=\mathbf{2\vec{a}+\vec{b}}$

(3) $\overrightarrow{BF}=\overrightarrow{AF}-\overrightarrow{AB}=\mathbf{\vec{b}-\vec{a}}$

(4) $\overrightarrow{BD}=\overrightarrow{AD}-\overrightarrow{AB}$

$=2\vec{a}+2\vec{b}-\vec{a}=\mathbf{\vec{a}+2\vec{b}}$

$\overrightarrow{BF}=\overrightarrow{AF}-\overrightarrow{AB}$
（ベクトルの差）

⬅(3)，(4)は A を始点としないベクトルなので，A を始点とするベクトルで表す。

アドバイス

- ベクトルを考える上で，加法は始点から伸びるベクトルを表すのに，減法は始点から離れているベクトルを表すのに有効である。
- 特に減法の考え方が演算の主流になっているので図とともに理解しよう。

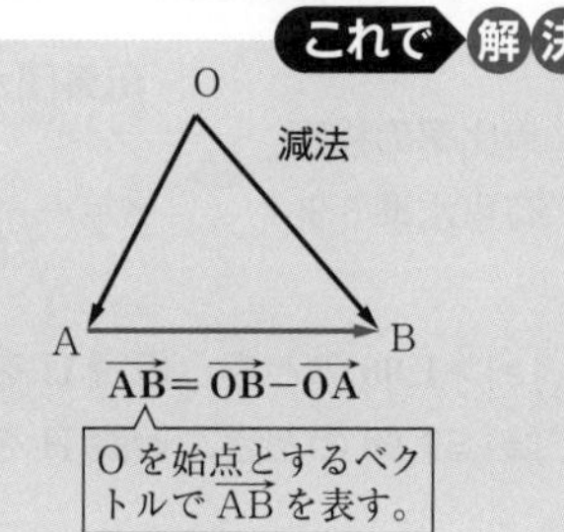

これで解決！

ベクトルの加法と減法 ➡

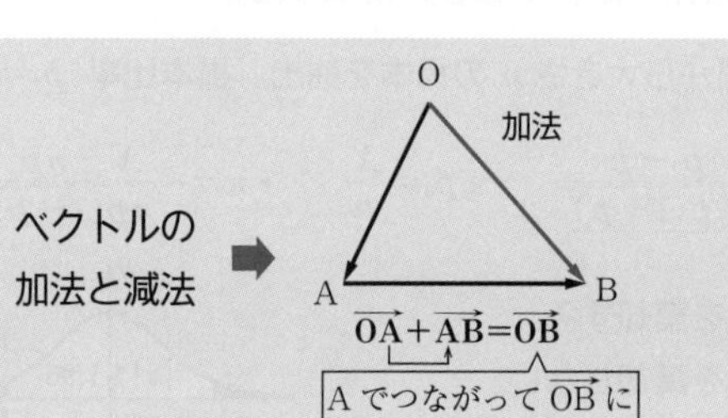

練習90 右の正六角形において，$\overrightarrow{AB}=\vec{a}$，$\overrightarrow{AF}=\vec{b}$ とするとき，次のベクトルを $\vec{a}$，$\vec{b}$ で表せ。ただし，M は BC の中点である。

(1) $\overrightarrow{AM}$　　(2) $\overrightarrow{OM}$　　(3) $\overrightarrow{EM}$

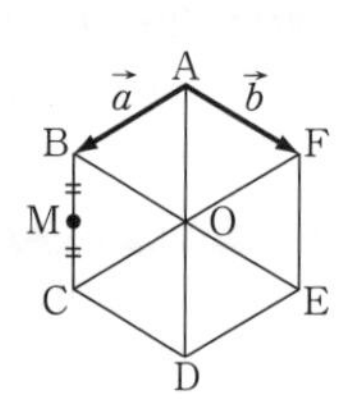

Challenge

上の問題で $\overrightarrow{AC}+\overrightarrow{AE}$ と $\overrightarrow{FM}+\overrightarrow{EM}$ を $\vec{a}$，$\vec{b}$ で表せ。

〈類　北海道工大〉

91 内分点，外分点のベクトル

△OAB の辺 AB を 2：3 に内分する点を P，3：1 に外分する点を Q とする。$\overrightarrow{\mathrm{OA}}=\vec{a}$，$\overrightarrow{\mathrm{OB}}=\vec{b}$ として，次の問いに答えよ。

(1) $\overrightarrow{\mathrm{OP}}$，$\overrightarrow{\mathrm{OQ}}$ を $\vec{a}$，$\vec{b}$ で表せ。

(2) $\overrightarrow{\mathrm{OR}}=\dfrac{\vec{a}+2\vec{b}}{3}$，$\overrightarrow{\mathrm{OS}}=\dfrac{-2\vec{a}+5\vec{b}}{3}$ とすると，点 R，S はどのような点か。

解

(1) $\overrightarrow{\mathrm{OP}}=\dfrac{3\vec{a}+2\vec{b}}{2+3}=\boldsymbol{\dfrac{3\vec{a}+2\vec{b}}{5}}$

$\overrightarrow{\mathrm{OQ}}=\dfrac{-1\cdot\vec{a}+3\cdot\vec{b}}{3-1}=\boldsymbol{\dfrac{-\vec{a}+3\vec{b}}{2}}$

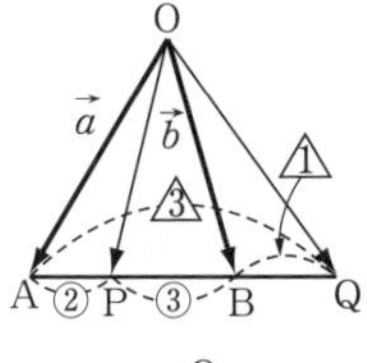

内分点の公式

$\boldsymbol{\vec{p}=\dfrac{n\vec{a}+m\vec{b}}{m+n}}$

(2) $\overrightarrow{\mathrm{OR}}=\dfrac{\vec{a}+2\vec{b}}{3}=\dfrac{1\cdot\vec{a}+2\cdot\vec{b}}{2+1}$

点 R は AB を 2：1 に内分する点。

$\overrightarrow{\mathrm{OS}}=\dfrac{-2\vec{a}+5\vec{b}}{3}=\dfrac{-2\cdot\vec{a}+5\cdot\vec{b}}{5-2}$

点 S は AB を 5：2 に外分する点。

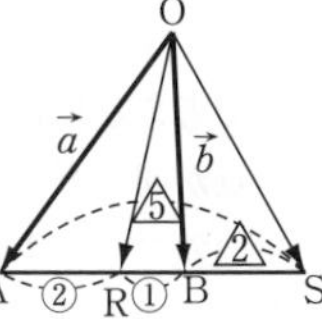

外分点の公式

$\boldsymbol{\vec{q}=\dfrac{-n\vec{a}+m\vec{b}}{m-n}}$

アドバイス

- 内分点，外分点の公式はベクトルで表すための公式で，これを自由に使えないと先は暗い。
- 外分は間違いが多いので，図とともに理解しておくこと。また，(2)のような逆の見方も大切だ。

これで解決！

内分点 $\boldsymbol{\vec{p}=\dfrac{n\vec{a}+m\vec{b}}{m+n}}$　　外分点 $\boldsymbol{\vec{q}=\dfrac{-n\vec{a}+m\vec{b}}{m-n}}$

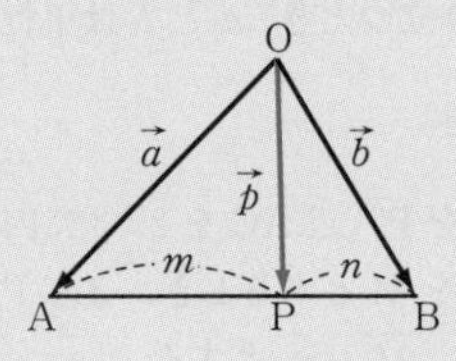

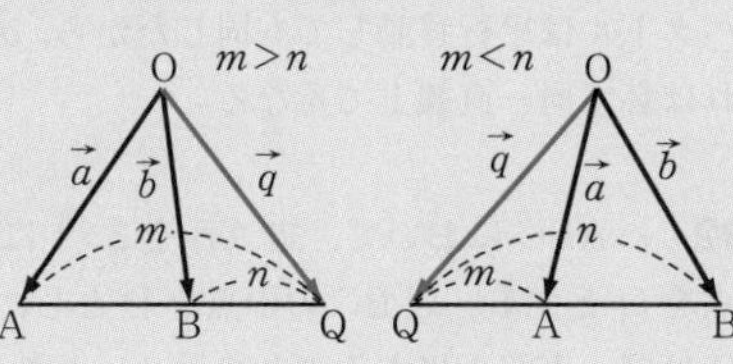

練習91　△OAB の辺 AB を 1：2 に内分する点を C，3：1 に外分する点を D とすると $\overrightarrow{\mathrm{OC}}=$ □ $\overrightarrow{\mathrm{OA}}+$ □ $\overrightarrow{\mathrm{OB}}$，$\overrightarrow{\mathrm{OD}}=$ □ $\overrightarrow{\mathrm{OA}}+$ □ $\overrightarrow{\mathrm{OB}}$ である。また，辺 OA の中点を E，線分 ED の中点を F とすると $\overrightarrow{\mathrm{OF}}=$ □ $\overrightarrow{\mathrm{OB}}$ である。　〈類　大阪産大〉

Challenge

△ABC で，AB＝8，AC＝6 とする。∠A の 2 等分線が辺 BC と交わる点を D とすると $\overrightarrow{\mathrm{AD}}=$ □ $\overrightarrow{\mathrm{AB}}+$ □ $\overrightarrow{\mathrm{AC}}$ である。　〈東洋大〉

92 3点が同一直線上にある条件（平行条件）

平行四辺形ABCDの辺ADの延長上に点Pを $2\overrightarrow{AD}=\overrightarrow{AP}$ となるようにとり，辺DCの中点をQとする。このとき，P，Q，Bは同一直線上にあることを示せ。

解 $\overrightarrow{AB}=\vec{a}$，$\overrightarrow{AD}=\vec{b}$ とすると

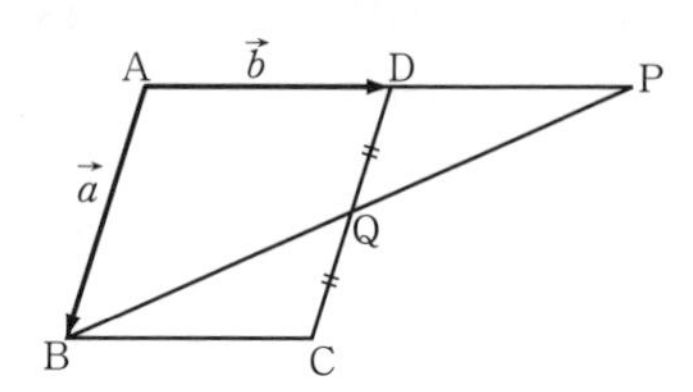

$\overrightarrow{AP}=2\vec{b}$，$\overrightarrow{AQ}=\overrightarrow{AD}+\overrightarrow{DQ}=\dfrac{1}{2}\vec{a}+\vec{b}$

$\overrightarrow{PQ}=\overrightarrow{AQ}-\overrightarrow{AP}$

$=\left(\dfrac{1}{2}\vec{a}+\vec{b}\right)-2\vec{b}=\dfrac{1}{2}(\vec{a}-2\vec{b})$

$\overrightarrow{PB}=\overrightarrow{AB}-\overrightarrow{AP}=\vec{a}-2\vec{b}$

よって，$\overrightarrow{PB}=2\overrightarrow{PQ}$ が成り立つからP，Q，Bは同一直線上にある。

アドバイス

- 図形をベクトルで考える場合，いくつかの性質がある。その1つに，3点が同一直線上にある条件がある。
- この考えは，2つのベクトルが平行になるための条件にも使われるから，次のことを理解してほしい。

これで解決！

3点P，Q，Rが同一直線上にある条件
$\overrightarrow{PQ}=k\overrightarrow{PR}$（$k$は実数）
2つのベクトル$\vec{a}$，$\vec{b}$が平行である条件
$\vec{a}=k\vec{b}$（kは実数）

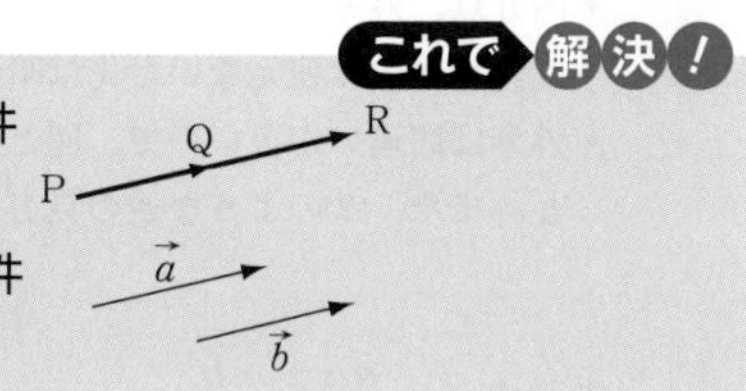

PS ベクトルは平行移動しても同じだから，$\vec{a}=k\vec{b}$ が成り立つとき，$\vec{a}$ と $\vec{b}$ は平行移動すれば必ず同一直線上で重なる。

練習92 △ABCにおいて，辺ABを2：1に内分する点をP，辺ACを2：3に内分する点をQとする。辺BCの中点をDとし，ADの中点をMとするとき，3点P，M，Qは同一直線上にあることを示せ。ただし，$\overrightarrow{AB}=\vec{b}$，$\overrightarrow{AC}=\vec{c}$ とする。

〈類　八戸工大〉

Challenge

上の問題で辺BCを1：3に外分する点をNとする。このとき，3点Q，M，Nは同一直線上にあることを示せ。

〈類　信州大〉

93 点の座標とベクトルの成分

xy 平面上に 3 点 A(2, 2), B(5, 8), C(−3, 4) がある。

(1) $\overrightarrow{AB}$ を成分で表せ。また，$|\overrightarrow{AB}|$ を求めよ。

(2) $2\overrightarrow{AB}-\overrightarrow{AC}$ を成分で表せ。

(3) BC を 3：1 に内分する点を D とするとき，$\overrightarrow{OD}$ を成分で表せ。

解

(1) $\overrightarrow{AB}=(5,\ 8)-(2,\ 2)=(5-2,\ 8-2)=\mathbf{(3,\ 6)}$ ← $\mathrm{A}(x_1,\ y_1)$，$\mathrm{B}(x_2,\ y_2)$　$\overrightarrow{AB}=(x_2-x_1,\ y_2-y_1)$　$|\overrightarrow{AB}|=\sqrt{(x_2-x_1)^2+(y_2-y_1)^2}$

$|\overrightarrow{AB}|=\sqrt{3^2+6^2}=\sqrt{45}=\mathbf{3\sqrt{5}}$

(2) $\overrightarrow{AC}=(-3,\ 4)-(2,\ 2)$

$=(-3-2,\ 4-2)=(-5,\ 2)$

$2\overrightarrow{AB}-\overrightarrow{AC}=2(3,\ 6)-(-5,\ 2)=(6+5,\ 12-2)$

$=\mathbf{(11,\ 10)}$

内分点の公式
$$\vec{p}=\frac{n\vec{a}+m\vec{b}}{m+n}$$

(3) $\overrightarrow{OD}=\dfrac{1\cdot\overrightarrow{OB}+3\cdot\overrightarrow{OC}}{3+1}=\dfrac{1}{4}\overrightarrow{OB}+\dfrac{3}{4}\overrightarrow{OC}$

$=\dfrac{1}{4}(5,\ 8)+\dfrac{3}{4}(-3,\ 4)$

$=\left(\dfrac{5-9}{4},\ 2+3\right)=\mathbf{(-1,\ 5)}$

アドバイス

• 図形をベクトルで考えるとき，矢印→の演算と成分での演算の 2 つがある。座標が与えられたときは，当然，成分による演算で，次の式による。

これで解決！

点の座標と ベクトルの成分 ➡ $\mathrm{A}(x_1,\ y_1)$，$\mathrm{B}(x_2,\ y_2)$ のとき

$\overrightarrow{AB}=(x_2-x_1,\ y_2-y_1)$（$x_2$, y_2：B の座標，x_1, y_1：A の座標）

$|\overrightarrow{AB}|=\sqrt{(x_2-x_1)^2+(y_2-y_1)^2}$

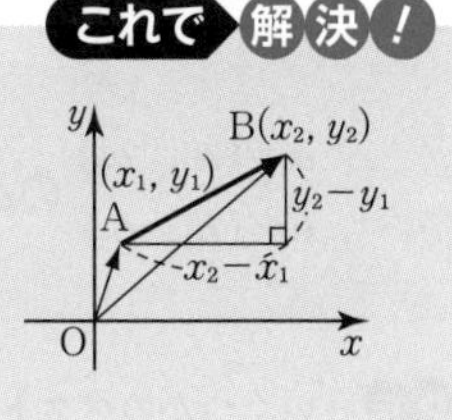

練習93 xy 平面において，3 点 A(2, −1), B(5, 2), C(−1, 8) がある。

(1) $\overrightarrow{AB}$ を成分で表せ。また，$|\overrightarrow{AB}|$ を求めよ。

(2) $3\overrightarrow{AB}-\dfrac{1}{2}\overrightarrow{BC}$ を成分で表せ。

(3) AB を 2：1 に内分する点を D とし，BC を 1：2 に内分する点を E とするとき，$\overrightarrow{DE}$ を成分で表せ。　〈類　龍谷大〉

Challenge

3 点 A(1, 3), B(3, −2), C(4, 1) がある。四角形 ABCD が平行四辺形であるとき，点 D の座標は (　　, 　　) である。　〈明星大〉

94 成分による演算と大きさ

平面上にベクトル $\vec{a}$，$\vec{b}$ があり，$\vec{a}+\vec{b}=(3,\ 0)$，$\vec{a}-\vec{b}=(1,\ 2)$ のとき，$2\vec{a}+3\vec{b}=(\boxed{},\ \boxed{})$ となり，その大きさは $\boxed{}$ となる。 〈駒澤大〉

解

$\vec{a}+\vec{b}=(3,\ 0)$ ……①
$\vec{a}-\vec{b}=(1,\ 2)$ ……② とすると

←$\vec{a}$，$\vec{b}$ を文字式 a，b の連立方程式のように考える。

①＋②より
$2\vec{a}=(4,\ 2)$ だから $\vec{a}=(2,\ 1)$
①－②より
$2\vec{b}=(2,\ -2)$ だから $\vec{b}=(1,\ -1)$
$2\vec{a}+3\vec{b}=2(2,\ 1)+3(1,\ -1)=(4+3,\ 2-3)$

←$\vec{a}$，$\vec{b}$ を求めてから $2\vec{a}+3\vec{b}$ を求める。

よって，$2\vec{a}+3\vec{b}=\mathbf{(7,\ -1)}$
$|2\vec{a}+3\vec{b}|=\sqrt{7^2+(-1)^2}=\sqrt{50}$
よって，$|2\vec{a}+3\vec{b}|=\mathbf{5\sqrt{2}}$

←ベクトルの大きさは｜ ｜をつけて計算。

アドバイス

- ベクトルが成分で与えられている場合は，和と差，大きさなどすべて成分による計算をする。
- 和と差は次のように x 成分，y 成分どうしの加，減になり，大きさは各成分を 2 乗して計算する。

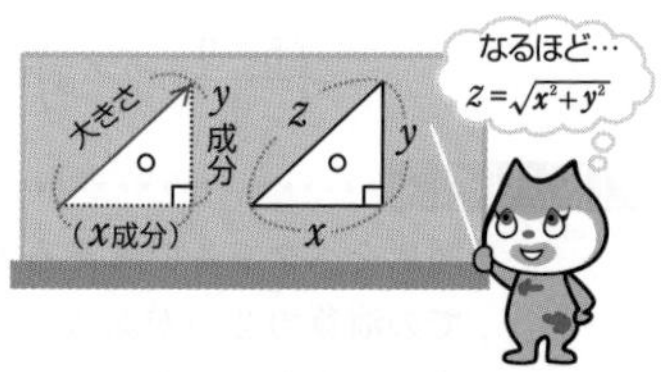

これで解決！

$\vec{a}=(a_1,\ a_2)$, $\vec{b}=(b_1,\ b_2)$ のとき ➡
$\vec{a}+\vec{b}=(a_1+b_1,\ a_2+b_2)$
$\vec{a}-\vec{b}=(a_1-b_1,\ a_2-b_2)$
$|\vec{a}|=\sqrt{a_1{}^2+a_2{}^2}$，$|\vec{a}+\vec{b}|=\sqrt{(a_1+b_1)^2+(a_2+b_2)^2}$

PS いくつかのベクトルの和や差の大きさも $\sqrt{(x\text{ 成分})^2+(y\text{ 成分})^2}$ で計算。

練習94 (1) 2 つのベクトル $\vec{a}$，$\vec{b}$ において，$\vec{a}+\vec{b}=(1,\ 4)$，$\vec{a}-2\vec{b}=(4,\ -5)$ のとき，$2\vec{a}-\vec{b}$ の大きさを求めよ。 〈京都産大〉

(2) $\vec{a}=(3,\ -2)$，$\vec{b}=(4,\ 4)$，$\vec{c}=(-13,\ 7)$ のとき，$\vec{c}=m\vec{a}+n\vec{b}$ の形で表すと $m=\boxed{}$，$n=\boxed{}$ である。 〈神奈川工科大〉

Challenge

2 つのベクトル $\vec{a}=(2,\ 4)$，$\vec{b}=(1,\ -1)$ に対して，$|\vec{a}+t\vec{b}|$ を最小にする実数 t の値は $\boxed{}$ であり，そのときの最小値は $\boxed{}$ である。 〈神奈川大〉

95 ベクトルの内積となす角の大きさ

ベクトル $\vec{a}$, $\vec{b}$ が $|\vec{a}|=1$, $|\vec{b}|=2$, $\vec{a}\cdot\vec{b}=1$ を満たすとき，$\vec{a}$ と $\vec{b}$ のなす角は［　　］であり，$|\vec{a}-2\vec{b}|=$［　　］である。〈青山学院大〉

解　$\vec{a}$ と $\vec{b}$ のなす角を θ とすると

$$\cos\theta=\frac{\vec{a}\cdot\vec{b}}{|\vec{a}||\vec{b}|}=\frac{1}{1\cdot2}=\frac{1}{2}$$

$0^\circ\leqq\theta\leqq180^\circ$ より $\theta=\mathbf{60^\circ}$

$$|\vec{a}-2\vec{b}|^2=|\vec{a}|^2-4\vec{a}\cdot\vec{b}+4|\vec{b}|^2$$
$$=1^2-4\cdot1+4\cdot2^2$$
$$=1-4+16=13$$

よって，$|\vec{a}-2\vec{b}|=\sqrt{\mathbf{13}}$

ベクトルのなす角

$$\cos\theta=\frac{\vec{a}\cdot\vec{b}}{|\vec{a}||\vec{b}|}\quad(0^\circ\leqq\theta\leqq180^\circ)$$

これは誤り。

$\Leftarrow|\vec{a}-2\vec{b}|^2=|\vec{a}|^2-4|\vec{a}||\vec{b}|+4|\vec{b}|^2$

絶対値の記号はつかない
$\vec{a}\cdot\vec{b}$ の内積だ！

アドバイス

- ベクトルの和と差は右図のような演算である。
- ベクトルの積はといえば内積 $\vec{a}\cdot\vec{b}$ として，次のように定義されている。
ただし，内積 $\vec{a}\cdot\vec{b}$ はベクトルではなく実数となる。

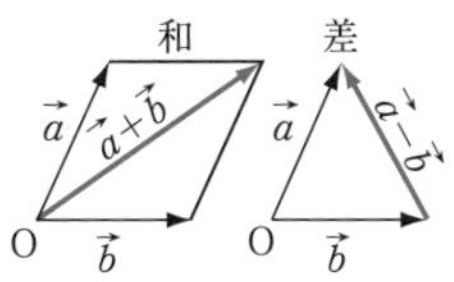

これで解決！

内積・なす角 ➡ 内　積：$\vec{a}\cdot\vec{b}=|\vec{a}||\vec{b}|\cos\theta$

なす角：$\cos\theta=\dfrac{\vec{a}\cdot\vec{b}}{|\vec{a}||\vec{b}|}$

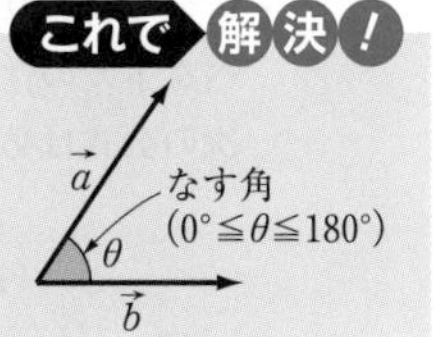

PS　大きさは次の展開を覚えておくとよい。$|\vec{a}+k\vec{b}|^2=|\vec{a}|^2+2k\underbrace{\vec{a}\cdot\vec{b}}_{\text{内積}}+k^2|\vec{b}|^2$

練習95　(1)　$\vec{a}$ と $\vec{b}$ について，$|\vec{a}|=1$, $|\vec{b}|=5$, $\vec{a}\cdot\vec{b}=3$ である。このとき，$\vec{p}=3\vec{a}-\vec{b}$ の大きさ $|\vec{p}|$ を求めよ。〈山梨大〉

(2)　ベクトル $\vec{a}$, $\vec{b}$ が $|\vec{a}|=3$, $|\vec{b}|=1$, $|\vec{a}+\vec{b}|=\sqrt{13}$ を満たしている。このとき，内積 $\vec{a}\cdot\vec{b}$ の値は［　　］，$\vec{a}$, $\vec{b}$ のなす角は［　　］，$|\vec{a}-\vec{b}|$ の値は［　　］である。

〈福岡大〉

Challenge

ベクトル $\vec{a}$, $\vec{b}$ について，$|\vec{a}|=3$, $|\vec{b}|=2$, $(\vec{a}+\vec{b})\cdot(\vec{a}-2\vec{b})=2$ であるとき，内積 $\vec{a}\cdot\vec{b}=$［　　］である。$\vec{a}$, $\vec{b}$ のなす角を θ とするとき $\cos\theta=$［　　］であり，$2\vec{a}+\vec{b}$ の大きさは［　　］である。〈類　芝浦工大〉

96 成分による内積・なす角・平行・垂直

$\vec{a}=(1,\ 3)$，$\vec{b}=(2,\ 1)$，$\vec{c}=(t,\ 4)$ のとき，次の問いに答えよ。

(1) 内積 $\vec{a}\cdot\vec{b}=$□ である。

(2) $\vec{a}$ と $\vec{b}$ のなす角 θ は，$\theta=$□ である。

(3) $\vec{a}-\vec{b}$ と $\vec{c}$ は $t=$□ のとき垂直であり，$t=$□ のとき平行である。

〈千葉工大〉

解

(1) $\vec{a}\cdot\vec{b}=1\times2+3\times1=\mathbf{5}$

←$\vec{a}\cdot\vec{b}=a_1b_1+a_2b_2$

(2) $\cos\theta=\dfrac{\vec{a}\cdot\vec{b}}{|\vec{a}||\vec{b}|}=\dfrac{5}{\sqrt{1^2+3^2}\sqrt{2^2+1^2}}=\dfrac{5}{5\sqrt{2}}=\dfrac{1}{\sqrt{2}}$

$0°\leqq\theta\leqq180°$ より $\theta=\mathbf{45°}$

←$\cos\theta=\dfrac{a_1b_1+a_2b_2}{\sqrt{a_1^2+a_2^2}\sqrt{b_1^2+b_2^2}}$

(3) $\vec{a}-\vec{b}=(1,\ 3)-(2,\ 1)=(-1,\ 2)$

垂直なとき $(\vec{a}-\vec{b})\cdot\vec{c}=-1\times t+2\times4=0$ より

$t=\mathbf{8}$

←垂直$\Longleftrightarrow$(内積)$=0$

平行なとき $\vec{c}=k(\vec{a}-\vec{b})$，$(t,\ 4)=k(-1,\ 2)$

←平行条件 $\vec{p}\,/\!/\,\vec{q}\Longleftrightarrow\vec{q}=k\vec{p}$

$t=-k$，$4=2k$ より

$k=2$，$t=\mathbf{-2}$

アドバイス

- 成分で表されたベクトルの演算では，これまで学んだベクトルの性質を成分に置きかえて考えることになる。次の公式は必ず覚えておくこと。

これで解決！

$\vec{a}=(a_1,\ a_2)$，$\vec{b}=(b_1,\ b_2)$ のとき

内　積：$\vec{a}\cdot\vec{b}=a_1b_1+a_2b_2\Longleftrightarrow|\vec{a}||\vec{b}|\cos\theta$

平　行：$\vec{a}\,/\!/\,\vec{b}\Longleftrightarrow(b_1,\ b_2)=k(a_1,\ a_2)\Longleftrightarrow\vec{b}=k\vec{a}$

垂　直：$\vec{a}\perp\vec{b}\Longleftrightarrow a_1b_1+a_2b_2=0\Longleftrightarrow\vec{a}\cdot\vec{b}=0$

なす角：$\cos\theta=\dfrac{a_1b_1+a_2b_2}{\sqrt{a_1^2+a_2^2}\sqrt{b_1^2+b_2^2}}$（ただし，$0°\leqq\theta\leqq180°$）

練習96 (1) ベクトル $\vec{a}=(2,\ 3)$，$\vec{b}=(5,\ 1)$ に対して内積 $\vec{a}\cdot\vec{b}=$□ であり，$\vec{a}$ と $\vec{b}$ のなす角は□である。

〈福井工大〉

(2) 2つのベクトル $\vec{a}=(2,\ t-3)$，$\vec{b}=(-4,\ 2)$ は $t=$□ のとき垂直であり，$t=$□ のとき平行である。

〈工学院大〉

Challenge

ベクトル $\overrightarrow{OA}=(4,\ x)$，$\overrightarrow{OB}=(1,\ 2)$，$\overrightarrow{OC}=(x,\ 6)$ とする。3点A，B，Cが一直線上にあるように x の値を定めよ。

〈福岡工大〉

97 単位ベクトル（平面）

(1)　ベクトル $\vec{a}=(4,\ -3)$ と同じ向きの単位ベクトル $\vec{e}$ を求めよ。

〈類　大阪産大〉

(2)　ベクトル $\vec{a}=(3,\ 4)$ に垂直な単位ベクトルを求めよ。　〈日本大〉

解

(1)　$|\vec{a}|=\sqrt{4^2+(-3)^2}=\sqrt{25}=5$　だから

同じ向きの単位ベクトルは

$$\vec{e}=\frac{\vec{a}}{|\vec{a}|}=\frac{1}{5}(4,\ -3)=\left(\frac{4}{5},\ -\frac{3}{5}\right)$$

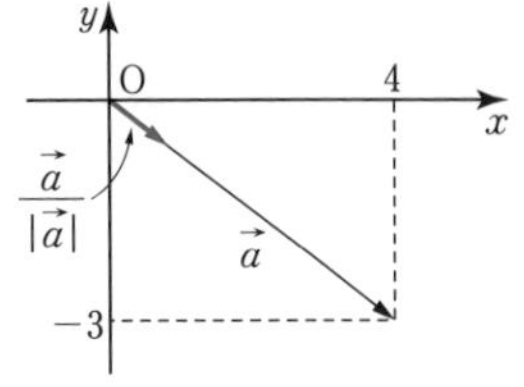

(2)　求める単位ベクトルを $\vec{e}=(x,\ y)$ とすると

$\vec{a}\perp\vec{e}$　だから　$\vec{a}\cdot\vec{e}=3x+4y=0$ ……①

$|\vec{e}|=1$　だから　$|\vec{e}|^2=x^2+y^2=1$ ……②

①，②を解いて

$$x=\frac{4}{5},\ y=-\frac{3}{5}\ \text{または，}\ x=-\frac{4}{5},\ y=\frac{3}{5}$$

よって，$\vec{e}=\left(\frac{4}{5},\ -\frac{3}{5}\right)$，$\left(-\frac{4}{5},\ \frac{3}{5}\right)$

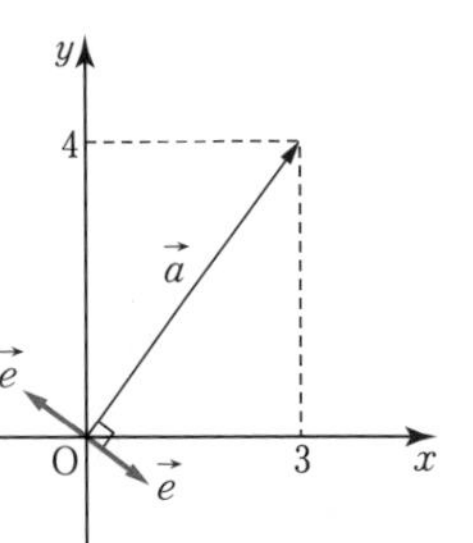

アドバイス

- ベクトル $\vec{a}$ と同じ向きの単位ベクトルを求めるには，$\vec{a}$ の大きさ $|\vec{a}|$ で $\vec{a}$ を割ればよい。
- 単に平行な単位ベクトルといったら，逆方向もあるから $\pm\dfrac{\vec{a}}{|\vec{a}|}$ となる。
- ベクトル $\vec{a}$ に垂直な単位ベクトルを求めるには，垂直条件 ⟺ 内積＝0　と大きさ1であることから連立方程式をつくる。

これで解決！

$\vec{a}$ と
- 垂直な単位ベクトル $\vec{e}$ ➡ 内積 $\vec{a}\cdot\vec{e}=0$，大きさ $|\vec{e}|=1$
- 同じ向きの単位ベクトル $\vec{e}$ ➡ $\vec{e}=\dfrac{\vec{a}}{|\vec{a}|}$ ← $\vec{a}$ の大きさで割る

練習97　ベクトル $\vec{a}=(2,\ 1)$ と同じ向きに平行な単位ベクトルを求めよ。また，ベクトル $\vec{a}$ と垂直な単位ベクトルを求めよ。　〈類　福岡工大〉

Challenge

$\overrightarrow{\mathrm{OA}}=(4,\ 0)$，$\overrightarrow{\mathrm{OB}}=(3,\ 4)$ がある。∠AOB の内角の2等分線上の点を P とするとき，$\overrightarrow{\mathrm{OP}}$ と同じ向きの単位ベクトルを求めよ。

98 △ABC で $a\overrightarrow{AP}+b\overrightarrow{BP}+c\overrightarrow{CP}=\vec{0}$ の点 P の位置

平面上に△ABC と点 P があり，$\overrightarrow{AP}+3\overrightarrow{BP}+4\overrightarrow{CP}=\vec{0}$ を満たす。

(1) $\overrightarrow{AP}$ を $\overrightarrow{AB}$，$\overrightarrow{AC}$ で表せ。

(2) 直線 AP と辺 BC の交点を Q とするとき，BQ : QC を求めよ。

〈類　福岡大〉

解 (1) $\overrightarrow{AP}+3\overrightarrow{BP}+4\overrightarrow{CP}=\vec{0}$

$\overrightarrow{AP}+3(\overrightarrow{AP}-\overrightarrow{AB})+4(\overrightarrow{AP}-\overrightarrow{AC})=\vec{0}$　⬅始点を A にそろえる。

$8\overrightarrow{AP}=3\overrightarrow{AB}+4\overrightarrow{AC}$

よって，$\overrightarrow{AP}=\boldsymbol{\frac{3}{8}\overrightarrow{AB}+\frac{1}{2}\overrightarrow{AC}}$

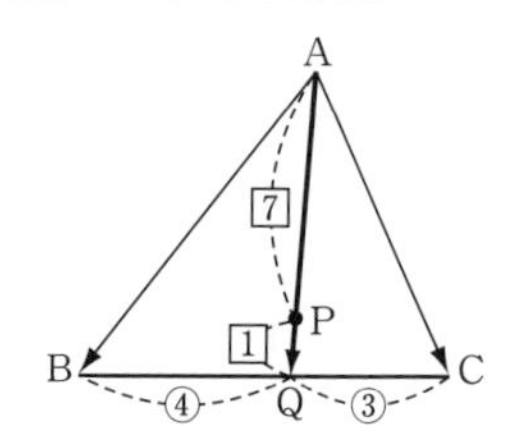

(2) $\overrightarrow{AP}=\dfrac{3\overrightarrow{AB}+4\overrightarrow{AC}}{8}=\dfrac{7}{8}\times\dfrac{3\overrightarrow{AB}+4\overrightarrow{AC}}{4+3}$

$\dfrac{3\overrightarrow{AB}+4\overrightarrow{AC}}{4+3}$ は辺 BC を 4 : 3 に内分する点 Q

を表すから $\overrightarrow{AP}=\dfrac{7}{8}\overrightarrow{AQ}$　⬅$\overrightarrow{AP}=\dfrac{7}{8}\overrightarrow{AQ}$ より A，P，Q は同一直線上にある。

よって，BQ : QC = **4 : 3**

アドバイス

- この例題のように，始点がそろっていないベクトルの関係式はまず，始点をそろえて表すことからはじまる。(この例題では A にそろえた。)
- $\overrightarrow{AP}$ を $\overrightarrow{AB}$，$\overrightarrow{AC}$ で表せば内分点を表す式になり，点の位置が読み取れる。

これで解決！

$a\overrightarrow{AP}+b\overrightarrow{BP}+c\overrightarrow{CP}=\vec{0}$ の表す点 P の位置 ➡ 始点を A にそろえて $\overrightarrow{AP}=\dfrac{n\overrightarrow{AB}+m\overrightarrow{AC}}{●}=\dfrac{m+n}{●}\times\dfrac{n\overrightarrow{AB}+m\overrightarrow{AC}}{m+n}$ と変形（BC を $m:n$ に内分する点）

練習98 平面上に△ABC と点 P があり，$7\overrightarrow{AP}+2\overrightarrow{BP}+3\overrightarrow{CP}=\vec{0}$ を満たしている。

(1) $\overrightarrow{AP}$ を $\overrightarrow{AB}$，$\overrightarrow{AC}$ で表すと $\overrightarrow{AP}=$ □ $\overrightarrow{AB}+$ □ $\overrightarrow{AC}$ である。

(2) 直線 AP と辺 BC の交点を Q とすると，$\overrightarrow{AP}=$ □ $\overrightarrow{AQ}$ であり，点 Q は辺 BC を BQ : QC = □ : □ に内分する。

〈類　関西大〉

Challenge

上の問題で，△PAB，△PBC，△PCA の面積比を求めよ。　〈関西大〉

99 角の2等分線と内分点のベクトル

　$AB=4$，$BC=3$，$AC=2$ の三角形 ABC について，$\angle A$ の2等分線が辺 BC と交わる点を D，$\angle B$ の2等分線が線分 AD と交わる点を I とする。

(1)　ベクトル $\overrightarrow{AD}$ を $\overrightarrow{AB}$，$\overrightarrow{AC}$ で表せ。

(2)　ベクトル $\overrightarrow{AI}$ を $\overrightarrow{AB}$，$\overrightarrow{AC}$ で表せ。　〈岡山理科大〉

解　(1)　AD が $\angle A$ の2等分線だから

$BD:DC=AB:AC=4:2=2:1$

$$\overrightarrow{AD}=\frac{1\cdot\overrightarrow{AB}+2\cdot\overrightarrow{AC}}{2+1}=\boldsymbol{\frac{1}{3}\overrightarrow{AB}+\frac{2}{3}\overrightarrow{AC}}$$

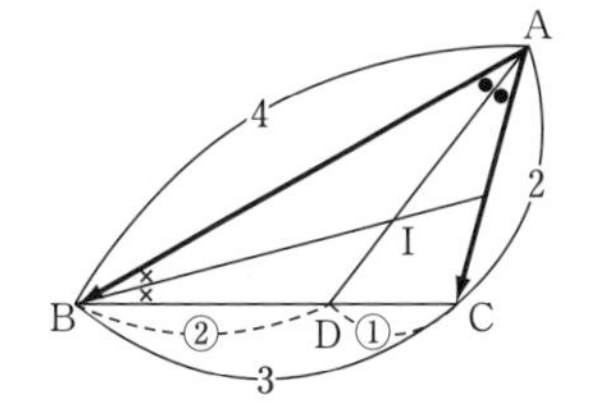

(2)　$BD=3\times\frac{2}{3}=2$ だから

$AI:ID=BA:BD=4:2=2:1$

$$\overrightarrow{AI}=\frac{2}{2+1}\overrightarrow{AD}=\frac{2}{3}\left(\frac{1}{3}\overrightarrow{AB}+\frac{2}{3}\overrightarrow{AC}\right)$$

$$=\boldsymbol{\frac{2}{9}\overrightarrow{AB}+\frac{4}{9}\overrightarrow{AC}}$$

⬅**I** は △**ABC** の内心。

アドバイス

- 角の2等分線は図形の問題ではよく出てきて，この性質を知らないとどうにもならないことが多い。
- ベクトルでは内分点の公式を使って，次のように表せるから覚えておくこと。

これで解決！

角の2等分線と内分点のベクトル　➡　$\overrightarrow{OC}=\dfrac{b\overrightarrow{OA}+a\overrightarrow{OB}}{a+b}$

練習99　$OA=6$，$OB=4$，$AB=5$ の △OAB について，$\angle AOB$ の2等分線と辺 AB との交点を C とするとき，$\overrightarrow{OC}=$□$\overrightarrow{OA}+$□$\overrightarrow{OB}$ である。また，△OAB の内心を I とすると $\overrightarrow{OI}=$□$\overrightarrow{OA}+$□$\overrightarrow{OB}$ である。　〈東京理科大〉

Challenge

　$OA=2$，$OB=3$，$\angle AOB=60^\circ$ の △OAB について，$\angle AOB$ の2等分線と辺 AB との交点を C とするとき，$\overrightarrow{OC}=$□$\overrightarrow{OA}+$□$\overrightarrow{OB}$，$|\overrightarrow{OC}|=$□ である。

〈類　岡山県立大〉

100 直線 AB 上の点の表し方

$\triangle$OABにおいて，OA$=1$，OB$=2$，$\angle$AOB$=120^\circ$ である。点Oから辺ABに下ろした垂線をOHとする。$\overrightarrow{\mathrm{OA}}=\vec{a}$，$\overrightarrow{\mathrm{OB}}=\vec{b}$ とするとき，$\overrightarrow{\mathrm{OH}}$ を $\vec{a}$，$\vec{b}$ で表せ。 〈類　東京電機大〉

解 点Hは線分AB上の点だから，

$\overrightarrow{\mathrm{OH}}=(1-t)\vec{a}+t\vec{b}$ $(0<t<1)$

と表せる。

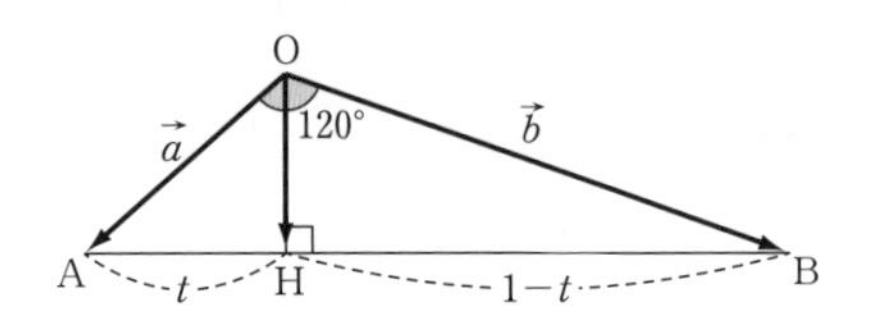

OH$\perp$AB より $\overrightarrow{\mathrm{OH}}\cdot\overrightarrow{\mathrm{AB}}=0$

$\{(1-t)\vec{a}+t\vec{b}\}\cdot(\vec{b}-\vec{a})=0$

$(t-1)|\vec{a}|^2+(1-2t)\vec{a}\cdot\vec{b}+t|\vec{b}|^2=0$

$|\vec{a}|=1$，$|\vec{b}|=2$，$\vec{a}\cdot\vec{b}=1\cdot2\cdot\cos120^\circ=-1$ だから

⬅$|\vec{a}|$，$|\vec{b}|$，$\vec{a}\cdot\vec{b}$ の値を必ず確認する。

$t-1+(1-2t)\cdot(-1)+4t=0$

$7t=2$ より $t=\dfrac{2}{7}$

よって，$\overrightarrow{\mathbf{OH}}=\dfrac{5}{7}\vec{a}+\dfrac{2}{7}\vec{b}$

アドバイス

- 線分AB上の任意の点Pは，AP：PB$=t:1-t$ $(0<t<1)$ に内分する点として，
  $\overrightarrow{\mathrm{OP}}=(1-t)\overrightarrow{\mathrm{OA}}+t\overrightarrow{\mathrm{OB}}$……① と表した。
- この式は，$t<0$，$1<t$ のときは図のように線分ABの延長上の点を表し，t がすべての実数 t をとるとき直線ABを表す。
- 一般に，ベクトルで線分や直線上の点を求めるには①の式で表すと覚えておこう。

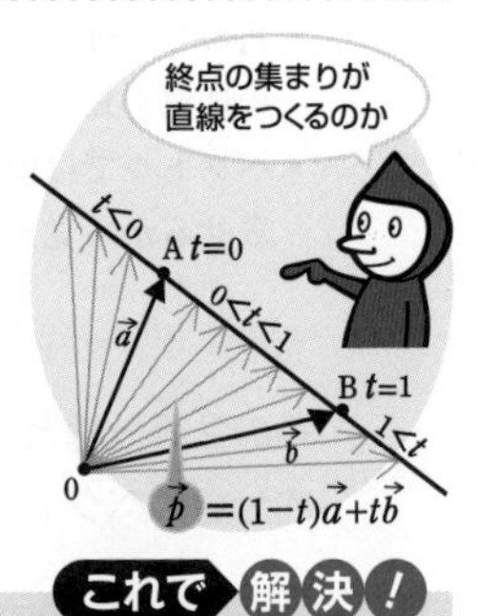

これで解決！

線分や直線AB上の点Pは ➡ $\overrightarrow{\mathrm{OP}}=(1-t)\overrightarrow{\mathrm{OA}}+t\overrightarrow{\mathrm{OB}}$ と表して条件に従って計算をすすめる。

練習100 $\triangle$ABCにおいて，AB$=5$，AC$=4$，$\angle$BAC$=60^\circ$ とする。頂点Aから辺BCに下ろした垂線とBCとの交点をHとするとき，$\overrightarrow{\mathrm{AH}}=\boxed{}\overrightarrow{\mathrm{AB}}+\boxed{}\overrightarrow{\mathrm{AC}}$ である。 〈東京理科大〉

Challenge

$\triangle$ABCにおいて，AB$=3$，AC$=2$，$\angle$BAC$=90^\circ$ とする。両端を除く線分BC上の点Pが AP$=2$ を満たすとき，$\overrightarrow{\mathrm{AP}}$ を $\overrightarrow{\mathrm{AB}}$，$\overrightarrow{\mathrm{AC}}$ で表せ。 〈岡山県立大〉

101 ベクトルによる線分の交点の求め方

△OAB において，辺 OA の中点を M，辺 OB を 2：1 に内分する点を N とし，線分 BM，AN の交点を P とする。$\overrightarrow{OA}=\vec{a}$，$\overrightarrow{OB}=\vec{b}$ として，$\overrightarrow{OP}$ を $\vec{a}$，$\vec{b}$ を用いて表せ。〈信州大〉

AP：PN$=s:(1-s)$

BP：PM$=t:(1-t)$　とおくと

$\overrightarrow{OP}=(1-s)\overrightarrow{OA}+s\overrightarrow{ON}$　⬅AN の内分点として表す。

$=(1-s)\vec{a}+\dfrac{2}{3}s\vec{b}$　……①

$\overrightarrow{OP}=(1-t)\overrightarrow{OB}+t\overrightarrow{OM}$　⬅BM の内分点として表す。

$=\dfrac{1}{2}t\vec{a}+(1-t)\vec{b}$　……②

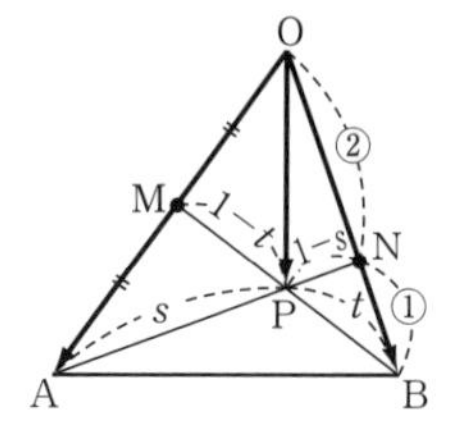

①＝②で $\vec{a}$ と $\vec{b}$ は 1 次独立だから

$1-s=\dfrac{1}{2}t$　……③，$\dfrac{2}{3}s=1-t$　……④

③，④を解いて，$s=\dfrac{3}{4}$，$t=\dfrac{1}{2}$　　よって，$\overrightarrow{\mathbf{OP}}=\dfrac{1}{4}\vec{a}+\dfrac{1}{2}\vec{b}$

アドバイス

- ベクトルで線分の交点を求めるには，まず 2 つの線分の内分点を，異なる変数 s と t を用いて $s:(1-s)$ と $t:(1-t)$ で表せればしめたものだ！
- それから $\vec{a}$，$\vec{b}$ の係数どうしを等しくおいて，s と t の連立方程式を解けばよい。

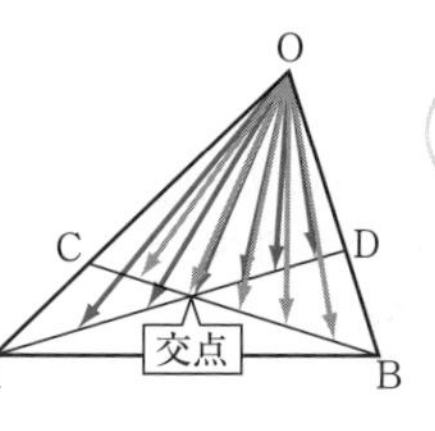

これで解決！

ベクトルによる線分の交点の求め方

$\overrightarrow{\mathbf{OP}}=(1-s)\overrightarrow{\mathbf{OA}}+s\overrightarrow{\mathbf{OD}}$ ⟵ **AD 上の点**

$\overrightarrow{\mathbf{OP}}=(1-t)\overrightarrow{\mathbf{OB}}+t\overrightarrow{\mathbf{OC}}$ ⟵ **BC 上の点**

$\overrightarrow{\mathbf{OP}}$ が一致するように，s，t を決定

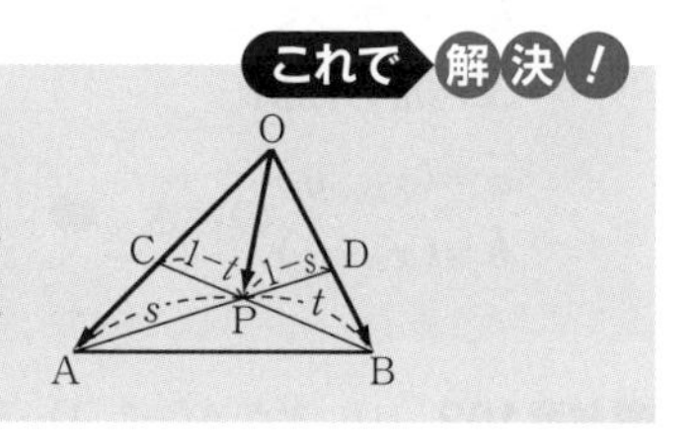

練習101　△ABC において，辺 AB の中点を D，辺 AC を 2：3 に内分する点を E とし，CD と BE の交点を P とするとき，$\overrightarrow{AP}=$□$\overrightarrow{AB}+$□$\overrightarrow{AC}$ である。〈東京薬大〉

Challenge

上の問題で $\overrightarrow{PD}$ を $\overrightarrow{CA}$ と $\overrightarrow{CB}$ で表すと $\overrightarrow{PD}=$□$\overrightarrow{CA}+$□$\overrightarrow{CB}$ である。

〈明治大〉

102 三角形の面積の公式

(1) 3点 A$(-1,\ 2)$, B$(1,\ 4)$, C$(-2,\ 6)$ とするとき, △ABC の面積を求めよ。

(2) △OAB において, $\overrightarrow{OA}=\vec{a}$, $\overrightarrow{OB}=\vec{b}$ とする。$|\vec{a}|=3$, $|\vec{b}|=5$, $|\vec{a}+\vec{b}|=4$ のとき △OAB の面積を求めよ。〈類 近畿大〉

解 (1) $\overrightarrow{AB}=(2,\ 2)$, $\overrightarrow{AC}=(-1,\ 4)$ だから

$|\overrightarrow{AB}|=\sqrt{8}$, $|\overrightarrow{AC}|=\sqrt{17}$, $\overrightarrow{AB}\cdot\overrightarrow{AC}=2\cdot(-1)+2\cdot4=6$

$$S=\frac{1}{2}\sqrt{|\overrightarrow{AB}|^2|\overrightarrow{AC}|^2-(\overrightarrow{AB}\cdot\overrightarrow{AC})^2}$$

$$=\frac{1}{2}\sqrt{(\sqrt{8})^2(\sqrt{17})^2-6^2}=\frac{1}{2}\sqrt{136-36}=\mathbf{5}$$

⬅$\overrightarrow{AB}$, $\overrightarrow{AC}$ を求めて $|\overrightarrow{AB}|$, $|\overrightarrow{AC}|$, $\overrightarrow{AB}\cdot\overrightarrow{AC}$ を求める。

⬅公式 $S=\frac{1}{2}|x_1y_2-x_2y_1|$ を利用して $S=\frac{1}{2}|2\cdot4-2\cdot(-1)|=5$ としてもよい。

(2) $|\vec{a}+\vec{b}|^2=4^2$ より $|\vec{a}|^2+2\vec{a}\cdot\vec{b}+|\vec{b}|^2=16$

$3^2+2\vec{a}\cdot\vec{b}+5^2=16$ より $\vec{a}\cdot\vec{b}=-9$

⬅$\vec{a}\cdot\vec{b}$ の値を求める。

$$S=\frac{1}{2}\sqrt{|\vec{a}|^2|\vec{b}|^2-(\vec{a}\cdot\vec{b})^2}=\frac{1}{2}\sqrt{3^2\cdot5^2-(-9)^2}$$

$$=\frac{1}{2}\sqrt{225-81}=\frac{1}{2}\sqrt{144}=\mathbf{6}$$

アドバイス

- この公式は $S=\frac{1}{2}|\vec{a}||\vec{b}|\sin\theta$ の $\sin\theta$ を $\vec{a}$, $\vec{b}$ で表して導かれる。この公式を使わないと, $\cos\theta$ を求めてから $\sin\theta$ を求めることになる。
- この公式は空間ベクトルでも使える。ただし, 成分で表された公式は平面の場合だけである。

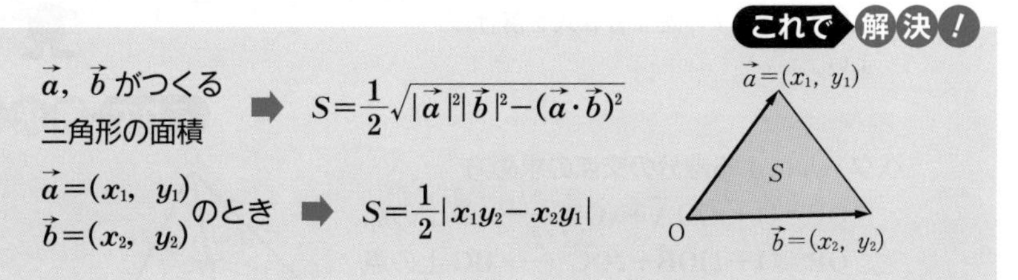

練習102 (1) 3点 A$(-2,\ 1)$, B$(1,\ -1)$, C$(-1,\ 5)$ で囲まれた △ABC の面積は ☐ である。〈神戸薬大〉

(2) △OAB において, $\overrightarrow{OA}=\vec{a}$, $\overrightarrow{OB}=\vec{b}$ とする。$|\vec{a}|=3$, $|\vec{b}|=2$, $|\vec{a}-2\vec{b}|=\sqrt{7}$ のとき, 内積 $\vec{a}\cdot\vec{b}$ の値は ☐ であり, △OAB の面積は ☐ である。〈慶応大〉

Challenge

3点を A$(4,\ -2,\ 6)$, B$(6,\ -1,\ 7)$, C$(5,\ 0,\ 5)$ とするとき, △ABC の面積を求めよ。〈西日本工大〉

103 直線の方程式 $\overrightarrow{OP}=s\overrightarrow{OA}+t\overrightarrow{OB}$ $(s+t=1)$

平面上に△OABと点Pがあり，$\overrightarrow{OP}=s\overrightarrow{OA}+t\overrightarrow{OB}$ と表す。s，t が次の条件を満たすとき，Pはどんな図形上にあるか。

(1)　$s+t=1$　　　(2)　$s+6t=3$　　〈類　東北学院大〉

解　(1)　$s+t=1$　だから $\overrightarrow{OA}$，$\overrightarrow{OB}$ の終点，
すなわち2点A，Bを通る直線AB上。

(2)　$s+6t=3$ の両辺を3で割って

$$\frac{s}{3}+2t=1$$

$$\overrightarrow{OP}=\frac{s}{3}\cdot3\overrightarrow{OA}+2t\cdot\frac{1}{2}\overrightarrow{OB}$$

$s\overrightarrow{OA}=\frac{s}{3}\cdot3\overrightarrow{OA}$，$t\overrightarrow{OB}=2t\cdot\frac{1}{2}\overrightarrow{OB}$ と変形

と変形できるから，Pは $3\overrightarrow{OA}$ と $\frac{1}{2}\overrightarrow{OB}$ の終点を通る直線上にある。

$3\overrightarrow{OA}=\overrightarrow{OA'}$，$\frac{1}{2}\overrightarrow{OB}=\overrightarrow{OB'}$ となる点をとると，

2点A′，B′を通る直線A′B′上。

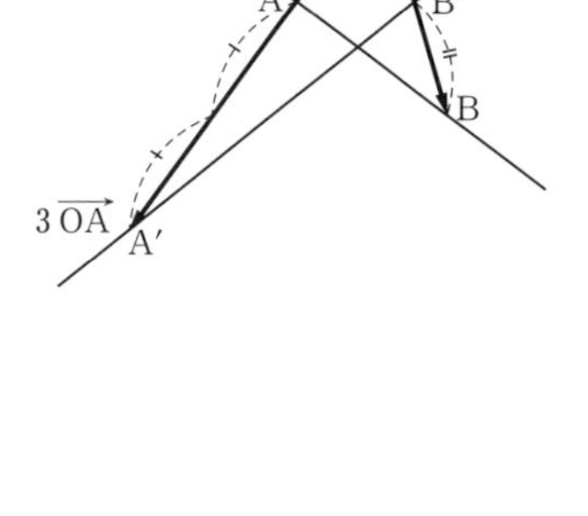

アドバイス

- 2点A，Bを通る直線のベクトル方程式
  $\overrightarrow{OP}=(1-t)\overrightarrow{OA}+t\overrightarrow{OB}$
  で，$1-t=s$ とおくと
  $\overrightarrow{OP}=s\overrightarrow{OA}+t\overrightarrow{OB}$ $(s+t=1)$
  と表せる。これから，次のことがいえる。

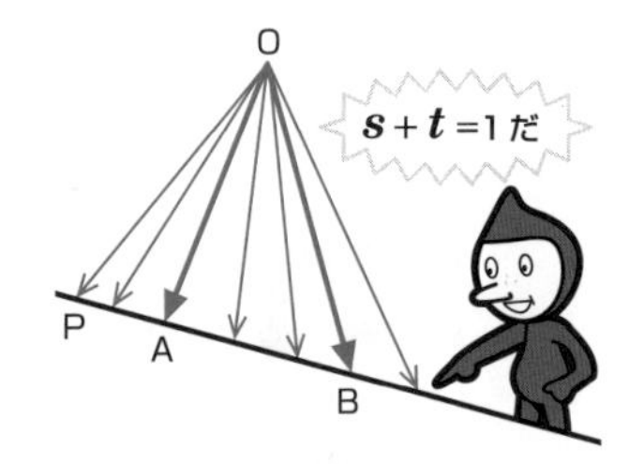

これで解決！

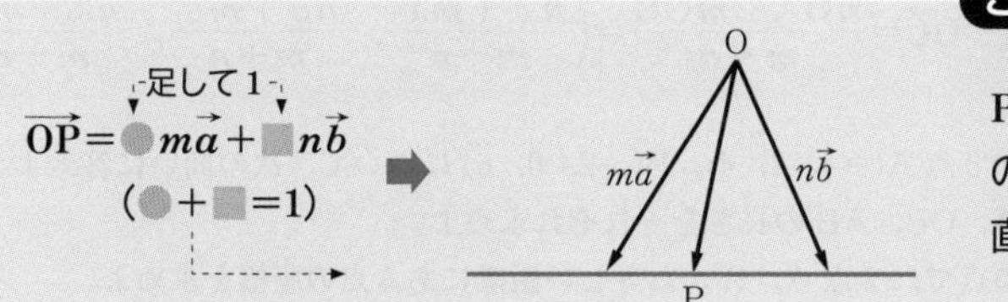

Pは $m\vec{a}$ と $n\vec{b}$ の終点を通る直線上にある

練習103　平面上に△OABと点Pがあり，$\overrightarrow{OP}=s\overrightarrow{OA}+t\overrightarrow{OB}$ とする。s，t が次の条件を満たすとき，Pはどんな図形上にあるか。

(1)　$s+t=2$　　　(2)　$3s+2t=3$　　〈類　佐賀大〉

Challenge

上の問題で $1\leqq s+t\leqq2$，$s\geqq0$，$t\geqq0$ のとき，終点Pの存在範囲を図示せよ。

104 空間座標と空間ベクトル

空間の3点 A(1, 3, −1), B(−1, 2, 2), C(2, 0, 1) について，次の問いに答えよ。

(1) 2点 A，B 間の距離を求めよ。

(2) 線分 AB を 2：1 に内分する点を D とするとき，$\overrightarrow{OD}$ を求めよ。

(3) △ABC の重心の座標を求めよ。 〈(3)立教大〉

(1) $AB=\sqrt{(-1-1)^2+(2-3)^2+(2+1)^2}$ ⬅ $AB=\sqrt{(x_2-x_1)^2+(y_2-y_1)^2+(z_2-z_1)^2}$

$=\sqrt{4+1+9}=\sqrt{\mathbf{14}}$

三角形の重心の座標

$\left(\dfrac{x_1+x_2+x_3}{3},\ \dfrac{y_1+y_2+y_3}{3},\ \dfrac{z_1+z_2+z_3}{3}\right)$

(2) $\overrightarrow{OD}=\dfrac{1\cdot\overrightarrow{OA}+2\overrightarrow{OB}}{2+1}=\dfrac{1}{3}\overrightarrow{OA}+\dfrac{2}{3}\overrightarrow{OB}$

$=\dfrac{1}{3}(1,\ 3,\ -1)+\dfrac{2}{3}(-1,\ 2,\ 2)=\left(-\dfrac{\mathbf{1}}{\mathbf{3}},\ \dfrac{\mathbf{7}}{\mathbf{3}},\ \mathbf{1}\right)$

(3) $\left(\dfrac{1-1+2}{3},\ \dfrac{3+2+0}{3},\ \dfrac{-1+2+1}{3}\right)=\left(\dfrac{\mathbf{2}}{\mathbf{3}},\ \dfrac{\mathbf{5}}{\mathbf{3}},\ \dfrac{\mathbf{2}}{\mathbf{3}}\right)$

アドバイス

- 空間座標が与えられたとき，2点間の距離と内分点の座標を求めることは基本だが，平面の公式に z 座標が加わっただけだから恐れないように。
- 当然，座標の差はそのまま空間ベクトルの成分にもなるので忘れないように。

これで解決!

空間座標 ⟶ $\mathrm{A}(x_1,\ y_1,\ z_1)$，$\mathrm{B}(x_2,\ y_2,\ z_2)$ のとき

距　離 ➡ $AB=\sqrt{(x_2-x_1)^2+(y_2-y_1)^2+(z_2-z_1)^2}$

内分点 ➡ AB を $m:n$ に内分する点 C は

$\overrightarrow{OC}=\dfrac{n\overrightarrow{OA}+m\overrightarrow{OB}}{m+n}=\left(\dfrac{nx_1+mx_2}{m+n},\ \dfrac{ny_1+my_2}{m+n},\ \dfrac{nz_1+mz_2}{m+n}\right)$

（z 成分が加わる）

練習104 空間の2点 A(−4, 2, 4), B(−2, 0, 6) について，次の問いに答えよ。

(1) 線分 OA，OB，AB の長さをそれぞれ求めよ。

(2) x 軸上の点で，2点 A，B から等しい距離にある点の座標を求めよ。

(3) 線分 AB を 3：1 に内分する点を P，1：2 に外分する点を Q とすると，ベクトル $\overrightarrow{OP}$，$\overrightarrow{OQ}$ の成分表示は $\overrightarrow{OP}=$□，$\overrightarrow{OQ}=$□ である。 〈類　東海大〉

Challenge

上の2点 A，B に対して，点C をとり，△ABC の重心の座標が (1, 1, 1) になるようにしたい。点 C の座標を定めよ。 〈類　東海大〉

105 空間ベクトルと平面ベクトル

(1)　空間に2点 A(3, 4, 2), B(−2, 5, 1) がある。ベクトル $\overrightarrow{AB}$ と $|\overrightarrow{AB}|$ を求めよ。〈武蔵大〉

(2)　2つのベクトル $\vec{p}=(1,\ 0,\ 1)$, $\vec{q}=(1,\ 1,\ 0)$ のなす角 θ を求めよ。〈西日本工大〉

解

(1)　$\overrightarrow{AB}=(-2,\ 5,\ 1)-(3,\ 4,\ 2)$
$\quad=\mathbf{(-5,\ 1,\ -1)}$

⬅A$(a_1,\ a_2,\ a_3)$, B$(b_1,\ b_2,\ b_3)$
$\overrightarrow{AB}=(b_1-a_1,\ b_2-a_2,\ b_3-a_3)$

$|\overrightarrow{AB}|=\sqrt{(-5)^2+1^2+(-1)^2}=\sqrt{27}=\mathbf{3\sqrt{3}}$

(2)　$\cos\theta=\dfrac{\vec{p}\cdot\vec{q}}{|\vec{p}||\vec{q}|}=\dfrac{1\times1+0\times1+1\times0}{\sqrt{1^2+0+1^2}\sqrt{1^2+1^2+0}}=\dfrac{1}{2}$

$0^\circ\leqq\theta\leqq180^\circ$　より　$\boldsymbol{\theta=60^\circ}$

アドバイス

- 空間ベクトルはイメージしづらいこともあり苦手とする人が多い。しかし，平面ベクトルと空間ベクトルの共通性も多いので，性質を対比させて理解するとよい。

これで解決！

平面ベクトル		空間ベクトル
$\vec{a}=(a_1,\ a_2)$, $\vec{b}=(b_1,\ b_2)$		$\vec{a}=(a_1,\ a_2,\ a_3)$, $\vec{b}=(b_1,\ b_2,\ b_3)$
$\lvert\vec{a}\rvert=\sqrt{a_1^2+a_2^2}$	〈大きさ〉	$\lvert\vec{a}\rvert=\sqrt{a_1^2+a_2^2+a_3^2}$
$\vec{a}\cdot\vec{b}=a_1b_1+a_2b_2$	〈内　積〉	$\vec{a}\cdot\vec{b}=a_1b_1+a_2b_2+a_3b_3$
$\cos\theta=\dfrac{\vec{a}\cdot\vec{b}}{\lvert\vec{a}\rvert\lvert\vec{b}\rvert}=\dfrac{a_1b_1+a_2b_2}{\sqrt{a_1^2+a_2^2}\sqrt{b_1^2+b_2^2}}$	〈なす角〉	$\cos\theta=\dfrac{\vec{a}\cdot\vec{b}}{\lvert\vec{a}\rvert\lvert\vec{b}\rvert}=\dfrac{a_1b_1+a_2b_2+a_3b_3}{\sqrt{a_1^2+a_2^2+a_3^2}\sqrt{b_1^2+b_2^2+b_3^2}}$

PS　空間ベクトルは，平面ベクトルに z 成分が加わっただけだ。

練習105　空間に3点 A(1, 1, 2), B(3, 4, 3), C(−5, −1, 6) がある。

(1)　ベクトル $\overrightarrow{AB}$, $\overrightarrow{AC}$ および $|\overrightarrow{AB}|$, $|\overrightarrow{AC}|$ を求めよ。

(2)　$\overrightarrow{AB}$ と $\overrightarrow{AC}$ のなす角 θ を求めよ。〈類　広島工大〉

Challenge

座標空間の3点 A(2, 1, 3), B(3, 2, 1), C$(x,\ y,\ 0)$ が同一直線上にあるとき，$x=$□，$y=$□ である。〈立教大〉

106 垂直なベクトルの求め方（空間）

2つのベクトル $\overrightarrow{OA}=(1,\ 0,\ 1)$，$\overrightarrow{OB}=(-2,\ 1,\ 2)$ に対し，z 成分が正で，$\overrightarrow{OA}$，$\overrightarrow{OB}$ に垂直な単位ベクトルを求めよ。〈北見工大〉

解 求めるベクトルを $\vec{p}=(x,\ y,\ z)$ とすると

大きさが1だから

$|\vec{p}|=\sqrt{x^2+y^2+z^2}=1$

$x^2+y^2+z^2=1$ ……①

$\overrightarrow{OA}\perp\vec{p}$ だから

$\overrightarrow{OA}\cdot p=1\times x+0\times y+1\times z=0$

$x+z=0$ ……②

$\overrightarrow{OB}\perp\vec{p}$ だから

$\overrightarrow{OB}\cdot\vec{p}=-2\times x+1\times y+2\times z=0$

$-2x+y+2z=0$ ……③

①，②，③を解いて

$x=\pm\frac{\sqrt{2}}{6}$，$y=\pm\frac{2\sqrt{2}}{3}$，$z=\mp\frac{\sqrt{2}}{6}$ （複号同順）

$z>0$ より $\vec{p}=\left(-\frac{\sqrt{2}}{6},\ -\frac{2\sqrt{2}}{3},\ \frac{\sqrt{2}}{6}\right)$

①，②，③の連立方程式の解き方

②より $z=-x$ ③に代入して

$-2x+y-2x=0$ より $y=4x$

これらを①に代入して

$x^2+(4x)^2+(-x)^2=1$

$18x^2=1$ より $x=\pm\frac{1}{3\sqrt{2}}=\pm\frac{\sqrt{2}}{6}$

$x=\pm\frac{\sqrt{2}}{6}, y=\pm\frac{2\sqrt{2}}{3}, z=\mp\frac{\sqrt{2}}{6}$

（複号同順）

アドバイス

- 空間ベクトルは $(x,\ y,\ z)$ の3つの要素から成り立っているので，どうしても計算が面倒になる。この例題でも，立式より3元連立方程式を解くことのほうが難しいくらいだ。日頃から計算力をつけておきたい。
- あるベクトルに垂直なベクトルを求める場合，次の考え方で条件を式化していく。これは平面でも空間でも共通である。

これで解決！

$\vec{a}$，$\vec{b}$ に垂直な単位ベクトルの求め方 ➡

$\vec{p}$ が $\vec{a}$ に垂直 $\Longrightarrow$ $\vec{a}\cdot\vec{p}=0$：垂直 $\Longleftrightarrow$ (内積)$=0$

$\vec{p}$ が $\vec{b}$ に垂直 $\Longrightarrow$ $\vec{b}\cdot\vec{p}=0$

$\vec{p}$ の大きさ $\Longrightarrow$ $|\vec{p}|$：単位ベクトルは大きさ1

練習106 $\vec{a}=(2,\ 1,\ 0)$，$\vec{b}=(-2,\ 0,\ 1)$ のいずれにも垂直な単位ベクトル $\vec{e}$ は □ である。〈芝浦工大〉

Challenge

3点 A$(1,\ -1,\ 2)$，B$(2,\ 1,\ 4)$，C$(-1,\ 2,\ 5)$ について，$\overrightarrow{AB}$ と $\overrightarrow{AC}$ の両方に垂直な単位ベクトルは □ と □ である。〈東京都市大〉

107 空間ベクトル

四面体OABCの辺BCの中点をD，線分ODの中点をE，△ABCの重心をG，線分OGを3：2に内分する点をFとする。$\overrightarrow{OA}=\vec{a}$，$\overrightarrow{OB}=\vec{b}$，$\overrightarrow{OC}=\vec{c}$ として，次の問いに答えよ。

(1) $\overrightarrow{OE}$，$\overrightarrow{OF}$ を $\vec{a}$，$\vec{b}$，$\vec{c}$ で表せ。

(2) 3点A，F，Eは同一直線上にあることを示せ。〈類　長崎科学大〉

解

(1) $\overrightarrow{OE}=\frac{1}{2}\overrightarrow{OD}=\frac{1}{2}\cdot\frac{1}{2}(\vec{b}+\vec{c})=\boldsymbol{\frac{1}{4}\vec{b}+\frac{1}{4}\vec{c}}$

$\overrightarrow{OF}=\frac{3}{5}\overrightarrow{OG}=\frac{3}{5}\cdot\frac{1}{3}(\vec{a}+\vec{b}+\vec{c})$

$=\boldsymbol{\frac{1}{5}\vec{a}+\frac{1}{5}\vec{b}+\frac{1}{5}\vec{c}}$

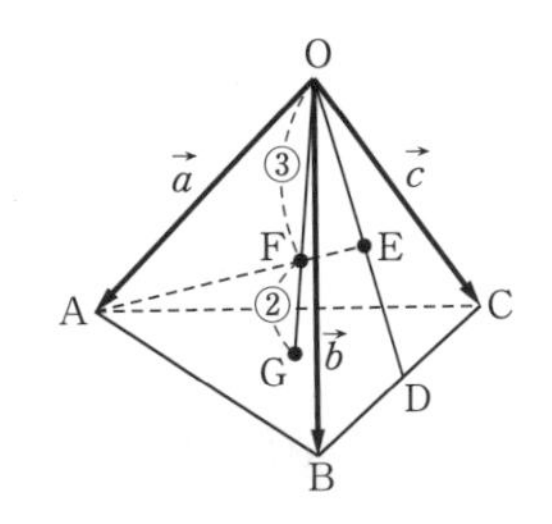

(2) $\overrightarrow{AF}=\overrightarrow{OF}-\overrightarrow{OA}=\frac{1}{5}\vec{a}+\frac{1}{5}\vec{b}+\frac{1}{5}\vec{c}-\vec{a}$

$=\frac{1}{5}(-4\vec{a}+\vec{b}+\vec{c})$

$\overrightarrow{AE}=\overrightarrow{OE}-\overrightarrow{OA}=\frac{1}{4}\vec{b}+\frac{1}{4}\vec{c}-\vec{a}$

$=\frac{1}{4}(-4\vec{a}+\vec{b}+\vec{c})$

よって，$\overrightarrow{AF}=\frac{4}{5}\overrightarrow{AE}$ が成り立つからA，F，Eは同一直線上にある。

重心のベクトル
$\overrightarrow{OG}=\frac{\vec{a}+\vec{b}+\vec{c}}{3}$

アドバイス

- 空間図形は3つのベクトルで構成されている。一度に空間図形全体を見てしまって，うまくベクトルでとらえきれなくて困った経験は誰もあるだろう。
- 空間といえど，平面の集まりであるから，空間図形をつくる平面に着目しよう。

これで解決！

空間図形とベクトル ➡
・空間図形は平面図形の集まり
・空間図形と思わず，平面図形と考えて空間図形の中に，平面を浮かび上がらせよう

練習107 四面体OABCにおいて，△OABの重心をF，△OACの重心をGとする。次の問いに答えよ。

(1) $\overrightarrow{OF}$ を $\overrightarrow{OA}$，$\overrightarrow{OB}$ を用いて表せ。　(2) $\overrightarrow{FG}/\!/\overrightarrow{BC}$ であることを示せ。

Challenge

上の問題で OB＝OC＝1，∠BOC＝90° のとき，FGを求めよ。〈広島大〉

108 正四面体の問題

右の図のような1辺が1の正四面体がある。$\overrightarrow{OA}=\vec{a}$，$\overrightarrow{OB}=\vec{b}$，$\overrightarrow{OC}=\vec{c}$ として，次の問いに答えよ。

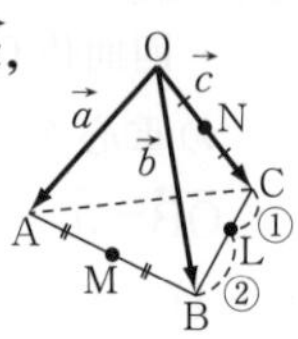

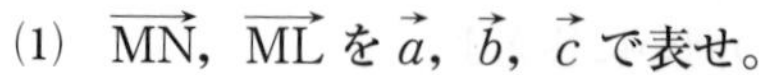

(1) $\overrightarrow{MN}$，$\overrightarrow{ML}$ を $\vec{a}$，$\vec{b}$，$\vec{c}$ で表せ。

(2) 内積 $\overrightarrow{OM}\cdot\overrightarrow{ON}$ の値を求めよ。　〈類　大阪電通大〉

解

(1) $\overrightarrow{OM}=\dfrac{1}{2}(\vec{a}+\vec{b})$，$\overrightarrow{ON}=\dfrac{1}{2}\vec{c}$

$$\overrightarrow{MN}=\overrightarrow{ON}-\overrightarrow{OM}=\frac{1}{2}\vec{c}-\frac{1}{2}(\vec{a}+\vec{b})$$
$$=-\frac{1}{2}\vec{a}-\frac{1}{2}\vec{b}+\frac{1}{2}\vec{c}$$

⬅$\overrightarrow{MN}$ をOを始点としたベクトルで表す。

$$\overrightarrow{OL}=\frac{\vec{b}+2\vec{c}}{2+1}=\frac{1}{3}\vec{b}+\frac{2}{3}\vec{c}$$

$$\overrightarrow{ML}=\overrightarrow{OL}-\overrightarrow{OM}=\frac{1}{3}\vec{b}+\frac{2}{3}\vec{c}-\frac{1}{2}(\vec{a}+\vec{b})=-\frac{1}{2}\vec{a}-\frac{1}{6}\vec{b}+\frac{2}{3}\vec{c}$$

(2) $\overrightarrow{OM}\cdot\overrightarrow{ON}=\dfrac{1}{2}(\vec{a}+\vec{b})\cdot\dfrac{1}{2}\vec{c}=\dfrac{1}{4}(\vec{a}\cdot\vec{c}+\vec{b}\cdot\vec{c})$

⬅正四面体の各面はすべて正三角形でできている。

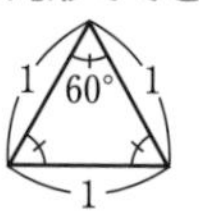

ここで，$\vec{a}\cdot\vec{c}=\vec{b}\cdot\vec{c}=1\times1\times\cos60^\circ=\dfrac{1}{2}$

よって，$\overrightarrow{OM}\cdot\overrightarrow{ON}=\dfrac{1}{4}\left(\dfrac{1}{2}+\dfrac{1}{2}\right)=\dfrac{1}{4}$

アドバイス

- 正四面体の各面は正三角形だから，各辺の長さは等しく，辺と辺のなす角はすべて60°である。
- このことは問題にはかかれていないが，正四面体の問題では"大きさと内積"について次のことは必ず使われるので覚えておく。

これで解決！

正四面体の性質 ➡ 4つの面はすべて正三角形

$|\vec{a}|=|\vec{b}|=|\vec{c}|$

$\vec{a}\cdot\vec{b}=\vec{b}\cdot\vec{c}=\vec{c}\cdot\vec{a}=\dfrac{1}{2}|\vec{a}|^2$

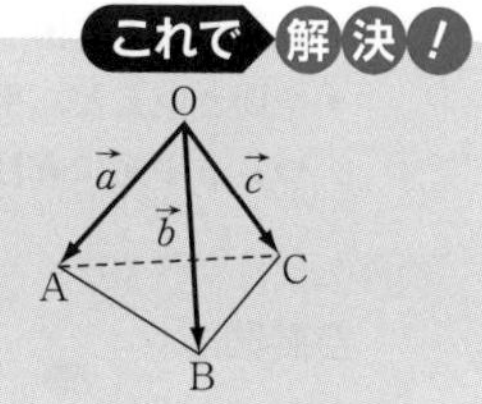

練習108　1辺の長さが1の正四面体OABCがある。辺ABの中点をP，辺BCを1：2に内分する点をQとする。$\overrightarrow{OA}=\vec{a}$，$\overrightarrow{OB}=\vec{b}$，$\overrightarrow{OC}=\vec{c}$ として，次の問いに答えよ。

(1) $\overrightarrow{OP}$，$\overrightarrow{OQ}$ を $\vec{a}$，$\vec{b}$，$\vec{c}$ で表せ。　(2) 内積 $\overrightarrow{OP}\cdot\overrightarrow{OQ}$ の値を求めよ。

(3) △OPQの面積を求めよ。　〈類　愛知工大〉

Challenge

正四面体OABCにおいて，$\overrightarrow{AB}\perp\overrightarrow{OC}$ であることを示せ。　〈福井県立大〉

109 空間における平面と直線の交点

四面体OABCの辺OAの中点をM，△ABCの重心をGとし，△MBCと線分OGの交点をPとする。$\overrightarrow{OA}=\vec{a}$，$\overrightarrow{OB}=\vec{b}$，$\overrightarrow{OC}=\vec{c}$ として$\overrightarrow{OP}$を$\vec{a}$，$\vec{b}$，$\vec{c}$で表せ。　〈東京工芸大〉

解

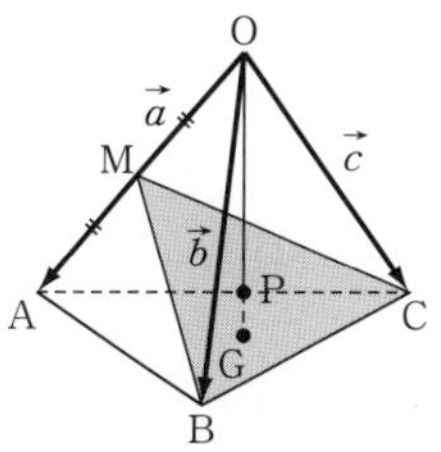

平面MBC上の点Pは

$\overrightarrow{OP}=\overrightarrow{OM}+s\overrightarrow{MB}+t\overrightarrow{MC}$　と表せる。

$$=\frac{1}{2}\vec{a}+s\left(\vec{b}-\frac{1}{2}\vec{a}\right)+t\left(\vec{c}-\frac{1}{2}\vec{a}\right)$$

$$=\frac{1}{2}(1-s-t)\vec{a}+s\vec{b}+t\vec{c}\quad\cdots①$$

⬅平面はs，tの2変数。

また，△ABCの重心Gは

$\overrightarrow{OG}=\dfrac{\vec{a}+\vec{b}+\vec{c}}{3}$　だから

⬅重心Gのベクトル $\dfrac{\vec{a}+\vec{b}+\vec{c}}{3}$ は公式としてよい。

$$\overrightarrow{OP}=k\overrightarrow{OG}=\frac{k}{3}\vec{a}+\frac{k}{3}\vec{b}+\frac{k}{3}\vec{c}\quad\cdots②$$

⬅直線はkの1変数。

①=②で，$\vec{a}$，$\vec{b}$，$\vec{c}$は1次独立だから

$\dfrac{1}{2}(1-s-t)=\dfrac{k}{3}$，$s=\dfrac{k}{3}$，$t=\dfrac{k}{3}$　より　$k=\dfrac{3}{4}$

⬅$\vec{a}$，$\vec{b}$，$\vec{c}$の係数を比較すると3つの式が出てくるからs，t，kが求まる。

②に代入して，$\boldsymbol{\overrightarrow{OP}=\frac{1}{4}(\vec{a}+\vec{b}+\vec{c})}$

アドバイス

- ベクトルを苦手とする原因に，平面や直線の表し方がわからないことがあげられる。特に，平面は直線の場合と違って2つの変数（sとtなど）を使うからやっかいに感じると思う。
- 基本は $s\overrightarrow{AB}+t\overrightarrow{AC}$ がsとtがいろいろな値をとることによって$\overrightarrow{AB}$と$\overrightarrow{AC}$がつくる平面を表しているということをイメージできるかにかかっている。

これで解決！

空間における平面の表し方

平面 $\overrightarrow{OP}=\overrightarrow{OA}+s\overrightarrow{AB}+t\overrightarrow{AC}$

Oから Aまでいって　｜　平面ABC上に到達

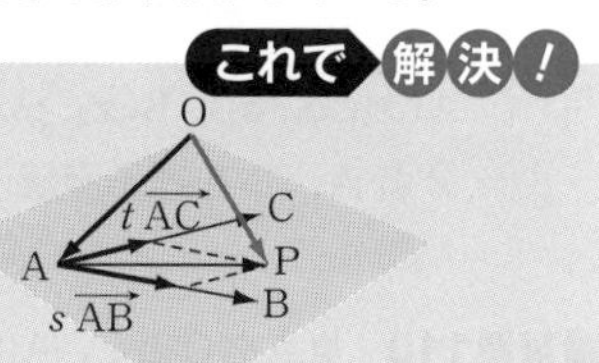

練習109　四面体OABCの辺OBを2：1に内分する点をL，辺OCの中点をM，△ABCの重心をGとする。△ALMと線分OGの交点をPとするとき，$\overrightarrow{OA}=\vec{a}$，$\overrightarrow{OB}=\vec{b}$，$\overrightarrow{OC}=\vec{c}$ として$\overrightarrow{OP}$を$\vec{a}$，$\vec{b}$，$\vec{c}$で表せ。　〈類　九州産大〉

Challenge

上の問題で，直線APと△OBCの交点をQとするとき，$\overrightarrow{OQ}$を求めよ。

〈類　大分大〉

110 空間における直線（線分）上の点の表し方

空間に 2 点 A(1, 1, 2), B(2, −1, 1) がある。直線 AB 上の点 P が OP⊥AB を満たすとき，点 P の座標は (□, □, □) である。

〈類　成蹊大〉

解 直線 AB 上の点 P は

$\overrightarrow{OP}=\overrightarrow{OA}+t\overrightarrow{AB}$ と表せる。

⬅始点を O にそろえて $\overrightarrow{OP}=(1-t)\overrightarrow{OA}+t\overrightarrow{OB}$ と表しても同じである。

ここで，$\overrightarrow{AB}=(1,\ -2,\ -1)$ だから

$\overrightarrow{OP}=(1,\ 1,\ 2)+t(1,\ -2,\ -1)$

$\quad=(1+t,\ 1-2t,\ 2-t)$

$\overrightarrow{OP}\perp\overrightarrow{AB}$ だから $\overrightarrow{OP}\cdot\overrightarrow{AB}=0$ である。

$\overrightarrow{OP}\cdot\overrightarrow{AB}=1\times(1+t)-2\times(1-2t)-1\times(2-t)$

$\quad=1+t-2+4t-2+t$

$\quad=6t-3=0$　より　$t=\dfrac{1}{2}$

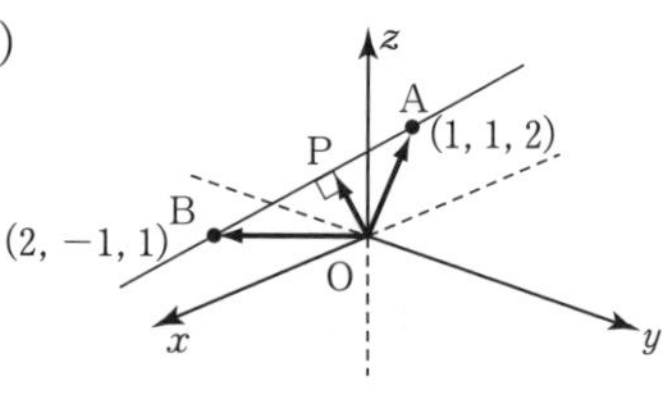

よって，P の座標は $\left(\dfrac{3}{2},\ 0,\ \dfrac{3}{2}\right)$

アドバイス

- 空間においても，2 点 A, B を通る直線の方程式は，次の式で表される。
  $\overrightarrow{OP}=\overrightarrow{OA}+t\overrightarrow{AB}=(1-t)\overrightarrow{OA}+t\overrightarrow{OB}$
- 空間の問題では座標で出題されることも多い。そのときは座標を成分にかえて成分によるベクトルの演算を行えばよい。

これで解決！

空間における直線上の点 P の表し方

$A(x_1,\ y_1,\ z_1)$, $B(x_2,\ y_2,\ z_2)$
2 点 A, B を通る直線

➡ $\overrightarrow{OP}=\overrightarrow{OA}+t\overrightarrow{AB}$ に成分を代入して

$=(x_1,\ y_1,\ z_1)+t(x_2-x_1,\ y_2-y_1,\ z_2-z_1)$

$=$(○＋●t, □＋■t, △＋▲t) の形に

練習110　原点を O とし，A(0, 0, 2), B(1, 1, 0) に対し直線 AB 上の点 P が OP⊥AB を満たすとする。このとき P の座標は □ である。　〈東北学院大〉

Challenge

空間内の 2 点 A(−2, −3, 4), B(1, 1, 2) を考える。直線 AB と xy 平面の交点 P の座標を求めよ。

〈類　龍谷大〉

111 複素数と複素数平面

(1)　$z=2+i$ のとき，次の複素数を複素数平面上に図示せよ。

(ア)　z　　(イ)　$\overline{z}$　　(ウ)　zi　　(エ)　$\overline{z}i$

(2)　2 点 A$(1+3i)$，B$(4-i)$ の 2 点間の距離を求めよ。

解

(1)(ア)　$z=2+i$

(イ)　$\overline{z}=2-i$

(ウ)　$zi=(2+i)i=-1+2i$

(エ)　$\overline{z}i=(2-i)i=1+2i$

これより(ア)～(エ)は図のようになる。

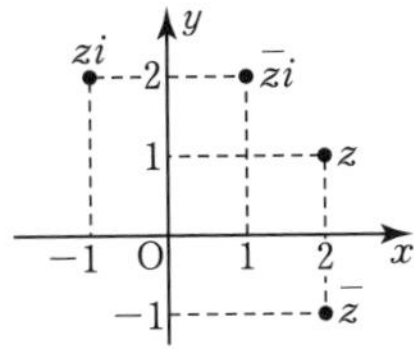

複素数

$a+bi$
実部　虚部

(2)　$\mathrm{AB}=|(4-i)-(1+3i)|$

$=|3-4i|$

$=\sqrt{3^2+(-4)^2}$

$=5$

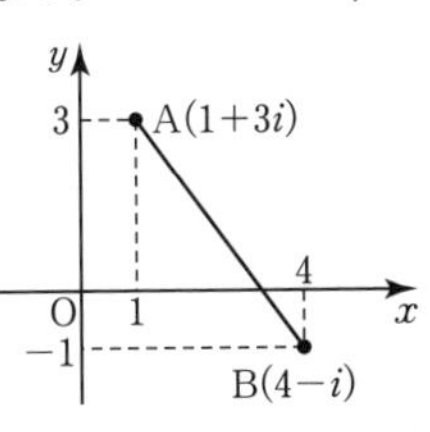

共役な複素数

$z=a+bi$

$\overline{z}=a-bi$

アドバイス

- 複素数 $z=a+bi$ を座標平面上の点 $(a,\ b)$ に対応させるとき，この平面を複素数平面という。
- $z=a+bi$ の絶対値は $|z|=|a+bi|=\sqrt{a^2+b^2}$ で表され，原点 O と点 z の距離である。

これで解決！

複素数平面と2点間の距離 ➡

- $z=a+bi$ ┈┈→ 点 $(a,\ b)$　（実軸（x 軸），虚軸（y 軸））
- $z=a+bi$ のとき　$|z|=|a+bi|=\sqrt{a^2+b^2}$
- 2 点 A(α)，B(β) 間の距離は $\mathrm{AB}=|\beta-\alpha|$

PS　$z=a+bi$ と $\overline{z}=a-bi$ について，次のことがいえる。

z が実数 $(b=0)$ $\Longleftrightarrow \overline{z}=z$，　z が純虚数 $(a=0,\ b\neq 0)$ $\Longleftrightarrow \overline{z}=-z$

練習111　(1)　$z=1+2i$ のとき，次の複素数を複素数平面上に図示せよ。

(ア)　z　　(イ)　$\overline{z}$　　(ウ)　$-z$　　(エ)　$-\overline{z}$

(2)　3 点 A$(-1-2i)$，B$(4+10i)$，C$(11+3i)$ を頂点とする △ABC はどのような三角形か。3 辺の長さを求めて答えよ。

Challenge

2 点 A$(a+bi)$，B$(6-3i)$ があり，$\mathrm{OA}=\sqrt{10}$，$\mathrm{AB}=5$ であるとき，点 A を表す複素数を求めよ。

112 複素数平面とベクトルの比較

◤複素数平面◢　　**◤ベクトル◢**

$z_1=x_1+y_1i$, $z_2=x_2+y_2i$ のとき　　$\vec{a}=(x_1,\ y_1)$, $\vec{b}=(x_2,\ y_2)$ のとき

〈和と差〉

$z_1\pm z_2=(x_1\pm x_2)+(y_1\pm y_2)i$　（複号同順）　$\vec{a}\pm\vec{b}=(x_1\pm x_2,\ y_1\pm y_2)$

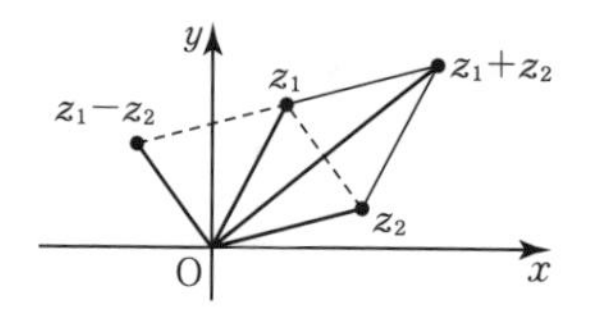

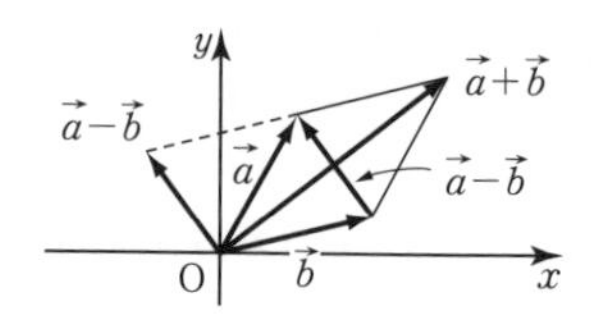

〈内分点〉

$z=\dfrac{nz_1+mz_2}{m+n}$

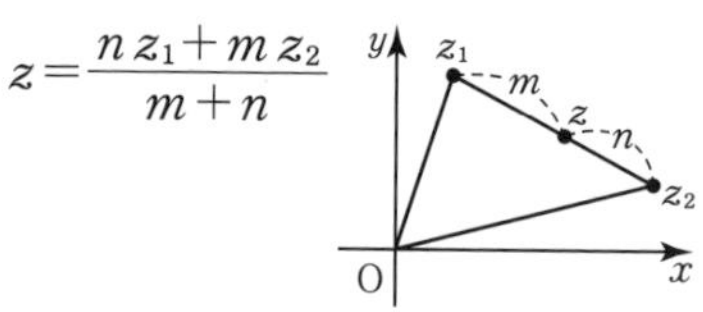

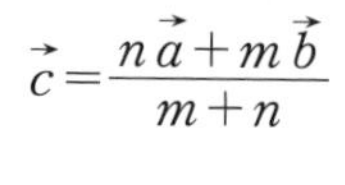

$\vec{c}=\dfrac{n\vec{a}+m\vec{b}}{m+n}$

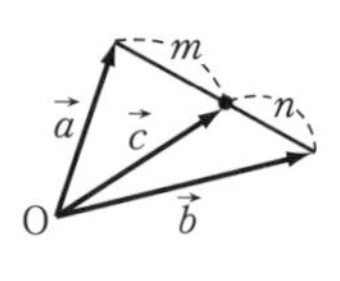

〈大きさ〉

$|z_1|=\sqrt{{x_1}^2+{y_1}^2}$　　$|\vec{a}|=\sqrt{{x_1}^2+{y_1}^2}$

$|z_1-z_2|=\sqrt{(x_1-x_2)^2+(y_1-y_2)^2}$　　$|\vec{a}-\vec{b}|=\sqrt{(x_1-x_2)^2+(y_1-y_2)^2}$

〈円を表す式〉

$|z-z_0|=r$　　$|\vec{p}-\vec{c}|=r$

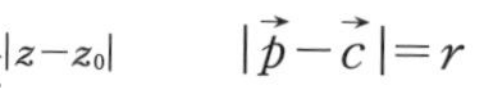

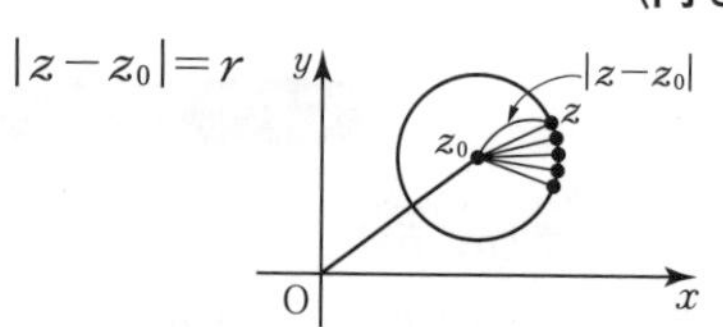

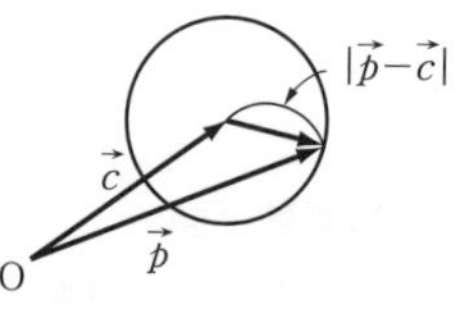

アドバイス

- 複素数平面とベクトルの共通点は他にもあるが，考え方の関連性を理解することによって，両方の分野がより見えてくるものだ。
- この後，複素数平面は，共役な複素数，極形式，一方，ベクトルは内積，ベクトル方程式へそれぞれの持ち味を発揮して平面を表現していくことになる。

複素数平面 ➡ ベクトルとの共通性にも注目！

練習112　$z_1=-1+4i$, $z_2=2+i$ のとき，z_1, z_2, z_1+z_2, z_1-z_2 を複素数平面上に図示せよ。

Challenge

上の z_1, z_2 を $1:2$ に内分する点 z_3, および $3:1$ に外分する点 z_4 を図示せよ。

113 極形式

次の複素数を極形式で表せ。ただし，偏角は $0 \leqq \theta < 2\pi$ とする。

(1)　$z=-1+\sqrt{3}\,i$　　　　(2)　$z=2-2i$

解　(1)　$|z|=\sqrt{(-1)^2+(\sqrt{3}\,)^2}=2$

$\arg z=\dfrac{2}{3}\pi$

$$\boldsymbol{z=2\left(\cos\frac{2}{3}\pi+i\sin\frac{2}{3}\pi\right)}$$

(2)　$|z|=\sqrt{2^2+(-2)^2}=2\sqrt{2}$

$\arg z=\dfrac{7}{4}\pi$

$$\boldsymbol{z=2\sqrt{2}\left(\cos\frac{7}{4}\pi+i\sin\frac{7}{4}\pi\right)}$$

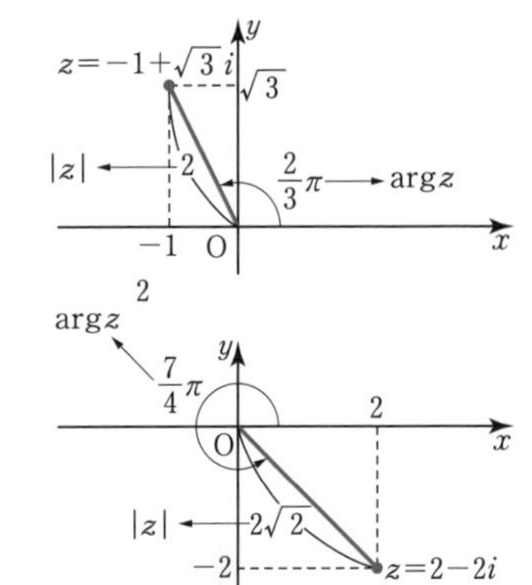

アドバイス

- 複素数を極形式で表すことは重要な変形である。それにはまず，絶対値 $|z|$ と偏角 $\arg z$ の意味を理解しなくてはならない。
- 偏角は Oz と x 軸（実軸）とのなす角で，反時計回りが正である。複素数平面上に点をとって調べることになる。なお，偏角はふつう $0 \leqq \theta < 2\pi$ である。

これで解決！

$z=a+bi$ の極形式 ➡ $z=r(\cos\theta+i\sin\theta)$　必ず＋

$r=|z|=\sqrt{a^2+b^2}$

θ は偏角

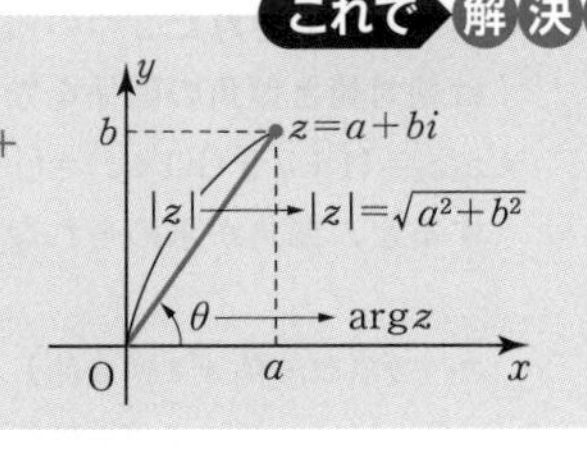

練習113　(1)　次の複素数を極形式で表せ。ただし，偏角 θ は $0 \leqq \theta < 2\pi$ とする。

(i)　$z=\dfrac{4}{\sqrt{3}-i}$　〈広島工大〉　(ii)　$z=\dfrac{-5+i}{2-3i}$　〈茨城大〉

(2)　$z+\dfrac{1}{z}=1$ のとき，複素数 z を極形式で表せ。ただし，偏角 θ は $0 \leqq \theta < 2\pi$ とする。〈福井大〉

Challenge

複素数 z について，$\left|\dfrac{z-1}{z}\right|=1$，$\arg\left(\dfrac{z-1}{z}\right)=\dfrac{5}{6}\pi$ が成り立つとき，z を $a+bi$ で表せ。〈福井工大〉

114 積・商の極形式

$z_1=1+\sqrt{3}i$, $z_2=1+i$ のとき，次の複素数を極形式で表せ。

(1) z_1z_2　　(2) $\dfrac{z_1}{z_2}$　　〈類　立教大〉

解 z_1, z_2 を極形式で表すと

$$z_1=2\left(\cos\frac{\pi}{3}+i\sin\frac{\pi}{3}\right),\quad z_2=\sqrt{2}\left(\cos\frac{\pi}{4}+i\sin\frac{\pi}{4}\right)$$

(1) $|z_1z_2|=|z_1||z_2|=2\sqrt{2}$

$$\arg(z_1z_2)=\arg z_1+\arg z_2=\frac{\pi}{3}+\frac{\pi}{4}=\frac{7}{12}\pi$$

よって，$\boldsymbol{z_1z_2=2\sqrt{2}\left(\cos\frac{7}{12}\pi+i\sin\frac{7}{12}\pi\right)}$

積の極形式

$|z_1z_2|=|z_1||z_2|=r_1r_2$

$\arg(z_1z_2)=\arg z_1+\arg z_2=\theta_1+\theta_2$

(2) $\left|\dfrac{z_1}{z_2}\right|=\dfrac{|z_1|}{|z_2|}=\dfrac{2}{\sqrt{2}}=\sqrt{2}$

$$\arg\left(\frac{z_1}{z_2}\right)=\arg z_1-\arg z_2=\frac{\pi}{3}-\frac{\pi}{4}=\frac{\pi}{12}$$

よって，$\boldsymbol{\dfrac{z_1}{z_2}=\sqrt{2}\left(\cos\frac{\pi}{12}+i\sin\frac{\pi}{12}\right)}$

商の極形式

$\left|\dfrac{z_1}{z_2}\right|=\dfrac{|z_1|}{|z_2|}=\dfrac{r_1}{r_2}$

$\arg\left(\dfrac{z_1}{z_2}\right)=\arg z_1-\arg z_2=\theta_1-\theta_2$

アドバイス

- 極形式で表された 2 つの複素数 z_1, z_2 について，積 z_1z_2, 商 $\dfrac{z_1}{z_2}$ を極形式で表すには絶対値と偏角の関係を知ることだ。
- $z_1z_2=(1+\sqrt{3}i)(1+i)=(1-\sqrt{3})+(1+\sqrt{3})i$ と計算してから極形式で表そうとすると，偏角が求められないことがある。

これで解決！

$z_1=r_1(\cos\theta_1+i\sin\theta_1)$
$z_2=r_2(\cos\theta_2+i\sin\theta_2)$
のとき，z_1z_2, $\dfrac{z_1}{z_2}$ ➡

$z_1z_2=r_1r_2\{\cos(\theta_1+\theta_2)+i\sin(\theta_1+\theta_2)\}$

$\dfrac{z_1}{z_2}=\dfrac{r_1}{r_2}\{\cos(\theta_1-\theta_2)+i\sin(\theta_1-\theta_2)\}$

練習114 偏角 θ を $0\leqq\theta<2\pi$ とすると，複素数 $1+i$ の極形式は ☐ であり，複素数 $1+\sqrt{3}i$ の極形式は ☐ である。$\dfrac{1+\sqrt{3}i}{1+i}$ の極形式は ☐ である。

Challenge

上の問題で求めた極形式を利用して，$\cos\dfrac{\pi}{12}$, $\sin\dfrac{\pi}{12}$ の値を求めよ。　〈九州産大〉

115 ド・モアブルの定理

$\left(\dfrac{1+\sqrt{3}\,i}{1+i}\right)^{10}=\boxed{}+\boxed{}\,i$ である。　〈類　慶応大〉

解

$$1+\sqrt{3}\,i=\sqrt{1^2+(\sqrt{3}\,)^2}\left(\cos\frac{\pi}{3}+i\sin\frac{\pi}{3}\right)$$
$$=2\left(\cos\frac{\pi}{3}+i\sin\frac{\pi}{3}\right)$$

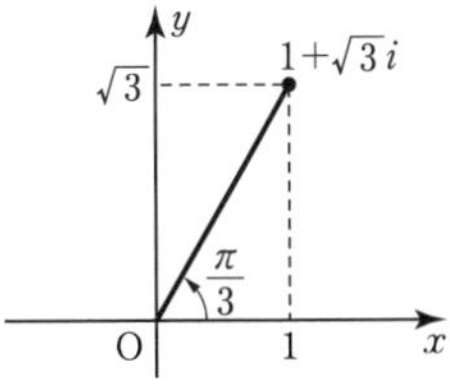

y
$\sqrt{3}$
$1+\sqrt{3}i$
$\frac{\pi}{3}$
O
1
x

$$1+i=\sqrt{1^2+1^2}\left(\cos\frac{\pi}{4}+i\sin\frac{\pi}{4}\right)$$
$$=\sqrt{2}\left(\cos\frac{\pi}{4}+i\sin\frac{\pi}{4}\right)$$

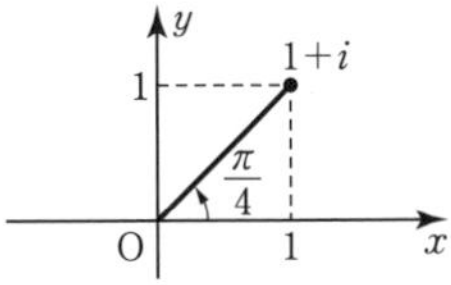

y
1
$1+i$
$\frac{\pi}{4}$
O
1
x

$$\left(\frac{1+\sqrt{3}\,i}{1+i}\right)^{10}=\left\{\frac{2\left(\cos\frac{\pi}{3}+i\sin\frac{\pi}{3}\right)}{\sqrt{2}\left(\cos\frac{\pi}{4}+i\sin\frac{\pi}{4}\right)}\right\}^{10}$$
$$=(\sqrt{2}\,)^{10}\left(\cos\frac{\pi}{12}+i\sin\frac{\pi}{12}\right)^{10}$$

← $\dfrac{1}{\cos\theta+i\sin\theta}$ $=\cos(-\theta)+\sin(-\theta)$

$$=32\left(\cos\frac{5}{6}\pi+i\sin\frac{5}{6}\pi\right)$$
$$=32\left(-\frac{\sqrt{3}}{2}+\frac{1}{2}i\right)=\boldsymbol{-16\sqrt{3}+16i}$$

この式
大切だよ

アドバイス

- $(a+bi)^n$ を計算したり，$z^n=a+bi$ を満たす z を求めたりするのには，ド・モアブルの定理 $(\cos\theta+i\sin\theta)^n=\cos n\theta+i\sin n\theta$ が使われる。基本的に極形式の積，商と考えてよい。$\boldsymbol{r^n}$ と $\boldsymbol{n\theta}$ に注意すれば比較的やさしい。
- この問題では，はじめに
  $\dfrac{1+\sqrt{3}\,i}{1+i}=\dfrac{(1+\sqrt{3}\,i)(1-i)}{(1+i)(1-i)}=\dfrac{\sqrt{3}+1}{2}+\dfrac{\sqrt{3}-1}{2}i$ と計算すると極形式で表せない。(偏角が求まらないような変形はダメ。) やはり分母と分子を別々に極形式に直すのが確実だ。

これで解決！

ド・モアブルの定理 ➡ $z=r(\cos\theta+i\sin\theta)$ のとき
$z^n=r^n(\cos n\theta+i\sin n\theta)$　(n は整数)

練習115　次の式を簡単にせよ。

(1) $\left(\dfrac{1+i}{1-\sqrt{3}\,i}\right)^3$　〈北海道工大〉　(2) $\left(\dfrac{7-3i}{2-5i}\right)^8$　〈千葉工大〉

Challenge

複素数 $z=\left(\dfrac{i}{\sqrt{3}-i}\right)^{n-4}$ が実数になるような自然数 n のうち，最も小さなものは $n=\boxed{}$ である。このとき，$z=\boxed{}$ である。　〈東京理科大〉

116 $z^n=a+bi$ の解

方程式 $z^4=8(-1+\sqrt{3}i)$ を解け。 〈東海大〉

解

$z=r(\cos\theta+i\sin\theta)$ とおくと　⬅z を極形式で表す。

$z^4=r^4(\cos 4\theta+i\sin 4\theta)$ ……①　⬅z^4 を極形式で表す。

$8(-1+\sqrt{3}i)=2^4\left(\cos\frac{2}{3}\pi+i\sin\frac{2}{3}\pi\right)$ ……②　⬅右辺を極形式で表す。

①，②は等しいから　⬅両辺の絶対値と偏角を比較

$r^4=2^4$，　$r>0$ より　$r=2$　⬅r を求める。$(r>0)$

$4\theta=\frac{2}{3}\pi+2k\pi$　(k は整数)，$\theta=\frac{\pi}{6}+\frac{k}{2}\pi$　⬅偏角は一般角で表す。

よって，$z_k=2\left\{\cos\left(\frac{\pi}{6}+\frac{\pi}{2}\times k\right)+i\sin\left(\frac{\pi}{6}+\frac{\pi}{2}\times k\right)\right\}$　⬅z_k の式をつくる。

$k=0$，1，2，3 を代入して

$z_0=2\left(\cos\frac{\pi}{6}+i\sin\frac{\pi}{6}\right)=\sqrt{3}+i$　⬅$0\leqq\theta<2\pi$ として，異なる動径を調べる。

$z_1=2\left(\cos\frac{2}{3}\pi+i\sin\frac{2}{3}\pi\right)=-1+\sqrt{3}i$

$z_2=2\left(\cos\frac{7}{6}\pi+i\sin\frac{7}{6}\pi\right)=-\sqrt{3}-i$

$z_3=2\left(\cos\frac{5}{3}\pi+i\sin\frac{5}{3}\pi\right)=1-\sqrt{3}i$

これより，求める解は

$\pm(\sqrt{3}+i)$，$\pm(1-\sqrt{3}i)$

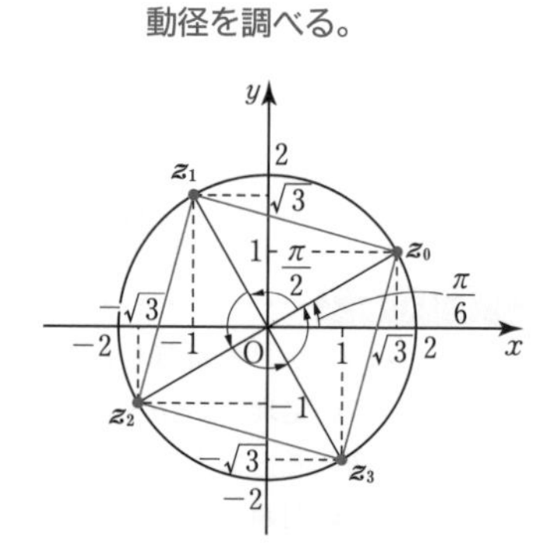

アドバイス

◤$z^n=a+bi$ の解を求める手順◢

- $z=r(\cos\theta+i\sin\theta)$ とおいて，z^n を極形式で表す（ド・モアブルの定理）。
- $a+bi$ を極形式で表す。
- 両辺の絶対値と偏角を比較して z_k の式をつくる。
- $k=0$，1，2，……，$(n-1)$ を代入して解を求める。

$z^n=a+bi$ からは解が n 個求まり，図のように円周を n 等分した点の上にある。

これで解決！

$z^n=a+bi$ の解 ➡ $z^n=r^n(\cos n\theta+i\sin n\theta)$
$a+bi=r'(\cos\alpha+i\sin\alpha)$ と表して
$z_k=\sqrt[n]{r'}\left(\cos\frac{\alpha+2k\pi}{n}+i\sin\frac{\alpha+2k\pi}{n}\right)$

練習116 次の方程式を解け。

(1) $z^2=-i$ 〈滋賀大〉　(2) $z^6+1=0$ 〈立教大〉

117 複素数 z のえがく図形

複素数平面上で，次の式を満たす複素数 z のえがく図形を求めよ。

(1)　$|z-3|=|z-i|$　〈福岡大〉

(2)　$z\overline{z}+3i(z-\overline{z})=0$　〈自治医大〉

解　(1)　$|z-3|=|z-i|$ を満たす z は点 3，i から等しい距離にある点だから，**点 3 と点 i を結んだ線分の垂直 2 等分線**

別解　$z=x+yi$（x，y は実数）とおくと　⬅軌跡の問題で，求める軌跡を $\mathrm{P}(x,\ y)$ とおくのに相当する。

$|x+yi-3|=|x+yi-i|$

$|(x-3)+yi|=|x+(y-1)i|$

$\sqrt{(x-3)^2+y^2}=\sqrt{x^2+(y-1)^2}$　⬅複素数の絶対値 $|a+bi|=\sqrt{a^2+b^2}$

両辺を 2 乗して，整理すると

$3x-y-4=0$　よって，**直線 $3x-y-4=0$**

(2)　$z\overline{z}+3iz-3i\overline{z}=0$

$(z-3i)(\overline{z}+3i)+9i^2=0$

$(z-3i)(\overline{z-3i})=9$，$|z-3i|^2=9$　より

$|z-3i|=3$

よって，**点 $3i$ を中心とする半径 3 の円**

別解　$z=x+yi$（x，y は実数）とおくと

$\overline{z}=x-yi$　　これを与式に代入して

$(x+yi)(x-yi)+3i(x+yi-x+yi)=0$

$x^2+y^2-6y=0$　よって，$x^2+(y-3)^2=9$

よって，**点 $3i$ を中心とする半径 3 の円**

アドバイス

- 点 z が式で表されているとき，(1)は式の意味から図形的に求まる。(2)のように円ならば共役な複素数の性質を使って，円の式 $|z-\alpha|=r$ をめざす。
- $z=x+yi$, $\overline{z}=x-yi$ とおく方法は，x，y 座標の式になるのでわかりやすいが，計算は少し重くなる。

これで解決！

複素数 z のえがく図形 ➡
- 円ならば $(z-\alpha)(\overline{z-\alpha})=r^2$ をめざせ
- $z=x+yi$，$\overline{z}=x-yi$ とおいて代入

練習 117　複素数平面上で，次の式を満たす複素数 z の表す点がえがく図形をかけ。

(1)　$|z+3|=|z+1|$　〈香川大〉　(2)　$|z-3|=2|z|$　〈東京学芸大〉

(3)　$z\overline{z}+iz-i\overline{z}=0$　〈兵庫医科大〉　(4)　$|3z-4i|=2|z-3i|$　〈山口大〉

118 $f(z)$ が実数（純虚数）となる z のえがく図形

$z+\dfrac{4}{z}$ $(z\neq 0)$ が実数となるような複素数 z が表す点はどのような図形をえがくか。 〈類　東京女子大〉

解1 （共役な複素数を利用して）

$z+\dfrac{4}{z}$ が実数のとき

$\overline{\left(z+\dfrac{4}{z}\right)}=z+\dfrac{4}{z}$　が成り立つ。

> 複素数 α $(\alpha\neq 0)$
> $\overline{\alpha}=\alpha \Longleftrightarrow \alpha$ は実数
> $\overline{\alpha}=-\alpha \Longleftrightarrow \alpha$ は純虚数

$\overline{z}+\dfrac{4}{\overline{z}}=z+\dfrac{4}{z}$

両辺に $z\overline{z}$ $(=|z|^2)$ を掛けて　⬅分母 z と $\overline{z}$ を払う。

$\overline{z}|z|^2+4z=z|z|^2+4\overline{z}$

$|z|^2(z-\overline{z})-4(z-\overline{z})=0$

$(z-\overline{z})(|z|^2-4)=0$

よって，$z=\overline{z}$，または　$|z|^2=4$

ゆえに，z は実軸 $(z\neq 0)$ または $|z|=2$

したがって，右図のような図形をえがく。

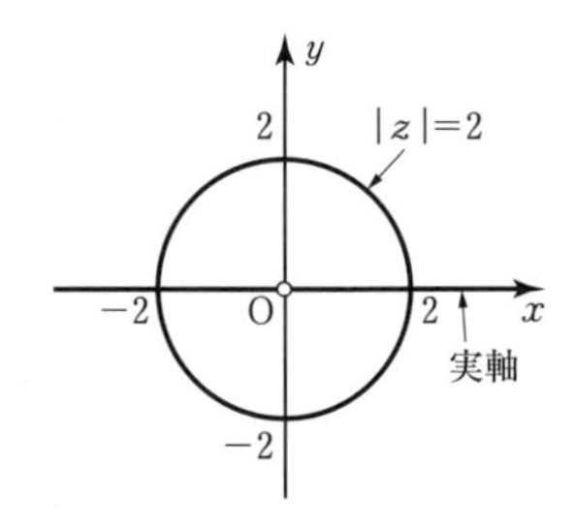

解2 $(z=x+yi$ とおいて$)$

$z=x+yi$ (x，y は実数) とおいて与式に代入すると

$$z+\frac{4}{z}=x+yi+\frac{4}{x+yi}$$

$$=x+yi+\frac{4(x-yi)}{(x+yi)(x-yi)}$$

⬅$x-yi$ を分母，分子に掛けて分母を実数化する。

$$=x+yi+\frac{4x-4yi}{x^2+y^2}$$

$$=\frac{x(x^2+y^2+4)}{x^2+y^2}+\frac{y(x^2+y^2-4)}{x^2+y^2}i$$

⬅(実部)＋(虚部)i の形にする。
$a+bi$ が実数 $\Longleftrightarrow b=0$

これが実数となるためには

$y(x^2+y^2-4)=0$

よって，$x^2+y^2=4$　または $y=0$

ただし，$z\neq 0$ より $x\neq 0$ かつ $y\neq 0$ なので点 $(0,\ 0)$ は除く。

（図は上の図と同じ。）

解3　（極形式を利用して）

$z=r(\cos\theta+i\sin\theta)$　$(0\leqq\theta<2\pi)$　とおくと

$$z+\frac{4}{z}=r(\cos\theta+i\sin\theta)+\frac{4}{r(\cos\theta+i\sin\theta)}$$

$$=r(\cos\theta+i\sin\theta)+\frac{4}{r}(\cos\theta-i\sin\theta)$$

$$=\left(r+\frac{4}{r}\right)\cos\theta+i\left(r-\frac{4}{r}\right)\sin\theta$$

これが実数となるためには

$r-\dfrac{4}{r}=0$　または　$\sin\theta=0$

$r^2-4=0$　より　$r=2$　$(r>0)$

$\sin\theta=0$　より　$\theta=0,\ \pi$

よって，$|z|=2$　**または実軸**　$(z\neq0)$。

（図は前ページの図と同じ。）

z の極形式と $\dfrac{1}{z}$

$z=r(\cos\theta+i\sin\theta)$

$\dfrac{1}{z}=\dfrac{1}{r}(\cos\theta-i\sin\theta)$

⬅虚部は $\left(r-\dfrac{4}{r}\right)\sin\theta$

実数になるためには

（虚部）$=0$

アドバイス

- 複素数 z の式 $f(z)$ があり，この $f(z)$ がある条件を満たすような z が，どのような図形をえがくかを求める代表的方法である。
- 3つの解法を見て気づくように，それぞれが特性をもっている。

解1　共役な複素数の性質を使った方法で z，$\overline{z}$ の計算と性質に慣れないと厳しい。

解2　$z=x+yi$ とおくのは，x，y の式で出てくるのでイメージはわく。

解3　極形式を使っての解法はあまり見られない。参考程度で。

- どれを使うのが効率がよいかは問題によって異なるので，自分の好きな方法でやってみて計算が難しいようなら他の方法で，というスタンスでよいだろう。

これで解決！

$f(z)$ が実数（純虚数）になる z のえがく図形　➡

・共役な複素数を利用して

$f(z)$ が実数 $\Longleftrightarrow \overline{f(z)}=f(z)$

$f(z)$ が純虚数 $\Longleftrightarrow \overline{f(z)}=-f(z)$

・$z=x+yi$ とおいて x，y の方程式に

（x，y の式）＋（x，y の式）i と変形

練習118　z が複素数のとき，$f(z)=\dfrac{z}{2}+\dfrac{1}{z}$ が実数であるような複素数 z $(z\neq0)$ のえがく図形を図示せよ。　〈類　北海道大〉

Challenge

$z\neq1$ である複素数 z に対して，$w=\dfrac{z+1}{1-z}$ とする。点 z が複素数平面上の虚軸上を動くとき，w がえがく図形を図示せよ。　〈静岡大〉

119 $w=f(z)$：w のえがく図形

複素数平面上の点 z が $|z|=\sqrt{2}$ を満たしながら変化するとき，複素数 $w=\dfrac{1}{z+1}$ で表される点 w のえがく図形を図示せよ。　〈類　弘前大〉

解　$w=\dfrac{1}{z+1}$ から　$z=\dfrac{1-w}{w}$　$(w\neq 0)$　……(ア)　⬅$|z|=\sqrt{2}$ より分母 $z+1\neq 0$ である。

$|z|=\sqrt{2}$ ……(イ)に代入して $\left|\dfrac{1-w}{w}\right|=\sqrt{2}$ より

$$|1-w|=\sqrt{2}\,|w| \quad \cdots\cdots(ウ)$$

(ウ)の解法(Ⅰ)

$|1-w|^2=2|w|^2$ として

$(1-w)(1-\overline{w})=2w\overline{w}$

$1-w-\overline{w}+w\overline{w}=2w\overline{w}$

$(w+1)(\overline{w}+1)=2$

$|w+1|^2=2$

$|w+1|=\sqrt{2}$

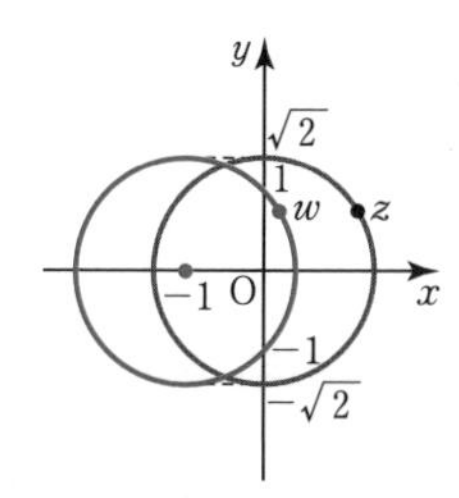

(ウ)の解法(Ⅱ)

$w=x+yi$（x，y は実数）

とおいて(ウ)式に代入

$\sqrt{(1-x)^2+y^2}=\sqrt{2}\sqrt{x^2+y^2}$

両辺を 2 乗して整理すると

$x^2+y^2+2x-1=0$

$(x+1)^2+y^2=2$

よって，点 -1 を中心とする半径 $\sqrt{2}$ の円（上図）

アドバイス

- ある曲線上を動く z があり，w が $f(z)$ で表されたときの w のえがく図形は，次の手順で求めていく。
- $w=$(z の式) を $z=$(w の式) にする。　…(ア)
- z の動きを表す条件式を押さえる。　…(イ)
- w と $\overline{w}$ を用いて(ウ)式を $|w-\alpha|=r$ の形にする。…(ウ)の解法(Ⅰ)
- $w=x+yi$ とおいて(ウ)式に代入する。　…(ウ)の解法(Ⅱ)

これで解決！

$w=f(z)$ で表されたとき w のえがく図形は ➡
- **$z=$(w の式) にする**
- **z の条件式に代入して w の式にする**
- **w と $\overline{w}$ を用いて $|w-\alpha|=r$ の形に**
- **$w=x+yi$ とおいて，x，y の式に**

練習119　複素数 z が $|z|=1$ $(z\neq -1)$ を満たしながら動くとき，$w=\dfrac{1}{z+1}$ で表される点 w は，複素数平面上でどのような図形をえがくか図示せよ。　〈中部大〉

Challenge

複素数平面上の点 z が原点を中心とする半径 $\sqrt{2}$ の円周上を動くとき，複素数 $w=\dfrac{z-1}{z-i}$ で表される点 w のえがく図形を図示せよ。　〈静岡大〉

120　2線分のなす角

複素数平面上に3点 $\mathrm{A}(2+i)$，$\mathrm{B}(4-2i)$，$\mathrm{C}(3+6i)$ があるとき，$\angle\mathrm{BAC}$ を求めよ。

解　$\alpha=2+i$，$\beta=4-2i$，$\gamma=3+6i$ とすると

$$\frac{\gamma-\alpha}{\beta-\alpha}=\frac{(3+6i)-(2+i)}{(4-2i)-(2+i)}=\frac{1+5i}{2-3i}$$

$$=\frac{(1+5i)(2+3i)}{(2-3i)(2+3i)}=\frac{-13+13i}{13}$$

$$=-1+i=\sqrt{2}\left(\cos\frac{3}{4}\pi+i\sin\frac{3}{4}\pi\right)$$

よって，$\angle\mathrm{BAC}=\arg\dfrac{\gamma-\alpha}{\beta-\alpha}=\boldsymbol{\dfrac{3}{4}\pi}$

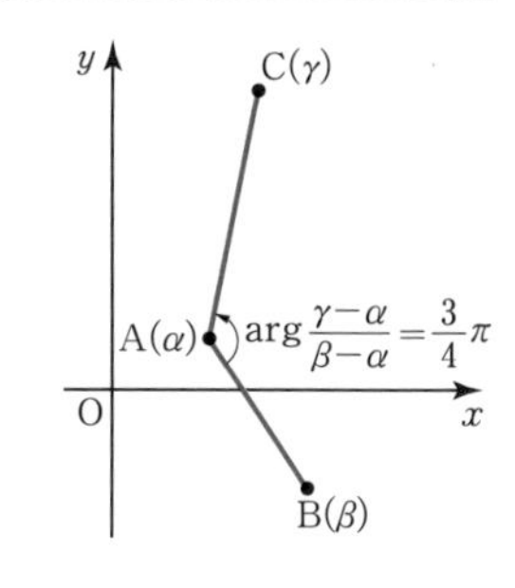

アドバイス

- 複素数平面上にある2点 $\mathrm{A}(\alpha)$，$\mathrm{B}(\beta)$ を結ぶ線分ABと実軸（x 軸）のなす回転角は $\beta-\alpha$ の偏角（arg）として求まる。
- 3点 $\mathrm{A}(\alpha)$，$\mathrm{B}(\beta)$，$\mathrm{C}(\gamma)$ があるとき，$\angle\mathrm{BAC}$ は右の図で

  $\theta=\arg(\gamma-\alpha)-\arg(\beta-\alpha)=\arg\dfrac{\gamma-\alpha}{\beta-\alpha}$ となる。ただし，回転角なので回転の方向に注意する。

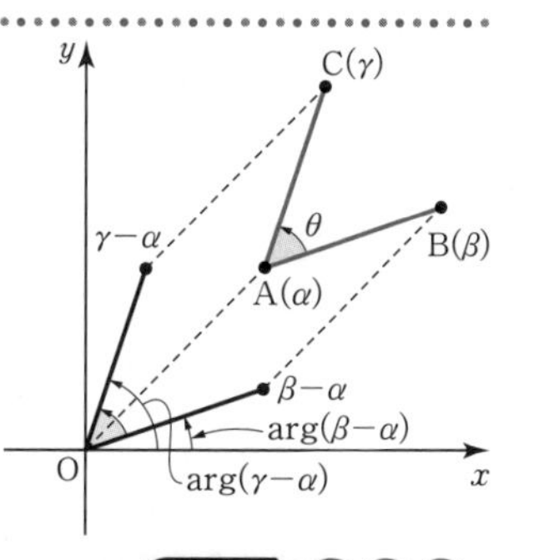

これで解決！

2線分のなす角 ➡ 3点 $\mathrm{A}(\alpha)$，$\mathrm{B}(\beta)$，$\mathrm{C}(\gamma)$ について

$$\theta=\angle\mathrm{BAC}=\arg\frac{\gamma-\alpha}{\beta-\alpha}$$

A(α)　θ　C(γ)　B(β)

PS　3点 $\mathrm{A}(\alpha)$，$\mathrm{B}(\beta)$，$\mathrm{C}(\gamma)$ について，次のことも成り立つ。

A，B，C が一直線上 $\Longleftrightarrow$ $\dfrac{\gamma-\alpha}{\beta-\alpha}$ **が実数**

AB⊥AC $\Longleftrightarrow$ $\dfrac{\gamma-\alpha}{\beta-\alpha}$ **が純虚数**

練習120　3点 $\mathrm{A}(-1+2i)$，$\mathrm{B}(1+i)$，$\mathrm{C}(-3+ki)$ について，次の問いに答えよ。

(1)　2直線AB，ACが垂直に交わるように，実数 k の値を定めよ。

(2)　3点A，B，Cが一直線上にあるように，実数 k の値を定めよ。

Challenge

a を実数とするとき，原点Oと $z_1=3+(2a-1)i$，$z_2=a+2-i$ を表す点 P_1，P_2 が同一直線上にあるような a の値を求めよ。　〈島根大〉

121 三角形の形状(Ⅰ)

複素数平面上で，$2z_1-(1-\sqrt{3}i)z_2=(1+\sqrt{3}i)z_3$ を満たす複素数 z_1，z_2，z_3 の表す点を頂点とする三角形は，どんな三角形か。〈明治大〉

解

$2z_1-(1-\sqrt{3}i)z_2=(1+\sqrt{3}i)z_3$

$2z_1-2z_2+(1+\sqrt{3}i)z_2=(1+\sqrt{3}i)z_3$

$2(z_1-z_2)=(1+\sqrt{3}i)(z_3-z_2)$　よって，

$$\frac{z_1-z_2}{z_3-z_2}=\frac{1+\sqrt{3}i}{2}=\cos\frac{\pi}{3}+i\sin\frac{\pi}{3}$$

⬅ $\dfrac{z_1-z_2}{z_3-z_2}=a+bi$ の形になるように変形する。

$\left|\dfrac{z_1-z_2}{z_3-z_2}\right|=1$　より　$|z_1-z_2|=|z_3-z_2|$

⬅辺の比が求まる。

$\arg\dfrac{z_1-z_2}{z_3-z_2}=\dfrac{\pi}{3}$　より　$\angle z_1z_2z_3=\dfrac{\pi}{3}$

⬅偏角から2辺のなす角が求まる。

これは頂角が $\dfrac{\pi}{3}$ の二等辺三角形，

すなわち正三角形である。

アドバイス

- 複素数平面上の3点 z_1，z_2，z_3 がつくる三角形の形状は

  $\dfrac{z_3-z_1}{z_2-z_1}$，$\dfrac{z_1-z_2}{z_3-z_2}$，$\dfrac{z_1-z_3}{z_2-z_3}$　のどれかの式に変形して，

  これを $a+bi$ の形で表す。
- $a+bi=r(\cos\theta+i\sin\theta)$ から絶対値と偏角が求まり，絶対値で2辺の長さの比が，偏角で2辺のなす角が明らかになる。

これで解決！

三角形の形状

$$\frac{z_1-z_2}{z_3-z_2}=r(\cos\theta+i\sin\theta)\ \Rightarrow\ \begin{array}{l}|z_1-z_2|=r|z_3-z_2|\\ \angle z_3z_2z_1=\theta\end{array}$$

分母にきている辺を基準に角の方向が決まる

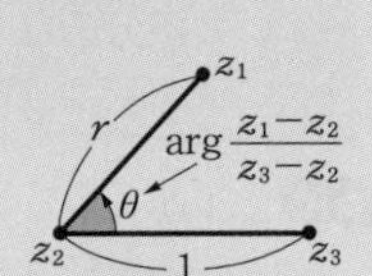

練習121　複素数平面上に3点 A(α)，B(β)，C(γ) を頂点とする三角形があり，α，β，γ が $\dfrac{\gamma-\alpha}{\beta-\alpha}=\sqrt{3}-i$ を満たすとき，$\dfrac{\mathrm{AB}}{\mathrm{AC}}=$□，$\angle\mathrm{BAC}=$□ である。

〈大阪電通大〉

Challenge

3つの複素数 z_1，z_2，z_3 の間に，等式 $z_1+iz_2=(1+i)z_3$ が成り立つとき，z_1，z_2，z_3 は複素数平面上でどんな三角形をつくるか。〈愛知工大〉

122 三角形の形状(Ⅱ)

複素数 α, β は $\alpha^2-2\alpha\beta+4\beta^2=0$ $(\beta\neq0)$ を満たすものとする。次の問いに答えよ。〈類　お茶の水女子大〉

(1) $\dfrac{\alpha}{\beta}$ を極形式で表せ。

(2) 原点O，点A(α)，B(β) を頂点とする △OAB の形状を求めよ。

解 (1) $\alpha^2-2\alpha\beta+4\beta^2=0$ の両辺を β^2 で割って

$\left(\dfrac{\alpha}{\beta}\right)^2-2\left(\dfrac{\alpha}{\beta}\right)+4=0$, $\dfrac{\alpha}{\beta}=1\pm\sqrt{3}\,i$　⬅ $\dfrac{\alpha}{\beta}$ の2次方程式をつくる。

よって，$\boldsymbol{\dfrac{\alpha}{\beta}=2\left\{\cos\left(\pm\dfrac{\pi}{3}\right)+i\sin\left(\pm\dfrac{\pi}{3}\right)\right\}}$　⬅複号同順（上側の符号，または下側の符号をとる）

(2) $\left|\dfrac{\alpha}{\beta}\right|=2$ より $|\alpha|=2|\beta|$

よって，OA：OB＝2：1

(1)より $\arg\dfrac{\alpha}{\beta}=\pm\dfrac{\pi}{3}$ だから $\angle\text{AOB}=\dfrac{\pi}{3}$

ゆえに，△OAB は右図のような

$\boldsymbol{\angle\text{ABO}=\dfrac{\pi}{2}}$，$\boldsymbol{\angle\text{AOB}=\dfrac{\pi}{3}}$ の直角三角形。

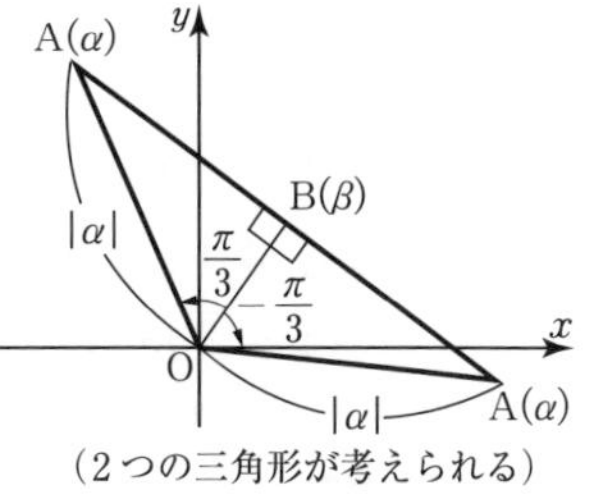

（2つの三角形が考えられる）

別解 $\alpha=\beta\cdot2\left\{\cos\left(\pm\dfrac{\pi}{3}\right)+i\sin\left(\pm\dfrac{\pi}{3}\right)\right\}$ より，α は β を2倍に拡大して，$\pm\dfrac{\pi}{3}$ 回転させたものとしてもよい。

アドバイス

- 2点 A(α)，B(β) の α，β が2次方程式で表されていて，そこから △OAB の形状を決定するには，$\dfrac{\alpha}{\beta}=r(\cos\theta+i\sin\theta)$ と極形式で表す。
- そうすれば，$\left|\dfrac{\alpha}{\beta}\right|=r$ で2辺の比，$\arg\dfrac{\alpha}{\beta}$ でなす角が求まる。

これで解決！

α，β の2次方程式で表される三角形の形状は ➡ $\dfrac{\alpha}{\beta}=r(\cos\theta+i\sin\theta)$ の形に
絶対値で辺の比，偏角で2辺のなす角

練習122　Oを原点とする複素数平面上の点A，Bの表す複素数を α，β とし，α，β が次の各条件を満たすとき，△OAB はそれぞれどのような三角形か。

(1) $2\beta=(1+\sqrt{3}\,i)\alpha$　　(2) $\alpha^2-2\alpha\beta+2\beta^2=0$　〈横浜市立大〉

Challenge

上の問題で $\alpha^2+\beta^2=0$ であるとき，△OAB の形状を求めよ。

123 点 z の回転移動

複素数平面上で，点 P$(5+4i)$ を点 A$(1+2i)$ の回りに $\dfrac{\pi}{3}$ 回転させた点 Q は $\boxed{}+\boxed{}\,i$ である。 〈類　静岡大〉

解　線分 AP を A が原点にくるように $-(1+2i)$ だけ平行移動して，P が移った点を P$'$ とすると P$'$ は

$5+4i-(1+2i)=4+2i$ ……(ア)

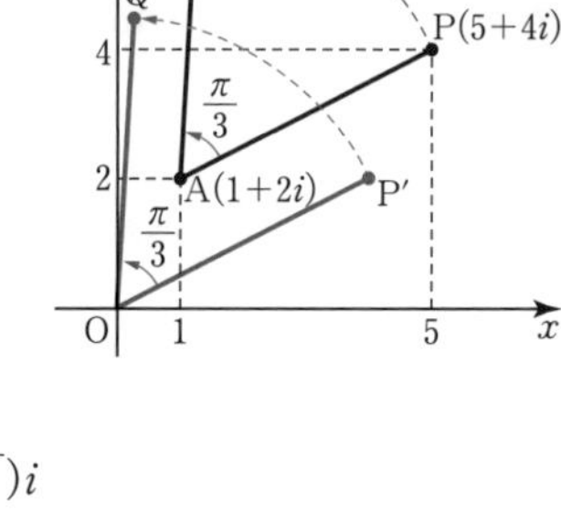

P$'$ を O を中心に $\dfrac{\pi}{3}$ 回転させた点を Q$'$ とすると Q$'$ は

$(4+2i)\left(\cos\dfrac{\pi}{3}+i\sin\dfrac{\pi}{3}\right)$ ……(イ)

$=(4+2i)\left(\dfrac{1}{2}+\dfrac{\sqrt{3}}{2}i\right)=(2-\sqrt{3})+(1+2\sqrt{3})i$

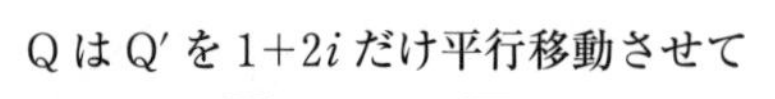

Q は Q$'$ を $1+2i$ だけ平行移動させて

$(2-\sqrt{3})+(1+2\sqrt{3})i+(1+2i)$

$\boldsymbol{=3-\sqrt{3}+(3+2\sqrt{3})i}$ ……(ウ)

アドバイス

◤点 z を点 α の回りに回転した点 w◢

- z と α を $-\alpha$ だけ平行移動する。……(ア)
  (α は原点に，z は $z-\alpha$ に移る。)
- $(z-\alpha)$ を原点の回りに回転させる。……(イ)
  $z'=(z-\alpha)(\cos\theta+i\sin\theta)$
- 回転させた点 z' を α だけ平行移動する。……(ウ)
  $w=(z-\alpha)(\cos\theta+i\sin\theta)+\alpha$

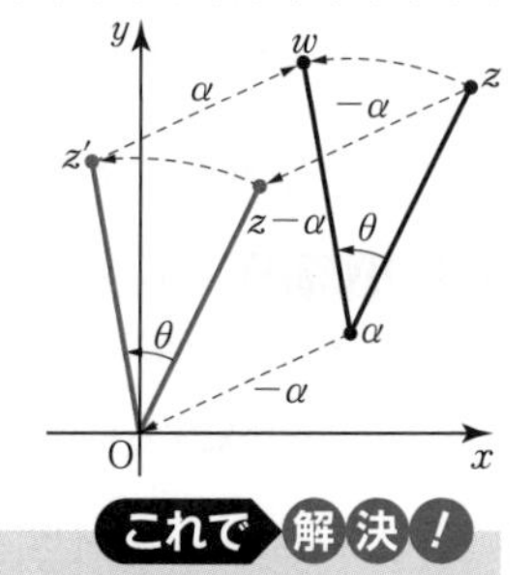

これで解決！

z の回転移動で移された点 w ➡ 原点の回りの回転

$$\boldsymbol{w=z(\cos\theta+i\sin\theta)}$$

点 α の回りの回転

$$\boldsymbol{w=(z-\alpha)(\cos\theta+i\sin\theta)+\alpha}$$

練習123　複素数平面において，2 点 A$(2+3i)$，B$(-4+5i)$ がある。この 2 点を頂点とする正三角形の他の頂点を表す複素数を求めよ。 〈東海大〉

124 共役な複素数の応用

複素数 z と α が $|z|=1$ かつ $|\alpha|\neq 1$ を満たすとき，$\left|\dfrac{z-\alpha}{\overline{\alpha}z-1}\right|=1$ であることを示せ。〈愛知大〉

解

$$\left|\frac{z-\alpha}{\overline{\alpha}z-1}\right|^2=\left(\frac{z-\alpha}{\overline{\alpha}z-1}\right)\overline{\left(\frac{z-\alpha}{\overline{\alpha}z-1}\right)}$$

$$=\frac{z-\alpha}{\overline{\alpha}z-1}\cdot\frac{\overline{z}-\overline{\alpha}}{\alpha\overline{z}-1}$$

$$=\frac{z\overline{z}-\overline{\alpha}z-\alpha\overline{z}+\alpha\overline{\alpha}}{\alpha\overline{\alpha}z\overline{z}-\overline{\alpha}z-\alpha\overline{z}+1}$$

$$=\frac{|z|^2-\overline{\alpha}z-\alpha\overline{z}+|\alpha|^2}{|\alpha|^2|z|^2-\overline{\alpha}z-\alpha\overline{z}+1}$$

$|z|=1$ かつ $|\alpha|\neq 1$ だから

$$=\frac{1-\overline{\alpha}z-\alpha\overline{z}+|\alpha|^2}{1-\overline{\alpha}z-\alpha\overline{z}+|\alpha|^2}=1$$

よって，$\left|\dfrac{z-\alpha}{\overline{\alpha}z-1}\right|=1$ である。

⬅ $\overline{\left(\dfrac{z-\alpha}{\overline{\alpha}z-1}\right)}=\dfrac{\overline{z-\alpha}}{\overline{\overline{\alpha}z-1}}=\dfrac{\overline{z}-\overline{\alpha}}{\overline{\overline{\alpha}}\overline{z}-1}=\dfrac{\overline{z}-\overline{\alpha}}{\alpha\overline{z}-1}$

⬅ $z\overline{z}=|z|^2$

⬅ $|\alpha|\neq 1$ は分母を 0 としないための条件である。

アドバイス

- 共役な複素数の性質を使って解くハイレベルの問題である。記号だけで計算が進行するので慣れないとなかなか実感がわかない。
- しかし，共役な複素数の特性を使った変形ができれば不思議に答えに行き着くのも事実だ。そこで，次の共役な複素数の変形は知っておきたい。

$\overline{\alpha+\beta}=\overline{\alpha}+\overline{\beta}$，　$\overline{\alpha-\beta}=\overline{\alpha}-\overline{\beta}$，　$\overline{\alpha\beta}=\overline{\alpha}\overline{\beta}$

$\overline{\left(\dfrac{\alpha}{\beta}\right)}=\dfrac{\overline{\alpha}}{\overline{\beta}}$ $(\beta\neq 0)$，　$\overline{\alpha^n}=(\overline{\alpha})^n$，　$\overline{\overline{\alpha}}=\alpha$

- さらに次の性質は問題解決の基本となる考えだ。

これで解決！

共役な複素数の性質 ➡
- $z\overline{z}=|z|^2$
- z が実数ならば $\overline{z}=z$ または $z-\overline{z}=0$
- z が純虚数ならば $\overline{z}=-z$ または $z+\overline{z}=0$

注　$|z|^2=z\overline{z}$ であり，$z^2=zz$ であることに注意する。

練習124　複素数 α は実数でも純虚数でもないとする。$\dfrac{\alpha}{1+\alpha^2}$ が実数であるために α の満たすべき必要十分条件を求めよ。〈奈良県立医大〉

Challenge

α は複素数で $|\alpha|<1$ とする。複素数 z が $\left|\dfrac{\alpha+z}{1+\overline{\alpha}z}\right|<1$ を満たすための必要十分条件は，$|z|<1$ であることを証明せよ。〈広島市立大〉

125 放物線

(1) 放物線 $y^2=8x$ の焦点の座標と準線の方程式を求め，その概形をかけ。

(2) 定点 $(-3,\ 0)$ と定直線 $x=3$ から等距離にある点Pの軌跡の方程式を求めよ。

解 (1) $y^2=8x$ より

$y^2=4\cdot 2x$

よって，

焦点 (2, 0)，

準線 $x=-2$

(2) 焦点が $(-3,\ 0)$，

準線が $x=3$ だから

$y^2=4\cdot(-3)x$ より $\boldsymbol{y^2=-12x}$

別解 $P(x,\ y)$ とおくと

$|x-3|=\sqrt{(x+3)^2+y^2}$

$x^2-6x+9=x^2+6x+9+y^2$

よって，$\boldsymbol{y^2=-12x}$

放物線
定点と定直線から等しい距離にある点Pの軌跡

アドバイス

- 放物線 (parabola) は定点F（焦点）とその定点を通らない定直線 l との距離が等しい点Pの軌跡として定義される。数Ⅰでは2次関数 $y=ax^2+bx+c$ のグラフとして学んだ。
- 放物線の標準形は $y^2=4px$ の形であるが，このpの値は焦点と準線の位置を定める重要な値である。

これで解決！

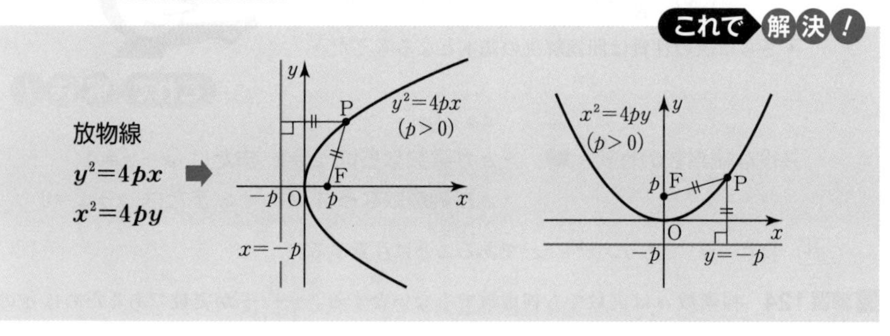

■練習125 次の放物線の焦点の座標と準線の方程式を求め，その概形をかけ。

(1) $y^2=12x$　(2) $y=\dfrac{1}{4}x^2$　(3) $y^2=-6x$

■Challenge

円 $x^2+y^2-4x=0$ に外接し，直線 $x=-2$ に接する円の中心Pの軌跡を求めよ。

〈類　鳥取大〉

126 楕円

焦点が $(-1,\ 0)$, $(1,\ 0)$ にあり，点 $(0,\ \sqrt{2})$ を通る楕円の方程式は

$\dfrac{x^2}{\boxed{}}+\dfrac{y^2}{\boxed{}}=1$ である。 〈摂南大〉

解　楕円の方程式を $\dfrac{x^2}{a^2}+\dfrac{y^2}{b^2}=1$ とおくと

点 $(0,\ \sqrt{2})$ を通るから，代入して

$\dfrac{2}{b^2}=1$　より　$b^2=2$

焦点が $(\pm1,\ 0)$ にあるから

$a^2-b^2=1$　より　$a^2=3$

よって，$\dfrac{x^2}{\mathbf{3}}+\dfrac{y^2}{\mathbf{2}}=1$

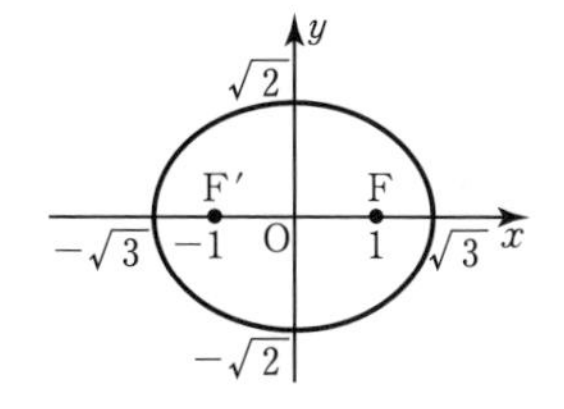

⬅焦点が x 軸上にあるから
$c^2=a^2-b^2$

アドバイス

- 楕円（ellipse）は2次曲線の中でよく出題される曲線で，2定点F，F′（焦点）からの距離の和が一定である点Pの軌跡として定義される。楕円の方程式は標準形の $\dfrac{x^2}{a^2}+\dfrac{y^2}{b^2}=1$ とおいて，通る点や焦点の位置，長軸，短軸の長さ等から a，b を決定していく。
- 標準形とグラフ（曲線の概形）の関係は次のようになっている。横長の楕円のとき焦点の位置は x 軸上，縦長の楕円のときには y 軸上になる。

これで解決！

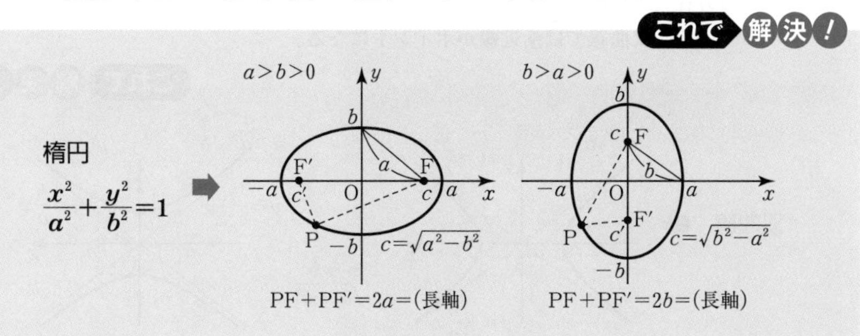

練習126　(1)　2点 $(\sqrt{5},\ 0)$, $(-\sqrt{5},\ 0)$ からの距離の和が6である点の軌跡である楕円の方程式を求め，それを図示せよ。 〈東海大〉

(2)　xy 平面において，2点 $(0,\ -1)$, $(0,\ 1)$ を焦点とし，点 $(0,\ 2)$ を通る楕円の方程式を求め，それを図示せよ。 〈類　東邦大〉

Challenge

焦点が $(3,\ 0)$, $(-3,\ 0)$ で，長軸と短軸の長さの差が2であるような楕円の方程式を求めよ。 〈武蔵大〉

127 双曲線

双曲線 $\dfrac{x^2}{a^2}-\dfrac{y^2}{b^2}=1$ の1つの焦点の座標は $(10,\ 0)$ で，1つの漸近線の傾きが $\dfrac{3}{4}$ であるとき，$a=$□，$b=$□ である。

（ただし，$a>0$，$b>0$）　〈東京理科大〉

解　焦点の座標が $(10,\ 0)$ だから

$\sqrt{a^2+b^2}=10$　より　$a^2+b^2=100$　……①

漸近線の傾きが $\dfrac{3}{4}$ だから

$\dfrac{b}{a}=\dfrac{3}{4}$ より $3a=4b$　……②

②を①に代入して

$a^2+\dfrac{9}{16}a^2=100$ より $a^2=64$

$a>0$ だから $a=\mathbf{8}$

②に代入して $b=\mathbf{6}$

⬅ $\dfrac{x^2}{a^2}-\dfrac{y^2}{b^2}=1$ の漸近線は，直線 $y=\pm\dfrac{b}{a}x$

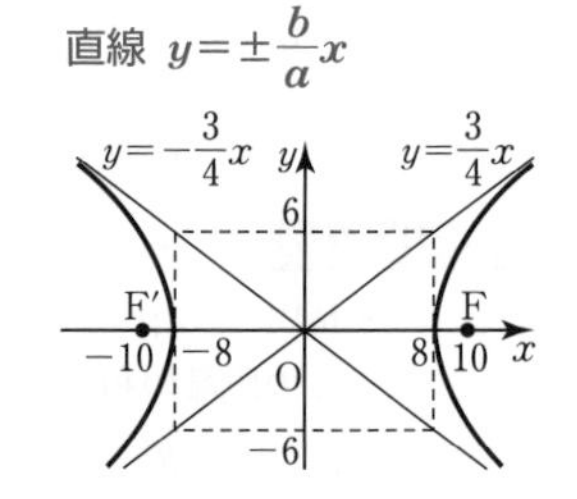

アドバイス

- 双曲線（hyperbola）は2定点F，F′（焦点）からの距離の差が一定である点Pの軌跡として定義される。
- この方程式は楕円とよく似ていて，標準形とグラフ（曲線の概形）は次のようになっている。双曲線では漸近線がポイントになる。

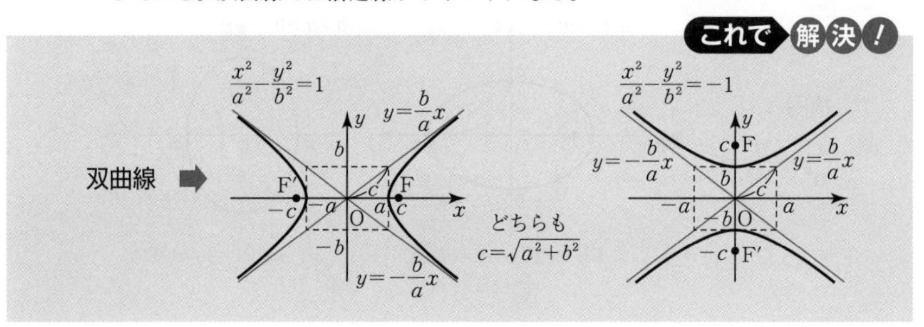

練習127　2点 $\mathrm{F}(3,\ 0)$，$\mathrm{F}'(-3,\ 0)$ からの距離の差が4である軌跡の方程式を求めよ。

〈類　東京薬大〉

Challenge

$y=2x$，$y=-2x$ を漸近線とし，点 $(3,\ 0)$ を通る双曲線について，この双曲線の方程式および焦点の座標を求めよ。　〈愛知教育大〉

128 2次曲線の平行移動

(1)　放物線 $y^2+4y-4x+8=0$ の焦点の座標と準線の方程式を求め，それを図示せよ。

(2)　楕円 $x^2+4y^2+6x-16y+21=0$ の中心と焦点の座標を求め，それを図示せよ。

〈類　成蹊大〉

解

(1)　$y^2+4y-4x+8=0$ より $(y+2)^2=4(x-1)$

よって，放物線 $y^2=4x$ を x 軸方向に1，y 軸方向に -2 だけ平行移動したものだから

⬅焦点 $(1,\ 0)$，準線 $x=-1$

焦点は $(2,\ -2)$，準線は $x=0$

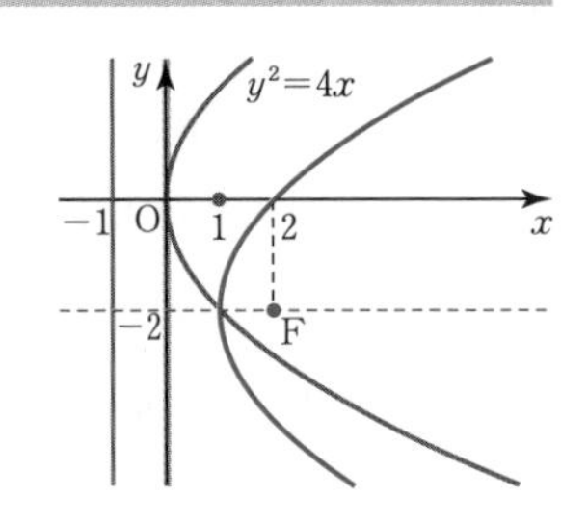

(2)　$x^2+4y^2+6x-16y+21=0$

$(x+3)^2+4(y-2)^2=4$ より

$\dfrac{(x+3)^2}{4}+(y-2)^2=1$

よって，楕円 $\dfrac{x^2}{4}+y^2=1$ を x 軸方向に-3，y 軸方向に2だけ平行移動したものだから

⬅中心 $(0,\ 0)$ 焦点 $(\pm\sqrt{3},\ 0)$

中心は $(-3,\ 2)$，焦点は $(-3\pm\sqrt{3},\ 2)$

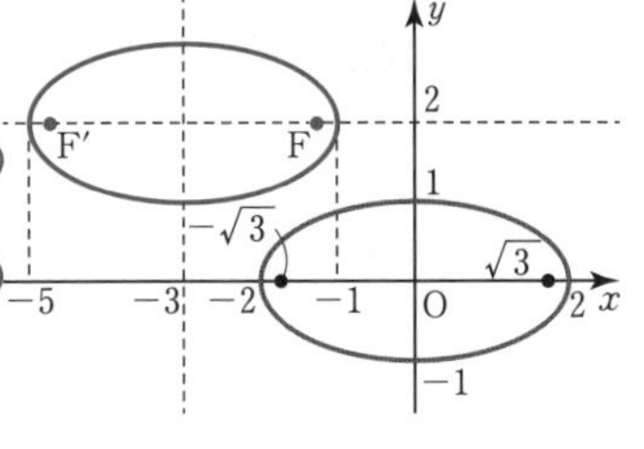

アドバイス

- 2次曲線の平行移動は，その2次曲線の標準形（頂点または中心が原点）

放物線：$y^2=4px$，$x^2=4py$，楕円：$\dfrac{x^2}{a^2}+\dfrac{y^2}{b^2}=1$，双曲線：$\dfrac{x^2}{a^2}-\dfrac{y^2}{b^2}=\pm1$

を基準にする。

- 平行移動した2次曲線の方程式は，x 軸方向に p なら x を $x-p$ に，y 軸方向に q なら y を $y-q$ に置きかえた式で表される。

これで解決！

2次曲線の平行移動 ➡ $f(x,\ y)=0$ ⟶ $f(x-p,\ y-q)$（x 軸方向に p，y 軸方向に q）

練習128　(1)　放物線 $y^2-6y-6x+3=0$ の焦点の座標と準線の方程式を求め，それを図示せよ。

(2)　楕円 $2x^2+3y^2-16x+6y+11=0$ の中心と焦点の座標を求め，それを図示せよ。

〈類　関東学院大〉

Challenge

方程式 $x^2-4y^2-6x+16y-3=0$ が表す双曲線の概形をかけ。また，焦点と漸近線の方程式を求めよ。

〈類　摂南大〉

129 2次曲線と直線

放物線 $y^2=4x$ を C とする。次の問いに答えよ。

(1) C に接する傾き -1 である直線の方程式を求めよ。

(2) 直線 $y=mx+1$ と C の共有点の個数を求めよ。 〈類 千葉工大〉

解 (1) 直線の方程式を $y=-x+n$ とおいて $y^2=4x$ に代入する。

$(-x+n)^2=4x,\ x^2-(2n+4)x+n^2=0$

判別式を D とすると，接するから $D=0$

$\dfrac{D}{4}=(n+2)^2-n^2=4n+4=0$ より $n=-1$

よって，$\boldsymbol{y=-x-1}$

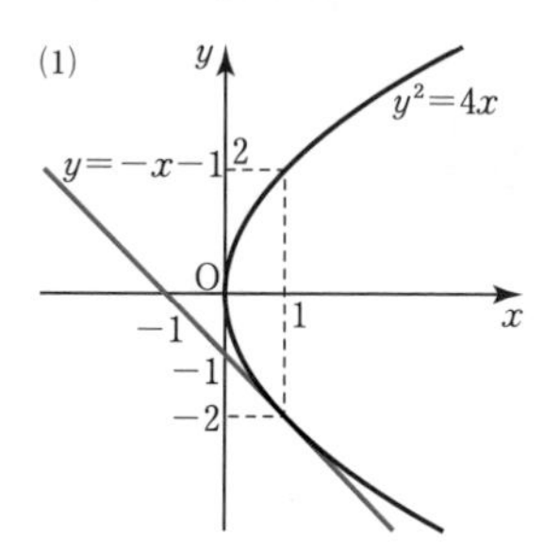

(2) $y=mx+1$ を $y^2=4x$ に代入して

$(mx+1)^2=4x,\ m^2x^2+(2m-4)x+1=0$

判別式を D とすると

$\dfrac{D}{4}=(m-2)^2-m^2=-4(m-1)$

共有点の個数は，右の図の直線を考えて

$D>0$ すなわち $\boldsymbol{m<1\ (m\neq 0)}$ **のとき2個。**

$D=0$ すなわち $\boldsymbol{m=1,\ m=0}$ **のとき1個。**

$D<0$ すなわち $\boldsymbol{m>1}$ **のとき，共有点はない。**

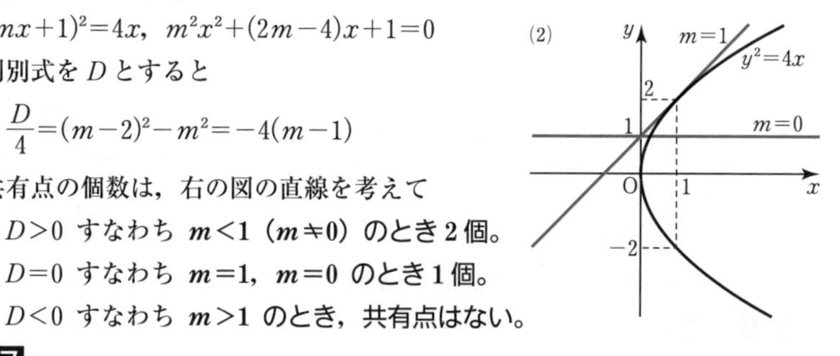

アドバイス

- 2次曲線と直線の共有点の個数は，まず判別式で考えるのが一般的だ。基本的には，これまで通り $D>0,\ D=0,\ D<0$ で分けて考えればよい。
- ただし，これまでと違うのは，直線が放物線の軸や，双曲線の漸近線と平行になる場合があるので注意する必要がある。

これで解決！

2次曲線と直線の関係 

- $D>0$ のとき 共有点は2個（交わる）
- $D=0$ のとき 共有点は1個（接する）
- $D<0$ のとき 共有点はない（離れてる）

練習129 (1) 楕円 $4x^2+y^2=4$ の接線で傾きが2である直線の方程式を求めよ。

(2) 放物線 $y^2=2x+3$ と直線 $y=mx+2$ が接するように m の値を定めよ。

〈類 日本大〉

Challenge

上の(2)の問題で，放物線 $y^2=2x+3$ と直線 $y=mx+2$ の共有点の個数を m の値によって分類せよ。

130　2次曲線と定点や定直線までの距離

点 $\mathrm{A}(a,\ 0)$ から双曲線 $x^2-y^2=1\ (x>0)$ 上の点 $\mathrm{B}(x,\ y)$ への距離を s とする。

(1)　s^2 を a と x で表せ。　　(2)　s^2 の最小値を求めよ。〈玉川大〉

解

(1)　$\mathrm{AB}^2=s^2=(x-a)^2+y^2$

ここで，$y^2=x^2-1$ だから

$s^2=(x-a)^2+x^2-1$

$\boldsymbol{=2x^2-2ax+a^2-1}$

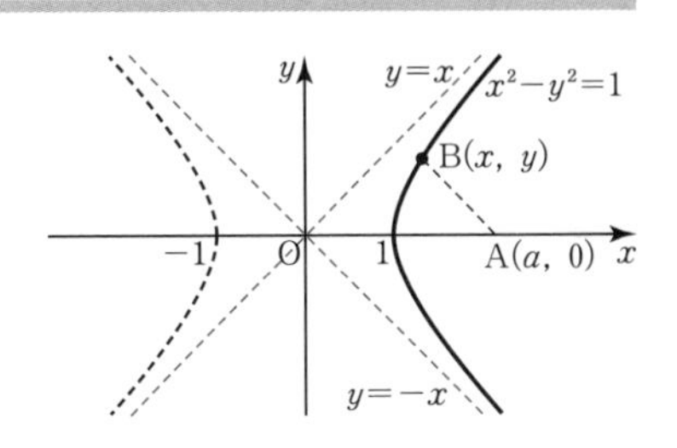

(2)　$s^2=2\left(x-\dfrac{a}{2}\right)^2+\dfrac{a^2}{2}-1$

$y^2=x^2-1\geqq 0$ より $x\geqq 1$

定義域が $x\geqq 1$ だから軸 $x=\dfrac{a}{2}$ の位置により場合分けをする。

(i)　$\dfrac{a}{2}\geqq 1\ (a\geqq 2)$ のとき

$\boldsymbol{x=\dfrac{a}{2}}$ **で最小値** $\boldsymbol{\dfrac{a^2}{2}-1}$

(ii)　$\dfrac{a}{2}<1\ (a<2)$ のとき

$\boldsymbol{x=1}$ **で最小値** $\boldsymbol{(a-1)^2}$

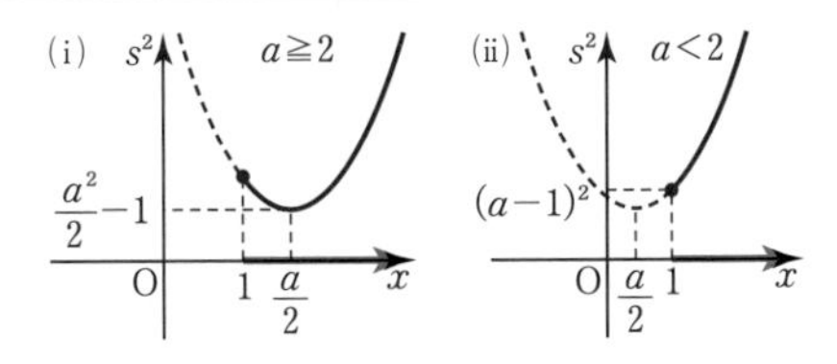

アドバイス

- 2次曲線上の点と定点の距離を求める場合，曲線上の点を $(x,\ y)$ とおいて2点間の距離を求める。この後，y (or x) を消去して x (or y) の関数として考える。
- このとき，2次曲線の x と y のとりうる値の範囲に注意しなければならない。x，y はいつでもすべての実数値をとれるわけではないのでやっかいだ。

これで解決！

2次曲線上の点と定点との距離	➡	・$y^2=(x$ の式$)$，$x^2=(y$ の式$)$ として代入 ・x または y の関数として考える

練習130　双曲線 $x^2-y^2=1$ 上の点で，点 $\mathrm{A}\left(0,\ \dfrac{1}{2}\right)$ と最も近い距離にある点の座標とその距離を求めよ。　〈法政大〉

Challenge

a を正の定数とする。放物線 $y^2=4x$ 上の点Pと点 $\mathrm{A}(a,\ 0)$ の距離の最小値を求めよ。　〈類　東京女子大〉

131 線分の中点の軌跡

楕円 $\dfrac{x^2}{9}+y^2=1$ と直線 $y=x+k$ が2つの共有点P，Qをもつとき，次の問いに答えよ。

(1) k のとる値の範囲を求めよ。

(2) 線分PQの中点Rのえがく図形の方程式を求めよ。 〈山形大〉

(1) $y=x+k$ を楕円の式に代入して

$x^2+9(x+k)^2=9$

$10x^2+18kx+9k^2-9=0$ ……①

2つの共有点をもつためには

①の判別式を D とすると $D>0$

$\dfrac{D}{4}=(9k)^2-10(9k^2-9)>0$

$(k-\sqrt{10})(k+\sqrt{10})<0$

よって，$\boldsymbol{-\sqrt{10}<k<\sqrt{10}}$

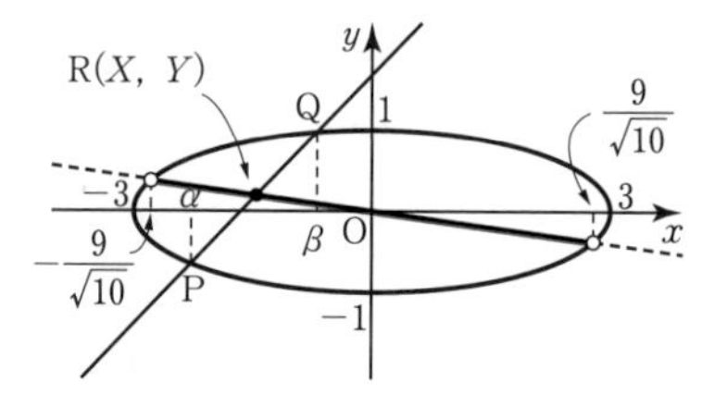

(2) P，Qの x 座標を α，β，R$(X,\ Y)$ とすると

α，β は①の異なる2つの実数解であるから

$X=\dfrac{\alpha+\beta}{2}=\dfrac{1}{2}\left(-\dfrac{9}{5}k\right)=-\dfrac{9}{10}k$ ……②

$Y=X+k=-\dfrac{9}{10}k+k=\dfrac{k}{10}$ ……③

②，③から k を消去して，$X+9Y=0$

(1)の k の範囲より $-\sqrt{10}<-\dfrac{10}{9}X<\sqrt{10}$

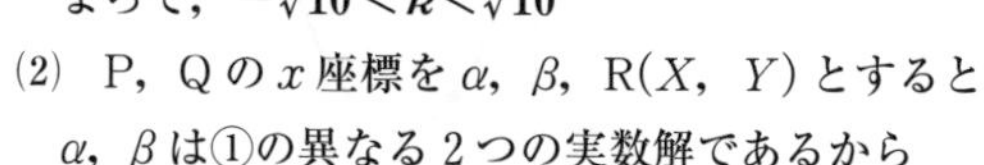

よって，$\boldsymbol{x+9y=0\ \left(-\dfrac{9}{\sqrt{10}}<x<\dfrac{9}{\sqrt{10}}\right)}$

⬅Rは PQの中点だから $X=\dfrac{\alpha+\beta}{2}$

⬅①で解と係数の関係より $\alpha+\beta=-\dfrac{9}{5}k$

⬅Rは直線 $y=x+k$ 上の点だから，$Y=X+k$ から Y が求められる。

⬅②より $k=-\dfrac{10}{9}X$ を(1)の解に代入。

アドバイス

• 2次曲線と直線の交点の中点 $(X,\ Y)$ の軌跡はよく出題される。交点を求めなくても解と係数の関係から X，Y の座標が求められるので，この使い方は重要だ。

これで解決！

線分の中点 $(X,\ Y)$ の軌跡 ➡ 解と係数の関係から $X=\dfrac{\alpha+\beta}{2}$

定義域は判別式 $D>0$ から

練習131 直線 $x+2y=k$ と楕円 $x^2+4y^2=4$ は2つの共有点P，Qをもつ。このとき，k のとる値の範囲は ☐ で，線分PQの中点Mの座標は k を用いて ☐ と表される。点Mの x 座標のとりうる値の範囲は ☐ で，点Mの軌跡の方程式は ☐ である。 〈鹿児島大〉

132 楕円上の点の表し方

楕円 $C:\dfrac{x^2}{9}+\dfrac{y^2}{4}=1$ について，次の問いに答えよ。

(1) 楕円 C に内接し，かつ各辺が座標軸に平行な長方形の面積 S の最大値を求めよ。 〈弘前大〉

(2) 楕円 C 上の点Pと直線 $l:x+2y-10=0$ との距離 d の最小値を求めよ。 〈類　大阪教育大〉

解 (1) 第1象限における楕円 C 上の点Pを

$\mathrm{P}(3\cos\theta,\ 2\sin\theta)$ $\left(0<\theta<\dfrac{\pi}{2}\right)$ とすると

$S=4\cdot3\cos\theta\cdot2\sin\theta=12\sin2\theta$

$0<\sin2\theta\leqq1$ だから，最大値は

$\sin2\theta=1$ のとき $S=\mathbf{12}$

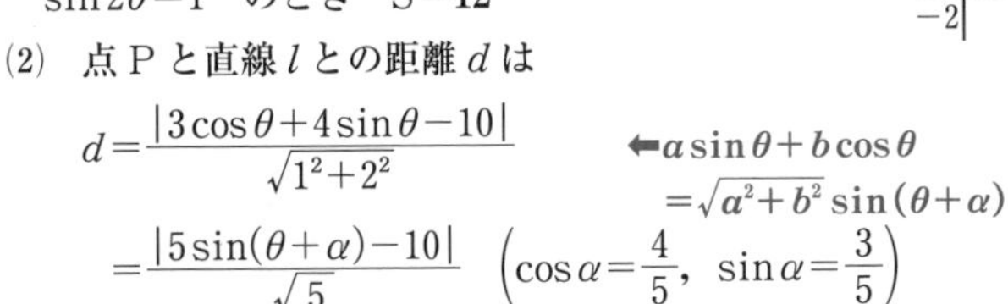

(2) 点Pと直線 l との距離 d は

$$d=\frac{|3\cos\theta+4\sin\theta-10|}{\sqrt{1^2+2^2}}$$

⬅ $a\sin\theta+b\cos\theta=\sqrt{a^2+b^2}\sin(\theta+\alpha)$

$$=\frac{|5\sin(\theta+\alpha)-10|}{\sqrt{5}}\quad\left(\cos\alpha=\frac{4}{5},\ \sin\alpha=\frac{3}{5}\right)$$

$-1\leqq\sin(\theta+\alpha)\leqq1$ だから最小値は

$\sin(\theta+\alpha)=1$ のとき $d=\dfrac{5}{\sqrt{5}}=\boldsymbol{\sqrt{5}}$

アドバイス

- 楕円に関係する問題では，楕円上の点を三角関数を使って媒介変数で表すことがよくある。円 $x^2+y^2=r^2$ 上の点を $(r\cos\theta,\ r\sin\theta)$ と表したのと同様である。
- $\mathrm{P}(x_1,\ y_1)$ とおいても求まるが計算が複雑になり，前に進めなくなることがある。そのようなときは，三角関数で表して解決することを試みるとよい。

これで解決！

楕円 $\dfrac{x^2}{a^2}+\dfrac{y^2}{b^2}=1$ 上の点は ➡ $\begin{cases}x=a\cos\theta\\ y=b\sin\theta\end{cases}$ の媒介変数で表す。

練習132 楕円 $\dfrac{x^2}{4}+y^2=1$ 上の第1象限にある点をP，2点 $\mathrm{A}(-2,\ 0)$，$\mathrm{B}(0,\ -1)$ とするとき，△PABの面積の最大値を求めよ。 〈類　東海大〉

Challenge

$\dfrac{x^2}{9}+\dfrac{y^2}{4}=1$ のとき $2x+3y$ は $(x,\ y)=$［　　］のとき最大値［　　］をとる。

〈福岡大〉

133 2次曲線上の点$\mathrm{P}(x_1,\ y_1)$と証明問題

双曲線 $\dfrac{x^2}{a^2}-\dfrac{y^2}{b^2}=1$ 上の点$\mathrm{P}(x_1,\ y_1)$から2つの漸近線に垂線PQ, PRを引くとき，PQ·PRは一定であることを示せ。 〈香川大〉

解 点Pから漸近線 $y=\pm\dfrac{b}{a}x$ $(bx\mp ay=0)$

までの距離は，点と直線の距離の公式より

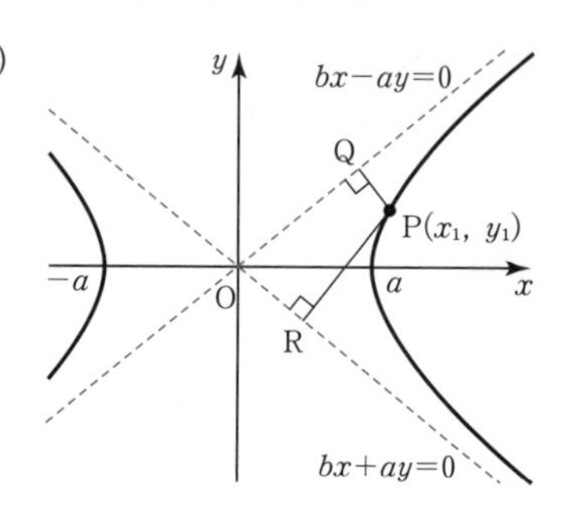

$$\mathrm{PQ}=\frac{|bx_1-ay_1|}{\sqrt{a^2+b^2}}$$

$$\mathrm{PR}=\frac{|bx_1+ay_1|}{\sqrt{a^2+b^2}}$$

$$\mathrm{PQ}\cdot\mathrm{PR}=\frac{|bx_1-ay_1|}{\sqrt{a^2+b^2}}\cdot\frac{|bx_1+ay_1|}{\sqrt{a^2+b^2}}$$

$$=\frac{|b^2x_1{}^2-a^2y_1{}^2|}{a^2+b^2}$$

ここで，$\mathrm{P}(x_1,\ y_1)$は双曲線上の点だから

$\dfrac{x_1{}^2}{a^2}-\dfrac{y_1{}^2}{b^2}=1$ より $b^2x_1{}^2-a^2y_1{}^2=a^2b^2$

⬅$\mathrm{P}(x_1,\ y_1)$を代入した式を使っていく。

よって，$\mathrm{PQ}\cdot\mathrm{PR}=\dfrac{a^2b^2}{a^2+b^2}$ （一定）

アドバイス

- 双曲線に限らず，2次曲線上の点を$\mathrm{P}(x_1,\ y_1)$とおいて，さまざまな証明を考えることがよくある。
- このとき，x_1やy_1を消去するには，方程式に$(x_1,\ y_1)$を代入した式を必ず使う。これはx，yの方程式で表される曲線一般にいえる大切な考え方だ。

これで解決！

2次曲線に関する証明問題

曲線上の点$\mathrm{P}(x_1,\ y_1)$をとったなら ➡ $\dfrac{x_1{}^2}{a^2}+\dfrac{y_1{}^2}{b^2}=1$, $\dfrac{x_1{}^2}{a^2}-\dfrac{y_1{}^2}{b^2}=\pm1$, $y_1{}^2=4px_1$

方程式に$(x_1,\ y_1)$を代入した式を必ず使う

練習133 方程式 $\dfrac{x^2}{4}+y^2=1$ の表す楕円をCとし，Cの短軸の両端をA, Bとする。ただし，Aのy座標は正とする。点$\mathrm{P}(x_1,\ y_1)$を第1象限にあるC上の点とし，2直線PAとPBがx軸と交わる点を，それぞれQ, Rとする。原点をOとするとき，OQ·ORは一定であることを示せ。 〈類 名城大〉

Challenge

上の問題を$\mathrm{P}(2\cos\theta,\ \sin\theta)$とおいて，OQ·ORが一定であることを示せ。

134 極方程式を直交座標の方程式で表す

次の極方程式で表される曲線を直交座標 $(x,\ y)$ に関する方程式で表し，その概形をかけ。〈奈良教育大〉

$$r^2(7\cos^2\theta+9)=144$$

解

$r^2(7\cos^2\theta+9)=144$

$7r^2\cos^2\theta+9r^2=144$

$x=r\cos\theta$，$r^2=x^2+y^2$ を代入して

$7x^2+9(x^2+y^2)=144$

$16x^2+9y^2=144$

よって，$\boldsymbol{\dfrac{x^2}{9}+\dfrac{y^2}{16}=1}$（概形は右図）

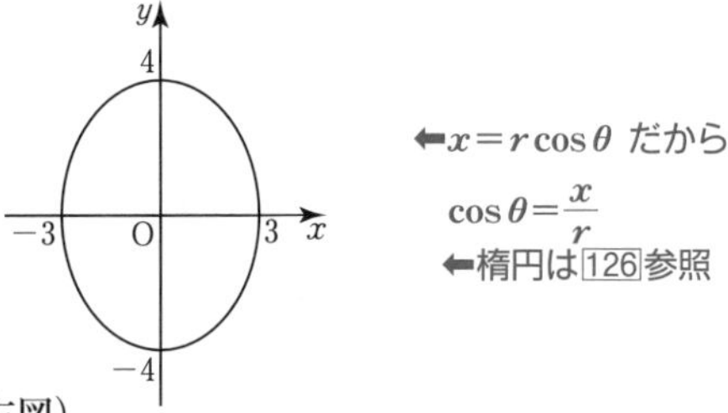

⬅$x=r\cos\theta$ だから $\cos\theta=\dfrac{x}{r}$

⬅楕円は 126 参照

アドバイス

- 極座標は平面上の点 P を右図のように，原点 O（極）と，半直線 OX（始線）を定め，O からの距離 r と OX とのなす角 θ で表したもので $\mathrm{P}(r,\ \theta)$ とかく。
- 極方程式から曲線をイメージするのは慣れないと難しいので，点線の直交座標（xy の式）に直して考えるとわかりやすい。
- 極座標と直交座標の式は，次の関係で結ばれている。

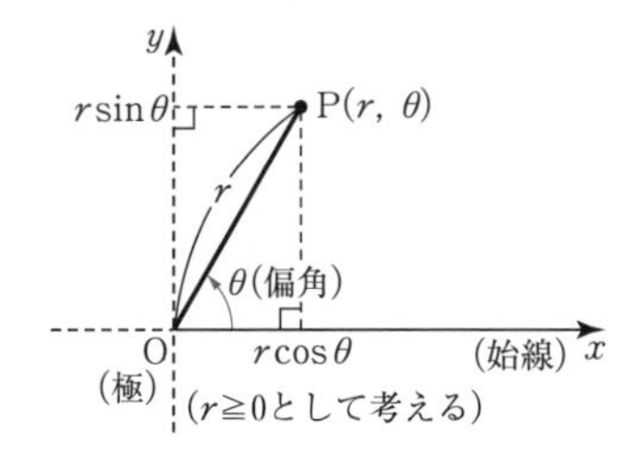

これで解決！

極方程式と直交座標の方程式 ➡ $\begin{cases} x=r\cos\theta \\ y=r\sin\theta \end{cases} \longrightarrow r^2=x^2+y^2\quad (r=\sqrt{x^2+y^2})$

練習134　次の極方程式で表される曲線を直交座標 $(x,\ y)$ に関する方程式で表せ。

(1)　$r\cos\left(\theta+\dfrac{\pi}{6}\right)=1$　　　(2)　$r=4\sin\theta-2\cos\theta$

Challenge

極方程式 $r=\dfrac{\sqrt{6}}{2+\sqrt{6}\cos\theta}$ の表す曲線を，直交座標 $(x,\ y)$ に関する方程式で表し，その概形を図示せよ。〈徳島大〉

135 2次曲線の極方程式

放物線 $y^2=4x$ について，次の問いに答えよ。

(1) 放物線の方程式を極方程式で表せ。

(2) 放物線の焦点 F(1, 0) を極とする放物線の極方程式を求めよ。

解

(1) $y^2=4x$ に $x=r\cos\theta$, $y=r\sin\theta$ を代入して

$$r^2\sin^2\theta=4r\cos\theta$$

$$r(r\sin^2\theta-4\cos\theta)=0$$

$$r=0 \text{ または } r=\frac{4\cos\theta}{\sin^2\theta}$$

よって，$\boldsymbol{r=\dfrac{4\cos\theta}{1-\cos^2\theta}}$ $\left(r=0 \text{ は } \theta=\dfrac{\pi}{2} \text{ に含まれる。}\right)$

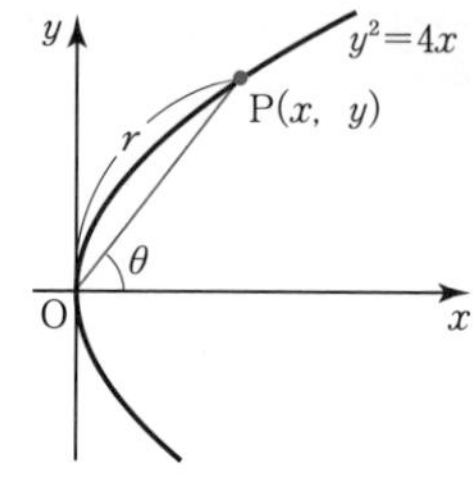

(2) 放物線上の点を P(x, y) とすると

$x=1+r\cos\theta$, $y=r\sin\theta$ と表せる。

$y^2=4x$ に代入して

$$r^2\sin^2\theta=4(1+r\cos\theta)$$

$$r^2\sin^2\theta-4r\cos\theta-4=0$$

$$r=\frac{2\cos\theta\pm\sqrt{4(\cos^2\theta+\sin^2\theta)}}{\sin^2\theta}=\frac{2(\cos\theta\pm1)}{1-\cos^2\theta}$$

$r>0$ だから $r=\dfrac{2(1+\cos\theta)}{(1-\cos\theta)(1+\cos\theta)}$

よって，$\boldsymbol{r=\dfrac{2}{1-\cos\theta}}$

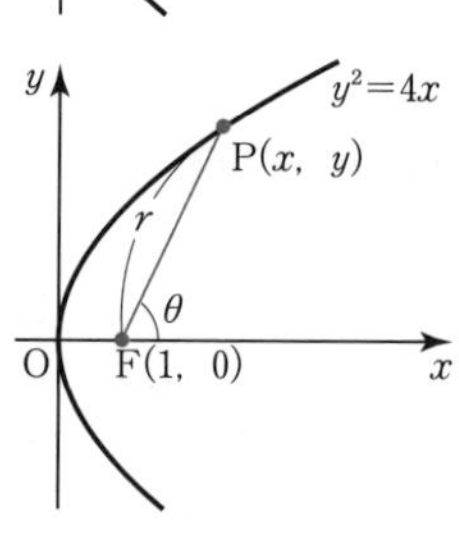

アドバイス

- 2次曲線に限らず曲線を極方程式で表す場合，極の位置によって方程式は異なる。ポイントは r と始線とのなす角 θ を用いて曲線上の点 (x, y) を次のことに目を向け表していくことだ。

これで解決！

2次曲線を極方程式で表す ➡ 極と始線を確認したら $\boldsymbol{r\cos\theta}$, $\boldsymbol{r\sin\theta}$ の表す長さを考える

練習135 楕円 $\dfrac{x^2}{4}+\dfrac{y^2}{3}=1$ について，楕円の焦点 F(1, 0) を極とする楕円の極方程式を求めよ。 〈類 福岡女子大〉

Challenge

原点を O とする座標平面上に放物線 $x^2=4y$ がある。放物線の焦点 F(0, 1) を極，半直線 FO を始線とする放物線の極方程式を求めよ。 〈類 熊本大〉

こたえ

1 (1) -448 (2) 6480

Challenge -20, $\frac{15}{4}$

2 (1) $2x^2-6x+6$, -9

(2) 商：$x+1$，余り：$x-4$

Challenge $B=x^2+4x+4$

3 (1) 2 (2) $\frac{1}{(x-1)(x+3)}$

Challenge $\frac{8x^2}{x^4-1}$

4 (1) $\frac{3}{10}$, $\frac{1}{2}$ (2) 3, 8

Challenge 5, 3

5 $-2<a\leqq 5$

Challenge $-2<a<\frac{1}{4}$, $2<a$

6 (1) 1 (2) -9 (3) -1

Challenge $p=2$, $\alpha=-3$, $\beta=1$

7 (1) $1+2i$, $1-2i$ (2) -1, 1

Challenge 9, 27

8 $k=-15$ のとき -3, -12

$k=\frac{5}{2}$ のとき $\frac{1}{2}$, 2

Challenge 11

9 (1) -4, -1 (2) $\frac{7}{2}$, 8

Challenge 9, 3

10 $2x-1$

Challenge $-2x^2+10x-7$

11 (1) $x=1$, -2, -5

(2) $x=\frac{1}{2}$, $\frac{-1\pm\sqrt{3}\,i}{2}$

Challenge $a=-3$，他の解は $2\pm\sqrt{3}\,i$

12 $a=0$, 8, -1

Challenge $2<a\leqq 6$

13 $a=6$, $b=20$, $x=-2$, $1-3i$

Challenge 略

14 (1) $a=3$, $b=1$

(2) $a=2$, $b=3$, $c=2$

Challenge $a=2$, $b=3$

15 $a=\frac{1}{b}$ として与式に代入すると

$$(\text{左辺})=\frac{1}{a(b-1)}-\frac{1}{b-1}$$
$$=\frac{1}{\frac{1}{b}(b-1)}-\frac{1}{b-1}$$
$$=\frac{1}{1-\frac{1}{b}}-\frac{1}{b-1}$$
$$=\frac{b}{b-1}-\frac{1}{b-1}$$
$$=\frac{b-1}{b-1}=1=(\text{右辺})$$

よって，(左辺)=(右辺) で成り立つ。

Challenge $a+b+c=0$ より

$c=-a-b$ として与式に代入する。

$$a^3+b^3+c^3+3(a+b)(b+c)(c+a)$$
$$=a^3+b^3+(-a-b)^3$$
$$\quad+3(a+b)(b-a-b)(-a-b+a)$$
$$=a^3+b^3-(a^3+3a^2b+3ab^2+b^3)$$
$$\quad+3(a+b)(-a)(-b)$$
$$=-3a^2b-3ab^2+3a^2b+3ab^2$$
$$=0$$

よって，与式は成り立つ。

16 (1) $(a+b)(a^3+b^3)-(a^2+b^2)^2$

$$=a^4+ab^3+a^3b+b^4-(a^4+2a^2b^2+b^4)$$
$$=ab^3+a^3b-2a^2b^2$$
$$=ab(a^2-2ab+b^2)$$
$$=ab(a-b)^2\geqq 0$$

よって，$(a+b)(a^3+b^3)\geqq(a^2+b^2)^2$

等号は $a=b$ のとき。

(2) $\left(x+\frac{9}{y}\right)\left(y+\frac{1}{x}\right)=xy+1+9+\frac{9}{xy}$

$$=10+xy+\frac{9}{xy}$$

ここで，$xy>0$, $\frac{9}{xy}>0$ だから

(相加平均)≧(相乗平均) より

$$xy+\frac{9}{xy}\geqq 2\sqrt{xy\cdot\frac{9}{xy}}=6$$

$\left(\text{等号は } xy=\frac{9}{xy} \text{ より } xy=3 \text{ のとき}\right)$

よって，$\left(x+\frac{9}{y}\right)\left(y+\frac{1}{x}\right)\geqq 10+6=16$

等号は $xy=3$ のとき。

Challenge x^2-4x+y^2+2y+5

$$=(x^2-4x)+(y^2+2y)+5$$

$=(x-2)^2-4+(y+1)^2-1+5$
$=(x-2)^2+(y+1)^2\geqq 0$
よって，$x^2-4x+y^2+2y+5\geqq 0$
等号は $x=2$，$y=-1$ のとき。

17 $12\sqrt{2}$，$\left(\dfrac{9}{2},\ \dfrac{1}{2}\right)$，$(27,\ 23)$，$(3,\ 5)$

Challenge $\mathrm{B}\left(-1-\dfrac{\sqrt{3}}{2},\ -\dfrac{1}{2}+\sqrt{3}\right)$

18 (1) $y=-3x-6$
(2) $y=5x-2$
(3) $y=x+1$

Challenge 7

19 $y=\dfrac{2}{5}x-\dfrac{3}{5}$ $(2x-5y-3=0)$
$y=-\dfrac{5}{2}x-\dfrac{7}{2}$ $(5x+2y+7=0)$

Challenge 9

20 $(2,\ 2)$

Challenge $1,\ \dfrac{4}{3}$

21 $\mathrm{B}(4,\ 1)$

Challenge $(x+4)^2+(y+1)^2=5$

22 (1) $\dfrac{3\sqrt{2}}{2}$ (2) $2\sqrt{10}$

Challenge $\dfrac{9}{2}$，2

23 (1) $\left(x-\dfrac{5}{2}\right)^2+\left(y-\dfrac{1}{2}\right)^2=\dfrac{9}{2}$
(2) $x^2+y^2-2x-2y-23=0$
$((x-1)^2+(y-1)^2=25)$
(3) $(x-1)^2+(y-1)^2=1$
$(x-5)^2+(y-5)^2=25$

Challenge $(x-2)^2+(y-1)^2=25$

24 (1) $(-2,\ -1)$，$(1,\ 2)$
(2) $(4,\ -1)$，$(7,\ 2)$

Challenge $(2,\ -1)$，$\left(-\dfrac{2}{5},\ \dfrac{11}{5}\right)$

25 $y=\dfrac{4}{3}x-\dfrac{25}{3}$ $(4x-3y=25)$
$y=-\dfrac{3}{4}x+\dfrac{25}{4}$ $(3x+4y=25)$

Challenge $y=\dfrac{1}{3}x$，$y=-3x+10$

26 $-6<a<6$

Challenge $2\sqrt{5}$

27 $(x-5)^2+(y+3)^2=20$

Challenge $(-1,\ -4)$，$2\sqrt{3}$

28 $(-a,\ -2a^2+3a+1)$，$-2x^2-3x+1$

Challenge $x^2+y^2=8$

29 $(x-1)^2+y^2=\dfrac{1}{4}$

Challenge 円 $x^2+\left(y+\dfrac{5}{3}\right)^2=\dfrac{4}{9}$

30 (1) 領域 D を図示すると，下図の斜線部分で境界を含む。

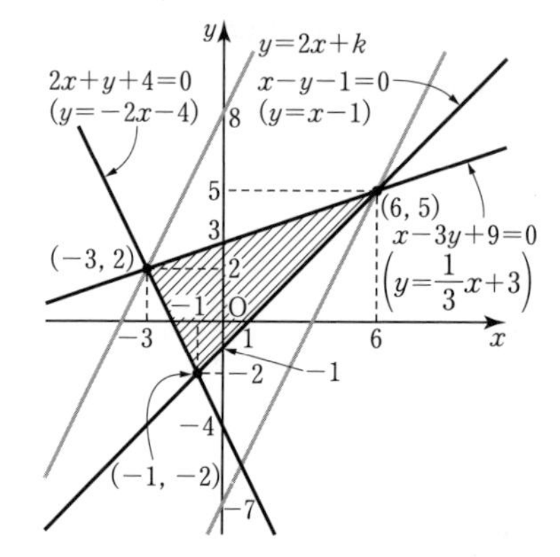

(2) $x=-3$，$y=2$ のとき 最大値 8
$x=6$，$y=5$ のとき 最小値 -7

Challenge $\sqrt{10}-1$，-4

31 (1) $\dfrac{1}{2}$ (2) 2

Challenge 2

32 $0<\theta<\dfrac{\pi}{2}$ のとき
$\cos\theta=\dfrac{2\sqrt{5}}{5}$，$\tan\theta=\dfrac{1}{2}$
$\dfrac{\pi}{2}<\theta<\pi$ のとき
$\cos\theta=-\dfrac{2\sqrt{5}}{5}$，$\tan\theta=-\dfrac{1}{2}$

Challenge $\dfrac{\pi}{2}<\theta<\pi$ のとき $\dfrac{\sqrt{10}}{2}$
$\dfrac{3}{2}\pi<\theta<2\pi$ のとき $-\dfrac{\sqrt{10}}{2}$

33 (1)

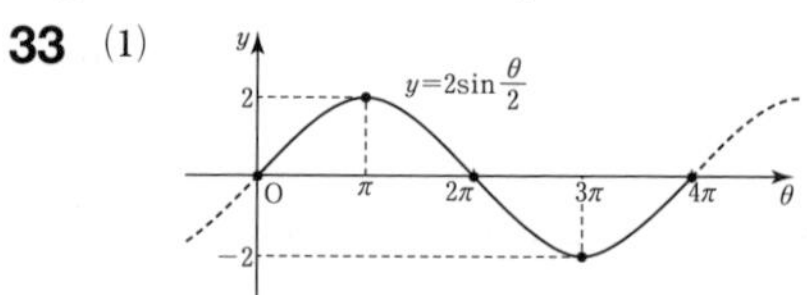

(2)

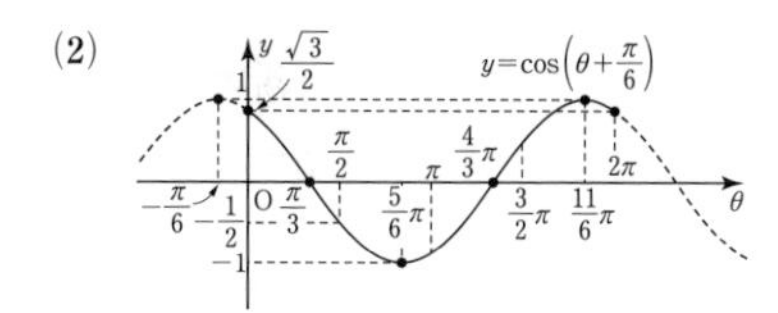

Challenge

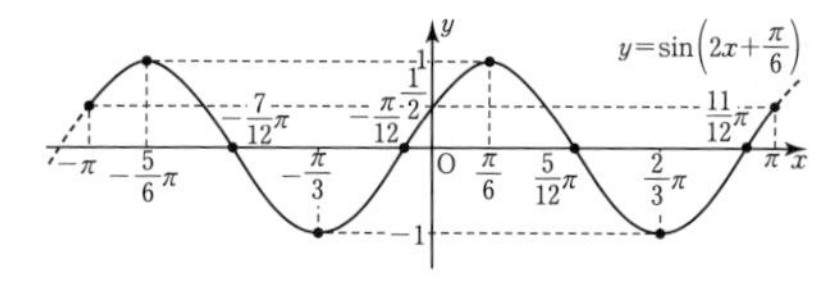

34 $-\frac{16}{65}$, $\frac{33}{65}$

Challenge $\frac{3}{4}\pi$

35 $-\frac{4\sqrt{2}}{9}$, $\frac{4\sqrt{2}}{7}$

Challenge $\frac{1}{8}$, $\frac{\sqrt{2}}{4}$

36 (1) 最大値 3 $\left(\theta=\frac{5}{6}\pi\right)$

最小値 -1 $\left(\theta=\frac{11}{6}\pi\right)$

(2) 最大値 13，最小値 -13

Challenge $\theta=\frac{5}{12}\pi$, $\frac{13}{12}\pi$

37 (1) $-$, 2

(2) $\frac{\pi}{6}$, $\frac{9}{4}$, $-\frac{\pi}{2}$, 0

Challenge $\frac{\pi}{3}<x<\frac{5}{3}\pi$

38 (1) $y=t^2-2t-1$

(2) $-1\leqq t\leqq\sqrt{2}$

(3) 最大値 2 $(t=-1)$，最小値 -2 $(t=1)$

Challenge 最大値のとき $x=\pi$

最小値のとき $x=0$, $\frac{\pi}{2}$

39 (1) 9 (2) $\sqrt[4]{a^3}$ (3) 24

(4) ab^2

Challenge $3\sqrt[3]{3}$

40 (1) $\frac{21}{5}$ (2) 3

Challenge 7, $3\sqrt{5}$

41 (1)

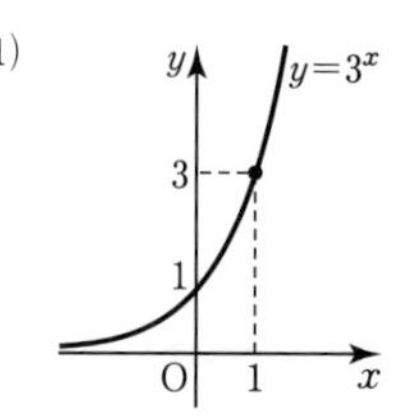

(2)

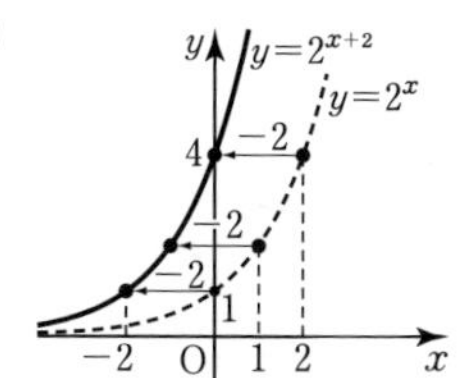

(3)

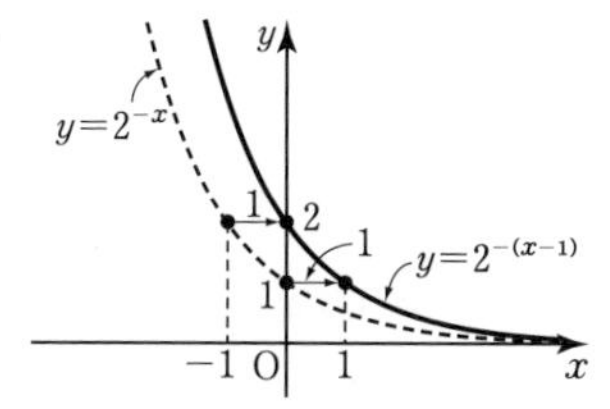

Challenge

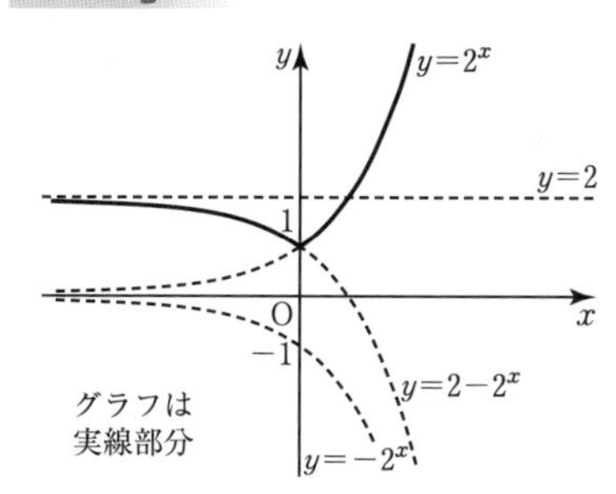

42 (1) $\frac{3}{2}$ (2) $-\frac{2}{3}$

Challenge (1) -2 (2) $-\frac{1}{3}$

43 (1) -1 (2) 1 (3) 6 (4) 3

(5) $\frac{15}{2}$

Challenge $\frac{1+a+ab}{3+ab}$

44 (1)

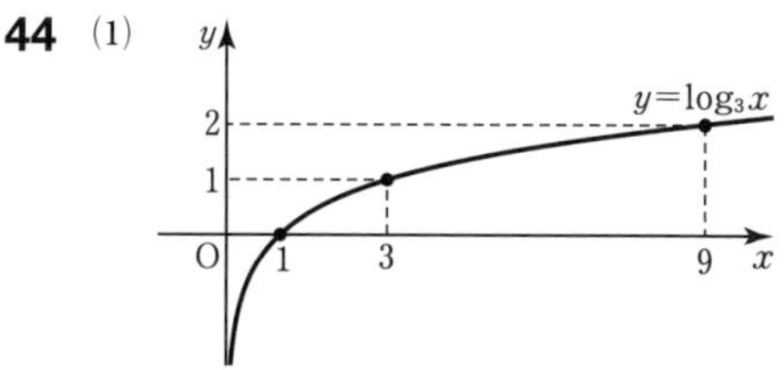

(2)

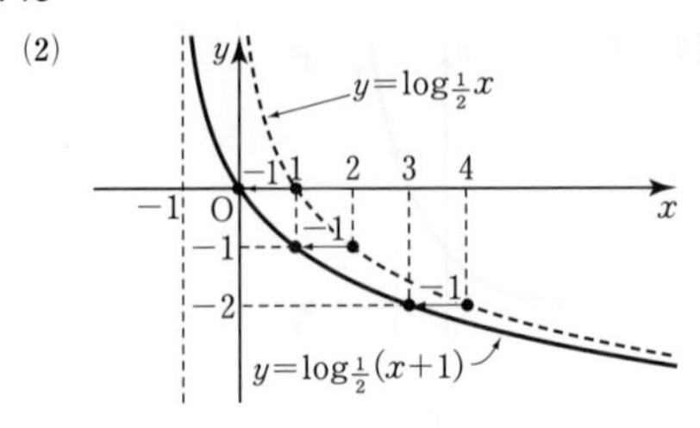

(3)

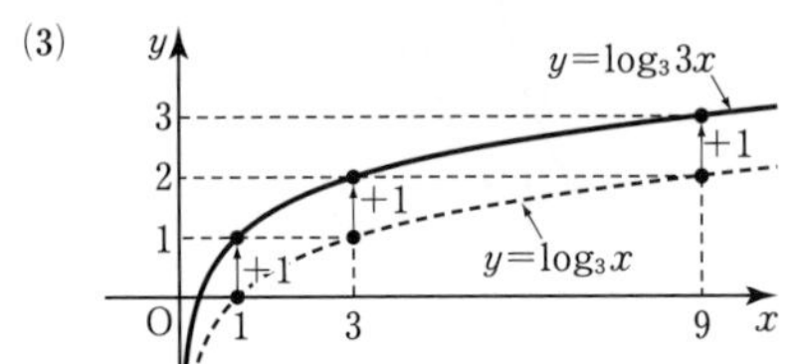

Challenge -6, -1

45 (1) $x=12$ (2) $x>-\frac{5}{2}$

(3) $\frac{1}{2}<x<1$ (4) $x=2$

Challenge $x>2$

46 (1) $x=9$

(2) $x=4$

(3) $3<x<11$

(4) $5<x\leqq 6$

Challenge (1) $x=8$, $\frac{1}{4}$

(2) $x=7$

47 (1) 1, 13

(2) 1, 1, 4, −3

Challenge 9, 4

48 $\frac{1}{2}$

Challenge 0

49 16

Challenge 13, 8

50 (1) ① $y'=8x-3$

② $y'=12x^2-4x+2$

(2) $3x^2$

Challenge 2, −3, 3

51 (1) $y=3x-7$

(2) 23, 51

Challenge $3x-16$, $3x+16$

52 (1) $y=-6x-7$, $y=2x+1$

(2) $y=-3x-1$, $y=24x-28$

Challenge $y=4x$, $y=-\frac{9}{4}x$

53 −9, 2

Challenge $a=1$, $b=2$

54 (1) 極大値 4 ($x=0$), 極小値 0 ($x=2$)

(2)

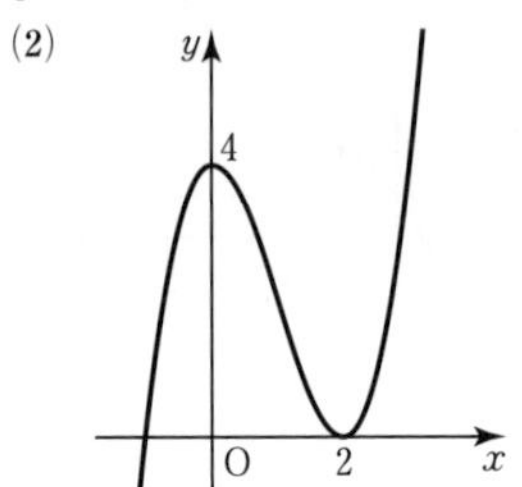

Challenge 極大値 7 ($x=-1$)

極小値 −20 ($x=2$)

グラフは，右図のようになる。

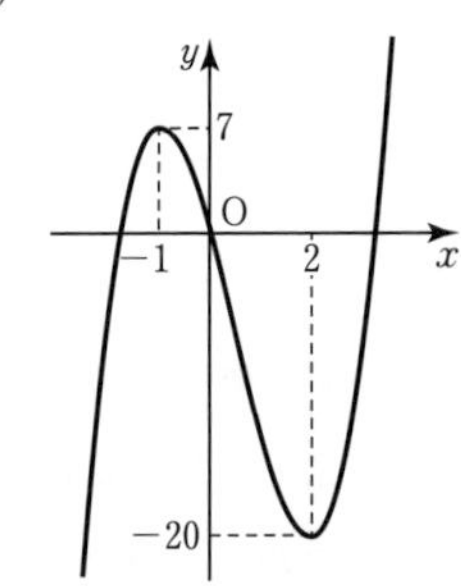

55 −1, 11, 2, −16

Challenge $\frac{\sqrt{3}}{3}$, $\frac{2\sqrt{3}}{9}$, 2, −6

56 $-27<k<5$

Challenge

(1)

x	…	-3	…	-1	…
$f'(x)$	−	0	+	0	−
$f(x)$	↘	1	↗	5	↘

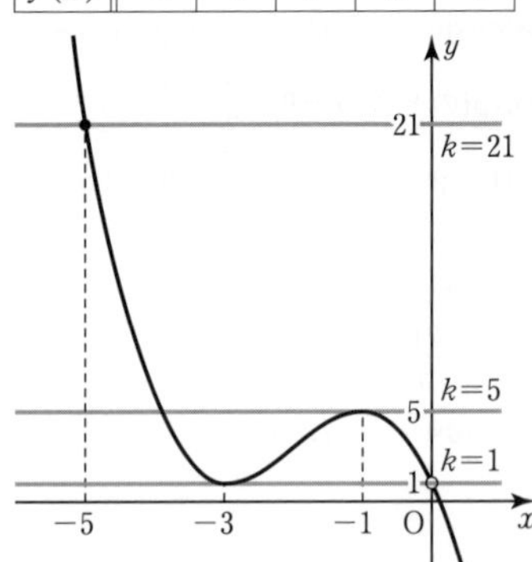

(2) $k>21$ のとき 0 個

$5<k\leqq 21$ のとき 1個
$k=5$ のとき 2個
$1<k<5$ のとき 3個
$k=1$ のとき 1個
$k<1$ のとき 0個

(分類の仕方は，次のようにしてもよい。
$k<1,\ 21<k$ のとき 0個
$k=1,\ 5<k\leqq 21$ のとき 1個
$k=5$ のとき 2個
$1<k<5$ のとき 3個)

57 $1<a<2$

Challenge $a=1$ のとき $y=1$，
$y=\frac{27}{4}x-\frac{23}{4}$
$a=2$ のとき $y=3x-1$，$y=\frac{3}{4}x+\frac{5}{4}$

58 (1) $\frac{15}{2}$ (2) 38

Challenge $\frac{2}{3}x^3+4x+5$，$\frac{43}{6}$

59 -1，$-\frac{1}{3}$

Challenge 2，-9

60 (1) $f(x)=3x-3$，$a=1$
(2) $x^2+4x-\frac{7}{6}$

Challenge $\frac{14}{3}$

61 (1) $\frac{5}{2}$ (2) $\frac{8}{3}$

Challenge 2，$\frac{1}{2}$，2，$\frac{1}{2}$，2，4

62 (1) 36 (2) $\frac{9}{2}$ (3) $\frac{9}{2}$

Challenge $\frac{32}{27}$

63 8

Challenge $a=3$

64 30，-8，$-8n+38$，$-4n^2+34n$

Challenge 18項，442

65 (1) 81，$\frac{2}{3}$，$81\cdot\left(\frac{2}{3}\right)^{n-1}$
(2) $\frac{1}{7}$，2，64

Challenge 6，9

66 $a=-6$，$b=-\frac{3}{2}$，$c=3$

Challenge (1) $y=3x-10$，$z=4x-15$
(2) $x=4$，5

67 (1) $\frac{1}{3}n(n+1)(n-1)$
(2) $\frac{1}{3}n(2n-1)(2n+1)$

Challenge $\frac{4}{3}n-\frac{1}{3}$，$\frac{1}{3}n(2n+1)$，
$\frac{n}{27}(16n^2+12n-1)$

68 $a_n=n^2+n-1$

Challenge $a_n=\frac{10^n-1}{9}$
$\left(\frac{1}{9}(10^n-1)\right.$ でもよい$\left.\right)$

69 (1) $\frac{175}{264}$ (2) 3，2

Challenge $\frac{n}{2n+1}$

70 $a_n=4n+1$

Challenge $a_n=\begin{cases} a_1=9 \\ a_n=6n+1\ (n\geqq 2)\end{cases}$

71 $S_n=\frac{9}{4}-\frac{6n+9}{4}\left(\frac{1}{3}\right)^n$

Challenge $S_n=1+(n-1)\cdot 3^n$

72 (1) 58 (2) 520

Challenge 45，16

73 (1) $a_n=2n-1$
(2) $a_n=\frac{3}{2}n^2-\frac{3}{2}n-15$

Challenge $\frac{2}{n(n+2)}$

74 (1) $a_n=4^n+1$ (2) $a_n=(-3)^{n-1}+1$

Challenge $\left(-\frac{1}{2}\right)^{n-1}+1$

75 (1) $b_n=\frac{7\cdot 5^{n-1}-3}{4}$ (2) $a_n=\frac{4}{7\cdot 5^{n-1}-3}$

Challenge $\frac{2}{295}$

76 $1^3+2^3+3^3+\cdots\cdots+n^3=\frac{1}{4}n^2(n+1)^2$
……① とおく。
[Ⅰ] $n=1$ のとき
(左辺)$=1^3=1$，
(右辺)$=\frac{1}{4}\cdot 1^2\cdot(1+1)^2=1$
よって，①は成り立つ。

［Ⅱ］ $n=k$ のとき①が成り立つとすると

$$1^3+2^3+3^3+\cdots\cdots+k^3=\frac{1}{4}k^2(k+1)^2$$

$n=k+1$ のときは

$$\underbrace{1^3+2^3+3^3+\cdots\cdots+k^3}+(k+1)^3$$

$$=\frac{1}{4}k^2(k+1)^2+(k+1)^3$$

$$=\frac{1}{4}(k+1)^2\{k^2+4(k+1)\}$$

$$=\frac{1}{4}(k+1)^2(k+2)^2$$

となり，$n=k+1$ のときにも成り立つ。

［Ⅰ］，［Ⅱ］により①はすべての自然数 n で成り立つ。

Challenge $2^n \geqq 3n+4$ $(n\geqq 4)$ ……①

とおく。

［Ⅰ］ $n=4$ のとき

(左辺)$=2^4=16$，(右辺)$=3\cdot 4+4=16$

よって，(左辺)=(右辺) より①は成り立つ。

［Ⅱ］ $n=k$ $(k\geqq 4)$ のとき①が成り立つとすると

$2^k \geqq 3k+4$

$n=k+1$ のとき

$2^{k+1}=2\cdot 2^k \geqq 2(3k+4)$

$=6k+8>3(k+1)+4$

よって，$2^{k+1}>3(k+1)+4$

が成り立つから①は $n=k+1$ のときも成り立つ。

［Ⅰ］，［Ⅱ］により①は $n\geqq 4$ の自然数 n で成り立つ。

77 $\frac{3}{2}$

Challenge 1

78 期待値 $\frac{9}{2}$，分散 $\frac{21}{4}$

Challenge 期待値 $\frac{35}{18}$，標準偏差 $\frac{\sqrt{665}}{18}$

79 7，9

Challenge 28

80 期待値 6，分散 $\frac{25}{6}$

Challenge $2X+Y$ の期待値 $\frac{17}{2}$

$2X+Y$ の分散 $\frac{95}{12}$，$2XY$ の期待値 $\frac{35}{2}$

81 (1) 期待値 3，分散 2

(2) 期待値 0，分散 18

Challenge $a=2$，$b=4$

82 $k=\frac{1}{12}$，$P(2\leqq X\leqq 4)=\frac{1}{2}$，$E(X)=\frac{31}{9}$

Challenge (1) $a=1$

(2) $P(1\leqq X\leqq 2)=\frac{1}{3}$

83 976 個

Challenge 11 人

84 (1) 0.1587 (2) 0.1574

Challenge 0.6826

85 0.6826

Challenge 0.0241

86 $295.1\leqq \mu \leqq 304.9$

Challenge 97 以上

87 $0.1216\leqq p\leqq 0.2784$

Challenge $0.20984\leqq p\leqq 0.39016$

88 新しい機械によって製品の重さに変化があったとはいえない。

Challenge 硬貨は正しく作られているとはいえない。

89 A，B のワクチンには効果の違いはあるとはいえない。

Challenge A，B のワクチンには効果の違いがあるといえる。

90 (1) $\frac{3}{2}\vec{a}+\frac{1}{2}\vec{b}$ (2) $\frac{1}{2}\vec{a}-\frac{1}{2}\vec{b}$

(3) $\frac{1}{2}\vec{a}-\frac{3}{2}\vec{b}$

Challenge $\overrightarrow{AC}+\overrightarrow{AE}=3\vec{a}+3\vec{b}$

$\overrightarrow{FM}+\overrightarrow{EM}=2\vec{a}-2\vec{b}$

91 $\frac{2}{3}$，$\frac{1}{3}$，$-\frac{1}{2}$，$\frac{3}{2}$，$\frac{3}{4}$

Challenge $\frac{3}{7}$，$\frac{4}{7}$

92

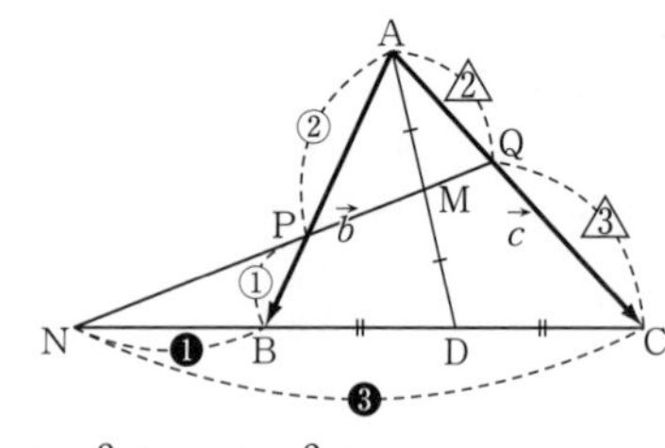

$\overrightarrow{AP}=\frac{2}{3}\vec{b}$，$\overrightarrow{AQ}=\frac{2}{5}\vec{c}$

$\overrightarrow{AM}=\frac{1}{2}\overrightarrow{AD}=\frac{1}{2}\left(\frac{\vec{b}+\vec{c}}{2}\right)=\frac{1}{4}(\vec{b}+\vec{c})$

$\overrightarrow{PM}=\overrightarrow{AM}-\overrightarrow{AP}=\frac{1}{4}(\vec{b}+\vec{c})-\frac{2}{3}\vec{b}$

$=-\frac{1}{12}(5\vec{b}-3\vec{c})$

$\overrightarrow{PQ}=\overrightarrow{AQ}-\overrightarrow{AP}=\frac{2}{5}\vec{c}-\frac{2}{3}\vec{b}$

$=-\frac{2}{15}(5\vec{b}-3\vec{c})$

$12\overrightarrow{PM}=\frac{15}{2}\overrightarrow{PQ}$ より $\overrightarrow{PQ}=\frac{8}{5}\overrightarrow{PM}$

よって，$\overrightarrow{PQ}=\frac{8}{5}\overrightarrow{PM}$ が成り立つから

P，M，Q は同一直線上にある。

Challenge $\overrightarrow{AN}=\frac{-3\vec{b}+\vec{c}}{1-3}=\frac{1}{2}(3\vec{b}-\vec{c})$

$\overrightarrow{QM}=\overrightarrow{AM}-\overrightarrow{AQ}$

$=\frac{1}{4}(\vec{b}+\vec{c})-\frac{2}{5}\vec{c}=\frac{1}{20}(5\vec{b}-3\vec{c})$

$\overrightarrow{QN}=\overrightarrow{AN}-\overrightarrow{AQ}$

$=\frac{1}{2}(3\vec{b}-\vec{c})-\frac{2}{5}\vec{c}=\frac{3}{10}(5\vec{b}-3\vec{c})$

$20\overrightarrow{QM}=\frac{10}{3}\overrightarrow{QN}$ より $\overrightarrow{QN}=6\overrightarrow{QM}$

よって，$\overrightarrow{QN}=6\overrightarrow{QM}$ が成り立つから

Q，M，N は同一直線上にある。

93 (1) $\overrightarrow{AB}=(3,\ 3)$，$|\overrightarrow{AB}|=3\sqrt{2}$
(2) $(12,\ 6)$ (3) $(-1,\ 3)$

Challenge 2，6

94 (1) $\sqrt{26}$ (2) -4，$-\frac{1}{4}$

Challenge 1，$3\sqrt{2}$

95 (1) $|\vec{p}|=4$ (2) $\frac{3}{2}$，$60°$，$\sqrt{7}$

Challenge -1，$-\frac{1}{6}$，6

96 (1) 13，45° (2) 7，2

Challenge $x=5$，-2

97 平行 $\left(\frac{2}{\sqrt{5}},\ \frac{1}{\sqrt{5}}\right)$

垂直 $\left(\frac{1}{\sqrt{5}},\ -\frac{2}{\sqrt{5}}\right)$，$\left(-\frac{1}{\sqrt{5}},\ \frac{2}{\sqrt{5}}\right)$

Challenge $\left(\frac{2}{\sqrt{5}},\ \frac{1}{\sqrt{5}}\right)$

98 (1) $\frac{1}{6}$，$\frac{1}{4}$ (2) $\frac{5}{12}$，3，2

Challenge 3 : 7 : 2

99 $\frac{2}{5}$，$\frac{3}{5}$，$\frac{4}{15}$，$\frac{2}{5}$

Challenge $\frac{3}{5}$，$\frac{2}{5}$，$\frac{6\sqrt{3}}{5}$

100 $\frac{2}{7}$，$\frac{5}{7}$

Challenge $\overrightarrow{AP}=\frac{8}{13}\overrightarrow{AB}+\frac{5}{13}\overrightarrow{AC}$

101 $\frac{3}{8}$，$\frac{1}{4}$

Challenge $\frac{1}{8}$，$\frac{1}{8}$

102 (1) 7 (2) $\frac{9}{2}$，$\frac{3\sqrt{7}}{4}$

Challenge $\frac{3\sqrt{3}}{2}$

103 (1) 下図の直線 A′B′ 上。

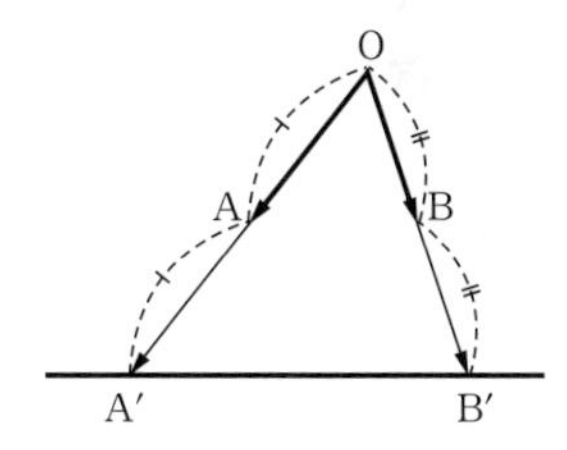

(2) 下図の直線 AB′ 上。

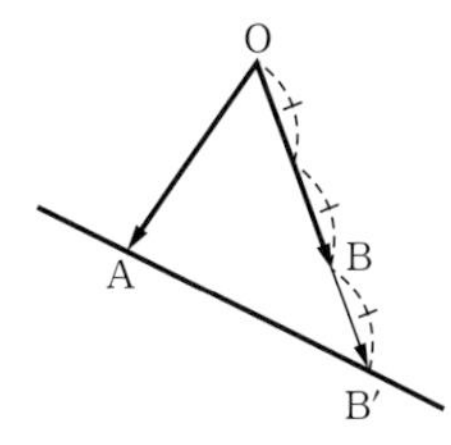

Challenge 下図の斜線部分にある。
ただし，境界を含む。

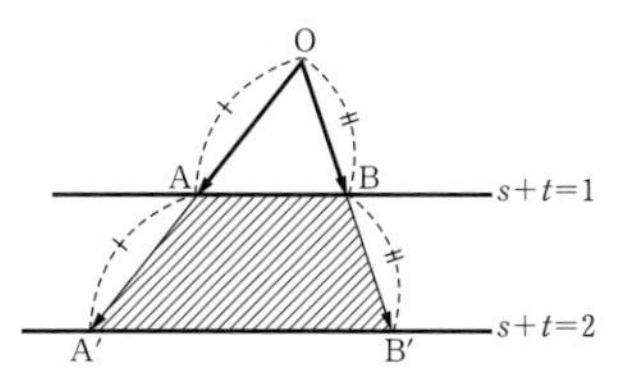

104 (1) OA=6，OB=$2\sqrt{10}$，AB=$2\sqrt{3}$
(2) $(1,\ 0,\ 0)$
(3) $\left(-\frac{5}{2},\ \frac{1}{2},\ \frac{11}{2}\right)$，$(-6,\ 4,\ 2)$

Challenge C(9, 1, −7)

105 (1) $\overrightarrow{AB}=(2,\ 3,\ 1)$,
$\overrightarrow{AC}=(-6,\ -2,\ 4)$,
$|\overrightarrow{AB}|=\sqrt{14}$, $|\overrightarrow{AC}|=2\sqrt{14}$ (2) 120°

Challenge $\dfrac{7}{2}$, $\dfrac{5}{2}$

106 $\left(\dfrac{1}{3},\ -\dfrac{2}{3},\ \dfrac{2}{3}\right)$, $\left(-\dfrac{1}{3},\ \dfrac{2}{3},\ -\dfrac{2}{3}\right)$

Challenge $\left(0,\ \dfrac{\sqrt{2}}{2},\ -\dfrac{\sqrt{2}}{2}\right)$,
$\left(0,\ -\dfrac{\sqrt{2}}{2},\ \dfrac{\sqrt{2}}{2}\right)$

107 (1) $\overrightarrow{OF}=\dfrac{1}{3}(\overrightarrow{OA}+\overrightarrow{OB})$

(2) 点Gは△OACの重心だから

$\overrightarrow{OG}=\dfrac{1}{3}(\overrightarrow{OA}+\overrightarrow{OC})$

$\overrightarrow{FG}=\overrightarrow{OG}-\overrightarrow{OF}$

$=\dfrac{1}{3}(\overrightarrow{OA}+\overrightarrow{OC})-\dfrac{1}{3}(\overrightarrow{OA}+\overrightarrow{OB})$

$=\dfrac{1}{3}(\overrightarrow{OC}-\overrightarrow{OB})=\dfrac{1}{3}\overrightarrow{BC}$

よって，$\overrightarrow{FG}/\!/\overrightarrow{BC}$ である。

Challenge $\dfrac{\sqrt{2}}{3}$

108 (1) $\overrightarrow{OP}=\dfrac{1}{2}\vec{a}+\dfrac{1}{2}\vec{b}$, $\overrightarrow{OQ}=\dfrac{2}{3}\vec{b}+\dfrac{1}{3}\vec{c}$

(2) $\dfrac{2}{3}$ (3) $\dfrac{\sqrt{5}}{12}$

Challenge

$\overrightarrow{AB}\cdot\overrightarrow{OC}=(\overrightarrow{OB}-\overrightarrow{OA})\cdot\overrightarrow{OC}$
$=\overrightarrow{OB}\cdot\overrightarrow{OC}-\overrightarrow{OA}\cdot\overrightarrow{OC}$

ここで，正四面体の1辺を l とすると
$|\overrightarrow{OA}|=|\overrightarrow{OB}|=|\overrightarrow{OC}|=l$
各辺のなす角はすべて60°だから

$\overrightarrow{OA}\cdot\overrightarrow{OC}=l\cdot l\cos 60^\circ=\dfrac{1}{2}l^2$

$\overrightarrow{OB}\cdot\overrightarrow{OC}=l\cdot l\cos 60^\circ=\dfrac{1}{2}l^2$

$\overrightarrow{OB}\cdot\overrightarrow{OC}-\overrightarrow{OA}\cdot\overrightarrow{OC}=0$

よって，$\overrightarrow{AB}\perp\overrightarrow{OC}$

109 $\overrightarrow{OP}=\dfrac{2}{9}\vec{a}+\dfrac{2}{9}\vec{b}+\dfrac{2}{9}\vec{c}$

Challenge $\overrightarrow{OQ}=\dfrac{2}{7}\vec{b}+\dfrac{2}{7}\vec{c}$

110 $\left(\dfrac{2}{3},\ \dfrac{2}{3},\ \dfrac{2}{3}\right)$

Challenge (4, 5, 0)

111 (1)

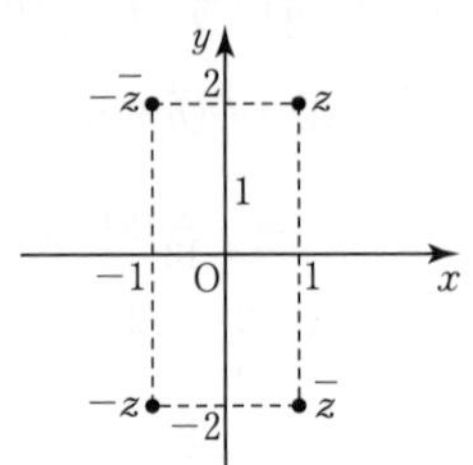

(2) AB=13, BC=$7\sqrt{2}$, CA=13
AB=AC の二等辺三角形

Challenge $1-3i$ または $3+i$

112 (1) $z_1+z_2=1+5i$, $z_1-z_2=-3+3i$

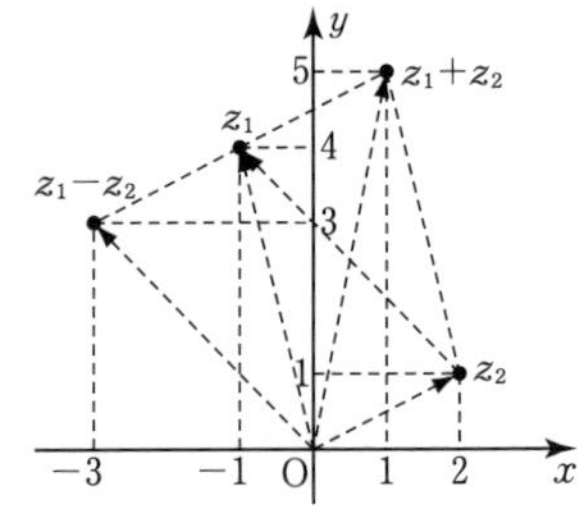

Challenge $z_3=3i$, $z_4=\dfrac{7}{2}-\dfrac{1}{2}i$

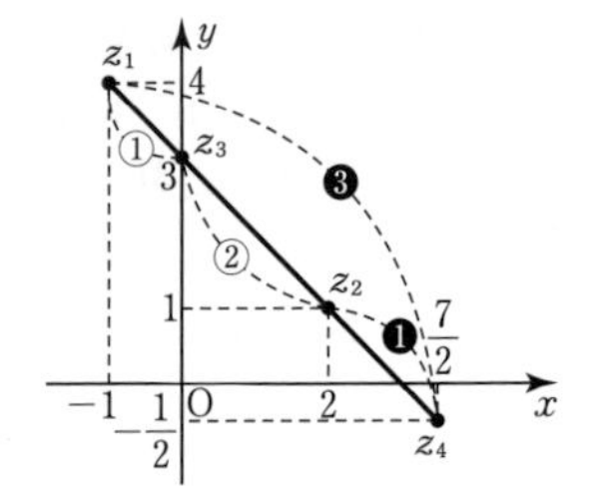

113 (1) (i) $z=2\left(\cos\dfrac{\pi}{6}+i\sin\dfrac{\pi}{6}\right)$

(ii) $z=\sqrt{2}\left(\cos\dfrac{5}{4}\pi+i\sin\dfrac{5}{4}\pi\right)$

(2) $z=\cos\dfrac{\pi}{3}+i\sin\dfrac{\pi}{3}$ または

$z=\cos\dfrac{5}{3}\pi+i\sin\dfrac{5}{3}\pi$

Challenge $\dfrac{1}{2}+\dfrac{2-\sqrt{3}}{2}i$

114 $1+i=\sqrt{2}\left(\cos\dfrac{\pi}{4}+i\sin\dfrac{\pi}{4}\right)$

$1+\sqrt{3}i=2\left(\cos\dfrac{\pi}{3}+i\sin\dfrac{\pi}{3}\right)$

$\dfrac{1+\sqrt{3}\,i}{1+i}=\sqrt{2}\left(\cos\dfrac{\pi}{12}+i\sin\dfrac{\pi}{12}\right)$

Challenge

$\cos\dfrac{\pi}{12}=\dfrac{\sqrt{6}+\sqrt{2}}{4}$, $\sin\dfrac{\pi}{12}=\dfrac{\sqrt{6}-\sqrt{2}}{4}$

115 (1) $\dfrac{1}{4}-\dfrac{1}{4}i$　(2) 16

Challenge　$n=1$, $z=8$

116 (1) $-\dfrac{\sqrt{2}}{2}+\dfrac{\sqrt{2}}{2}i$, $\dfrac{\sqrt{2}}{2}-\dfrac{\sqrt{2}}{2}i$

(2) $\dfrac{\sqrt{3}}{2}\pm\dfrac{1}{2}i$, $-\dfrac{\sqrt{3}}{2}\pm\dfrac{1}{2}i$, $\pm i$

117 (1) 直線 $x=-2$

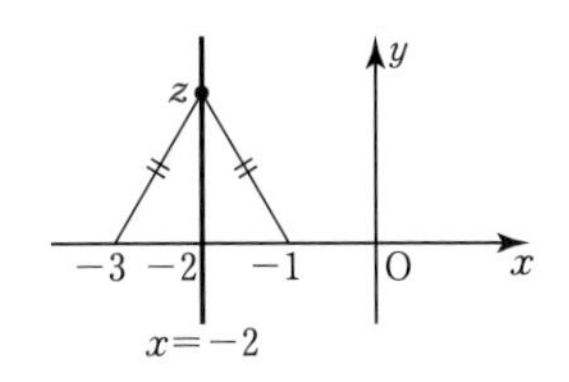

(2) 点 -1 を中心とする半径2の円

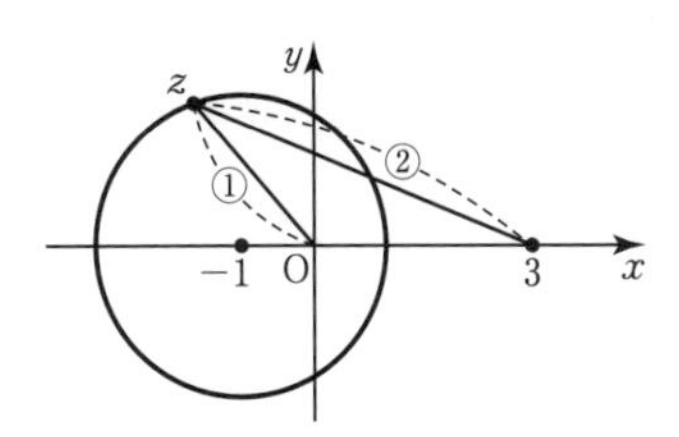

(3) 点 i を中心とする半径1の円

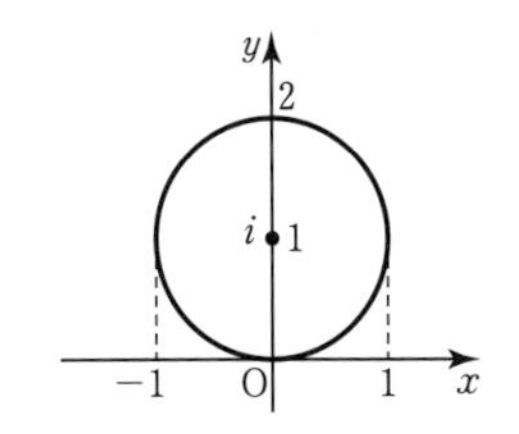

(4) 原点Oを中心とする半径2の円

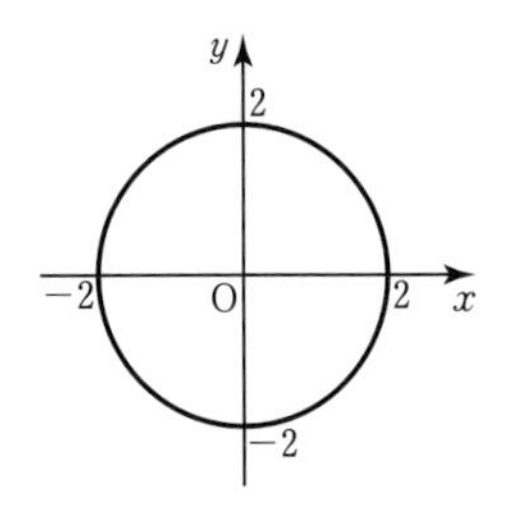

118 z は実軸（$z\neq0$）または $|z|=\sqrt{2}$

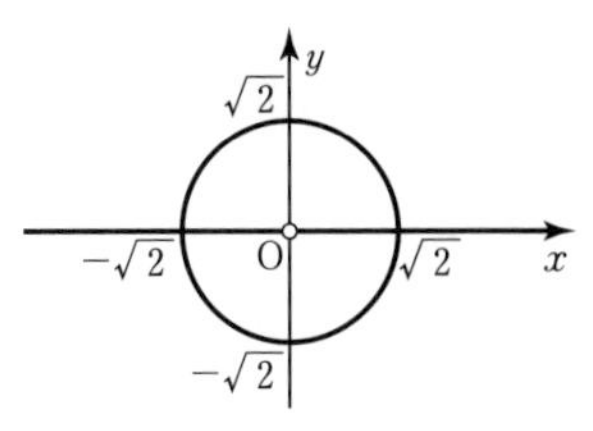

Challenge　原点Oを中心とする半径1の円。ただし，点 -1 は除く。

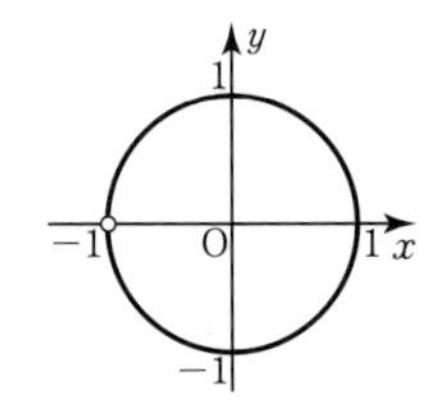

119 点0と点1を結ぶ線分の垂直2等分線

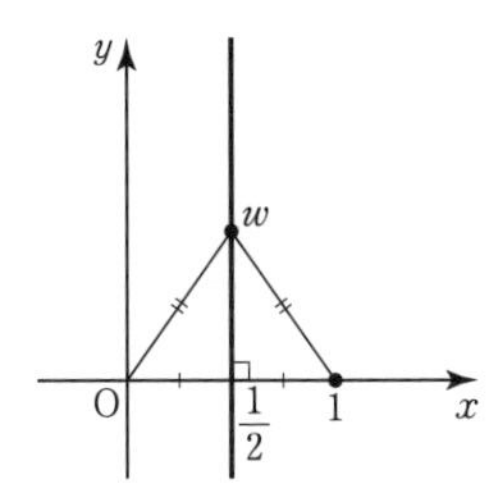

Challenge　点 $2+i$ を中心とする半径2の円

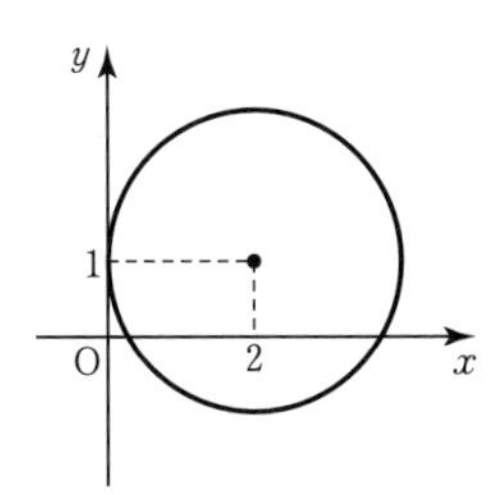

120 (1) $k=-2$　(2) $k=3$

Challenge　$a=-\dfrac{1}{2}$, -1

121 $\dfrac{\mathrm{AB}}{\mathrm{AC}}=\dfrac{1}{2}$, $\angle\mathrm{BAC}=\dfrac{\pi}{6}$

Challenge　$|z_1-z_3|=|z_2-z_3|$ の直角二等辺三角形

122 (1) 正三角形

(2)　$\angle \mathrm{ABO}=\dfrac{\pi}{2}$ の直角二等辺三角形

Challenge　$\angle \mathrm{AOB}=\dfrac{\pi}{2}$ の直角二等辺三角形

123　$-1-\sqrt{3}+(4-3\sqrt{3})i$,
$-1+\sqrt{3}+(4+3\sqrt{3})i$

124　$|\alpha|=1$

Challenge

$\left|\dfrac{\alpha+z}{1+\bar{\alpha}z}\right|<1 \iff |\alpha+z|<|1+\bar{\alpha}z|$ ……①

だから

$|\alpha+z|^2<|1+\bar{\alpha}z|^2$

$(\alpha+z)(\overline{\alpha+z})<(1+\bar{\alpha}z)(\overline{1+\bar{\alpha}z})$

$(\alpha+z)(\bar{\alpha}+\bar{z})<(1+\bar{\alpha}z)(1+\alpha\bar{z})$

$\alpha\bar{\alpha}+\alpha\bar{z}+z\bar{\alpha}+z\bar{z}<1+\alpha\bar{z}+\bar{\alpha}z+\alpha\bar{\alpha}z\bar{z}$

$|\alpha|^2|z|^2-|\alpha|^2-|z|^2+1>0$

$(|\alpha|^2-1)(|z|^2-1)>0$

$|\alpha|<1$ だから　$|\alpha|^2-1<0$

よって，$|z|^2-1<0$

ゆえに，①が成り立つ必要十分条件は $|z|^2<1$

したがって，$|z|<1$ である。

125　(1)　焦点 $(3,\ 0)$，準線 $x=-3$

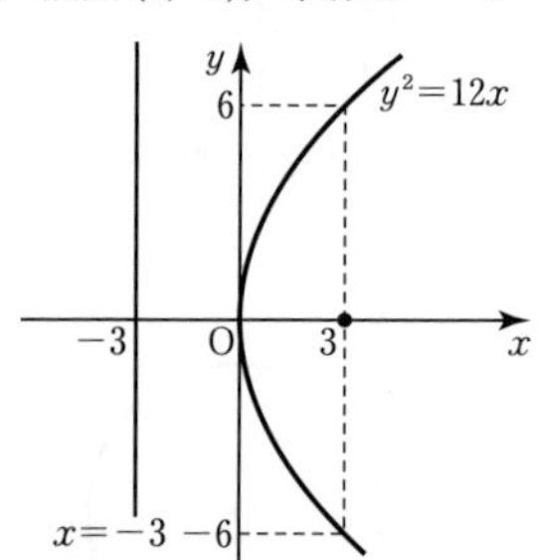

(2)　焦点 $(0,\ 1)$，準線 $y=-1$

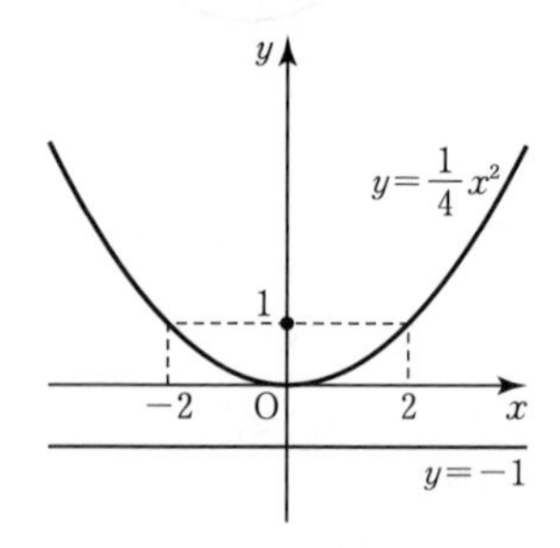

(3)　焦点 $\left(-\dfrac{3}{2},\ 0\right)$，準線 $x=\dfrac{3}{2}$

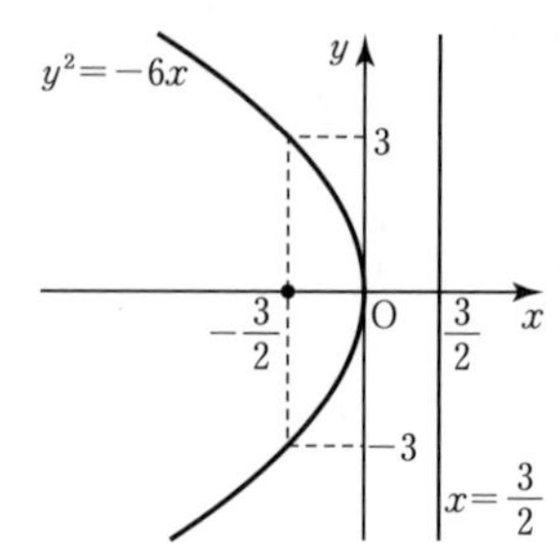

Challenge　放物線 $y^2=12(x+1)$

126　(1)　$\dfrac{x^2}{9}+\dfrac{y^2}{4}=1$　　(2)　$\dfrac{x^2}{3}+\dfrac{y^2}{4}=1$

Challenge　$\dfrac{x^2}{25}+\dfrac{y^2}{16}=1$

127　$\dfrac{x^2}{4}-\dfrac{y^2}{5}=1$

Challenge　$\dfrac{x^2}{9}-\dfrac{y^2}{36}=1$

$(3\sqrt{5},\ 0)$，$(-3\sqrt{5},\ 0)$

128　(1)　焦点 $\left(\dfrac{1}{2},\ 3\right)$，準線 $x=-\dfrac{5}{2}$

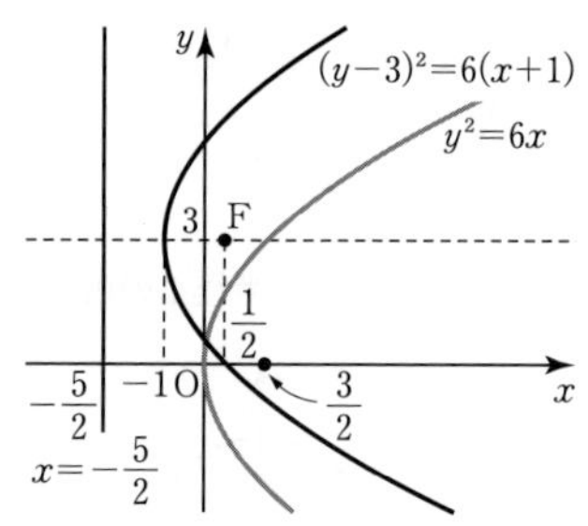

(2)　中心 $(4,\ -1)$，焦点 $(6,\ -1)$，$(2,\ -1)$

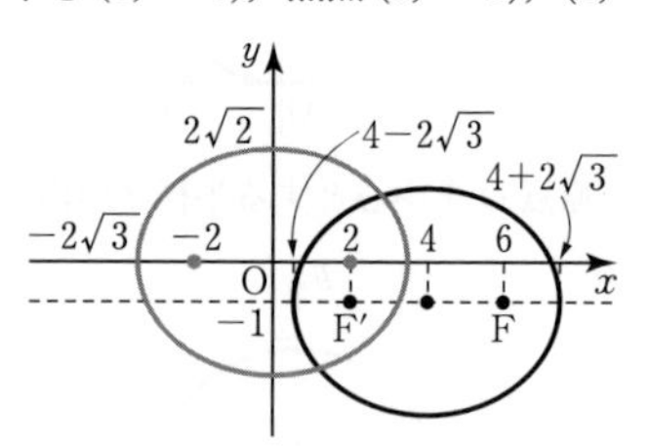

Challenge　焦点 $(3,\ 2+\sqrt{5})$，$(3,\ 2-\sqrt{5})$

漸近線 $y=\dfrac{1}{2}x+\dfrac{1}{2}$，$y=-\dfrac{1}{2}x+\dfrac{7}{2}$

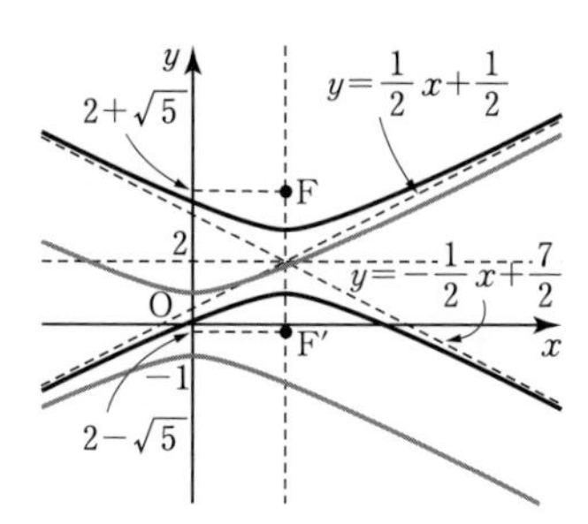

129 (1) $y=2x\pm 2\sqrt{2}$

(2) $m=\dfrac{1}{3}$, 1

Challenge $m<0$, $0<m<\dfrac{1}{3}$, $1<m$ のとき2個

$m=\dfrac{1}{3}$, 1, 0 のとき1個

$\dfrac{1}{3}<m<1$ のとき，共有点はない。

130 $\left(\pm\dfrac{\sqrt{17}}{4},\ \dfrac{1}{4}\right)$ のとき $\dfrac{3\sqrt{2}}{4}$

Challenge $a\geqq 2$ のとき $2\sqrt{a-1}$

$0<a<2$ のとき a

131 $-2\sqrt{2}<k<2\sqrt{2}$, $\mathrm{M}\left(\dfrac{k}{2},\ \dfrac{k}{4}\right)$,

$-\sqrt{2}<x<\sqrt{2}$, $y=\dfrac{1}{2}x\ (-\sqrt{2}<x<\sqrt{2})$

132 $\sqrt{2}+1$

Challenge $\dfrac{3\sqrt{2}}{2}$, $\sqrt{2}$, $6\sqrt{2}$

133

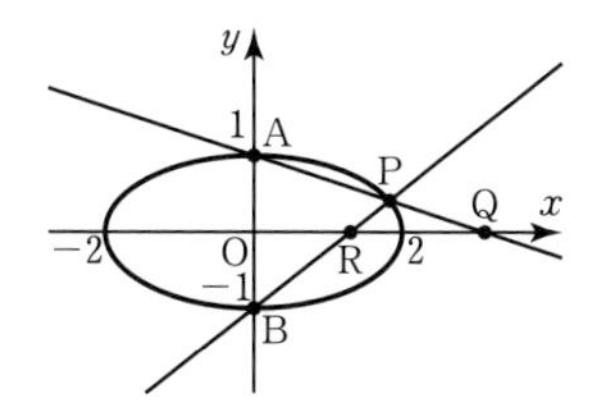

$\mathrm{P}(x_1,\ y_1)$ とおくと

直線PAの方程式は

$$y=\frac{y_1-1}{x_1}x+1$$

$y=0$ として，Qの座標は $\mathrm{Q}\left(\dfrac{x_1}{1-y_1},\ 0\right)$

直線PBの方程式は

$$y=\frac{y_1+1}{x_1}x-1$$

$y=0$ として，Rの座標は $\mathrm{R}\left(\dfrac{x_1}{1+y_1},\ 0\right)$

$$\mathrm{OQ}\cdot\mathrm{OR}=\frac{x_1}{1-y_1}\cdot\frac{x_1}{1+y_1}=\frac{{x_1}^2}{1-{y_1}^2}$$

ここで，点 $\mathrm{P}(x_1,\ y_1)$ は楕円上の点だから

$\dfrac{{x_1}^2}{4}+{y_1}^2=1$ より ${y_1}^2=1-\dfrac{{x_1}^2}{4}$ を代入して

$$\mathrm{OQ}\cdot\mathrm{OR}=\frac{{x_1}^2}{1-\left(1-\dfrac{{x_1}^2}{4}\right)}=4$$

よって，$\mathrm{OQ}\cdot\mathrm{OR}=4$ で一定である。

Challenge $\mathrm{P}(2\cos\theta,\ \sin\theta)$ とおくと

直線PAの方程式は

$$y=\frac{\sin\theta-1}{2\cos\theta}x+1$$

$y=0$ として，Qの座標は

$$\mathrm{Q}\left(\frac{2\cos\theta}{1-\sin\theta},\ 0\right)$$

直線PBの方程式は

$$y=\frac{\sin\theta+1}{2\cos\theta}x-1$$

$y=0$ として，Rの座標は

$$\mathrm{R}\left(\frac{2\cos\theta}{1+\sin\theta},\ 0\right)$$

$$\mathrm{OQ}\cdot\mathrm{OR}=\frac{2\cos\theta}{1-\sin\theta}\cdot\frac{2\cos\theta}{1+\sin\theta}$$
$$=\frac{4\cos^2\theta}{1-\sin^2\theta}=\frac{4\cos^2\theta}{\cos^2\theta}=4$$

よって，$\mathrm{OQ}\cdot\mathrm{OR}=4$ で一定である。

134 (1) $\sqrt{3}x-y=2$

(2) $(x+1)^2+(y-2)^2=5$

Challenge $\dfrac{(x-3)^2}{6}-\dfrac{y^2}{3}=1$

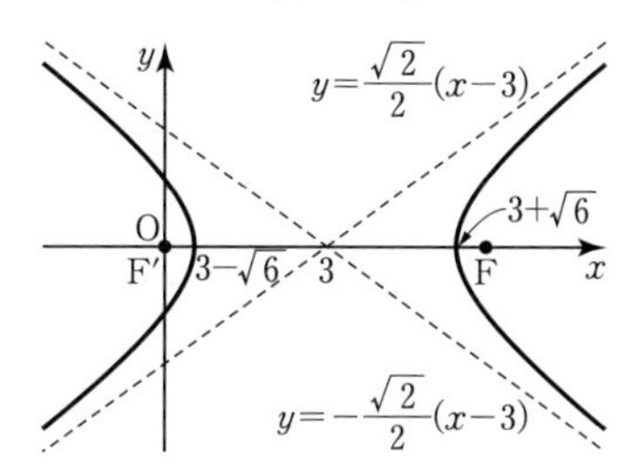

F(6, 0), F′(0, 0)

135 $r=\dfrac{3}{2+\cos\theta}$

Challenge $r=\dfrac{2}{1+\cos\theta}$

参考　曲線の媒介変数表示

●円

$$\begin{cases} \boldsymbol{x=a\cos\theta} \\ \boldsymbol{y=a\sin\theta} \end{cases}$$

・原点が中心，半径 a の円
$x^2+y^2=a^2$

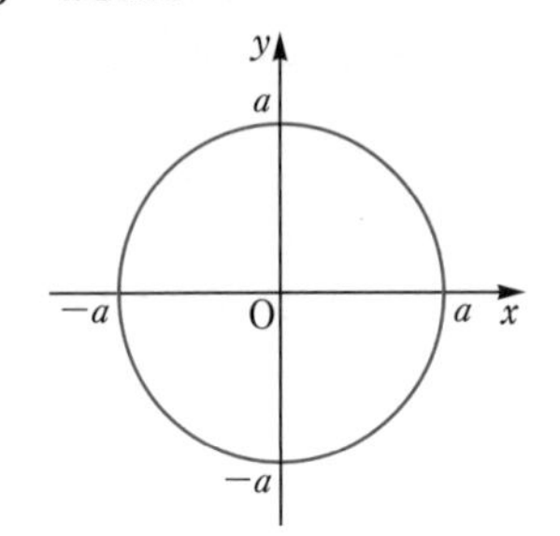

●楕円

$$\begin{cases} \boldsymbol{x=a\cos\theta} \\ \boldsymbol{y=b\sin\theta} \end{cases}$$

・頂点が $(\pm a,\ 0)$，$(0,\ \pm b)$ の楕円
$\dfrac{x^2}{a^2}+\dfrac{y^2}{b^2}=1$

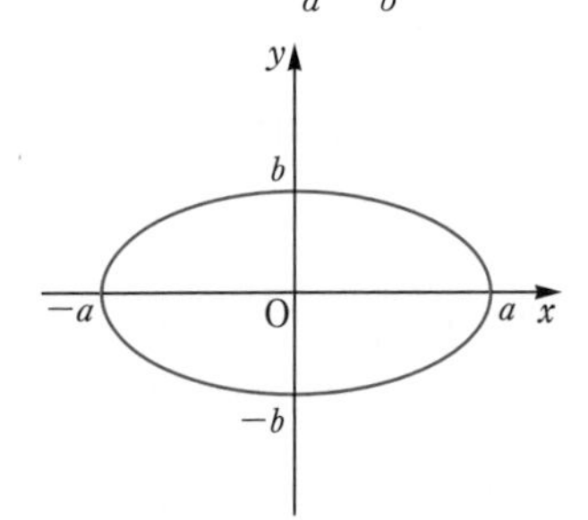

●双曲線

$$\begin{cases} \boldsymbol{x=\dfrac{a}{\cos\theta}} \\ \boldsymbol{y=b\tan\theta} \end{cases}$$

・頂点が $(\pm a,\ 0)$ で，漸近線が $y=\pm\dfrac{b}{a}x$ の双曲線
$\dfrac{x^2}{a^2}-\dfrac{y^2}{b^2}=1$

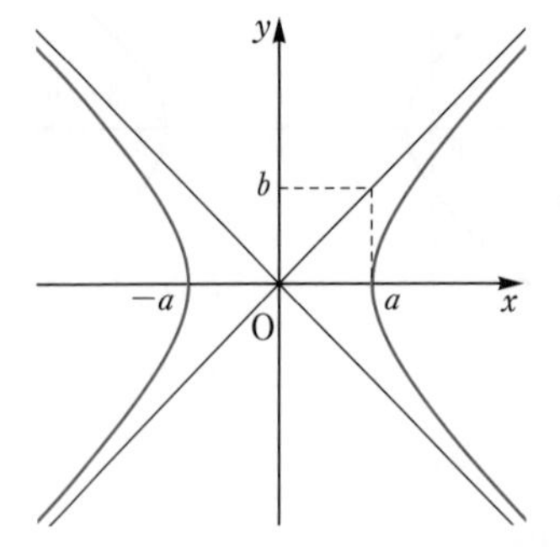

●直線

$$\begin{cases} \boldsymbol{x=x_1+ta} \\ \boldsymbol{y=y_1+tb} \end{cases}$$

・点 $(x_1,\ y_1)$ を通り，方向ベクトルが $\vec{m}=(a,\ b)$ の直線

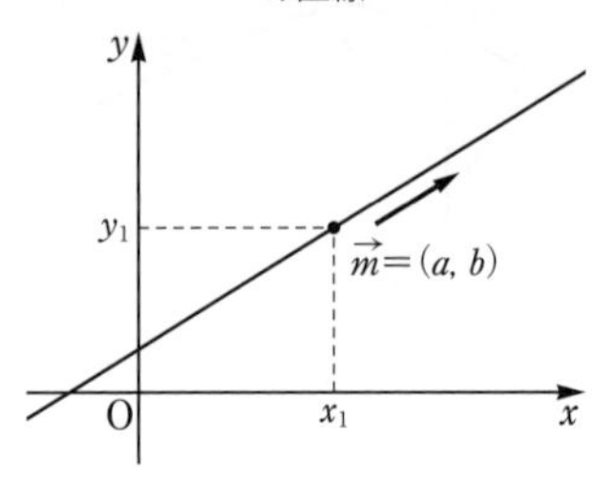

研究　円の媒介変数表示

・定点 $(-1,\ 0)$ を通る傾き t の直線と円 $x^2+y^2=1$ の交点の関係から

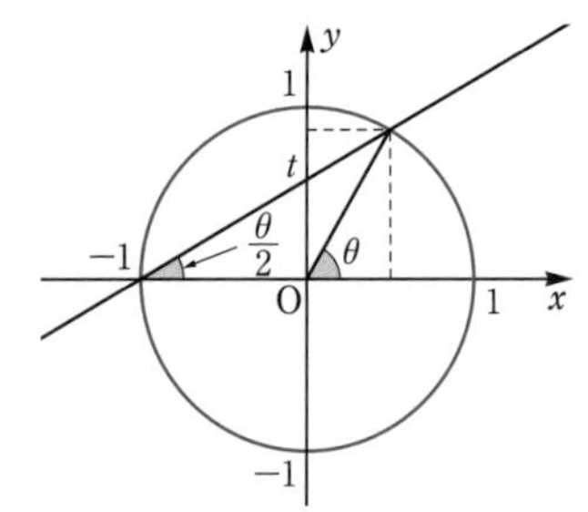

$t=\tan\dfrac{\theta}{2}$ とおくと，$\cos\theta=\dfrac{1-t^2}{1+t^2}$，

$\sin\theta=\dfrac{2t}{1+t^2}$ となるから，

円 $x^2+y^2=1$ は

$$\boldsymbol{x=\frac{1-t^2}{1+t^2},\quad y=\frac{2t}{1+t^2}}$$

と媒介変数表示できる。

ただし，点 $(-1,\ 0)$ は除く。

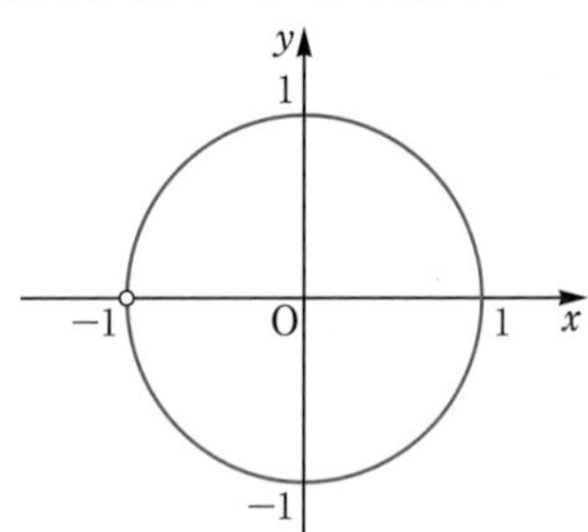

●サイクロイド

$\begin{cases} x=a(\theta-\sin\theta) \\ y=a(1-\cos\theta) \end{cases}$

・1つの円が定直線上を滑ることなく転がるとき，その円の周上の定点の軌跡。

［例］ $\begin{cases} x=\theta-\sin\theta \\ y=1-\cos\theta \end{cases}$

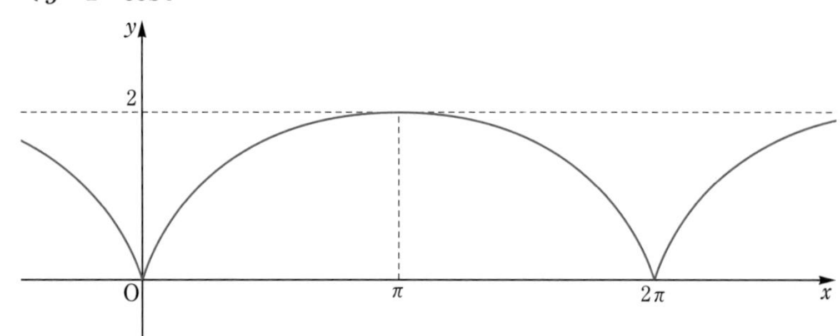

●ハイポサイクロイド

（内サイクロイド）

・定円の内側を，定円より小さい円が定円上を滑ることなく転がるとき，その円の周上の定点の軌跡。

［例］ アステロイド

$\begin{cases} x=3\cos\theta+\cos3\theta \ (=4\cos^3\theta) \\ y=3\sin\theta-\sin3\theta \ (=4\sin^3\theta) \end{cases}$

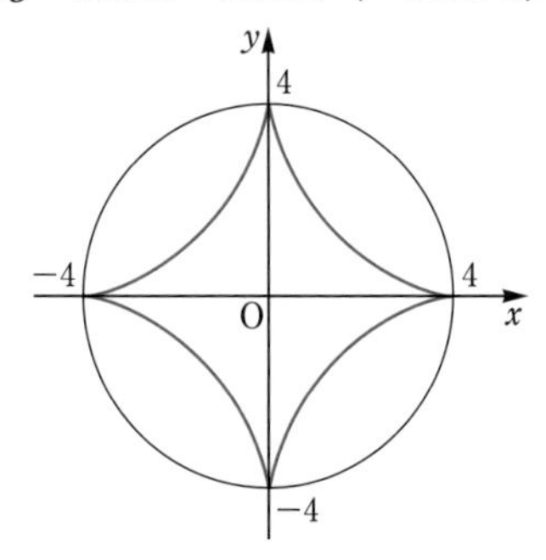

●エピサイクロイド

（外サイクロイド）

・定円の外側を，ある円が定円上を滑ることなく転がるとき，その円の周上の定点の軌跡。

［例］ カージオイド

$\begin{cases} x=2\cos\theta-\cos2\theta \\ y=2\sin\theta-\sin2\theta \end{cases}$

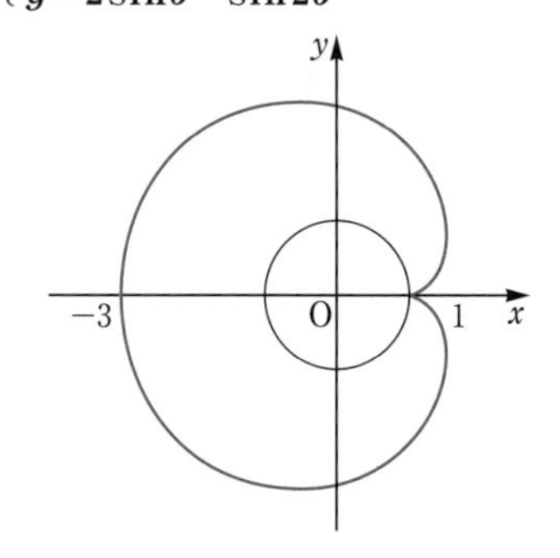

研究 ・3倍角の公式 $\begin{cases} \cos3\theta=4\cos^3\theta-3\cos\theta \\ \sin3\theta=3\sin\theta-4\sin^3\theta \end{cases}$

から，アステロイドの媒介変数表示は

$\begin{cases} x=4\cos^3\theta \\ y=4\sin^3\theta \end{cases}$ と表すことができる。

・左上のアステロイドでは，定円の半径と転がる円の半径の比は　4：1　である。

・上のカージオイドでは，定円の半径と転がる円の半径の比は　1：2　である。

参考 極方程式の表す図形

●直線 $\theta=\alpha$

・極Oを通り，始線OXとのなす角がαの直線

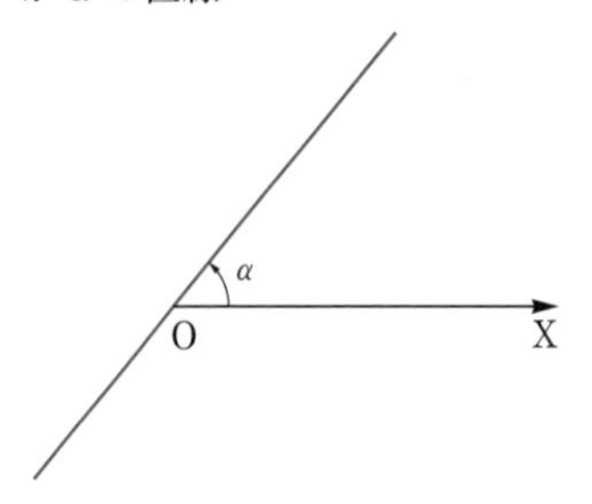

●直線 $r\cos(\theta-\alpha)=a$

・点A$(a,\ \alpha)$を通り，線分OAに垂直な直線

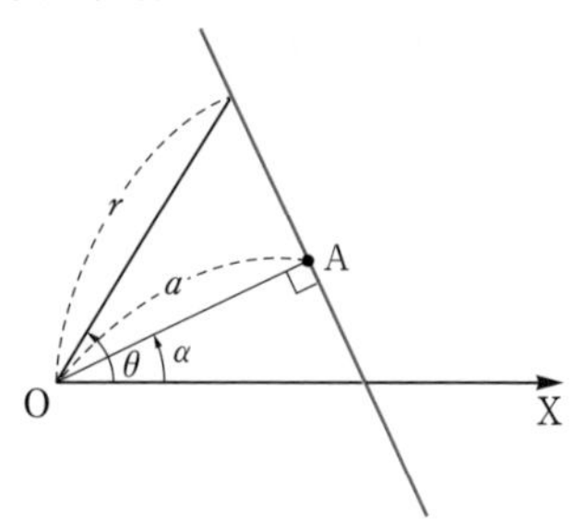

●円 $r=a$

・極Oが中心，半径aの円

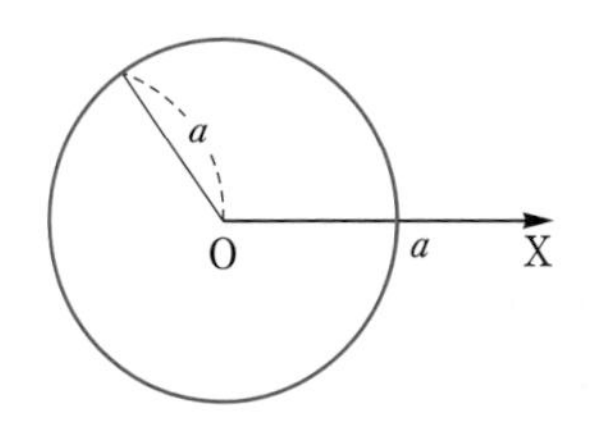

●円 $r=2a\cos\theta$

・点A$(a,\ 0)$が中心，半径aの円

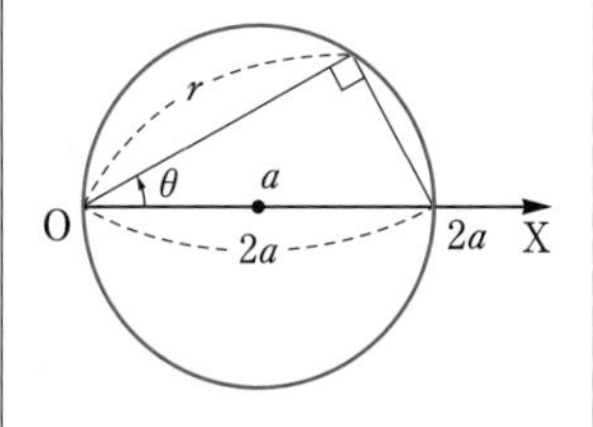

●円 $r=2a\sin\theta$

・点A$\left(a,\ \dfrac{\pi}{2}\right)$が中心，半径$a$の円

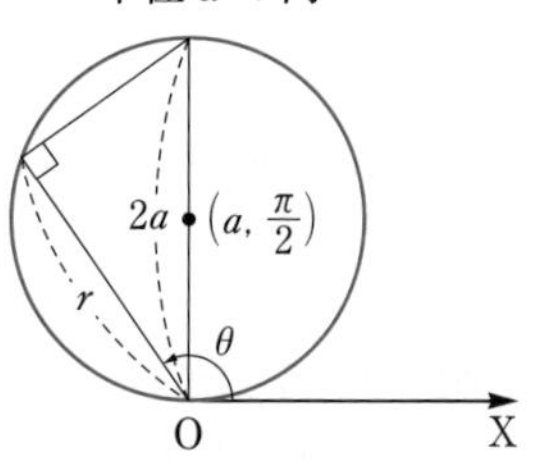

●2次曲線 $r=\dfrac{ea}{1+e\cos\theta}$ $\left(\text{または}\ \dfrac{ea}{1-e\cos\theta}\right)$

・$0<e<1$ のとき楕円

・$e=1$ のとき放物線

・$1<e$ のとき双曲線

＊$e=\dfrac{\text{OP}}{\text{PH}}$ を離心率という。

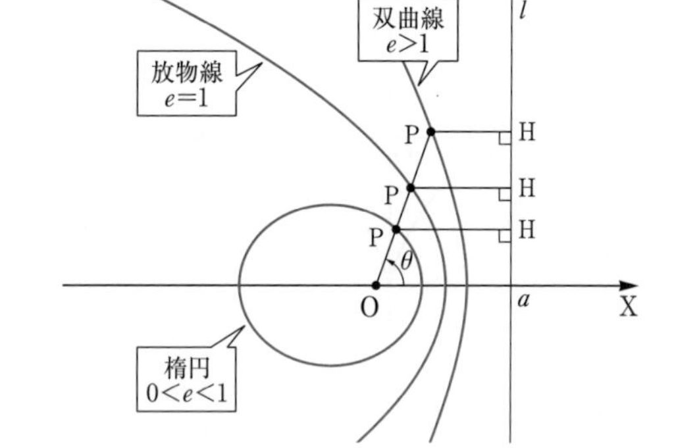

●渦巻線 $r=a\theta$

［例］ $r=\theta$

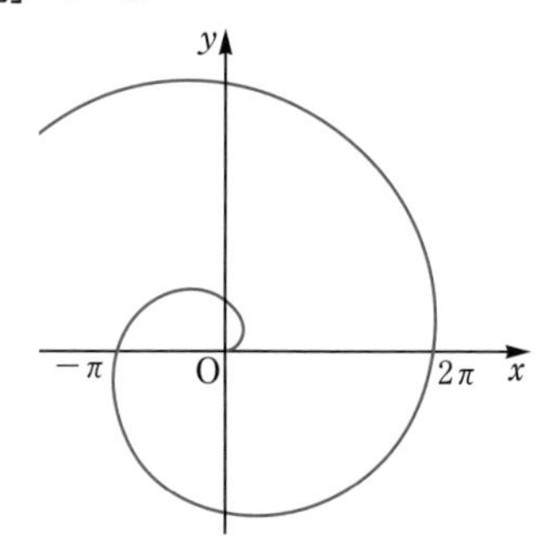

●カージオイド $r=m(1+\cos\theta)$

［例］ $r=1+\cos\theta$

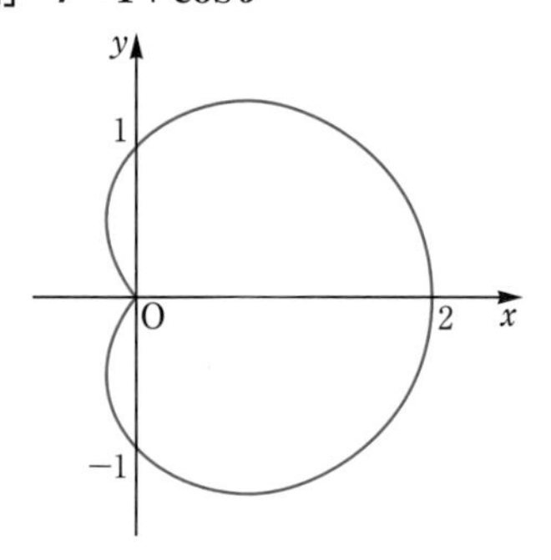

●正葉曲線 $r=\sin a\theta$

［例］ $r=\sin 2\theta$

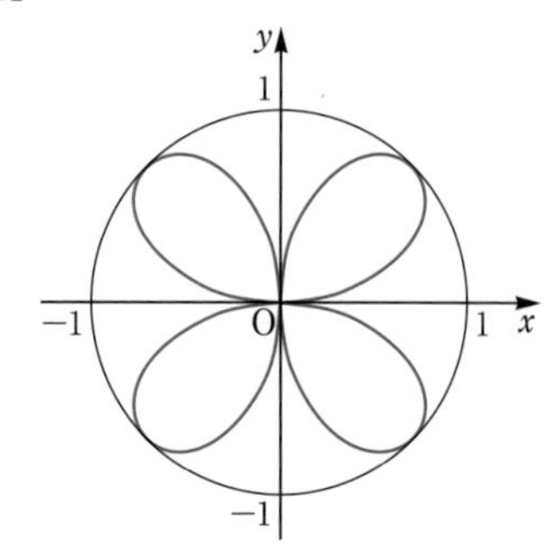

●リマソン $r=m+n\cos\theta$

［例］ $r=1+2\cos\theta$

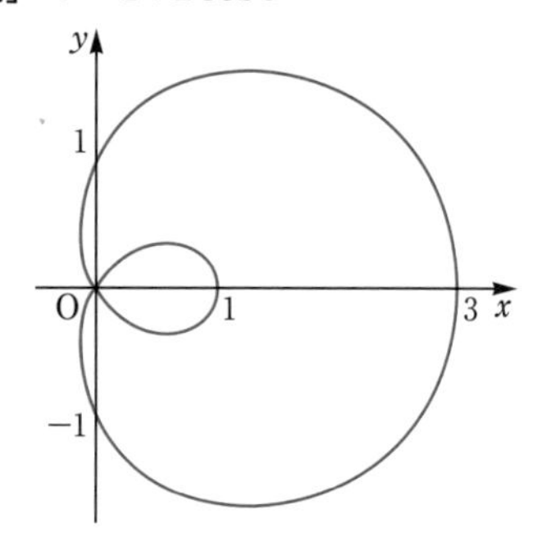

●レムニスケート $r^2=2a^2\cos 2\theta$

［例］ $r^2=\cos 2\theta$

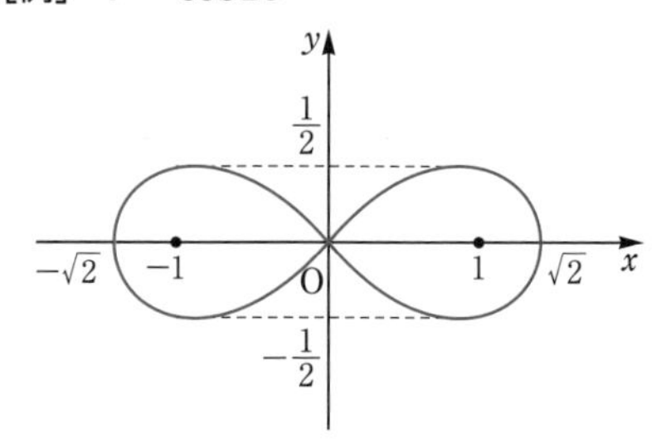

・2定点からの距離の積が一定
→レムニスケート

（・2定点からの距離の和が一定→楕円
・2定点からの距離の差が一定→双曲線）

・図は2定点 $\mathrm{F}'(-1,\ 0)$，$\mathrm{F}(1,\ 0)$ からの距離の積が一定の点の軌跡。
直交座標の方程式は
$(x^2+y^2)^2=2(x^2-y^2)$ で表される。

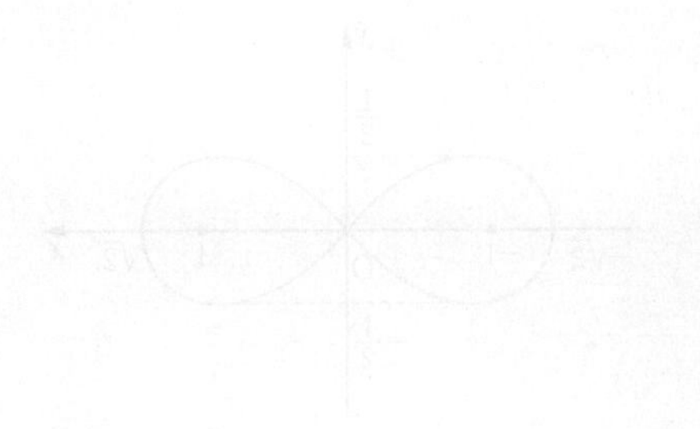

●正規分布表●

t	.00	.01	.02	.03	.04	.05	.06	.07	.08	.09
0.0	0.0000	0.0040	0.0080	0.0120	0.0160	0.0199	0.0239	0.0279	0.0319	0.0359
0.1	0.0398	0.0438	0.0478	0.0517	0.0557	0.0596	0.0636	0.0675	0.0714	0.0753
0.2	0.0793	0.0832	0.0871	0.0910	0.0948	0.0987	0.1026	0.1064	0.1103	0.1141
0.3	0.1179	0.1217	0.1255	0.1293	0.1331	0.1368	0.1406	0.1443	0.1480	0.1517
0.4	0.1554	0.1591	0.1628	0.1664	0.1700	0.1736	0.1772	0.1808	0.1844	0.1879
0.5	0.1915	0.1950	0.1985	0.2019	0.2054	0.2088	0.2123	0.2157	0.2190	0.2224
0.6	0.2257	0.2291	0.2324	0.2357	0.2389	0.2422	0.2454	0.2486	0.2517	0.2549
0.7	0.2580	0.2611	0.2642	0.2673	0.2704	0.2734	0.2764	0.2794	0.2823	0.2852
0.8	0.2881	0.2910	0.2939	0.2967	0.2995	0.3023	0.3051	0.3078	0.3106	0.3133
0.9	0.3159	0.3186	0.3212	0.3238	0.3264	0.3289	0.3315	0.3340	0.3365	0.3389
1.0	0.3413	0.3438	0.3461	0.3485	0.3508	0.3531	0.3554	0.3577	0.3599	0.3621
1.1	0.3643	0.3665	0.3686	0.3708	0.3729	0.3749	0.3770	0.3790	0.3810	0.3830
1.2	0.3849	0.3869	0.3888	0.3907	0.3925	0.3944	0.3962	0.3980	0.3997	0.4015
1.3	0.4032	0.4049	0.4066	0.4082	0.4099	0.4115	0.4131	0.4147	0.4162	0.4177
1.4	0.4192	0.4207	0.4222	0.4236	0.4251	0.4265	0.4279	0.4292	0.4306	0.4319
1.5	0.4332	0.4345	0.4357	0.4370	0.4382	0.4394	0.4406	0.4418	0.4429	0.4441
1.6	0.4452	0.4463	0.4474	0.4484	0.4495	0.4505	0.4515	0.4525	0.4535	0.4545
1.7	0.4554	0.4564	0.4573	0.4582	0.4591	0.4599	0.4608	0.4616	0.4625	0.4633
1.8	0.4641	0.4649	0.4656	0.4664	0.4671	0.4678	0.4686	0.4693	0.4699	0.4706
1.9	0.4713	0.4719	0.4726	0.4732	0.4738	0.4744	0.4750	0.4756	0.4761	0.4767
2.0	0.4772	0.4778	0.4783	0.4788	0.4793	0.4798	0.4803	0.4808	0.4812	0.4817
2.1	0.4821	0.4826	0.4830	0.4834	0.4838	0.4842	0.4846	0.4850	0.4854	0.4857
2.2	0.4861	0.4864	0.4868	0.4871	0.4875	0.4878	0.4881	0.4884	0.4887	0.4890
2.3	0.4893	0.4896	0.4898	0.4901	0.4904	0.4906	0.4909	0.4911	0.4913	0.4916
2.4	0.4918	0.4920	0.4922	0.4925	0.4927	0.4929	0.4931	0.4932	0.4934	0.4936
2.5	0.4938	0.4940	0.4941	0.4943	0.4945	0.4946	0.4948	0.4949	0.4951	0.4952
2.6	0.4953	0.4955	0.4956	0.4957	0.4959	0.4960	0.4961	0.4962	0.4963	0.4964
2.7	0.4965	0.4966	0.4967	0.4968	0.4969	0.4970	0.4971	0.4972	0.4973	0.4974
2.8	0.4974	0.4975	0.4976	0.4977	0.4977	0.4978	0.4979	0.4979	0.4980	0.4981
2.9	0.4981	0.4982	0.4982	0.4983	0.4984	0.4984	0.4985	0.4985	0.4986	0.4986
3.0	0.4987	0.4987	0.4987	0.4988	0.4988	0.4989	0.4989	0.4989	0.4990	0.4990
3.1	0.4990	0.4991	0.4991	0.4991	0.4992	0.4992	0.4992	0.4992	0.4993	0.4993
3.2	0.4993	0.4993	0.4994	0.4994	0.4994	0.4994	0.4994	0.4995	0.4995	0.4995
3.3	0.4995	0.4995	0.4995	0.4996	0.4996	0.4996	0.4996	0.4996	0.4996	0.4997
3.4	0.4997	0.4997	0.4997	0.4997	0.4997	0.4997	0.4997	0.4997	0.4997	0.4998
3.5	0.4998	0.4998	0.4998	0.4998	0.4998	0.4998	0.4998	0.4998	0.4998	0.4998

(1)　$(x-2y)^8$ の一般項は

${}_8C_r x^{8-r}(-2y)^r = {}_8C_r(-2)^r x^{8-r}y^r$

x^5y^3 の係数は $r=3$ のとき

よって，${}_8C_3(-2)^3=56\times(-8)=\mathbf{-448}$

⇦ $(-2y)^r=(-2)^r y^r$
係数と文字を分けると計算しやすい。

(2)　$(x+2y+3z)^6$ の一般項は

$$\frac{6!}{p!q!r!}x^p(2y)^q(3z)^r \quad (p+q+r=6)$$

$$=\frac{6!}{p!q!r!}\cdot 2^q\cdot 3^r x^p y^q z^r$$

xy^2z^3 の係数は $p=1$，$q=2$，$r=3$ のとき

よって，$\dfrac{6!}{1!2!3!}\cdot 2^2\cdot 3^3=60\times4\times27=\mathbf{6480}$

hallenge

$\left(2x^2-\dfrac{1}{2x}\right)^6$ の一般項は

$${}_6C_r(2x^2)^{6-r}\left(-\frac{1}{2x}\right)^r={}_6C_r2^{6-r}\cdot\left(-\frac{1}{2}\right)^r(x^2)^{6-r}\left(\frac{1}{x}\right)^r$$

$$={}_6C_r2^{6-r}\cdot\left(-\frac{1}{2}\right)^r x^{12-3r}$$

⇦ $(2x^2)^{6-r}=2^{6-r}\cdot(x^2)^{6-r}$
$=2^{6-r}x^{12-2r}$
$\left(-\dfrac{1}{2x}\right)^r=\left(-\dfrac{1}{2}\right)^r\left(\dfrac{1}{x}\right)^r$
$=\left(-\dfrac{1}{2}\right)^r\cdot x^{-r}$

x^3 の係数は $12-3r=3$　より $r=3$ のとき

よって，${}_6C_3 2^3\cdot\left(-\dfrac{1}{2}\right)^3=20\times8\times\left(-\dfrac{1}{8}\right)=\mathbf{-20}$

定数項は x^0 だから $12-3r=0$　より $r=4$ のとき

よって，${}_6C_4 2^2\left(-\dfrac{1}{2}\right)^4=15\times4\times\dfrac{1}{16}=\mathbf{\dfrac{15}{4}}$

(1)

$$\begin{array}{r}
2x^2-6x\quad+6 \\
x+3\,\overline{)\,2x^3 \qquad\quad -12x+9} \\
\underline{2x^3+6x^2 \qquad\qquad\quad} \\
-6x^2-12x \qquad \\
\underline{-6x^2-18x \qquad} \\
6x+9 \\
\underline{6x+18} \\
-9
\end{array}$$

右の計算より

商：$\mathbf{2x^2-6x+6}$

余り：$\mathbf{-9}$

別解

組立除法では

-3	2	0	-12	9
		-6	18	-18
	2	-6	6	-9

2

(2)

右の計算より

商：$\boldsymbol{x+1}$

余り：$\boldsymbol{x-4}$

$$
\begin{array}{r}
x+1 \\
x^2+x-1\overline{)\,x^3+2x^2+\ \ x-5} \\
\underline{x^3+\ \ x^2-\ \ x} \\
x^2+2x-5 \\
\underline{x^2+\ \ x-1} \\
x-4
\end{array}
$$

Challenge

割る式を B とすると

右の除法の関係式より

$x^3+2x^2-x-7=B(x-2)+3x+1$

$B(x-2)=x^3+2x^2-4x-8$

$$
\begin{array}{r}
x-2 \\
B\overline{)\,x^3+2x^2-x-7} \\
\vdots \\
\overline{3x+1}
\end{array}
$$

右の計算より

$\boldsymbol{B=x^2+4x+4}$

$$
\begin{array}{r}
x^2+4x+4 \\
x-2\overline{)\,x^3+2x^2-4x-8} \\
\underline{x^3-2x^2} \\
4x^2-4x \\
\underline{4x^2-8x} \\
4x-8 \\
\underline{4x-8} \\
0
\end{array}
$$

3

(1) $\dfrac{2x^2-8}{x^2+7x+10}\div\dfrac{x^2-5x+6}{x^2+2x-15}$

$=\dfrac{2(x+2)(x-2)}{(x+2)(x+5)}\times\dfrac{(x+5)(x-3)}{(x-2)(x-3)}$

$=\boldsymbol{2}$

(2) $\dfrac{2}{x-1}-\dfrac{2x+5}{x^2+2x-3}$

$=\dfrac{2}{x-1}-\dfrac{2x+5}{(x-1)(x+3)}$

$=\dfrac{2(x+3)}{(x-1)(x+3)}-\dfrac{2x+5}{(x-1)(x+3)}$

$=\dfrac{2x+6-(2x+5)}{(x-1)(x+3)}=\boldsymbol{\dfrac{1}{(x-1)(x+3)}}$

◀分母を因数分解する。

◀通常は分母の最小公倍数 $(x-1)(x+3)$ とする。
単に分母どうしを掛けて $(x-1)(x-1)(x+3)$ とするのはよくない。

Challenge

$\dfrac{1}{\sqrt{x}-1}-\dfrac{1}{\sqrt{x}+1}-\dfrac{2}{x+1}+\dfrac{4}{x^2+1}$

$=\dfrac{\sqrt{x}+1-(\sqrt{x}-1)}{(\sqrt{x}-1)(\sqrt{x}+1)}-\dfrac{2}{x+1}+\dfrac{4}{x^2+1}$

$=\dfrac{2}{x-1}-\dfrac{2}{x+1}+\dfrac{4}{x^2+1}$

$=\dfrac{2(x+1)-2(x-1)}{(x-1)(x+1)}+\dfrac{4}{x^2+1}$

$=\dfrac{4}{x^2-1}+\dfrac{4}{x^2+1}=\dfrac{4(x^2+1)+4(x^2-1)}{(x^2-1)(x^2+1)}=\boldsymbol{\dfrac{8x^2}{x^4-1}}$

◀通分した分母の式を考えて，項ずつ順々に計算していく。

(1) $\dfrac{1-2i}{3-i}-\dfrac{5+i}{5i}$

$=\dfrac{(1-2i)(3+i)}{(3-i)(3+i)}-\dfrac{(5+i)(-i)}{5i(-i)}$

$=\dfrac{3-5i-2i^2}{9-i^2}-\dfrac{-5i-i^2}{-5i^2}$

$=\dfrac{5-5i}{10}+\dfrac{-1+5i}{5}$

$=\dfrac{5-5i-2+10i}{10}=\mathbf{\dfrac{3}{10}+\dfrac{1}{2}}i$

共役な複素数
$a+bi$ と $a-bi$ を共役な複素数といい
$(a+bi)(a-bi)=a^2+b^2$
分母の実数化で活躍！

(2) $(a+bi)(2-i)=14+13i$

$2a+b+(-a+2b)i=14+13i$

$2a+b$，$-a+2b$ が実数だから

$\begin{cases} 2a+b=14 & \cdots\cdots ① \\ -a+2b=13 & \cdots\cdots ② \end{cases}$

①，②を解いて

$a=3$，$b=8$

①×2−②より

$\begin{array}{rl} 4a+2b=28 & \cdots ①\times 2 \\ -)\ -a+2b=13 & \cdots ② \\ \hline 5a\qquad =15 & \end{array}$

よって，$a=3$
①に代入して $b=8$

hallenge

$\dfrac{10+ai}{b+4i}=2-i$ の分母を払うと

$10+ai=(2-i)(b+4i)$

$10+ai=2b+4+(8-b)i$

a，b が実数だから

$10=2b+4$，$a=8-b$

これより，**$a=5$，$b=3$**

$b-4i$ を分母，分子に掛けて
$\dfrac{(10+ai)(b-4i)}{(b+4i)(b-4i)}=2-i$
を計算してもできるが，計算が面倒である。

①の判別式を D_1，②の判別式を D_2 とすると $D_1\geqq 0$ かつ $D_2<0$ ならばよい。

$\dfrac{D_1}{4}=(-2)^2-1\cdot(a-1)$

$=5-a\geqq 0$　より

$a\leqq 5$　……①

$D_2=a^2-4\cdot 1\cdot(a+3)$

$=(a+2)(a-6)<0$　より

$-2<a<6$　……②

①，②の共通範囲だから

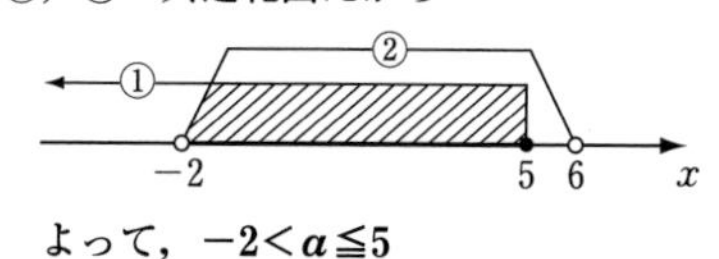

よって，**$-2<a\leqq 5$**

2次方程式の判別式 D
$ax^2+bx+c=0$ のとき
$D=b^2-4ac$
$ax^2+2b'x+c=0$ のとき
$\dfrac{D}{4}=b'^2-ac$

Challenge

$(x^2+ax+1)(x^2+x+a)=0$ より

◯ $AB=0$ のとき
$A=0$ または $B=0$

$x^2+ax+1=0$ ……①，または $x^2+x+a=0$ ……②

①の判別式を D_1，②の判別式を D_2 とすると

$D_1=a^2-4=(a+2)(a-2)$

$D_2=1-4a$

(i) $D_1>0$ かつ $D_2<0$ のとき

$D_1=(a+2)(a-2)>0$ より $a<-2,\ 2<a$ ……③

$D_2=1-4a<0$ より $a>\frac{1}{4}$ ……④

③，④の共通範囲だから

$a>2$

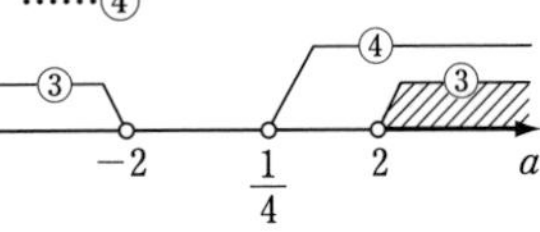

(ii) $D_1<0$ かつ $D_2>0$ のとき

$D_1=(a+2)(a-2)<0$ より $-2<a<2$ ……⑤

$D_2=1-4a>0$ より $a<\frac{1}{4}$ ……⑥

⑤，⑥の共通範囲だから

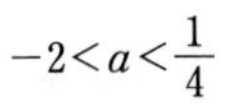
$-2<a<\frac{1}{4}$

よって，(i)，(ii)より

◯ (i)，(ii)はどちらも解になる。

$\boldsymbol{-2<a<\frac{1}{4},\ 2<a}$

6 $x^2-3x+4=0$ について，解と係数の関係より

$\alpha+\beta=3,\ \alpha\beta=4$ だから

(1) $\alpha^2+\beta^2=(\alpha+\beta)^2-2\alpha\beta$

$=3^2-2\cdot4=9-8=\mathbf{1}$

(2) $\alpha^3+\beta^3=(\alpha+\beta)^3-3\alpha\beta(\alpha+\beta)$

$=3^3-3\cdot4\cdot3=27-36=\mathbf{-9}$

(3) $\frac{\beta}{\alpha-1}+\frac{\alpha}{\beta-1}=\frac{\beta(\beta-1)+\alpha(\alpha-1)}{(\alpha-1)(\beta-1)}$

$=\frac{\alpha^2+\beta^2-(\alpha+\beta)}{\alpha\beta-(\alpha+\beta)+1}=\frac{1-3}{4-3+1}=\mathbf{-1}$

基本対称式の変形

$x^2+y^2=(x+y)^2-2xy$

$x^3+y^3=(x+y)^3-3xy(x+y)$

◯ 別解

$\alpha^3+\beta^3=(\alpha+\beta)(\alpha^2-\alpha\beta+\beta^2)$

$=3(1-4)=\mathbf{-9}$

$\alpha^2+\beta^2$ の値がわかっているときは上のような変形でもよい。

Challenge

$x^2+px-p-1=0$ について，解と係数の関係より

$\alpha+\beta=-p,\ \alpha\beta=-p-1$ だから

$\frac{1}{\alpha^2}+\frac{1}{\beta^2}=\frac{\alpha^2+\beta^2}{\alpha^2\beta^2}=\frac{(\alpha+\beta)^2-2\alpha\beta}{(\alpha\beta)^2}$

$=\frac{(-p)^2-2(-p-1)}{(-p-1)^2}$

$=\frac{p^2+2p+2}{(p+1)^2}=\frac{10}{9}$

$9(p^2+2p+2)=10(p^2+2p+1)$

$p^2+2p-8=0$

$(p+4)(p-2)=0$

p は正だから

$p=2$

このとき

$x^2+2x-3=0$ より

$(x+3)(x-1)=0$　ゆえに，$x=-3,\ 1$

よって，$\boldsymbol{p=2,\ \alpha=-3,\ \beta=1}$

← α，β は p の値をもとの方程式 $x^2+px-p-1=0$ に代入して，解を求める。

(1)　$\alpha+\beta=2$，$\alpha\beta=5$　だから α，β は

$x^2-2x+5=0$　の2つの解である。

$x=-(-1)\pm\sqrt{(-1)^2-5}$

$=1\pm2i$

よって，$\boldsymbol{1+2i,\ 1-2i}$

← $x^2-(\alpha+\beta)x+\alpha\beta=0$

← $ax^2+2b'x+c=0$ の解の公式 $x=\dfrac{-b'\pm\sqrt{b'^2-ac}}{a}$ を利用した。

(2)　解と係数の関係より

$-a=\dfrac{1+\sqrt{3}i}{2}+\dfrac{1-\sqrt{3}i}{2}=1$

$b=\dfrac{1+\sqrt{3}i}{2}\cdot\dfrac{1-\sqrt{3}i}{2}=\dfrac{1-3i^2}{4}=1$

よって，$\boldsymbol{a=-1,\ b=1}$

← $x=\dfrac{1\pm\sqrt{3}i}{2}$ は $x^2-x+1=0$ の解である。

hallenge

解と係数の関係より

$x^2-3x+9=0$ について

$\alpha+\beta=3$，$\alpha\beta=9$

$x^2-ax+b=0$ の解が $\alpha+3$，$\beta+3$ だから

$(\alpha+3)+(\beta+3)=a$

$(\alpha+3)(\beta+3)=b$

よって，$a=(\alpha+\beta)+6=3+6=\boldsymbol{9}$

$b=\alpha\beta+3(\alpha+\beta)+9$

$=9+3\cdot3+9=\boldsymbol{27}$

解の比が1：4だから2つの解を α，4α とおくと，解と係数の関係より

$$\begin{cases}\alpha+4\alpha=k & \cdots\cdots① \\ \alpha\cdot4\alpha=-2k+6 & \cdots\cdots②\end{cases}$$

①より $\alpha=\dfrac{k}{5}$ として②に代入すると

$4\left(\dfrac{k}{5}\right)^2=-2k+6$

$2k^2=-25k+75$

$2k^2+25k-75=0$

$(2k-5)(k+15)=0$　より　$k=\frac{5}{2}$, -15

よって,

$k=-15$ のとき　$\alpha=-3$　だから解は -3, -12

$k=\frac{5}{2}$ のとき　$\alpha=\frac{1}{2}$　だから解は $\frac{1}{2}$, 2

別解

①より $k=5\alpha$ として②に代入すると

$4\alpha^2=-10\alpha+6$

$2\alpha^2+5\alpha-3=0$　$(\alpha+3)(2\alpha-1)=0$　より

$\alpha=-3,\ \frac{1}{2}$

$\alpha=-3$ のとき $k=-15$

$\alpha=\frac{1}{2}$ のとき $k=\frac{5}{2}$　として求めてもよい。

Challenge

解の条件より2つの解を α, $\alpha+5$ とおくと, 解と係数の関係より

$$\begin{cases}\alpha+(\alpha+5)=p & \cdots\cdots① \\ \alpha(\alpha+5)=24 & \cdots\cdots②\end{cases}$$

②より

$\alpha^2+5\alpha-24=0$

$(\alpha+8)(\alpha-3)=0$

ゆえに, $\alpha=-8$, 3

①に代入して

$\alpha=-8$ のとき　$p=-11$ ($p>0$ より不適)

$\alpha=3$ のとき　$p=11$ ($p>0$ を満たす)

よって, **$p=11$**

9 (1)　$P(x)=x^3+Ax^2+Bx+4$ とおくと

$x+1$ で割り切れるから

$P(-1)=-1+A-B+4=0$　より

$A-B=-3$　$\cdots\cdots①$

$x-2$ で割ると -6 余るから

$P(2)=2^3+A\cdot2^2+B\cdot2+4=-6$　より

$2A+B=-9$　$\cdots\cdots②$

①, ②を解いて

$A=-4$, $B=-1$

注意
$x+1$ で割った余りを
~~$P(1)$~~ としない。
$P(x)$ を $x-\alpha$ で割ったときの余りは $P(\alpha)$

(2)　$P(x)=2x^3+ax^2-bx-14$ とおくと

$x^2-4=(x+2)(x-2)$ で割り切れるとき

$P(x)$ は $x+2$, $x-2$ で割り切れるから

$P(-2)=-16+4a+2b-14=0$　より

$2a+b=15$　$\cdots\cdots①$

整式 $P(x)$ が $(x-\alpha)(x-\beta)$ で割り切れる。
⇕
$P(x)$ は $x-\alpha$ かつ $x-\beta$ で割り切れる。

$P(2)=16+4a-2b-14=0$ より

$2a-b=-1$ ……②

①，②を解いて

$a=\frac{7}{2}$，$b=8$

hallenge

$P(x)$ を x^2-x-2 で割ったときの商を $Q(x)$ とすると

$P(x)=(x^2-x-2)Q(x)+2x+5$

$=(x+1)(x-2)Q(x)+2x+5$ と表せる。

$P(x)$ を $x-2$ で割った余りは

$P(2)=2\cdot2+5=$**9**

$P(x)$ を $x+1$ で割った余りは

$P(-1)=2\cdot(-1)+5=$**3**

$P(x)$ を割る x^2-x-2 は因数分解して $(x+1)(x-2)$ としておくと $x=-1$ または $x=2$ を代入して 0 になることがすぐわかる。

$P(x)$ を $(x-2)(x+3)$ で割ったときの商を $Q(x)$，余りを $ax+b$ とすると

$P(x)=(x-2)(x+3)Q(x)+ax+b$ と表せる。

$P(2)=3$，$P(-3)=-7$ だから

$P(2)=2a+b=3$ ……①

$P(-3)=-3a+b=-7$ ……②

①，②を解いて　$a=2$，$b=-1$

よって，余りは $\mathbf{2x-1}$

hallenge

$f(x)$ を $(x-1)(x-2)(x-3)$ で割ったときの商を $Q(x)$，余りを ax^2+bx+c とすると

$f(x)=(x-1)(x-2)(x-3)Q(x)+ax^2+bx+c$

と表せる。

また，$f(1)=1$ であり

$f(x)$ を $(x-2)(x-3)$ で割ったときの余りが 5 だから

$f(2)=5$，$f(3)=5$

である。したがって，

$P(1)=a+b+c=1$ ……①

$P(2)=4a+2b+c=5$ ……②

$P(3)=9a+3b+c=5$ ……③

①，②，③を解いて

$a=-2$，$b=10$，$c=-7$

よって，余りは $\mathbf{-2x^2+10x-7}$

$(x-1)(x-2)(x-3)$ は 3 次式だから，3 次式で割った余りは，2 次式 ax^2+bx+c とおく。

$f(x)$ を $(x-2)(x-3)$ で割った余りが 5 だから $f(x)$ を $x-2$，$x-3$ で割った余りも 5 である。

②−①より $3a+b=4$
③−②より $5a+b=0$
これより $a=-2$，$b=10$

11 (1) $P(x)=x^3+6x^2+3x-10$ とおくと

$P(1)=1+6+3-10=0$ だから

$P(x)$ は $x-1$ を因数にもつ。

$P(x)=(x-1)(x^2+7x+10)$

$=(x-1)(x+2)(x+5)$

$P(x)=0$ の解は

$(x-1)(x+2)(x+5)=0$

よって，$\boldsymbol{x=1,\ -2,\ -5}$

(2) $P(x)=2x^3+x^2+x-1$ とおくと

$P\left(\frac{1}{2}\right)=\frac{1}{4}+\frac{1}{4}+\frac{1}{2}-1=0$ だから

$P(x)$ は $2x-1$ を因数にもつ。

$P(x)=(2x-1)(x^2+x+1)$

$P(x)=0$ の解は

$(2x-1)(x^2+x+1)=0$ より

$2x-1=0,\ x^2+x+1=0$

よって，$\boldsymbol{x=\frac{1}{2},\ \frac{-1\pm\sqrt{3}i}{2}}$

$x-1$ で割る筆算：商 $x^2+7x+10$，$x^3+6x^2+3x-10$，x^3-x^2，$7x^2+3x$，$7x^2-7x$，$10x-10$，$10x-10$，0

組立除法で計算

1	1	6	3	−
		1	7	
	1	7	10	

$2x-1$ で割る筆算：商 x^2+x+1，$2x^3+x^2+x-1$，$2x^3-x^2$，$2x^2+x$，$2x^2-x$，$2x-1$，$2x-1$，0

Challenge

$P(x)=x^3+ax^2-ax+7$ とおくと

$x=-1$ が解だから

$P(-1)=(-1)^3+a(-1)^2-a(-1)+7=2a+6=0$

ゆえに，$a=-3$

このとき

$P(x)=x^3-3x^2+3x+7$

$=(x+1)(x^2-4x+7)$

$P(x)=0$ より

$x+1=0,\quad x^2-4x+7=0$

ゆえに，$x=-1,\ x=2\pm\sqrt{2^2-1\cdot7}$

$=2\pm\sqrt{3}i$

よって，$\boldsymbol{a=-3}$，**他の解は** $\boldsymbol{2\pm\sqrt{3}i}$

$x+1$ で割る筆算：商 x^2-4x+7，x^3-3x^2+3x+7，x^3+x^2，$-4x^2+3x$，$-4x^2-4x$，$7x+7$，$7x+7$，0

組立除法で計算

−1	1	−3	3	
		−1	4	
	1	−4	7	

$ax^2+2b'x+c=0$

$x=\frac{-b'\pm\sqrt{b'^2-ac}}{a}$

12 $x^3+(a-2)x^2-4a=0$

$P(x)=x^3+(a-2)x^2-4a$ とおくと

$P(2)=8+4a-8-4a=0$ だから

$P(x)$ は $x-2$ を因数にもつ。

よって，$(x-2)(x^2+ax+2a)=0$

(i) $x^2+ax+2a=0$ が重解をもつとき，判別式を D とすると

$D=a^2-8a=a(a-8)=0$ より $a=0,\ 8$

$a=0$ のとき $x^2=0$ より 重解は $x=0$

$a=8$ のとき $x^2+8x+16=0$

$(x+4)^2=0$ より 重解は $x=-4$

(ii) $x^2+ax+2a=0$ が $x=2$ を解にもつとき，
$4+2a+2a=0$ より $a=-1$
このとき，$x^2-x-2=0$
$(x-2)(x+1)=0$ となり
$x=2$（重解）と $x=-1$ を解にもつから適する。

◯ 与式は $(x-2)^2(x+1)=0$ となる。

よって，(i)，(ii)より $\boldsymbol{a=0,\ 8,\ -1}$

hallenge

$x^3+ax^2+3bx+2b=0$ に $x=-2$ を代入して
$-8+4a-6b+2b=0$ より $a-b=2$
このとき，方程式は $b=a-2$ を代入して
$x^3+ax^2+3(a-2)x+2(a-2)=0$
$(x+2)\{x^2+(a-2)x+a-2\}=0$
$x^2+(a-2)x+a-2=0$ ……①

◯ $x=-2$ が解だから $x+2$ を因数にもつ。

(i) ①が虚数解をもてばよいから，判別式を D とすると
$D=(a-2)^2-4(a-2)$
$=a^2-8a+12=(a-2)(a-6)<0$ より
$2<a<6$

◯ 判別式 $D<0$ のとき，2つの虚数解をもつ。

(ii) ①が $x=-2$ を重解にもてばよいから
$D=0$ より $a=2,\ 6$

◯ 判別式 $D=0$ のとき重解をもつ。

$a=2$ のとき，$x^2=0$ より重解は $x=0$ なので不適。
$a=6$ のとき，$(x+2)^2=0$ より重解は $x=-2$ なので適する。

◯ $a=6$ のとき，与式は $(x+2)^3=0$ となる。

よって，(i)，(ii)より $\boldsymbol{2<a\leqq 6}$

$x=1+3i$ が解だから，方程式に代入して
$(1+3i)^3+a(1+3i)+b=0$
$(-26-18i)+a+3ai+b=0$
$(a+b-26)+(3a-18)i=0$
$a+b-26$，$3a-18$ は実数だから
$a+b-26=0$，$3a-18=0$ より $\boldsymbol{a=6,\ b=20}$
このとき
$x^3+6x+20=0$
$(x+2)(x^2-2x+10)=0$ より
$x+2=0$，$x^2-2x+10=0$
$x=-2$，$x=1\pm 3i$
よって，$\boldsymbol{x=-2,\ 1-3i}$

◯ $x=-2$ を代入すると
$-8-12+20=0$

hallenge

方程式の係数が実数だから $1+3i$ が解のとき，$1-3i$ も解である。
3つの解を $1+3i$，$1-3i$，γ とすると，解と係数の関係より
$(1+3i)+(1-3i)+\gamma=0$ ……①
$(1+3i)(1-3i)+(1-3i)\gamma+\gamma(1+3i)=a$ ……②
$(1+3i)(1-3i)\gamma=-b$ ……③

①より　$\gamma=-2$

②，③に代入して　$\boldsymbol{a=6,\ b=20}$

以下，上の解答と同様（2つの解答はどちらが先でもよい。）

14 (1) $(x+a)(x-2)+(x+b)(x+3)=2x^2+5x-3$

$x^2+(a-2)x-2a+x^2+(b+3)x+3b=2x^2+5x-3$

$2x^2+(a+b+1)x-2a+3b=2x^2+5x-3$

両辺の係数を比較して

$a+b+1=5$　……①

$-2a+3b=-3$　……②

①，②を解いて，

$\boldsymbol{a=3,\ b=1}$

(2) $(x+a)(x-1)+(2x+b)x+c(x-1)^2=5x^2$

$x^2+(a-1)x-a+2x^2+bx+cx^2-2cx+c=5x^2$

$(c+3)x^2+(a+b-2c-1)x-a+c=5x^2$

両辺の係数を比較して

$c+3=5$　……①

$a+b-2c-1=0$　……②

$-a+c=0$　……③

①，②，③を解いて

$\boldsymbol{a=2,\ b=3,\ c=2}$

①，②，③のすべてを満たすことを確認する。

別解

与式に $x=0,\ 1,\ 2$ を代入して

$x=0$：$-a+c=0$　……①

$x=1$：$2+b=5$　……②

$x=2$：$2+a+8+2b+c=20$

$a+2b+c=10$　……③

①，②，③を解いて

$\boldsymbol{a=2,\ b=3,\ c=2}$（このとき与式は恒等式になる。）

（与式に代入する x の値は $x=0,\ 1,\ 2$ 以外の値でもよい。）

代入法は必要条件だけから求め解答なので，（このとき与式は等式になる。）とことわってお とよい。

Challenge

$$\frac{5x+7}{x^2+3x+2}=\frac{a}{x+1}+\frac{b}{x+2}$$

$$\frac{5x+7}{(x+1)(x+2)}=\frac{a}{x+1}+\frac{b}{x+2}$$

両辺に $(x+1)(x+2)$ を掛けて，分母を払うと

$$5x+7=a(x+2)+b(x+1)$$
$$=(a+b)x+2a+b$$

両辺を比較して

$a+b=5$　……①

$2a+b=7$　……②

①，②を解いて　$\boldsymbol{a=2,\ b=3}$

分数式の恒等式では分母の最 公倍数を両辺に掛けて，分 払って考えると，整式と同 できる。

5　$a=\dfrac{1}{b}$ として与式に代入すると

$$(\text{左辺})=\frac{1}{a(b-1)}-\frac{1}{b-1}=\frac{1}{\frac{1}{b}(b-1)}-\frac{1}{b-1}$$

$$=\frac{1}{1-\frac{1}{b}}-\frac{1}{b-1}=\frac{b}{b-1}-\frac{1}{b-1}$$

$$=\frac{b-1}{b-1}=1=(\text{右辺})$$

よって，(左辺)=(右辺) で成り立つ。

◀ $b=\dfrac{1}{a}$ として，代入してもよい。

Challenge

$a+b+c=0$ より　$c=-a-b$ として
与式に代入する。

$a^3+b^3+c^3+3(a+b)(b+c)(c+a)$
$=a^3+b^3+(-a-b)^3+3(a+b)(b-a-b)(-a-b+a)$
$=a^3+b^3-(a^3+3a^2b+3ab^2+b^3)+3(a+b)(-a)(-b)$
$=-3a^2b-3ab^2+3a^2b+3ab^2$
$=0$　よって，与式は成り立つ。

◀ 1 文字を消去する方針で考えた。

別解

$a+b+c=0$ より
$a+b=-c$，$b+c=-a$，$c+a=-b$
として与式に代入すると
$a^3+b^3+c^3+3(-c)(-a)(-b)$
$=a^3+b^3+c^3-3abc$
$=(a+b+c)(a^2+b^2+c^2-ab-bc-ca)$
$=0$　($a+b+c=0$ より)

◀ このような代入方法はよくあり，劇的に解決することもある。しかし，この問題ではこの因数分解を知らないと，あまり効果的ではない。

6　(1)　$(a+b)(a^3+b^3)-(a^2+b^2)^2$
$=a^4+ab^3+a^3b+b^4-(a^4+2a^2b^2+b^4)$
$=ab^3+a^3b-2a^2b^2$
$=ab(a^2-2ab+b^2)$
$=ab(a-b)^2\geqq 0$
よって，$(a+b)(a^3+b^3)\geqq(a^2+b^2)^2$
等号は $a=b$ のとき。

(2)　$\left(x+\dfrac{9}{y}\right)\left(y+\dfrac{1}{x}\right)=xy+1+9+\dfrac{9}{xy}$
$=10+xy+\dfrac{9}{xy}$

ここで，$xy>0$，$\dfrac{9}{xy}>0$ だから
(相加平均)≧(相乗平均) より
$$xy+\frac{9}{xy}\geqq 2\sqrt{xy\cdot\frac{9}{xy}}=6$$

◀ (相加)≧(相乗) の関係を使うときは，必ず 2 数が正であることを確認する（解答に書く）。

$\left(\text{等号は } xy=\dfrac{9}{xy} \text{ より } xy=3 \text{ のとき}\right)$

よって，$\left(x+\dfrac{9}{y}\right)\left(y+\dfrac{1}{x}\right)\geqq 10+6=16$

等号は $xy=3$ のとき。

Challenge

x^2-4x+y^2+2y+5
$=(x^2-4x)+(y^2+2y)+5$
$=(x-2)^2-4+(y+1)^2-1+5$
$=(x-2)^2+(y+1)^2\geqq 0$

よって，$x^2-4x+y^2+2y+5\geqq 0$

等号は $x=2$，$y=-1$ のとき。

x と y について，別々に平方完をする。(円の標準形に変形す方法と同じ。)

17 $AB=\sqrt{(9+3)^2+(5+7)^2}$
$=\sqrt{12^2+12^2}=\mathbf{12\sqrt{2}}$

5：3 に内分する点を $(x,\ y)$ とすると

$x=\dfrac{3\cdot(-3)+5\cdot 9}{5+3}=\dfrac{36}{8}=\dfrac{9}{2}$

$y=\dfrac{3\cdot(-7)+5\cdot 5}{5+3}=\dfrac{4}{8}=\dfrac{1}{2}$

よって，内分する点は $\left(\dfrac{9}{2},\ \dfrac{1}{2}\right)$

5：3 に外分する点を $(x,\ y)$ とすると

$x=\dfrac{-3\cdot(-3)+5\cdot 9}{5-3}=\dfrac{54}{2}=27$

$y=\dfrac{-3\cdot(-7)+5\cdot 5}{5-3}=\dfrac{46}{2}=23$

よって，外分する点は **(27，23)**

C$(x,\ y)$ とおくと

$\dfrac{-3+9+x}{3}=3$，$\dfrac{-7+5+y}{3}=1$ より

$x=3$，$y=5$

よって，**(3，5)**

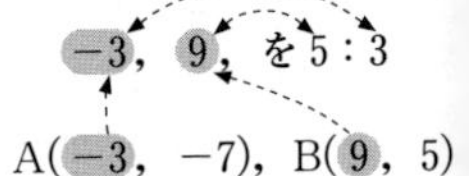

x 座標，y 座標を別々に取り出て，計算しないと，ミスしやすから注意しよう。

外分点の公式は，内分点の公で $n\to -n$ にしたもの。

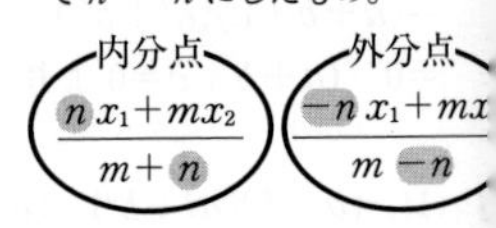

A$(x_1,\ y_1)$，B$(x_2,\ y_2)$，C$(x_3,\ y_3)$
の △ABC の重心 G は
$G\left(\dfrac{x_1+x_2+x_3}{3},\ \dfrac{y_1+y_2+y_3}{3}\right)$

Challenge

B$(x,\ y)$ とおくと，3 辺の長さが等しいから

$OA=AB=OB$ より $OA^2=AB^2=OB^2$

$OA^2=(-2-0)^2+(-1-0)^2=5$

$AB^2=(x+2)^2+(y+1)^2$
$=x^2+y^2+4x+2y+5$

$OB^2=x^2+y^2$

$OA^2=OB^2$ より

$x^2+y^2=5$ ……①

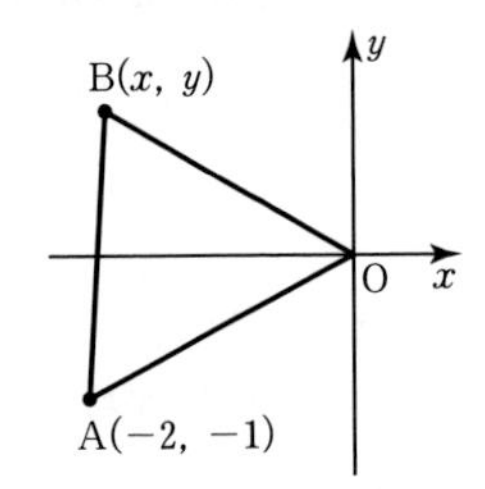

$AB^2=OB^2$ より

$4x+2y+5=0$ ……②

②より $y=-2x-\frac{5}{2}$ として①に代入すると

$x^2+\left(-2x-\frac{5}{2}\right)^2=5$

$x^2+4x^2+10x+\frac{25}{4}=5$

$4x^2+8x+1=0$

$x=\frac{-4\pm\sqrt{16-4}}{4}=\frac{-4\pm\sqrt{12}}{4}$

$=\frac{-4\pm2\sqrt{3}}{4}=-1\pm\frac{\sqrt{3}}{2}$

$x=-1+\frac{\sqrt{3}}{2}$ のとき，$y=-\frac{1}{2}-\sqrt{3}$

$x=-1-\frac{\sqrt{3}}{2}$ のとき，$y=-\frac{1}{2}+\sqrt{3}$

点 B は第 2 象限だから

$\mathbf{B\left(-1-\frac{\sqrt{3}}{2},\ -\frac{1}{2}+\sqrt{3}\right)}$

◯ $5x^2+10x+\frac{5}{4}=0$ ）$\times\frac{4}{5}$
$4x^2+8x+1=0$

$ax^2+2b'x+c=0$
$x=\frac{-b'\pm\sqrt{b'^2-ac}}{a}$

◯ $y=-2\left(-1\pm\frac{\sqrt{3}}{2}\right)-\frac{5}{2}$
$=-\frac{1}{2}\mp\sqrt{3}$
（複号同順）

3 (1)　$y-6=-3(x+4)$　よって，$\boldsymbol{y=-3x-6}$

(2)　$y-(-7)=\frac{13-(-7)}{3-(-1)}(x+1)$

$y=5(x+1)-7$　よって，$\boldsymbol{y=5x-2}$

(3)　右図のように点 A を通って，辺 BC の中点を通る直線の方程式を求めればよい。
BC の中点の座標は

$\left(\frac{4+2}{2},\ \frac{1+7}{2}\right)=(3,\ 4)$ だから

$y-2=\frac{4-2}{3-1}(x-1)$　よって，$\boldsymbol{y=x+1}$

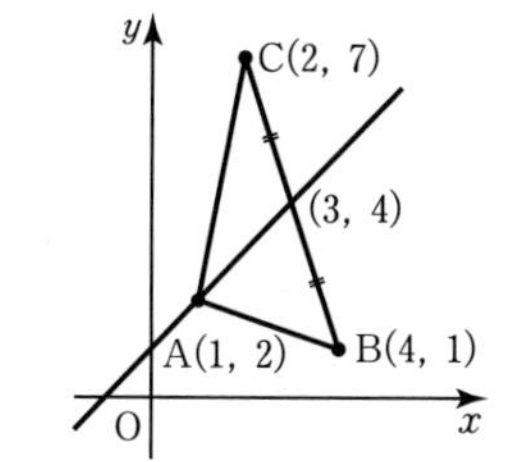

Challenge

2 点 (1, 2), (3, 1) を通る直線は

$y-2=\frac{1-2}{3-1}(x-1)$

$y=-\frac{1}{2}(x-1)+2=-\frac{1}{2}x+\frac{5}{2}$

この直線が点 $(x,\ -1)$ を通るから

$y=-1$ を代入して

$-1=-\frac{1}{2}x+\frac{5}{2}$,　$\frac{1}{2}x=\frac{7}{2}$

よって，$\boldsymbol{x=7}$

19 $2x-5y+1=0$ は $y=\frac{2}{5}x+\frac{1}{5}$ より傾きは $\frac{2}{5}$ だから，

平行な直線は

$y-(-1)=\frac{2}{5}(x+1)$

よって，$\boldsymbol{y=\frac{2}{5}x-\frac{3}{5}}$　$\boldsymbol{(2x-5y-3=0)}$

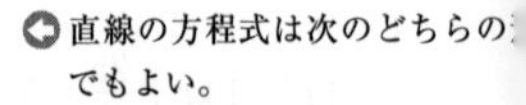

直線の方程式は次のどちらの
でもよい。
・$y=mx+n$
・$ax+by+c=0$
ただし，
$y=mx+n$ のほうが切片 n と
き m がすぐわかる。

垂直な直線の傾きを m とすると

$\frac{2}{5}\times m=-1$ より $m=-\frac{5}{2}$ だから

$y-(-1)=-\frac{5}{2}(x+1)$

よって，$\boldsymbol{y=-\frac{5}{2}x-\frac{7}{2}}$　$\boldsymbol{(5x+2y+7=0)}$

Challenge

2 点 A(7, 5), B(−1, 1) を結ぶ線分 AB の傾きは

$\frac{1-5}{-1-7}=\frac{1}{2}$　$\left(\frac{5-1}{7-(-1)}=\frac{1}{2}\right)$

垂直 2 等分線の傾きを m とすると

$\frac{1}{2}\times m=-1$　より　$m=-2$

A，B の中点の座標は

$\left(\frac{7-1}{2},\ \frac{5+1}{2}\right)=(3,\ 3)$　だから

$y-3=-2(x-3)$

$y=-2x+9$

よって，y 切片は **9**

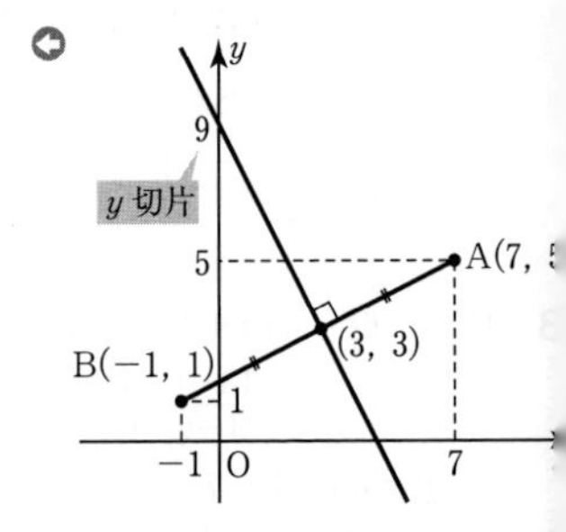

20 l_1 : $x-2y+2=0$ は $y=\frac{1}{2}x+1$ より傾きは $\frac{1}{2}$

垂直な直線の傾きを m とすると

$\frac{1}{2}\times m=-1$　より　$m=-2$

l_2 の方程式は

$y-4=-2(x-1)$　より　$y=-2x+6$

l_1 と l_2 の交点は

$\frac{1}{2}x+1=-2x+6$　より　$5x=10$

よって，$x=2$，$y=2$ だから

$y=-2\times2+6=2$

l_1，l_2 の交点は **(2, 2)**

hallenge

$$\begin{cases} ax+y=1 & \cdots\cdots① \\ x+2y=3 & \cdots\cdots② \\ x-ay=-3 & \cdots\cdots③ \end{cases}$$

①，②の交点の座標を求める。

①×2－② より

$(2a-1)x=-1$　よって，$x=-\dfrac{1}{2a-1}$　$\left(a \neq \dfrac{1}{2}\right)$

①－②×a より

$(1-2a)y=1-3a$　よって，$y=\dfrac{3a-1}{2a-1}$　$\left(a \neq \dfrac{1}{2}\right)$

③に代入して

$$-\frac{1}{2a-1}-a\cdot\frac{3a-1}{2a-1}=-3$$

$1+a(3a-1)=3(2a-1)$

$3a^2-7a+4=0$

$(a-1)(3a-4)=0$

$a=1,\ \dfrac{4}{3}$

$a=\dfrac{1}{2}$ のとき，①と②の傾きが $-\dfrac{1}{2}$ で等しくなるので交点をもたない。

ゆえに，$\boldsymbol{a=1,\ \dfrac{4}{3}}$

$$\begin{array}{rl} & 2ax+2y=2\cdots\cdots①\times2 \\ -) & x+2y=3\cdots\cdots② \\ \hline & (2a-1)x=-1 \end{array}$$

$$\begin{array}{rl} & ax+\ \ y=1\ \cdots\cdots① \\ -) & ax+2ay=3a\cdots\cdots②\times a \\ \hline & (1-2a)y=1-3a \end{array}$$

◯ $a=\dfrac{1}{2}$ は分母を 0 にするので $a \neq \dfrac{1}{2}$ とことわっておく。

点 A と対称な点を B$(p,\ q)$ とする。

直線 AB の傾きは $\dfrac{q-2}{p-1}$ であり，直線 l に垂直だから

$\dfrac{q-2}{p-1}\cdot3=-1$　より

$p+3q=7$　……①

AB の中点 $\left(\dfrac{p+1}{2},\ \dfrac{q+2}{2}\right)$ が直線 $y=3x-6$ 上にあるから

$\dfrac{q+2}{2}=3\cdot\dfrac{p+1}{2}-6$　より

$3p-q=11$　……②

①，②を解いて，$p=4,\ q=1$

よって，**B(4, 1)**

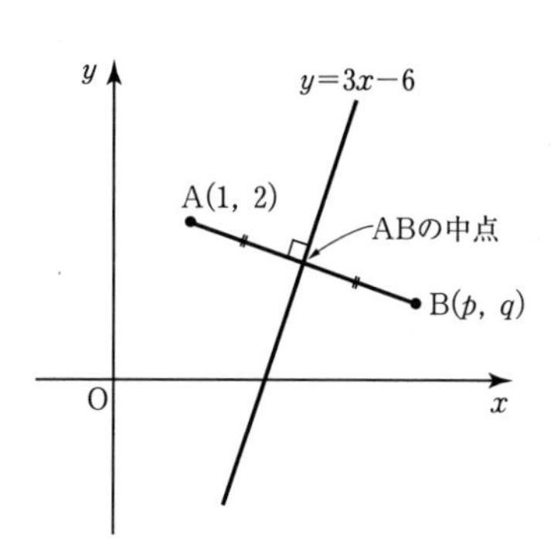

Challenge

円の中心は(4, 3)でこれを点Aとし，点Aと直線 $y=-2x+1$ に関して対称な点を $\mathrm{B}(X,\ Y)$ とする。

円を直線に関して対称移動しても，円の半径はもとの円と変らない。

直線ABの傾きは $\dfrac{Y-3}{X-4}$ であり，直線 $y=-2x+1$ に垂直だから

$\dfrac{Y-3}{X-4}\cdot(-2)=-1$ より

$X-2Y=-2$ ……①

ABの中点 $\left(\dfrac{X+4}{2},\ \dfrac{Y+3}{2}\right)$ が直線 $y=-2x+1$ 上にあるから

$\dfrac{Y+3}{2}=-2\cdot\dfrac{X+4}{2}+1$ より

$2X+Y=-9$ ……②

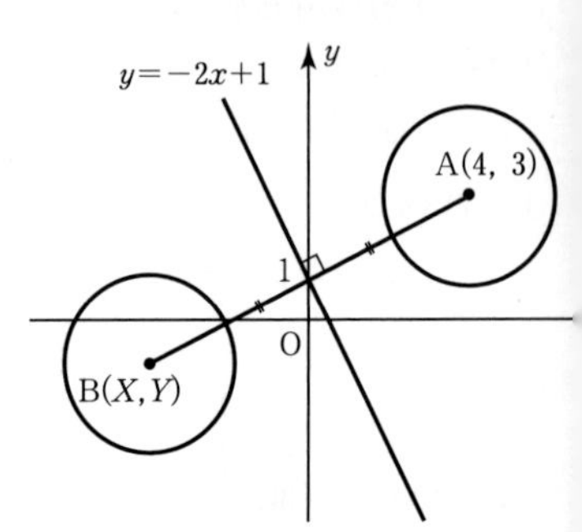

①，②を解いて，$X=-4,\ Y=-1$

円の中心は(−4, −1)で半径は変わらないから $\sqrt{5}$

よって，$\boldsymbol{(x+4)^2+(y+1)^2=5}$

22 (1) 点(−1, 1)と直線 $x-y+5=0$ の距離だから

$\dfrac{|-1-1+5|}{\sqrt{1^2+(-1)^2}}=\dfrac{3}{\sqrt{2}}=\boldsymbol{\dfrac{3\sqrt{2}}{2}}$

(2) 点(−3, 10)と直線 $3x-y-1=0$ の距離だから

$\dfrac{|3\cdot(-3)-10-1|}{\sqrt{3^2+(-1)^2}}=\dfrac{|-20|}{\sqrt{10}}=\boldsymbol{2\sqrt{10}}$

Challenge

点(−4, a)と直線 $3x+4y-1=0$ の距離が1だから

$\dfrac{|3\cdot(-4)+4\cdot a-1|}{\sqrt{3^2+4^2}}=1$

$|4a-13|=\sqrt{25}$ より $4a-13=\pm5$

絶対値記号と方程式
$|x|=r$ $(r>0)$ のとき
$x=\pm r$ とできる。

$4a-13=5$ のとき $a=\dfrac{9}{2}$ $4a-13=-5$ のとき $a=2$

よって，$\boldsymbol{a=\dfrac{9}{2},\ 2}$

23 (1) 円の中心は

$\left(\dfrac{1+4}{2},\ \dfrac{2-1}{2}\right)=\left(\dfrac{5}{2},\ \dfrac{1}{2}\right)$

半径は

$\sqrt{\left(\dfrac{5}{2}-1\right)^2+\left(\dfrac{1}{2}-2\right)^2}=\sqrt{\dfrac{9}{4}+\dfrac{9}{4}}=\dfrac{3\sqrt{2}}{2}$

よって，$\boldsymbol{\left(x-\dfrac{5}{2}\right)^2+\left(y-\dfrac{1}{2}\right)^2=\dfrac{9}{2}}$

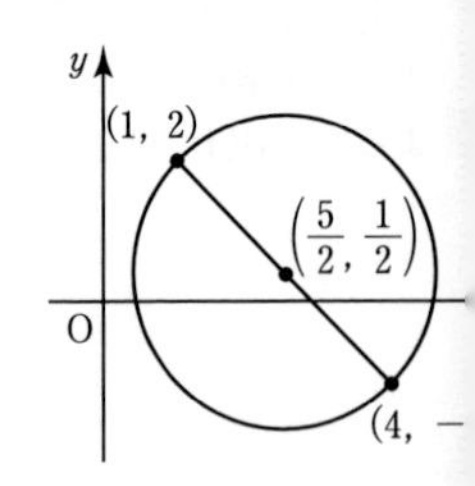

(2) $x^2+y^2+lx+my+n=0$ とおくと 3 点を通るから

$(-3,\ 4)$: $9+16-3l+4m+n=0$

$-3l+4m+n+25=0$ ……①

$(4,\ 5)$: $16+25+4l+5m+n=0$

$4l+5m+n+41=0$ ……②

$(1,\ -4)$: $1+16+l-4m+n=0$

$l-4m+n+17=0$ ……③

①, ②, ③を解いて

$l=-2,\ m=-2,\ n=-23$

よって, $\boldsymbol{x^2+y^2-2x-2y-23=0}$

$\boldsymbol{((x-1)^2+(y-1)^2=25)}$

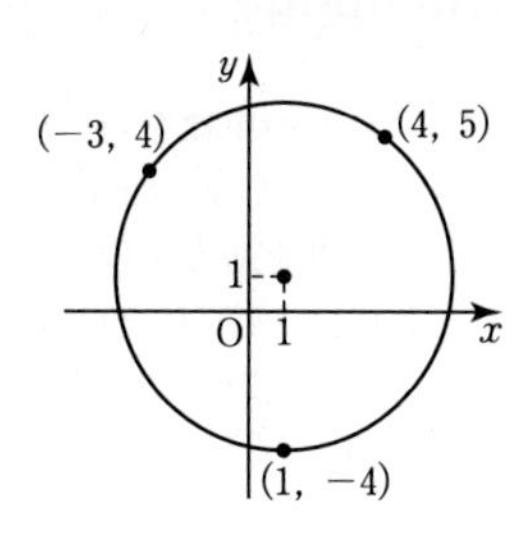

(参考)

①, ②, ③の連立方程式の解き方

$$\begin{cases} -3l+4m+n+25=0 & \cdots\cdots① \\ 4l+5m+n+41=0 & \cdots\cdots② \\ l-4m+n+17=0 & \cdots\cdots③ \end{cases}$$

②−①より

$7l+m+16=0$ ……④

②−③より

$3l+9m+24=0$

$l+3m+8=0$ ……⑤

④×3−⑤より

$20l+40=0$

$l=-2$

④に代入して $m=-2$

③に $l=-2,\ m=-2$ を代入して

$n=-23$

◯ 3 元連立方程式を解くには, まず, 1 文字を消去して, 2 元連立方程式にする。

(3) x 軸, y 軸に接し, 点 $(2,\ 1)$ を通るから

円の方程式は, $a>0$ として

$(x-a)^2+(y-a)^2=a^2$

と表せる。

点 $(2,\ 1)$ を通るから

$(2-a)^2+(1-a)^2=a^2$

$(4-4a+a^2)+(1-2a+a^2)=a^2$

$a^2-6a+5=0$

$(a-1)(a-5)=0$

$a=1,\ 5$

よって, $\boldsymbol{(x-1)^2+(y-1)^2=1}$

$\boldsymbol{(x-5)^2+(y-5)^2=25}$

◯ 条件より円が第 1 象限にあり x 軸, y 軸に接するから, 座標と半径が等しくなることがわかる。

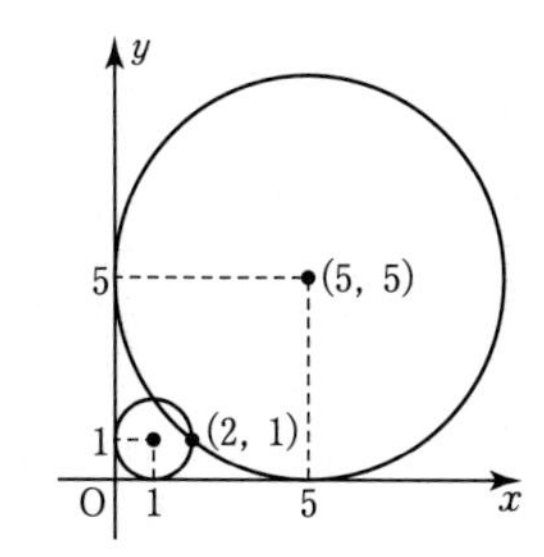

Challenge

中心の座標を $(t,\ t-1)$ とおくと，円は
$(x-t)^2+(y-t+1)^2=r^2$ と表せる。

2点を通るから

$(2,\ -4)$：$(2-t)^2+(-4-t+1)^2=r^2$

$2t^2+2t+13=r^2$ ……①

$(5,\ -3)$：$(5-t)^2+(-3-t+1)^2=r^2$

$2t^2-6t+29=r^2$ ……②

①−② より

$8t-16=0$ より $t=2$

①に代入して，$r^2=25$

よって，$\boldsymbol{(x-2)^2+(y-1)^2=25}$

⬅ $y=x-1$ 上の点は $(t,\ t-1)$ と
す。

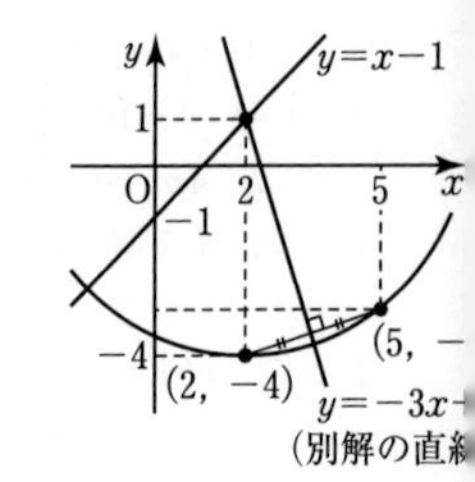

別解

円の中心は2点 $(2,\ -4)$，$(5,\ -3)$
を結ぶ線分の垂直2等分線と直線

$y=x-1$ ……① との交点である。

$(2,\ -4)$，$(5,\ -3)$ の中点は

$\left(\dfrac{7}{2},\ -\dfrac{7}{2}\right)$

⬅ 中点の座標
$\left(\dfrac{x_1+x_2}{2},\ \dfrac{y_1+y_2}{2}\right)$

線分の傾きが $\dfrac{-3-(-4)}{5-2}=\dfrac{1}{3}$ だから

垂直2等分線は点 $\left(\dfrac{7}{2},\ -\dfrac{7}{2}\right)$ を通り，傾き -3 である。

$y-\left(-\dfrac{7}{2}\right)=-3\left(x-\dfrac{7}{2}\right)$

$y=-3x+7$ ……②

①と②の交点は $(2,\ 1)$

半径は $\sqrt{(2-2)^2+(1+4)^2}=5$

よって，$\boldsymbol{(x-2)^2+(y-1)^2=25}$

24 (1) $\begin{cases} y=x+1 & \cdots\cdots① \\ x^2+y^2=5 & \cdots\cdots② \end{cases}$ とする。

①を②に代入して

$x^2+(x+1)^2=5$

$2x^2+2x+1=5$

$x^2+x-2=0$

$(x+2)(x-1)=0$

$x=-2,\ 1$

$x=-2$ のとき $y=-1$

$x=1$ のとき $y=2$

よって，$\boldsymbol{(-2,\ -1),\ (1,\ 2)}$

⬅

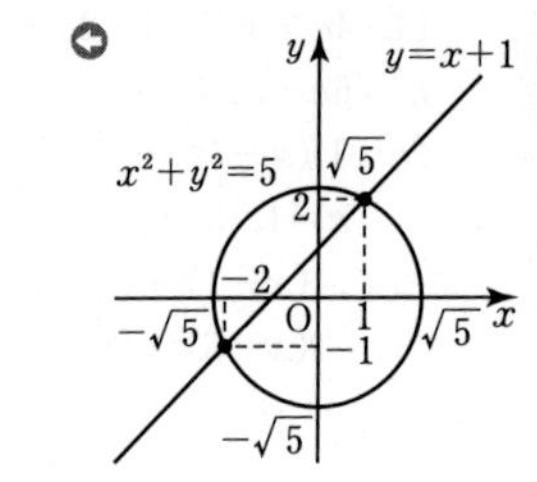

(2) $\begin{cases} y=x-5 & \cdots\cdots① \\ x^2+y^2-8x-4y+11=0 & \cdots\cdots② \end{cases}$ とする。

$x^2+y^2-8x-4y+11=0$
$(x-4)^2+(y-2)^2=9$

①を②に代入して

$x^2+(x-5)^2-8x-4(x-5)+11=0$

$2x^2-22x+56=0$

$x^2-11x+28=0$

$(x-4)(x-7)=0$

$x=4,\ 7$

$x=4$ のとき　$y=-1$

$x=7$ のとき　$y=2$

よって，**(4, −1)，(7, 2)**

Challenge

$\begin{cases} 4x+3y=5 & \cdots\cdots① \\ x^2+y^2-4x-3y=0 & \cdots\cdots② \end{cases}$ とする。

$x^2+y^2-4x-3y=0$
$(x-2)^2+\left(y-\frac{3}{2}\right)^2=\frac{25}{4}$

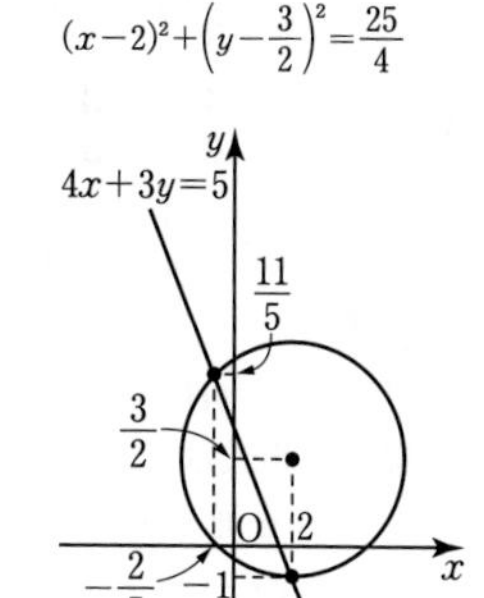

①を $y=\dfrac{5-4x}{3}$ として②に代入して

$x^2+\left(\dfrac{5-4x}{3}\right)^2-4x-3\cdot\dfrac{5-4x}{3}=0$

$x^2+\dfrac{25-40x+16x^2}{9}-5=0$

$25x^2-40x-20=0$

$5x^2-8x-4=0$

$(x-2)(5x+2)=0$

$x=2,\ -\dfrac{2}{5}$

$x=2$ のとき　$y=\dfrac{5-8}{3}=-1$

$x=-\dfrac{2}{5}$ のとき　$y=\dfrac{1}{3}\left\{5-4\left(-\dfrac{2}{5}\right)\right\}=\dfrac{1}{3}\cdot\dfrac{33}{5}=\dfrac{11}{5}$

よって，**(2, −1)，$\left(-\dfrac{2}{5},\ \dfrac{11}{5}\right)$**

25 点 (7, 1) を通る傾き m の直線の方程式は

$y=m(x-7)+1$

$mx-y-7m+1=0$ ……①

円の半径は，中心 (0, 0) から直線①までの距離だから

$\dfrac{|m\cdot0-0-7m+1|}{\sqrt{m^2+(-1)^2}}=5$

$|-7m+1|=5\sqrt{m^2+1}$

両辺を 2 乗して

$49m^2-14m+1=25(m^2+1)$

$24m^2-14m-24=0$

$12m^2-7m-12=0$

$(3m-4)(4m+3)=0$

$m=\dfrac{4}{3},\ -\dfrac{3}{4}$

よって，$y=\dfrac{4}{3}(x-7)+1$，$y=-\dfrac{3}{4}(x-7)+1$

ゆえに，$\boldsymbol{y=\dfrac{4}{3}x-\dfrac{25}{3}}$ $\boldsymbol{(4x-3y=25)}$

$\boldsymbol{y=-\dfrac{3}{4}x+\dfrac{25}{4}}$ $\boldsymbol{(3x+4y=25)}$

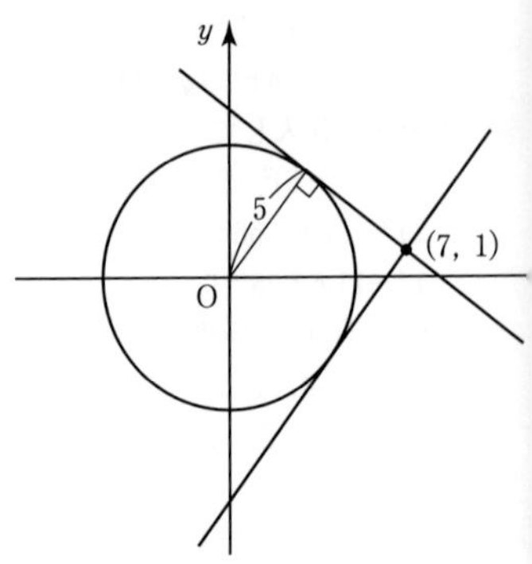

両辺が正であるときは，両辺 2 乗しても，式として同じでる。このような変形を同値変といい，2 乗して求まった解そのまま答としてよい。

別解

接点を $(x_1,\ y_1)$ とすると $x_1{}^2+y_1{}^2=25$ ……①

接線の方程式は $x_1x+y_1y=25$

点 (7, 1) を通るから $7x_1+y_1=25$ ……②

②を $y_1=25-7x_1$ として①に代入して

$x_1{}^2+(25-7x_1)^2=25$，$50x_1{}^2-350x_1+600=0$

$x_1{}^2-7x_1+12=0$，$(x_1-3)(x_1-4)=0$

$x_1=3,\ 4$ ②に代入して

$x_1=3$ のとき $y_1=4$，$x_1=4$ のとき $y_1=-3$

よって，$\boldsymbol{3x+4y=25}$，$\boldsymbol{4x-3y=25}$

Challenge

$x^2-2x+y^2+6y=0$ より

$(x-1)^2+(y+3)^2=10$

中心 (1, −3)，半径 $\sqrt{10}$ の円である。

点 (3, 1) を通る傾き m の直線の方程式は

$y=m(x-3)+1$

$mx-y-3m+1=0$ ……①

円の半径は，中心 (1, −3) から直線①までの距離だから

$\dfrac{|m\cdot1-(-3)-3m+1|}{\sqrt{m^2+(-1)^2}}=\sqrt{10}$

$|-2m+4|=\sqrt{10}\sqrt{m^2+1}$

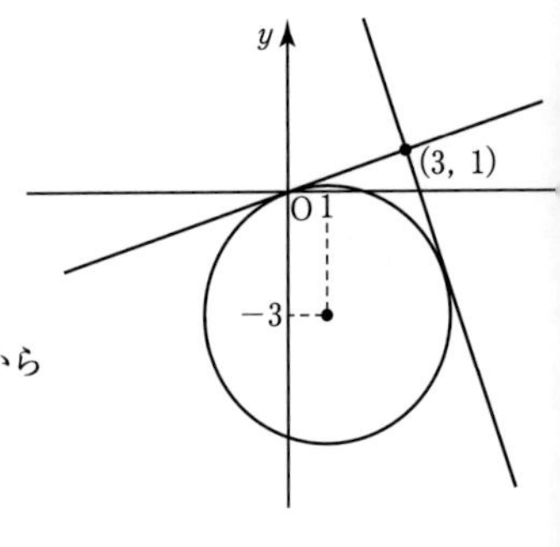

両辺を2乗して

$4m^2-16m+16=10(m^2+1)$

$6m^2+16m-6=0$

$3m^2+8m-3=0$

$(3m-1)(m+3)=0$

$m=\frac{1}{3},\ -3$

よって，$y=\frac{1}{3}(x-3)+1$，$y=-3(x-3)+1$

ゆえに，$\boldsymbol{y=\frac{1}{3}x}$，$\boldsymbol{y=-3x+10}$

6 円の中心 (0, 0) と直線 $x-y+a=0$ までの距離は

$$\frac{|a|}{\sqrt{1^2+(-1)^2}}=\frac{|a|}{\sqrt{2}}$$

これが半径 $\sqrt{18}=3\sqrt{2}$ より小さければ異なる2点で交わるから

$$\frac{|a|}{\sqrt{2}}<3\sqrt{2},\ |a|<6$$

よって，$\boldsymbol{-6<a<6}$

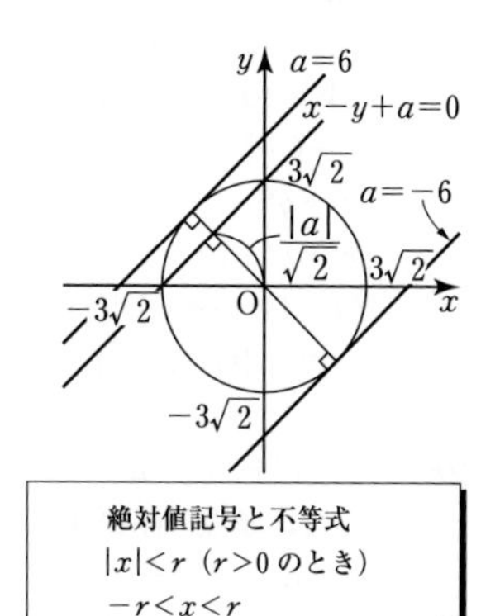

絶対値記号と不等式

$|x|<r$ （$r>0$ のとき）

$-r<x<r$

Challenge

$x^2+y^2-2x+4y=4$　より

$(x-1)^2+(y+2)^2=9$　だから

中心 (1, −2)，半径3の円である。

右図で

$$\mathrm{CH}=\frac{|4\cdot1+3\cdot(-2)-8|}{\sqrt{4^2+3^2}}$$

$$=\frac{|-10|}{\sqrt{25}}=2$$

△CAH は直角三角形だから

$\mathrm{AC}^2=\mathrm{AH}^2+\mathrm{CH}^2$　より　$3^2=\mathrm{AH}^2+2^2$

$\mathrm{AH}^2=5$　より　$\mathrm{AH}=\sqrt{5}$

よって，$\mathrm{AB}=\boldsymbol{2\sqrt{5}}$

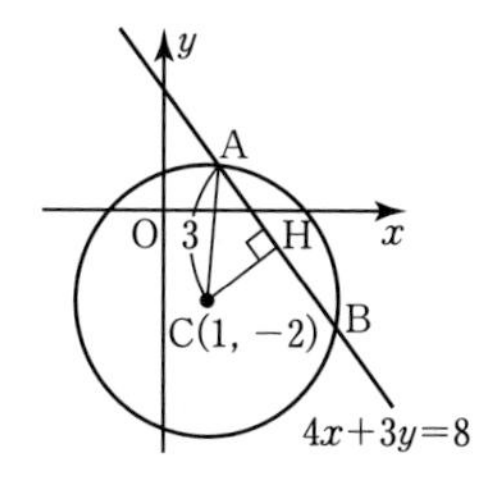

27 P$(x,\ y)$ とする。

AP=2BP だから，両辺を 2 乗して

$AP^2=4BP^2$

$(x-1)^2+(y-5)^2=4\{(x-4)^2+(y+1)^2\}$

$x^2-2x+1+y^2-10y+25=4(x^2-8x+16+y^2+2y+1)$

$3x^2+3y^2-30x+18y+42=0$

$x^2+y^2-10x+6y+14=0$

よって，$\boldsymbol{(x-5)^2+(y+3)^2=20}$

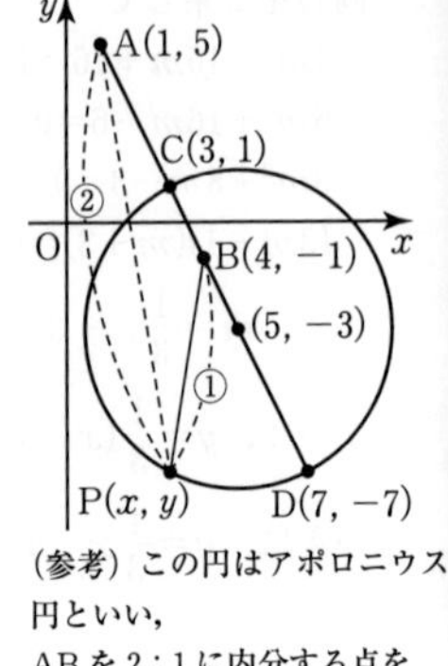

（参考）この円はアポロニウス円といい，
AB を 2：1 に内分する点を C(3，1)
AB を 2：1 に外分する点を D(7，−7)
とすると，CD を直径とする円である。

Challenge

$AP^2=(x-0)^2+(y-2)^2=x^2+y^2-4y+4$

$BP^2=(x-1)^2+(y+2)^2=x^2-2x+1+y^2+4y+4$

$CP^2=(x+2)^2+(y-0)^2=x^2+4x+4+y^2$

$BP^2+CP^2=2x^2+2y^2+2x+4y+9$　だから

$x^2+y^2-4y+4=2x^2+2y^2+2x+4y+9$

$x^2+y^2+2x+8y+5=0$

$(x+1)^2+(y+4)^2=12$

よって，中心は $\boldsymbol{(-1,\ -4)}$，半径は $\boldsymbol{2\sqrt{3}}$

28 $y=x^2+2ax-a^2+3a+1=(x+a)^2-2a^2+3a+1$

よって，頂点の座標は

$\boldsymbol{(-a,\ -2a^2+3a+1)}$

頂点を P$(x,\ y)$ とおくと

$$\begin{cases} x=-a & \cdots\cdots① \\ y=-2a^2+3a+1 & \cdots\cdots② \end{cases}$$

◀ 媒介変数の a を消去して x，y の関係式を求める。

①より $a=-x$ として②に代入して

$y=-2(-x)^2+3(-x)+1$

よって，頂点 P の軌跡は

$\boldsymbol{y=-2x^2-3x+1}$

Challenge

$x^2+y^2+ax+by+7=0$　より

$\left(x+\frac{1}{2}a\right)^2+\left(y+\frac{1}{2}b\right)^2=\frac{1}{4}a^2+\frac{1}{4}b^2-7$

この円の半径が 1 だから

◀ 半径が 1 であることから a，b の関係式①が出てくる。

$\frac{1}{4}a^2+\frac{1}{4}b^2-7=1$

$a^2+b^2=32$　……①

円の中心は $\left(-\frac{1}{2}a,\ -\frac{1}{2}b\right)$ で，中心を $(x,\ y)$ とおくと

$$\begin{cases} x=-\dfrac{1}{2}a \\ y=-\dfrac{1}{2}b \end{cases} \quad より \quad \begin{cases} a=-2x \\ b=-2y \end{cases}$$

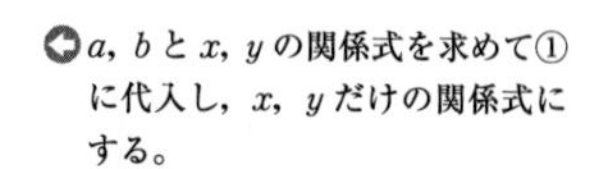

➡ a, b と x, y の関係式を求めて①に代入し，x, y だけの関係式にする。

①に代入して

$(-2x)^2+(-2y)^2=32$

よって，$\boldsymbol{x^2+y^2=8}$

➡ 原点を中心とする半径 $2\sqrt{2}$ の円。

P$(s,\ t)$，Q$(x,\ y)$ とすると

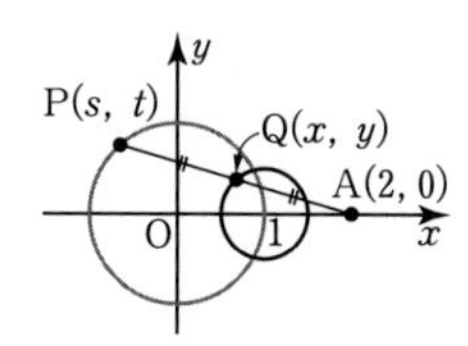

P は円周上にあるから

$s^2+t^2=1$ ……①

Q は AP の中点だから

$x=\dfrac{s+2}{2}$，$y=\dfrac{t}{2}$

これより

$s=2x-2$，$t=2y$

として，①に代入すると

$(2x-2)^2+(2y)^2=1$

よって，$\boldsymbol{(x-1)^2+y^2=\dfrac{1}{4}}$

➡ $(2x-2)^2+(2y)^2=1$ の両辺を 4 で割るとき $(\quad)^2$ 内は，2 で割れば 4 で割ったことになる。

Challenge

$x^2-2x+y^2-2y-2=0$ より

$(x-1)^2+(y-1)^2=4$

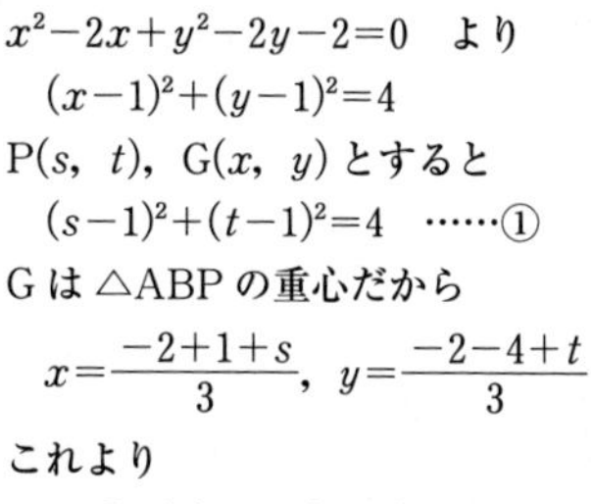

P$(s,\ t)$，G$(x,\ y)$ とすると

$(s-1)^2+(t-1)^2=4$ ……①

G は △ABP の重心だから

$x=\dfrac{-2+1+s}{3}$，$y=\dfrac{-2-4+t}{3}$

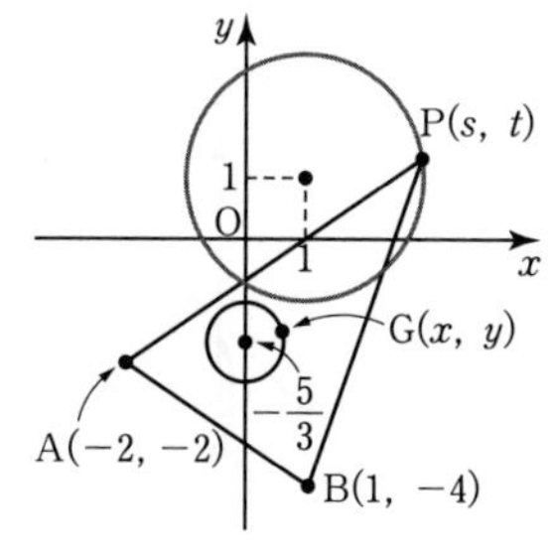

これより

$s=3x+1$，$t=3y+6$

として，①に代入すると

$(3x+1-1)^2+(3x+6-1)^2=4$

$(3x)^2+(3y+5)^2=4$

➡ 両辺を 9 で割る。そのとき $(\quad)^2$ の中は 3 で割る。

よって，円 $\boldsymbol{x^2+\left(y+\dfrac{5}{3}\right)^2=\dfrac{4}{9}}$

➡ 中心を $\left(0,\ -\dfrac{5}{3}\right)$ とする半径 $\dfrac{2}{3}$ の円

30 (1) 領域 D を図示すると，下図の斜線部分で境界を含む。

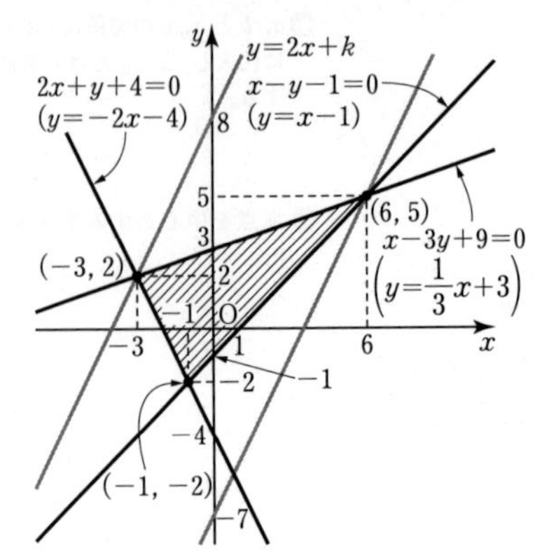

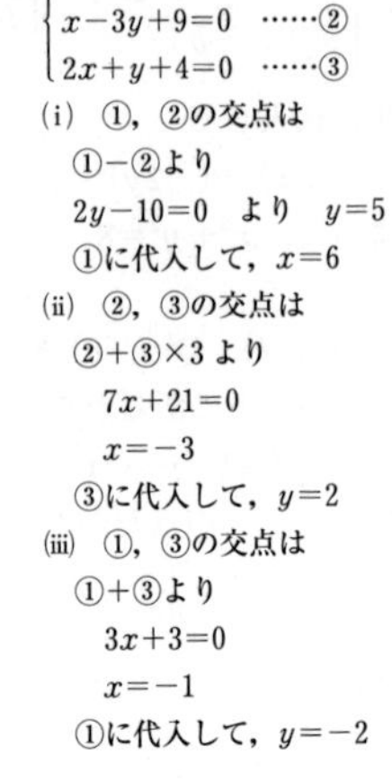

$\begin{cases} x-y-1=0 & \cdots\cdots① \\ x-3y+9=0 & \cdots\cdots② \\ 2x+y+4=0 & \cdots\cdots③ \end{cases}$

(i) ①，②の交点は

①−②より

$2y-10=0$ より $y=5$

①に代入して，$x=6$

(ii) ②，③の交点は

②+③×3 より

$7x+21=0$

$x=-3$

③に代入して，$y=2$

(iii) ①，③の交点は

①+③より

$3x+3=0$

$x=-1$

①に代入して，$y=-2$

(2) $y-2x=k$ とおいて，直線 $y=2x+k$ で考える。k は

点 $(-3,\ 2)$ を通るとき最大で

$k=2-2\cdot(-3)=8$

点 $(6,\ 5)$ を通るとき最小で

$k=5-2\cdot6=-7$

よって，**$x=-3$，$y=2$ のとき 最大値 8**

$x=6$，$y=5$ のとき 最小値 −7

Challenge

$x^2+y^2-4x-2y\leqq0$

$(x-2)^2+(y-1)^2\leqq5$

かつ $y\geqq0$ だから

領域は右図の境界を含む斜線部分。

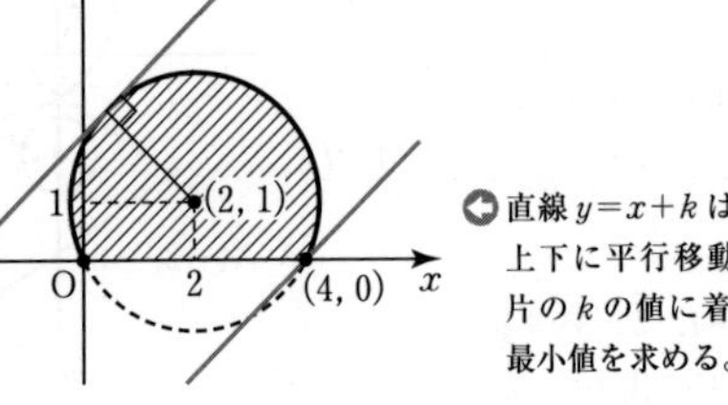

$y-x=k$ とおいて，

直線 $y=x+k$ で考える。

最大値は，直線 $y=x+k$ が円に接するときで，円の中心 $(2,\ 1)$ と直線 $y=x+k$ $(x-y+k=0)$ までの距離が $\sqrt{5}$（半径）だから

$$\frac{|2-1+k|}{\sqrt{1^2+(-1)^2}}=\frac{|1+k|}{\sqrt{2}}=\sqrt{5}$$

$|1+k|=\sqrt{10}$

$1+k=\pm\sqrt{10}$

図より $k>0$ だから $k=\sqrt{10}-1$

最小値は図より点 $(4,\ 0)$ を通るときで，

$k=0-4=-4$

よって，**最大値 $\sqrt{10}-1$，最小値 −4**

直線 $y=x+k$ は k の値によっ上下に平行移動する直線。y片の k の値に着目して最大値最小値を求める。

最大値をとるときの x，y の値問題文に指示がなければ求めくてよい。

求める場合は次のようにする。

$y=x+\sqrt{10}-1$ と垂直で，円の心を通る直線 $y=-x+3$ との点を求める。

$-x+3=x+\sqrt{10}-1$ より

$x=2-\frac{\sqrt{10}}{2}$，$y=1+\frac{\sqrt{10}}{2}$

(1) $\sin\frac{\pi}{6}\cos\frac{2}{3}\pi+\cos\left(-\frac{\pi}{6}\right)\cos\frac{\pi}{6}$

$=\frac{1}{2}\cdot\left(-\frac{1}{2}\right)+\frac{\sqrt{3}}{2}\cdot\frac{\sqrt{3}}{2}=-\frac{1}{4}+\frac{3}{4}=\mathbf{\frac{1}{2}}$

(2) $\sin\frac{\pi}{4}\cos\frac{\pi}{4}-\sin\frac{3}{4}\pi\cos\frac{3}{4}\pi$

$+\sin\frac{5}{4}\pi\cos\frac{5}{4}\pi-\sin\frac{7}{4}\pi\cos\frac{7}{4}\pi$

$=\frac{\sqrt{2}}{2}\cdot\frac{\sqrt{2}}{2}-\frac{\sqrt{2}}{2}\cdot\left(-\frac{\sqrt{2}}{2}\right)$

$+\left(-\frac{\sqrt{2}}{2}\right)\cdot\left(-\frac{\sqrt{2}}{2}\right)-\left(-\frac{\sqrt{2}}{2}\right)\cdot\frac{\sqrt{2}}{2}$

$=\frac{1}{2}+\frac{1}{2}+\frac{1}{2}+\frac{1}{2}=\mathbf{2}$

Challenge

$\sin\left(\pi\cos\frac{\pi}{3}\right)+\cos\left(\frac{3}{2}\pi+\pi\sin\frac{\pi}{6}\right)$

$=\sin\frac{\pi}{2}+\cos 2\pi$

$=\mathbf{2}$

← $\cos\frac{\pi}{3}=\frac{1}{2}$, $\sin\frac{\pi}{6}=\frac{1}{2}$

2 $\sin\theta=\frac{\sqrt{5}}{5}$ より $0<\theta<\pi$ である。

$\sin^2\theta+\cos^2\theta=1$ より

$\cos^2\theta=1-\sin^2\theta=1-\left(\frac{\sqrt{5}}{5}\right)^2=\frac{20}{25}$

$\cos\theta=\pm\frac{2\sqrt{5}}{5}$

(i) $0<\theta<\frac{\pi}{2}$ のとき

$\cos\theta>0$ だから $\cos\theta=\mathbf{\frac{2\sqrt{5}}{5}}$

このとき

$\tan\theta=\frac{\sin\theta}{\cos\theta}=\frac{\sqrt{5}}{5}\times\frac{5}{2\sqrt{5}}=\mathbf{\frac{1}{2}}$

(ii) $\frac{\pi}{2}<\theta<\pi$ のとき

$\cos\theta<0$ だから $\cos\theta=\mathbf{-\frac{2\sqrt{5}}{5}}$

このとき

$\tan\theta=\frac{\sin\theta}{\cos\theta}=\frac{\sqrt{5}}{5}\times\left(-\frac{5}{2\sqrt{5}}\right)=\mathbf{-\frac{1}{2}}$

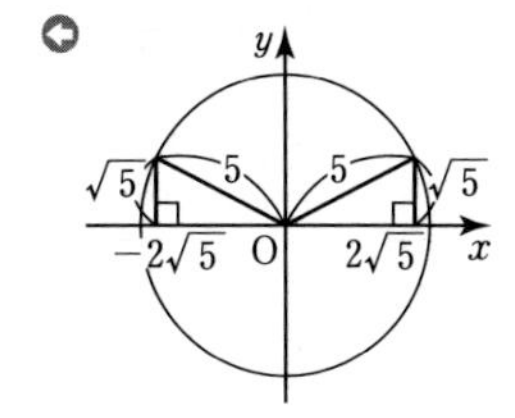

Challenge

$\tan\theta=-3<0$ より

$\frac{\pi}{2}<\theta<\pi$ または $\frac{3}{2}\pi<\theta<2\pi$

$1+\tan^2\theta=\frac{1}{\cos^2\theta}$ に代入して

$1+(-3)^2=\frac{1}{\cos^2\theta}$ より $\cos^2\theta=\frac{1}{10}$

$\cos\theta=\pm\sqrt{\frac{1}{10}}=\pm\frac{\sqrt{10}}{10}$

$\sin^2\theta=1-\cos^2\theta=1-\frac{1}{10}=\frac{9}{10}$

$\sin\theta=\pm\sqrt{\frac{9}{10}}=\pm\frac{3\sqrt{10}}{10}$

(i) $\frac{\pi}{2}<\theta<\pi$ のとき $\sin\theta>0$, $\cos\theta<0$ だから

$\cos\theta+2\sin\theta=-\frac{\sqrt{10}}{10}+2\cdot\frac{3\sqrt{10}}{10}=\frac{\sqrt{10}}{2}$

(ii) $\frac{3}{2}\pi<\theta<2\pi$ のとき $\sin\theta<0$, $\cos\theta>0$ だから

$\cos\theta+2\sin\theta=\frac{\sqrt{10}}{10}+2\cdot\left(-\frac{3\sqrt{10}}{10}\right)=-\frac{\sqrt{10}}{2}$

よって, $\frac{\pi}{2}<\theta<\pi$ のとき $\frac{\sqrt{10}}{2}$

$\frac{3}{2}\pi<\theta<2\pi$ のとき $-\frac{\sqrt{10}}{2}$

◯ $\tan\theta$ の符号

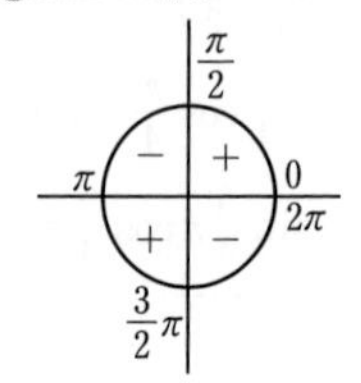

◯ 別解

$\sin\theta=\tan\theta\cos\theta$ を利用して

$\sin\theta=-3\cdot\left(\pm\frac{\sqrt{10}}{10}\right)$

$=\frac{3\sqrt{10}}{10}$ または $-\frac{3\sqrt{10}}{10}$

33 (1)

$\frac{\theta}{2}$	0	$\frac{\pi}{2}$	π	$\frac{3}{2}\pi$	2π
θ	0	π	2π	3π	4π
$\sin\frac{\theta}{2}$	0	1	0	-1	0
$2\sin\frac{\theta}{2}$	0	2	0	-2	0

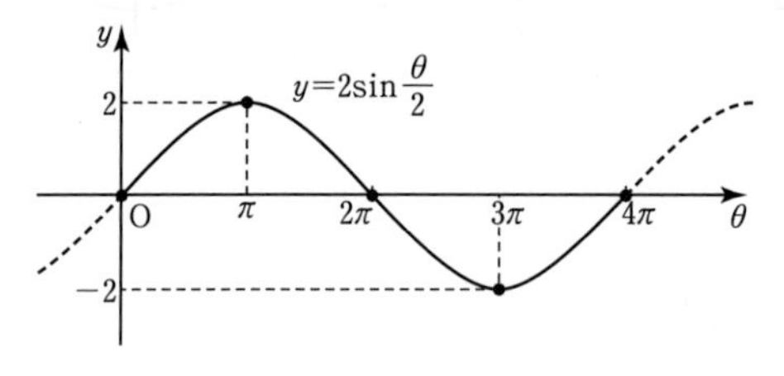

◯ $y=\sin\theta$ のグラフを θ 方向に 倍し, y 方向に 2 倍したもの $y=2\sin\frac{\theta}{2}$ のグラフである。

(2)

$\theta+\frac{\pi}{6}$	0	$\frac{\pi}{2}$	π	$\frac{3}{2}\pi$	2π
θ	$-\frac{\pi}{6}$	$\frac{\pi}{3}$	$\frac{5}{6}\pi$	$\frac{4}{3}\pi$	$\frac{11}{6}\pi$
$\cos\left(\theta+\frac{\pi}{6}\right)$	1	0	-1	0	1

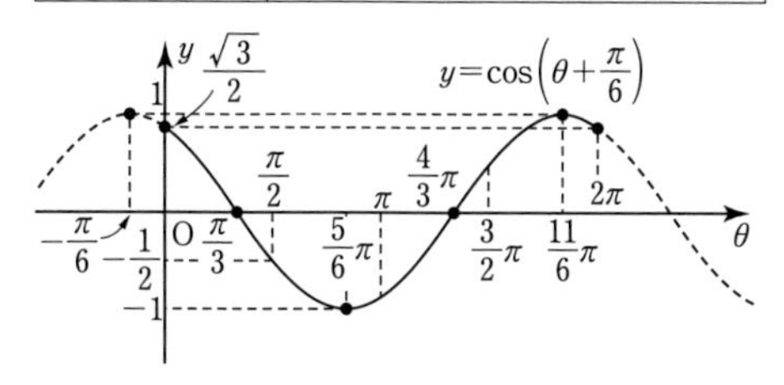

⇦ $y=\cos\theta$ のグラフを θ 方向に $-\frac{\pi}{6}$ 平行移動したものが，$y=\cos\left(\theta+\frac{\pi}{6}\right)$ のグラフである。

Challenge

$y=\sin\left(2x+\frac{\pi}{6}\right)\ (-\pi\leqq x\leqq\pi)$

$-\frac{11}{6}\pi\leqq 2x+\frac{\pi}{6}\leqq\frac{13}{6}\pi$

$2x+\frac{\pi}{6}$	$-\frac{3}{2}\pi$	$-\pi$	$-\frac{\pi}{2}$	0	$\frac{\pi}{2}$	π	$\frac{3}{2}\pi$	2π
x	$-\frac{5}{6}\pi$	$-\frac{7}{12}\pi$	$-\frac{\pi}{3}$	$-\frac{\pi}{12}$	$\frac{\pi}{6}$	$\frac{5}{12}\pi$	$\frac{2}{3}\pi$	$\frac{11}{12}\pi$
$\sin\left(2x+\frac{\pi}{6}\right)$	1	0	-1	0	1	0	-1	0

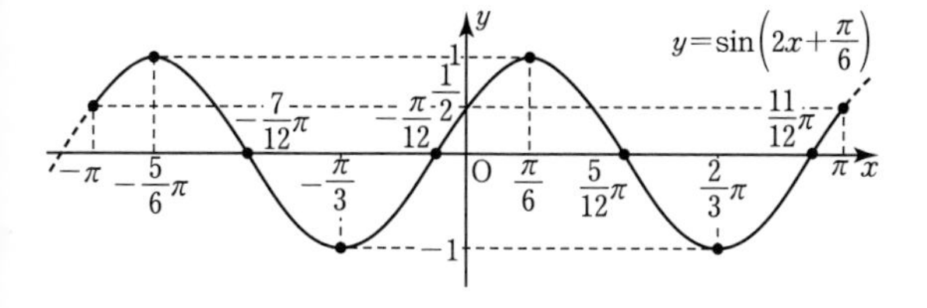

⇦ $y=\sin\left(2x+\frac{\pi}{6}\right)$ のグラフは $=\sin2\left(x+\frac{\pi}{12}\right)$ より $y=\sin2x$ のグラフを x 軸方向に $-\frac{\pi}{12}$ だけ平行移動したグラフになる。

4 $\cos^2\alpha=1-\sin^2\alpha=1-\left(\frac{4}{5}\right)^2=\frac{9}{25}$

$\frac{\pi}{2}<\alpha<\pi$ だから $\cos\alpha<0$

よって，$\cos\alpha=-\sqrt{\frac{9}{25}}=-\frac{3}{5}$

$\sin^2\beta=1-\cos^2\beta=1-\left(\frac{5}{13}\right)^2=\frac{144}{169}$

$0<\beta<\frac{\pi}{2}$ だから $\sin\beta>0$

よって，$\sin\beta=\sqrt{\frac{144}{169}}=\frac{12}{13}$

⇦ $\sin^2\theta+\cos^2\theta=1$ はいつでも登場。

⇦ 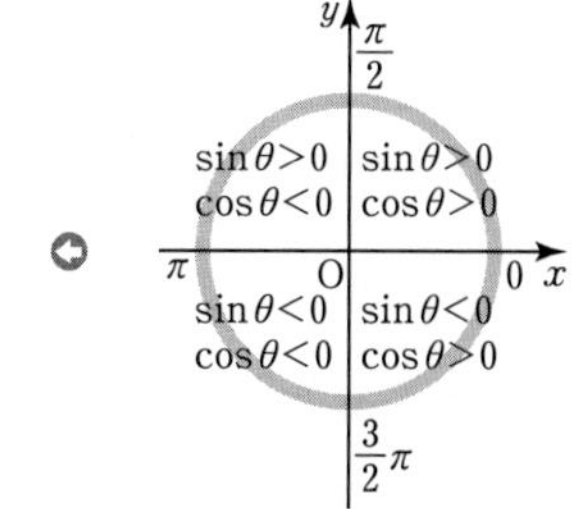

$$\sin(\alpha+\beta)=\sin\alpha\cos\beta+\cos\alpha\sin\beta$$
$$=\frac{4}{5}\cdot\frac{5}{13}+\left(-\frac{3}{5}\right)\cdot\frac{12}{13}=\frac{20}{65}-\frac{36}{65}=\mathbf{-\frac{16}{65}}$$
$$\cos(\alpha-\beta)=\cos\alpha\cos\beta+\sin\alpha\sin\beta$$
$$=-\frac{3}{5}\cdot\frac{5}{13}+\frac{4}{5}\cdot\frac{12}{13}=-\frac{15}{65}+\frac{48}{65}=\mathbf{\frac{33}{65}}$$

Challenge

$$\tan(\alpha+\beta)=\frac{\tan\alpha+\tan\beta}{1-\tan\alpha\tan\beta}=\frac{2+3}{1-2\cdot3}=-1$$

$0<\alpha<\frac{\pi}{2}$，$0<\beta<\frac{\pi}{2}$ より　$0<\alpha+\beta<\pi$

よって，$\alpha+\beta=\mathbf{\frac{3}{4}\pi}$

35 $\sin^2\theta=1-\cos^2\theta=1-\left(-\frac{1}{3}\right)^2=\frac{8}{9}$

◀ $\sin^2\theta+\cos^2\theta=1$

$\frac{\pi}{2}<\theta<\pi$　だから　$\sin\theta>0$

$$\sin\theta=\sqrt{1-\cos^2\theta}=\sqrt{1-\left(-\frac{1}{3}\right)^2}$$
$$=\sqrt{\frac{8}{9}}=\frac{2\sqrt{2}}{3}$$
$$\sin2\theta=2\sin\theta\cos\theta=2\cdot\frac{2\sqrt{2}}{3}\cdot\left(-\frac{1}{3}\right)$$
$$=\mathbf{-\frac{4\sqrt{2}}{9}}$$
$$\tan\theta=\frac{\sin\theta}{\cos\theta}=\frac{2\sqrt{2}}{3}\times\left(-\frac{3}{1}\right)=-2\sqrt{2}$$
$$\tan2\theta=\frac{2\tan\theta}{1-\tan^2\theta}=\frac{2\cdot(-2\sqrt{2})}{1-(-2\sqrt{2})^2}$$
$$=\frac{-4\sqrt{2}}{1-8}=\mathbf{\frac{4\sqrt{2}}{7}}$$

Challenge

$$\cos2\theta=2\cos^2\theta-1=2\left(\frac{3}{4}\right)^2-1=\frac{9}{8}-1=\mathbf{\frac{1}{8}}$$
$$\sin^2\frac{\theta}{2}=\frac{1-\cos\theta}{2}=\frac{1}{2}\left(1-\frac{3}{4}\right)=\frac{1}{8}$$

$0<\theta<\pi$ より $0<\frac{\theta}{2}<\frac{\pi}{2}$ だから

$$\sin\frac{\theta}{2}>0$$

よって，$\sin\frac{\theta}{2}=\sqrt{\frac{1}{8}}=\mathbf{\frac{\sqrt{2}}{4}}$

6 (1) $y=\sin\theta-\sqrt{3}\cos\theta+1$

$=\sqrt{1+(-\sqrt{3})^2}\sin\left(\theta-\dfrac{\pi}{3}\right)+1$

$=2\sin\left(\theta-\dfrac{\pi}{3}\right)+1$

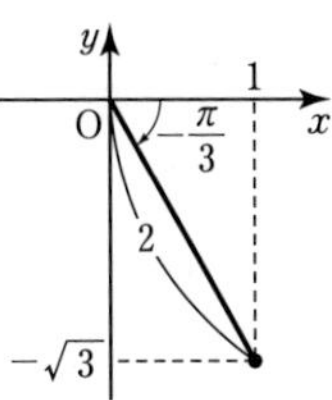

$0\leqq\theta\leqq2\pi$ より

$-\dfrac{\pi}{3}\leqq\theta-\dfrac{\pi}{3}\leqq\dfrac{5}{3}\pi$ だから

$-1\leqq\sin\left(\theta-\dfrac{\pi}{3}\right)\leqq1$

よって，**最大値 3** $\left(\boldsymbol{\theta=\dfrac{5}{6}\pi}\right)$

最小値 −1 $\left(\boldsymbol{\theta=\dfrac{11}{6}\pi}\right)$

◀最大値をとる θ の値は

$\theta-\dfrac{\pi}{3}=\dfrac{\pi}{2}$ より $\theta=\dfrac{5}{6}\pi$

最小値をとる θ の値は

$\theta-\dfrac{\pi}{3}=\dfrac{3}{2}\pi$ より $\theta=\dfrac{11}{6}\pi$

（問題文に指示がなければかかなくてよい。）

(2) $y=5\sin\theta-12\cos\theta$

$=\sqrt{5^2+(-12)^2}\sin(\theta-\alpha)$

$=\sqrt{169}\sin(\theta-\alpha)$

$=13\sin(\theta-\alpha)$

$\left(\text{ただし，}\cos\alpha=\dfrac{5}{13},\ \sin\alpha=\dfrac{12}{13}\right)$

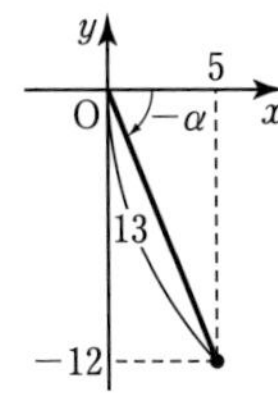

$0\leqq\theta\leqq2\pi$ より

$-\alpha\leqq\theta-\alpha\leqq2\pi-\alpha$ だから

$-1\leqq\sin(\theta-\alpha)\leqq1$

よって，**最大値 13，最小値 −13**

◀$\theta-\alpha$ のとりうる範囲

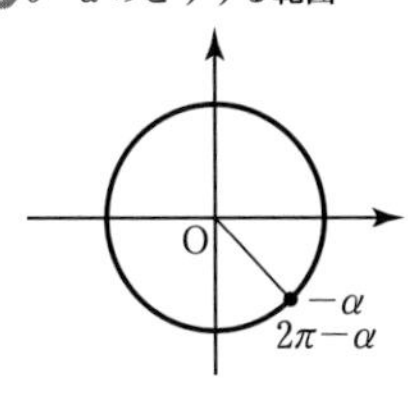

Challenge

$\sin\theta-\cos\theta=\dfrac{1}{\sqrt{2}}$ より

$\sqrt{2}\sin\left(\theta-\dfrac{\pi}{4}\right)=\dfrac{1}{\sqrt{2}}$

$\sin\left(\theta-\dfrac{\pi}{4}\right)=\dfrac{1}{2}$

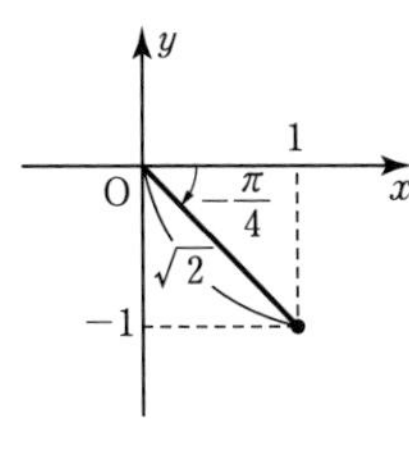

$0\leqq\theta<2\pi$ より

$-\dfrac{\pi}{4}\leqq\theta-\dfrac{\pi}{4}<\dfrac{7}{4}\pi$ だから

$\theta-\dfrac{\pi}{4}=\dfrac{\pi}{6},\ \dfrac{5}{6}\pi$

よって，$\boldsymbol{\theta=\dfrac{5}{12}\pi,\ \dfrac{13}{12}\pi}$

◀

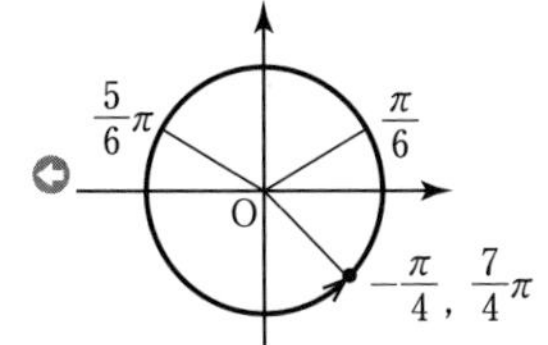

7 (1) $y=3\cos^2x-\cos2x+\sin x$

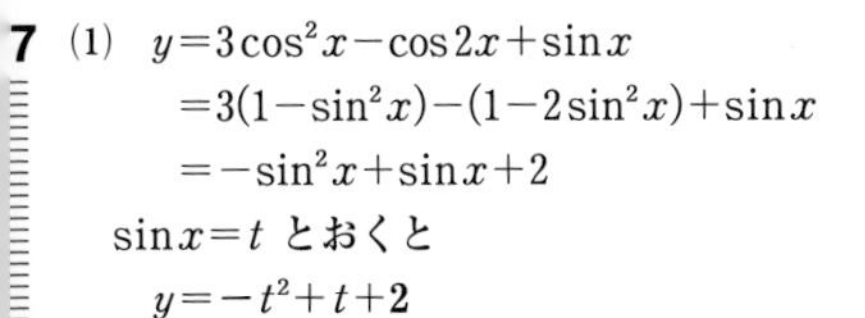

$=3(1-\sin^2x)-(1-2\sin^2x)+\sin x$

$=-\sin^2x+\sin x+2$

$\sin x=t$ とおくと

$y=-t^2+t+2$

◀$\cos^2x=1-\sin^2x$

$\cos2x=1-2\sin^2x$

を代入して $\sin x$ に統一。

(2) $y=-\left(t-\frac{1}{2}\right)^2+\frac{9}{4}$

$-\frac{\pi}{2}\leqq x\leqq\frac{\pi}{2}$ より $-1\leqq\sin x\leqq 1$

よって，$-1\leqq t\leqq 1$ の範囲で y は

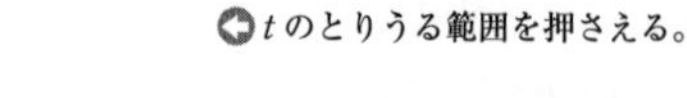

$t=\frac{1}{2}$ すなわち $\sin x=\frac{1}{2}$ より

$x=\boldsymbol{\frac{\pi}{6}}$ **のとき　最大値** $\boldsymbol{\frac{9}{4}}$

$t=-1$ すなわち

$\sin x=-1$ より

$x=\boldsymbol{-\frac{\pi}{2}}$ **のとき　最小値 0**

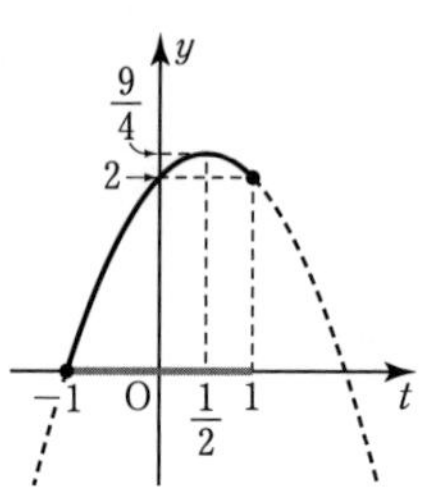

Challenge

$\cos 2x+3\cos x-1<0$ より

$2\cos^2 x-1+3\cos x-1<0$

$(2\cos x-1)(\cos x+2)<0$

$\cos x+2>0$　だから　$2\cos x-1<0$ より

$\cos x<\frac{1}{2}$

よって，$\boldsymbol{\frac{\pi}{3}<x<\frac{5}{3}\pi}$

$-1\leqq\cos x\leqq 1$ だから つねに $\cos x+2>0$

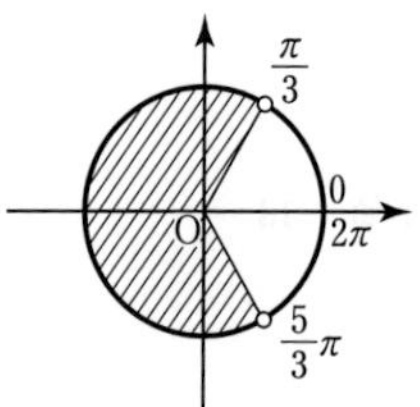

38 (1) $t=\sin x+\cos x$ の両辺を 2 乗して

$t^2=\sin^2 x+2\sin x\cos x+\cos^2 x$

$=1+2\sin x\cos x=1+\sin 2x$

$\sin 2x=t^2-1$

$y=\sin 2x-2(\sin x+\cos x)$

$=t^2-1-2t$

よって，$\boldsymbol{y=t^2-2t-1}$

$\sin 2x=2\sin x\cos x$

(2) $t=\sin x+\cos x$

$=\sqrt{2}\sin\left(x+\frac{\pi}{4}\right)$

$0\leqq x\leqq\pi$ より $\frac{\pi}{4}\leqq x+\frac{\pi}{4}\leqq\frac{5}{4}\pi$ だから

$-\frac{1}{\sqrt{2}}\leqq\sin\left(x+\frac{\pi}{4}\right)\leqq 1$

よって，$\boldsymbol{-1\leqq t\leqq\sqrt{2}}$

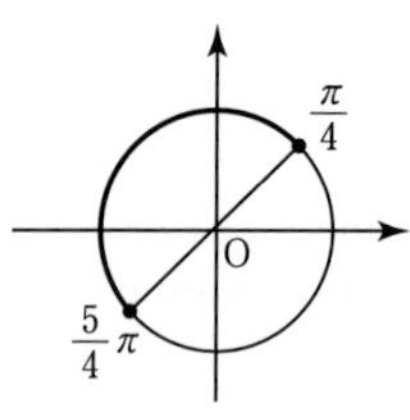

(3) $y=t^2-2t-1\ (-1\leqq t\leqq\sqrt{2})$

$=(t-1)^2-2$

右のグラフより

最大値 **2** $(t=-1)$

最小値 **−2** $(t=1)$

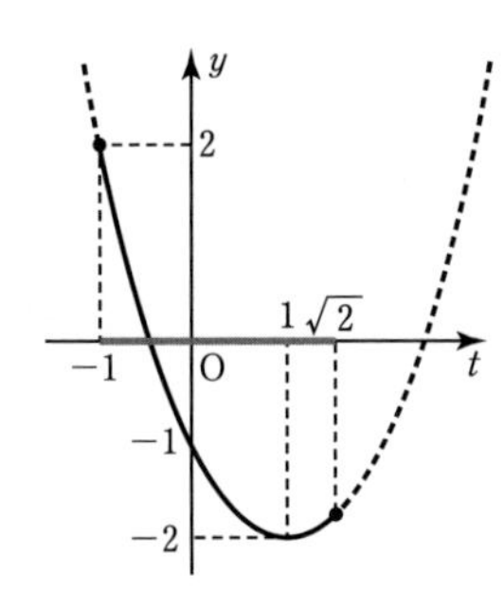

Challenge

最大値をとる x の値は $t=-1$ のときだから

$\sqrt{2}\sin\left(x+\frac{\pi}{4}\right)=-1$ より $\sin\left(x+\frac{\pi}{4}\right)=-\frac{1}{\sqrt{2}}$

$0\leqq x\leqq\pi$ より $\frac{\pi}{4}\leqq x+\frac{\pi}{4}\leqq\frac{5}{4}\pi$

$x+\frac{\pi}{4}=\frac{5}{4}\pi$ よって，$\boldsymbol{x=\pi}$

最小値をとる x の値は $t=1$ のときだから

$\sqrt{2}\sin\left(x+\frac{\pi}{4}\right)=1$ より $\sin\left(x+\frac{\pi}{4}\right)=\frac{1}{\sqrt{2}}$

$x+\frac{\pi}{4}=\frac{\pi}{4},\ \frac{3}{4}\pi$ よって，$\boldsymbol{x=0,\ \frac{\pi}{2}}$

9 (1) $\frac{27^{-1}}{9^{-2}\times3^{-1}}=\frac{(3^3)^{-1}}{(3^2)^{-2}\times3^{-1}}=3^{-3}\times3^4\times3^1$

$=3^{-3+4+1}=3^2=\mathbf{9}$

(2) $\frac{\sqrt[3]{a^2}\times\sqrt[4]{a}}{\sqrt[6]{a}}=a^{\frac{2}{3}}\times a^{\frac{1}{4}}\times a^{-\frac{1}{6}}$

$=a^{\frac{2}{3}+\frac{1}{4}-\frac{1}{6}}=a^{\frac{8+3-2}{12}}=a^{\frac{9}{12}}$

$=a^{\frac{3}{4}}=\boldsymbol{\sqrt[4]{a^3}}$

◀ $a^{\frac{3}{4}}$ でも間違いではないが，累乗根で出題された答えは累乗根で答えるのが一般的である。

(3) $4^{-\frac{3}{2}}\times27^{\frac{1}{3}}\div\sqrt{16^{-3}}$

$=(2^2)^{-\frac{3}{2}}\times(3^3)^{\frac{1}{3}}\div(2^4)^{-\frac{3}{2}}$

$=2^{-3}\times3\times2^6=2^3\times3=\mathbf{24}$

(4) $\sqrt[3]{\sqrt{a^7b^2}\sqrt{a^5b^4}}\div\frac{a}{b}$

$=\sqrt[3]{\sqrt{a^{12}b^6}}\times\frac{b}{a}=\sqrt[3]{a^{\frac{12}{2}}b^{\frac{6}{2}}}\times\frac{b}{a}$

$=(a^6b^3)^{\frac{1}{3}}\times\frac{b}{a}=a^2b\times\frac{b}{a}=\boldsymbol{ab^2}$

Challenge

$$\sqrt[3]{24}+\frac{4}{3}\sqrt[6]{9}+\sqrt[3]{-\frac{1}{9}}$$
$$=24^{\frac{1}{3}}+\frac{4}{3}\cdot 9^{\frac{1}{6}}-\left(\frac{1}{9}\right)^{\frac{1}{3}}$$
$$=(2^3\times 3)^{\frac{1}{3}}+\frac{4}{3}\cdot(3^2)^{\frac{1}{6}}-(3^{-2})^{\frac{1}{3}}$$
$$=2\cdot 3^{\frac{1}{3}}+\frac{4}{3}\cdot 3^{\frac{1}{3}}-3^{-\frac{2}{3}}$$
$$=2\cdot 3^{\frac{1}{3}}+\frac{4}{3}\cdot 3^{\frac{1}{3}}-\frac{1}{3}\cdot 3^{\frac{1}{3}}$$
$$=\left(2+\frac{4}{3}-\frac{1}{3}\right)\cdot 3^{\frac{1}{3}}=\mathbf{3\sqrt[3]{3}}$$

◯ $\sqrt[3]{-\frac{1}{9}}=-\sqrt[3]{\frac{1}{9}}$

◯ $3^{-\frac{2}{3}}=3^{-1}\cdot 3^{\frac{1}{3}}=\frac{1}{3}\cdot 3^{\frac{1}{3}}$ とする変形が point。

◯ $3^{\frac{1}{3}}$ が共通因数となる。

◯ $3\cdot 3^{\frac{1}{3}}=3^{\frac{4}{3}}$ としても誤りではな が，問題が累乗根 $\sqrt[m]{a^n}$ の形で 題されているので答えも合わ た形でかくのがよい。

40 (1)
$$\frac{a^{3x}+a^{-3x}}{a^x+a^{-x}}=\frac{(a^x)^3+(a^{-x})^3}{a^x+a^{-x}}$$
$$=\frac{(a^x+a^{-x})(a^{2x}-a^x\cdot a^{-x}+a^{-2x})}{a^x+a^{-x}}$$
$$=5-1+\frac{1}{5}$$
$$=\mathbf{\frac{21}{5}}$$

◯ $a^x=A$，$a^{-x}=B$ として
A^3+B^3
$=(A+B)(A^2-AB+B^2)$
の因数分解。

◯ $a^{-2x}=\frac{1}{a^{2x}}=\frac{1}{5}$

別解

$a^{2x}=5$ より $a>0$ だから　$a^x=\sqrt{5}$

$$与式=\frac{(\sqrt{5})^3+(\sqrt{5})^{-3}}{\sqrt{5}+(\sqrt{5})^{-1}}=\frac{5\sqrt{5}+\frac{1}{5\sqrt{5}}}{\sqrt{5}+\frac{1}{\sqrt{5}}}$$
$$=\frac{\left(5\sqrt{5}+\frac{1}{5\sqrt{5}}\right)\times 5\sqrt{5}}{\left(\sqrt{5}+\frac{1}{\sqrt{5}}\right)\times 5\sqrt{5}}=\frac{125+1}{25+5}$$
$$=\frac{126}{30}=\mathbf{\frac{21}{5}}$$

(2) $a^x-a^{-x}=\sqrt{5}$ の両辺を 2 乗して

$(a^x-a^{-x})^2=(\sqrt{5})^2$

$a^{2x}-2a^x\cdot a^{-x}+a^{-2x}=5$

$a^{2x}+a^{-2x}=5+2=7$

$(a^x+a^{-x})^2=a^{2x}+2a^x\cdot a^{-x}+a^{-2x}$

$=7+2=9$

$a^x+a^{-x}>0$ だから

$a^x+a^{-x}=\sqrt{9}=\mathbf{3}$

◯ a^x+a^{-x} の値は 2 乗して $(a^x+a^{-x})^2$ の値を求める。

◯ $a^x>0$，$a^{-x}>0$

Challenge

$x^{\frac{1}{2}}+x^{-\frac{1}{2}}=3$ の両辺を 2 乗して

$(x^{\frac{1}{2}}+x^{-\frac{1}{2}})^2=3^2$

$x+2x^{\frac{1}{2}}\cdot x^{-\frac{1}{2}}+x^{-1}=9$

よって，$x+x^{-1}=9-2=\mathbf{7}$

$(x-x^{-1})^2=x^2-2x\cdot x^{-1}+x^{-2}$

$=(x+x^{-1})^2-2x\cdot x^{-1}-2$

$=7^2-2-2=45$

$x>1$ だから $x-x^{-1}>0$

よって，$x-x^{-1}=\sqrt{45}=\mathbf{3\sqrt{5}}$

◀ $(x^{\frac{1}{2}})^2=x$，$(x^{-\frac{1}{2}})^2=x^{-1}$

◀ $x^2+x^{-2}=(x+x^{-1})^2-2x\cdot x^{-1}$
$=(x+x^{-1})^2-2$

◀ $x>1$ のとき
$x^{-1}=\dfrac{1}{x}<1$

41 (1) $y=3^x$

(2) $y=2^{x+2}$，$y=2^x$

(3) $y=\left(\dfrac{1}{2}\right)^{x-1}=(2^{-1})^{x-1}=2^{-(x-1)}$

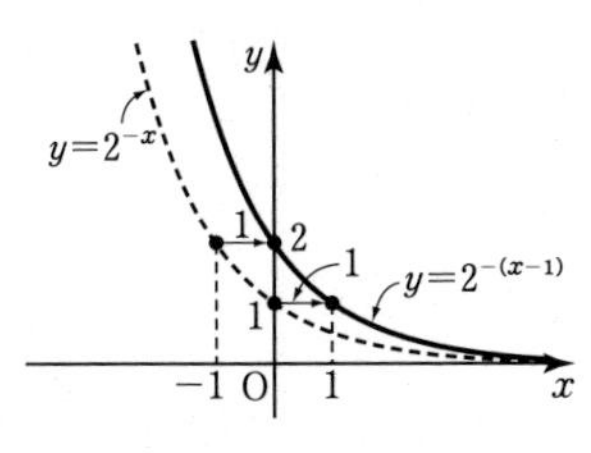

◀ x 軸方向に 1 だけ平行移動

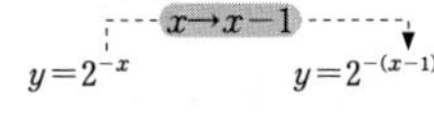

Challenge

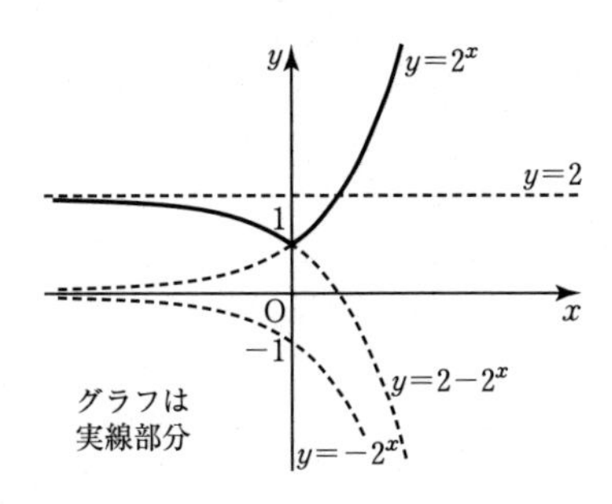

42 (1) $\log_4 8=p$ とすると

$4^p=8 \iff 2^{2p}=2^3$

$2p=3$ より　$p=\dfrac{3}{2}$

よって，$\log_4 8=\mathbf{\dfrac{3}{2}}$

> 対数の定義
> $M=a^p \iff \log_a M=p$
> を利用。

別解

$$\log_4 8=\frac{\log_2 8}{\log_2 4}=\frac{\log_2 2^3}{\log_2 2^2}=\mathbf{\frac{3}{2}}$$

> 底の変換公式
> $\log_a b=\dfrac{\log_c b}{\log_c a}$
> $(a,\ b,\ c>0,\ a\neq 1,\ c\neq 1)$
> を利用。

(2) $\log_{\sqrt{8}}\dfrac{1}{2}=p$ とすると

> 対数の定義を利用。

$(\sqrt{8})^p=\dfrac{1}{2} \iff (2^3)^{\frac{p}{2}}=2^{-1}$

$2^{\frac{3}{2}p}=2^{-1}$ より　$\dfrac{3}{2}p=-1$，$p=-\dfrac{2}{3}$

よって，$\log_{\sqrt{8}}\dfrac{1}{2}=\mathbf{-\dfrac{2}{3}}$

別解

$$\log_{\sqrt{8}}\frac{1}{2}=\frac{\log_2\frac{1}{2}}{\log_2\sqrt{8}}=\frac{\log_2 2^{-1}}{\log_2 2^{\frac{3}{2}}}$$

$$=\frac{-1}{\frac{3}{2}}=\mathbf{-\frac{2}{3}}$$

> 底の変換を利用。

Challenge

(1) $\log_5 0.04=p$ とすると

$5^p=0.04=\dfrac{4}{100}=\dfrac{1}{25}$

$5^p=5^{-2}$　より　$p=-2$

よって，$\log_5 0.04=\mathbf{-2}$

(2) $\log_8 \sin 30^\circ=\log_8\dfrac{1}{2}=p$ とすると

> $\sin 30^\circ=\dfrac{1}{2}$

$8^p=\dfrac{1}{2} \iff 2^{3p}=2^{-1}$

$3p=-1$ より　$p=-\dfrac{1}{3}$

よって，$\log_8 \sin 30^\circ=\mathbf{-\dfrac{1}{3}}$

別解

(1) $\log_5 0.04=\log_5\dfrac{4}{100}=\log_5\dfrac{1}{25}=\log_5 5^{-2}=\mathbf{-2}$

(2) 底を変換して，底を 2 に統一すると

$$\log_8\frac{1}{2}=\frac{\log_2\frac{1}{2}}{\log_2 8}=\frac{\log_2 2^{-1}}{\log_2 2^3}=\mathbf{-\frac{1}{3}}$$

3 (1) $\log_3 15-\log_3 45$

$=\log_3\dfrac{15}{45}=\log_3\dfrac{1}{3}=\log_3 3^{-1}=\mathbf{-1}$

(2) $\dfrac{1}{3}\log_{10}8+\log_{10}\dfrac{3}{2}-\log_{10}\dfrac{3}{10}$

$=\log_{10}\left\{(2^3)^{\frac{1}{3}}\cdot\dfrac{3}{2}\cdot\dfrac{10}{3}\right\}=\log_{10}(2\cdot5)=\log_{10}10=\mathbf{1}$

◀真数を 1 つにまとめる。

(3) $\log_2 25\cdot\log_5 8=\log_2 25\cdot\dfrac{\log_2 8}{\log_2 5}$

◀底を 2 に統一。

$=2\log_2 5\cdot\dfrac{3\log_2 2}{\log_2 5}=\mathbf{6}$

(4) $\log_2 48-\log_4 36$

$=\log_2 48-\dfrac{\log_2 36}{\log_2 4}$

◀底を 2 に統一。

$=\log_2 48-\dfrac{2\log_2 6}{2\log_2 2}$

$=\log_2\dfrac{48}{6}=\log_2 8=\mathbf{3}$

(5) $(\log_3 4+\log_9 2)(\log_2 9+\log_4 9)$

$=\left(\dfrac{\log_2 4}{\log_2 3}+\dfrac{\log_2 2}{\log_2 9}\right)\left(\log_2 9+\dfrac{\log_2 9}{\log_2 4}\right)$

◀底を 2 に統一。

$=\left(\dfrac{2}{\log_2 3}+\dfrac{1}{2\log_2 3}\right)\left(2\log_2 3+\dfrac{2\log_2 3}{2}\right)$

$=\left(\dfrac{4}{2\log_2 3}+\dfrac{1}{2\log_2 3}\right)(2\log_2 3+\log_2 3)$

$=\dfrac{5}{2\log_2 3}\cdot3\log_2 3=\mathbf{\dfrac{15}{2}}$

Challenge

$\log_{56}42=\dfrac{\log_2 42}{\log_2 56}=\dfrac{\log_2 6+\log_2 7}{\log_2 8+\log_2 7}$

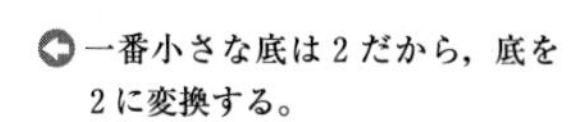

$=\dfrac{\log_2 2+\log_2 3+\log_2 7}{3\log_2 2+\log_2 7}$

ここで，$\log_3 7=\dfrac{\log_2 7}{\log_2 3}=b$

◀$b=\log_3 7$ の底を 2 に変換する。

よって，$\log_2 7=b\log_2 3=ab$

ゆえに，$\log_{56}42=\mathbf{\dfrac{1+a+ab}{3+ab}}$

4 (1)

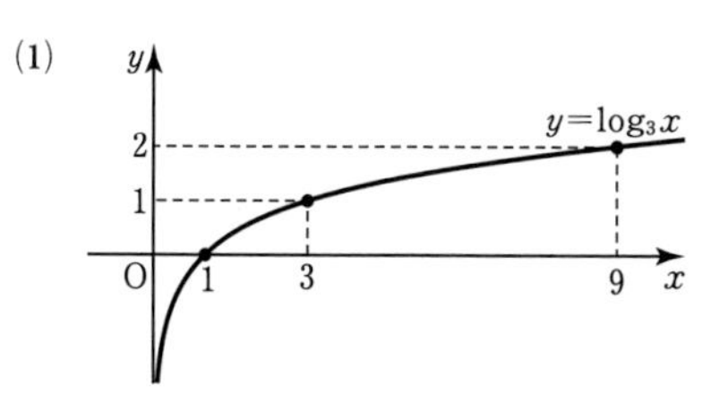

(2)

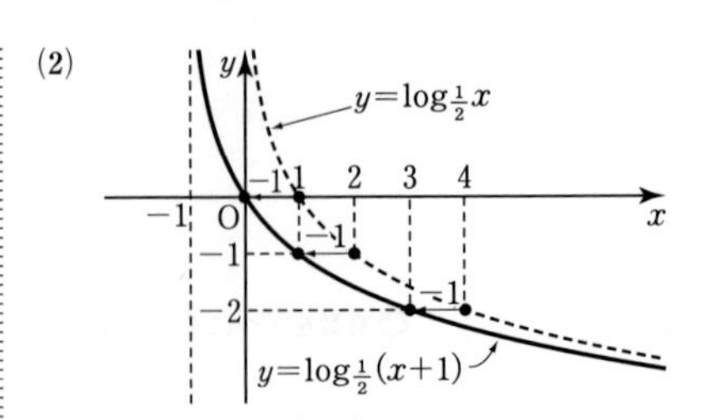

x 軸方向に -1 だけ平行移動

$x \to x+1$

$y=\log_{\frac{1}{2}}x$ → $y=\log_{\frac{1}{2}}(x+1)$

(3) $y=\log_3 3x=\log_3 x+\log_3 3$

より $y=\log_3 x+1$

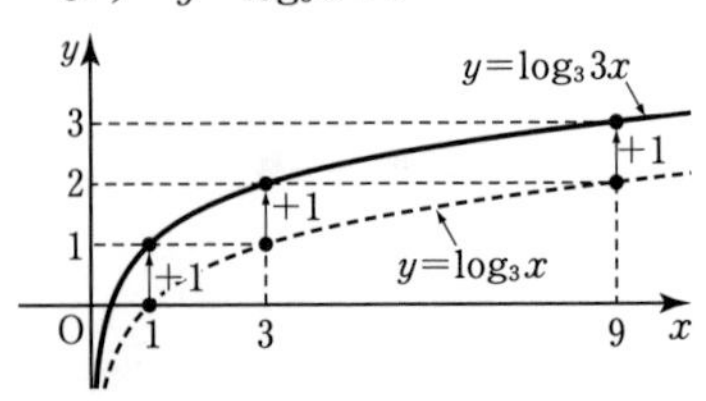

Challenge

$$y=\log_2\left(\frac{x}{2}+3\right)=\log_2\left(\frac{x+6}{2}\right)$$
$$=\log_2(x+6)-\log_2 2$$
$$=\log_2(x+6)-1$$

よって，$y=\log_2 x$ のグラフを x 軸方向に $\mathbf{-6}$

y 軸方向に -1 だけ平行移動したもの。

$y=f(x)$ のグラフを
x 軸方向に p
y 軸方向に q
だけ平行移動したグラフは
$y-q=f(x-p)$
と表せる。

45 (1) $8\cdot 2^{7-x}=\dfrac{1}{4}$

$2^3\cdot 2^{7-x}=\dfrac{1}{2^2}$

$2^{10-x}=2^{-2}$

$10-x=-2$

よって，$\boldsymbol{x=12}$

(2) $5^{2x+2}>\dfrac{1}{125}$

$5^{2x+2}>\dfrac{1}{5^3}$

$5^{2x+2}>5^{-3}$

底$=5>1$ だから

$2x+2>-3$

よって，$\boldsymbol{x>-\dfrac{5}{2}}$

(3) $\left(\dfrac{1}{2}\right)^{1-x^2}<(2\sqrt{2})^{x-1}$

$(2^{-1})^{1-x^2}<(2^{\frac{3}{2}})^{x-1}$

$2^{x^2-1}<2^{\frac{3}{2}x-\frac{3}{2}}$

底$=2>1$ だから

$x^2-1<\dfrac{3}{2}x-\dfrac{3}{2}$

$2x^2-3x+1<0$

$(2x-1)(x-1)<0$

よって，$\boldsymbol{\dfrac{1}{2}<x<1}$

(4) $3^{2x}-2\cdot 3^{x+2}=-81$

$(3^x)^2-2\cdot 3^2\cdot 3^x=-81$

$3^x=X$ $(X>0)$ とおくと

$X^2-18X+81=0$

$(X-9)^2=0$

$X=9$

$3^x=9=3^2$

よって，$\boldsymbol{x=2}$

$4^x+2^{x+2}-32>0$

$(2^x)^2+4\cdot 2^x-32>0$

$2^x=X\,(X>0)$ とおくと

$X^2+4X-32>0$

$(X+8)(X-4)>0$

$X>0$ より　$X>4$

$2^x>4=2^2$

底$=2>1$ だから　$\boldsymbol{x>2}$

6 (1)　$\log_{\sqrt{3}} x=4$

$4=\log_{\sqrt{3}}(\sqrt{3})^4=\log_{\sqrt{3}} 9$

$\log_{\sqrt{3}} x=\log_{\sqrt{3}} 9$　よって，$\boldsymbol{x=9}$

別解

対数の定義より

$\log_{\sqrt{3}} x=4 \iff x=(\sqrt{3})^4$　よって，$\boldsymbol{x=9}$

(2)　真数>0 より $x-3>0$，$x+5>0$

よって，$x>3$　……①

$\log_3(x-3)+\log_3(x+5)=2$

$\log_3(x-3)(x+5)=\log_3 3^2=\log_3 9$ より

$(x-3)(x+5)=9$

$x^2+2x-24=0$

$(x+6)(x-4)=0$

$x=-6,\ 4$　①より　$\boldsymbol{x=4}$

(3)　真数>0 より $x-3>0$　よって，$x>3$　……①

$\log_{\frac{1}{2}}(x-3)>\log_{\frac{1}{2}}\left(\frac{1}{2}\right)^{-3}=\log_{\frac{1}{2}} 8$

◀ $n=\log_a a^n$ を利用して $-3=\log_{\frac{1}{2}}\left(\frac{1}{2}\right)^{-3}=\log_{\frac{1}{2}} 2^3$ $=\log_{\frac{1}{2}} 8$ と表す。

底$=\frac{1}{2}<1$ だから

$x-3<8$　よって，$x<11$

①より　$\boldsymbol{3<x<11}$

(4)　真数>0 より $x-2>0$，$x-5>0$

よって，$x>5$　……①

$\log_{10}(x-2)+\log_{10}(x-5)\leqq 2\log_{10} 2$

$\log_{10}(x-2)(x-5)\leqq\log_{10} 4$

底$=10>1$ だから

$(x-2)(x-5)\leqq 4$

$x^2-7x+6\leqq 0$

$(x-1)(x-6)\leqq 0$

$1\leqq x\leqq 6$　……②

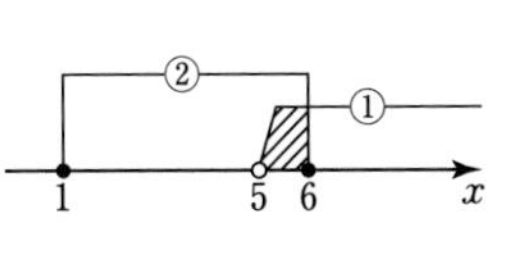

①，②の共通範囲だから

$\boldsymbol{5<x\leqq 6}$

Challenge

(1) 真数>0 より $x>0$ ……①

$(\log_2 x)^2-\log_2 x-6=0$

$(\log_2 x-3)(\log_2 x+2)=0$

$\log_2 x=3,\ -2$

$\log_2 x=3=\log_2 8$ より $x=8$

$\log_2 x=-2=\log_2 2^{-2}=\log_2\frac{1}{4}$ より $x=\frac{1}{4}$

これらは①を満たす。

よって，$\boldsymbol{x=8,\ \frac{1}{4}}$

◀ $\log_2 x=t$ とおくと
$t^2-t-6=0$
$(t-3)(t+2)=0$
$t=3,\ -2$
注意 $\log_2 x=t$ とおくとき
$2^x=t$ と混同して $t>0$ とする誤りを見かける。
$\log_2 x$ はすべての実数をとり 2^x は0より大きい値をとる。

(2) 真数>0 より $x-5>0,\ x-3>0$

よって，$x>5$ ……①

$\log_2(x-5)=\frac{\log_2(x-3)}{\log_2 4}$

$=\frac{\log_2(x-3)}{2}$

◀底を2に統一する。

$2\log_2(x-5)=\log_2(x-3)$

◀両辺に2を掛けて分母を払う。

$\log_2(x-5)^2=\log_2(x-3)$ より

$(x-5)^2=(x-3)$

$x^2-11x+28=0$

$(x-4)(x-7)=0,\ x=4,\ 7$

①より $\boldsymbol{x=7}$

47 (1) $y=4^{x+1}-2^{x+1}+1$

$=4\cdot4^x-2\cdot2^x+1$

$=4\cdot(2^x)^2-2\cdot2^x+1$

$2^x=t$ とおくと

$y=4t^2-2t+1$

$-1\leqq x\leqq 1$ だから $\frac{1}{2}\leqq t\leqq 2$

$y=4t^2-2t+1$

$=4\left(t^2-\frac{1}{2}t\right)+1$

$=4\left(t-\frac{1}{4}\right)^2+\frac{3}{4}$

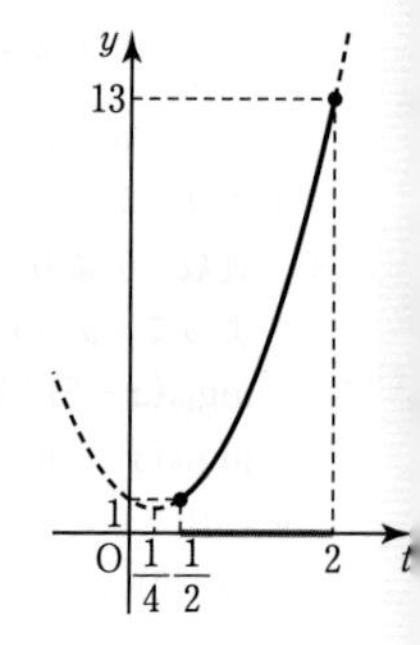

右のグラフより

$t=\frac{1}{2}$ のとき，すなわち $x=-1$ のとき**最小値1**

$t=2$ のとき，すなわち $x=1$ のとき**最大値13**

をとる。

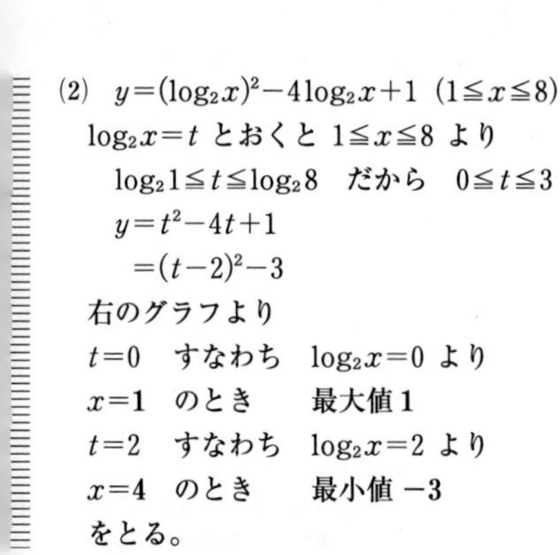

(2)　$y=(\log_2 x)^2-4\log_2 x+1$　$(1\leqq x\leqq 8)$

$\log_2 x=t$ とおくと $1\leqq x\leqq 8$ より

$\log_2 1\leqq t\leqq \log_2 8$　だから　$0\leqq t\leqq 3$

$y=t^2-4t+1$

$=(t-2)^2-3$

右のグラフより

$t=0$　すなわち　$\log_2 x=0$ より

$\boldsymbol{x=1}$　のとき　　**最大値 1**

$t=2$　すなわち　$\log_2 x=2$ より

$\boldsymbol{x=4}$　のとき　　**最小値 −3**

をとる。

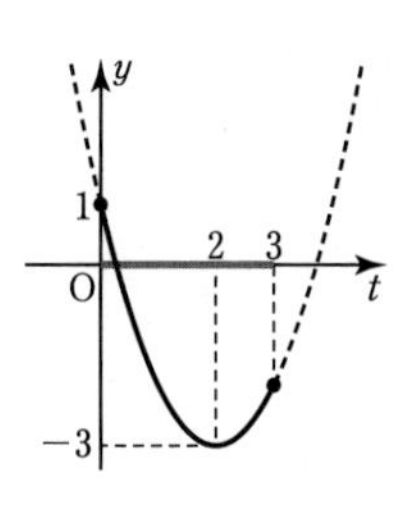

Challenge

真数>0 より $x>0$, $18-x>0$

よって, $0<x<18$

$f(x)=\log_3 x+\log_3(18-x)$

$=\log_3 x(18-x)$

$=\log_3(-x^2+18x)$

$=\log_3\{-(x-9)^2+81\}$

真数の増減と対数の増減は一致するから, 真数が最大のとき対数も最大になる。

したがって, $0<x<18$ の範囲で $f(x)$ は

$\boldsymbol{x=9}$ **のとき,**

最大値 $\log_3 81=\log_3 3^4=\boldsymbol{4}$

48　$2^x=5^y=100$ の各辺の, 10 を底とする対数をとると

$\log_{10} 2^x=\log_{10} 5^y=\log_{10} 100$

$x\log_{10} 2=y\log_{10} 5=2$

$x=\dfrac{2}{\log_{10} 2}$, $y=\dfrac{2}{\log_{10} 5}$ だから

$\dfrac{1}{x}+\dfrac{1}{y}=\dfrac{\log_{10} 2}{2}+\dfrac{\log_{10} 5}{2}$

$=\dfrac{\log_{10} 10}{2}=\boldsymbol{\dfrac{1}{2}}$

Challenge

$a^x=b^y=c^z$ の各辺の, c を底とする対数をとると

$\log_c a^x=\log_c b^y=\log_c c^z$

$x\log_c a=y\log_c b=z$

$x=\dfrac{z}{\log_c a}$, $y=\dfrac{z}{\log_c b}$ だから

$xy-yz-zx$

$=\frac{z}{\log_c a}\cdot\frac{z}{\log_c b}-\frac{z^2}{\log_c b}-\frac{z^2}{\log_c a}$

$=z^2\left(\frac{1}{\log_c a\log_c b}-\frac{\log_c a+\log_c b}{\log_c b\log_c a}\right)$

$=z^2\cdot\frac{1-\log_c ab}{\log_c b\log_c a}$

ここで，$c=ab$ だから $\log_c ab=\log_c c=1$

よって，$xy-yz-zx=\mathbf{0}$

49 6^{20} の常用対数をとると

$\log_{10}6^{20}=20\log_{10}6$

$=20(\log_{10}2+\log_{10}3)$

$=20(0.3010+0.4771)$

$=20\times0.7781$

$=15.562$

よって，$15<\log_{10}6^{20}<16$

$10^{15}<6^{20}<10^{16}$ だから

6^{20} は **16** 桁の数。

◀常用対数をとると，6^{20} が 10 の何乗で表されるかわかる。

Challenge

12^{12} の常用対数をとると

$\log_{10}12^{12}=12\log_{10}12=12(\log_{10}2^2+\log_{10}3)$

$=12(2\log_{10}2+\log_{10}3)$

$=12(2\times0.3010+0.4771)$

$=12(0.6020+0.4771)$

$=12\times1.0791$

$=12.9492$

よって，$12<\log_{10}12^{12}<13$

$10^{12}<12^{12}<10^{13}$ だから

12^{12} は **13** 桁の数

また，最高位の数は

$12^{12}=10^{12.9492}=10^{0.9492}\times10^{12}$

ここで，

$2\log_{10}3=\log_{10}9=2\times0.4771=0.9542$

よって，$10^{0.9542}=9$

$3\log_{10}2=\log_{10}8=3\times0.3010=0.9030$

よって，$10^{0.9030}=8$

ゆえに，$10^{0.9030}<10^{0.9492}<10^{0.9542}$ だから

$8<10^{0.9492}<9$

したがって，最高位の数は **8**

◀ $\log_{10}12$ を $\log_{10}2$ と $\log_{10}3$ で表す。

◀ $10^{0.9492}\times10^{12}$
最高位の数を表す。 桁数を表す。

0 (1) ① $y=4x^2-3x+2$

$\boldsymbol{y'=8x-3}$

② $y=(2x-1)(2x^2+1)$

$=4x^3-2x^2+2x-1$

$\boldsymbol{y'=12x^2-4x+2}$

(2) $f'(x)=\lim_{h\to 0}\frac{f(x+h)-f(x)}{h}$

$=\lim_{h\to 0}\frac{(x+h)^3-x^3}{h}$

$=\lim_{h\to 0}\frac{x^3+3x^2h+3xh^2+h^3-x^3}{h}$

$=\lim_{h\to 0}\frac{h(3x^2+3xh+h^2)}{h}=\boldsymbol{3x^2}$

Challenge

$f(x)=ax^2+bx+c$

$f'(x)=2ax+b$

$f(1)=a+b+c=2$ ……①

$f'(0)=b=-3$ ……②

$f'(1)=2a+b=1$ ……③

①，②，③を解いて

$\boldsymbol{a=2,\ b=-3,\ c=3}$

②より　$b=-3$
③に代入して
$a=2$
①に代入して
$c=3$

51 (1) $y=f(x)=x^2-3x+2$ とおくと

$f'(x)=2x-3$

$f'(3)=2\cdot 3-3=3$

よって，$y-2=3(x-3)$ より

$\boldsymbol{y=3x-7}$

(2) $y=f(x)=x^3-4x+3$ とおくと

$f'(x)=3x^2-4$

$f'(3)=3\cdot 3^2-4=23$

接点の y 座標は

$f(3)=3^3-4\cdot 3+3=18$

よって，$y-18=23(x-3)$ より

$y=\boldsymbol{23x-51}$

Challenge

$y=f(x)=x^3-9x$ とおくと

$f'(x)=3x^2-9$

傾きが 3 だから

$f'(x)=3x^2-9=3$

$x^2=4,\ x=\pm 2$

$f(2)=2^3-9\cdot 2=-10$

$f'(x)=3$ とおいて接点の x 座標を求める。

$f(-2)=(-2)^3-9\cdot(-2)=10$

接点は $(2,\ -10)$ と $(-2,\ 10)$

よって，$y-(-10)=3(x-2)$ より

$\boldsymbol{y=3x-16}$

$y-10=3(x+2)$ より

$\boldsymbol{y=3x+16}$

52 (1) $y=f(x)=x^2+2$ とし，接点を $(t,\ t^2+2)$ とおく。

$f'(x)=2x$ より $f'(t)=2t$

接線の方程式は

$y-(t^2+2)=2t(x-t)$

$y=2tx-t^2+2$ ……①

点 $(-1,\ -1)$ を通るから

$-1=-2t-t^2+2$

$t^2+2t-3=0$

$(t+3)(t-1)=0$

$t=-3,\ 1$

①に代入して

$t=-3$ のとき $\boldsymbol{y=-6x-7}$

$t=1$ のとき $\boldsymbol{y=2x+1}$

接線の方程式
$y-f(t)=f'(t)(x-t)$

(2) $y=f(x)=x^3+3x^2$ とし，接点を $(t,\ t^3+3t^2)$ とおくと

$f'(x)=3x^2+6x$ より $f'(t)=3t^2+6t$

接線の方程式は

$y-(t^3+3t^2)=(3t^2+6t)(x-t)$

$y=(3t^2+6t)x-2t^3-3t^2$ ……①

点 $(1,\ -4)$ を通るから

$-4=3t^2+6t-2t^3-3t^2$

$2t^3-6t-4=0$

$t^3-3t-2=0$

$(t+1)(t^2-t-2)=0$

$(t+1)^2(t-2)=0$

$t=-1,\ 2$

①に代入して

$t=-1$ のとき $\boldsymbol{y=-3x-1}$

$t=2$ のとき $\boldsymbol{y=24x-28}$

直線の方程式は $y=mx+n$ の形で表す。
$y=3t^2x+6tx-2t^3-3t^2$
このように傾きをバラさないように。$m=(3t^2+6t)$ としてまとめておく。

$g(t)=t^3-3t-2$ とおくと
$g(-1)=-1+3-2=0$

Challenge

$y=f(x)=x(x-1)(x-4)$ とすると

$f(x)=x^3-5x^2+4x$

$f'(x)=3x^2-10x+4$

接点を $(t,\ t^3-5t^2+4t)$ とおくと

$f'(t)=3t^2-10t+4$

接線の方程式は

$y-(t^3-5t^2+4t)=(3t^2-10t+4)(x-t)$

$y=(3t^2-10t+4)x-2t^3+5t^2$ ……①

点 $(0,\ 0)$ を通るから

$-2t^3+5t^2=0$

$t^2(2t-5)=0$

$t=0,\ \dfrac{5}{2}$

①に代入して

$t=0$ のとき　$\boldsymbol{y=4x}$

$t=\dfrac{5}{2}$ のとき　$\boldsymbol{y=-\dfrac{9}{4}x}$

← $3\cdot\left(\dfrac{5}{2}\right)^2-10\cdot\dfrac{5}{2}+4$
$=\dfrac{75}{4}-25+4=-\dfrac{9}{4}$

53　$f(x)=x^3-3x^2+Ax+B$

$f'(x)=3x^2-6x+A$

$x=3$ で極小値をとるから

$f'(3)=3\cdot3^2-6\cdot3+A=0$

$27-18+A=0$ より

$A=\boldsymbol{-9}$

$f(3)=3^3-3\cdot3^2-9\cdot3+B=-25$

$-27+B=-25$ より

$B=\boldsymbol{2}$

(このとき，$f'(x)=3(x+1)(x-3)$ となり題意を満たす。)

← 必要条件だけから求めた解答なので一言ことわっておく。

Challenge

$f(x)=2ax^3-3ax^2-12ax+b$

$f'(x)=6ax^2-6ax-12a$

$=6a(x^2-x-2)$

$=6a(x+1)(x-2)$

$a>0$ だから増減表は次のようになる。

x	…	-1	…	2	…
$f'(x)$	$+$	0	$-$	0	$+$
$f(x)$	↗	極大	↘	極小	↗

$f(-1)=-2a-3a+12a+b$

$=7a+b=9$ ……①

$f(2)=16a-12a-24a+b$

$=-20a+b=-18$ ……②

①，②を解いて

$\boldsymbol{a=1,\ b=2}$

54 (1) $f(x)=x^3-3x^2+4$

$f'(x)=3x^2-6x=3x(x-2)$

増減表は次のようになる。

x	$\cdots$	0	$\cdots$	2	$\cdots$
$f'(x)$	$+$	0	$-$	0	$+$
$f(x)$	↗	極大	↘	極小	↗

$f(0)=4$

$f(2)=2^3-3\cdot2^2+4=8-12+4=0$

よって

極大値 4 ($x=0$)，極小値 0 ($x=2$)

(2) グラフは右図のようになる。

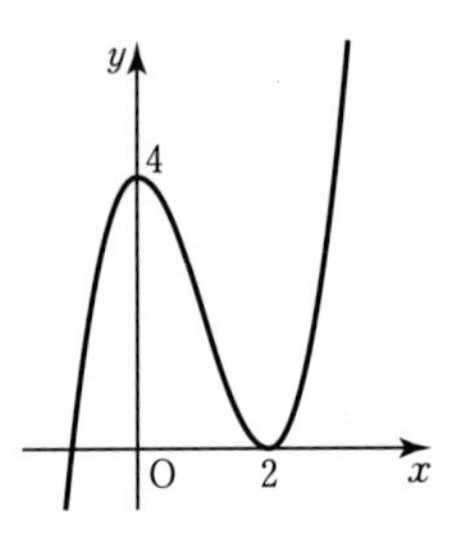

Challenge

$f(x)=2x^3-3x^2-12x$

$f'(x)=6x^2-6x-12=6(x+1)(x-2)$

増減表は次のようになる。

x	$\cdots$	-1	$\cdots$	2	$\cdots$
$f'(x)$	$+$	0	$-$	0	$+$
$f(x)$	↗	極大	↘	極小	↗

$f(-1)=2\cdot(-1)^3-3\cdot(-1)^2-12\cdot(-1)=7$

$f(2)=2\cdot2^3-3\cdot2^2-12\cdot2=-20$

よって

極大値 7　($x=-1$)

極小値 -20　($x=2$)

グラフは，右図のようになる。

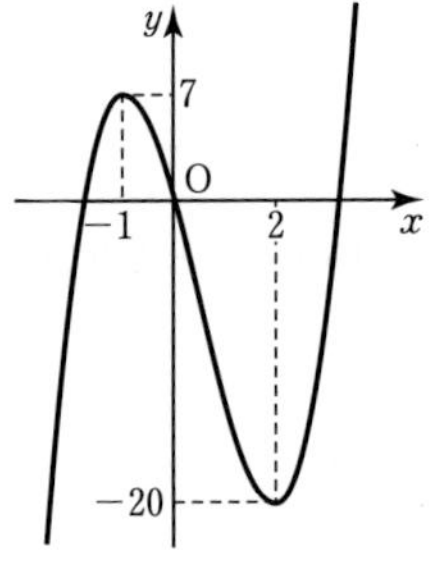

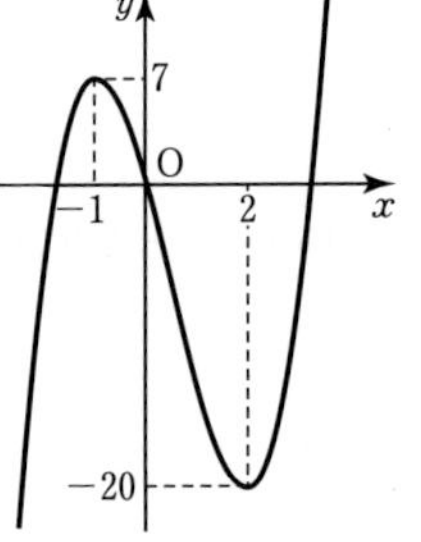

55 $f(x)=x^3-3x^2-9x+6$

$f'(x)=3x^2-6x-9=3(x+1)(x-3)$

$-2\leqq x\leqq2$ の範囲で，増減表は次のようになる。

x	-2	$\cdots$	-1	$\cdots$	2
$f'(x)$		$+$	0	$-$	
$f(x)$	4	↗	11	↘	-16

$f(-2)=(-2)^3-3\cdot(-2)^2-9\cdot(-2)+6=4$

$f(-1)=(-1)^3-3\cdot(-1)^2-9\cdot(-1)+6=11$

$f(2)=2^3-3\cdot2^2-9\cdot2+6=-16$

よって

$x=\mathbf{-1}$ のとき　**最大値 11**

$x=\mathbf{2}$ のとき　**最小値 -16**

(参考)

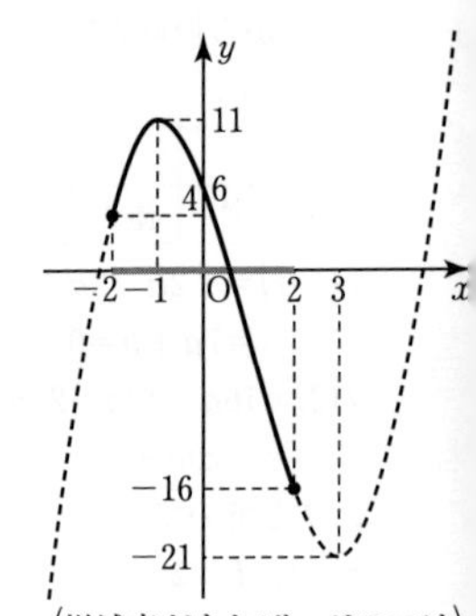

(増減表があれば，グラフは必ずしもかかなくてよい。)

Challenge

$f(x)=-x^3+x$

$f'(x)=-3x^2+1=-(\sqrt{3}x+1)(\sqrt{3}x-1)$

$-1 \leqq x \leqq 2$ の範囲で増減表は次のようになる。

x	-1	$\cdots$	$-\frac{\sqrt{3}}{3}$	$\cdots$	$\frac{\sqrt{3}}{3}$	$\cdots$	2
$f'(x)$		$-$	0	$+$	0	$-$	
$f(x)$	0	↘	$-\frac{2\sqrt{3}}{9}$	↗	$\frac{2\sqrt{3}}{9}$	↘	-6

$f(-1)=-(-1)^3-1=0$

$f\left(-\frac{\sqrt{3}}{3}\right)=\frac{\sqrt{3}}{9}-\frac{\sqrt{3}}{3}=-\frac{2\sqrt{3}}{9}$

$f\left(\frac{\sqrt{3}}{3}\right)=-\frac{\sqrt{3}}{9}+\frac{\sqrt{3}}{3}=\frac{2\sqrt{3}}{9}$

$f(2)=-2^3+2=-6$

$x=\frac{\sqrt{3}}{3}$ のとき　**最大値** $\frac{2\sqrt{3}}{9}$

$x=2$ のとき　**最小値** -6

（参考）

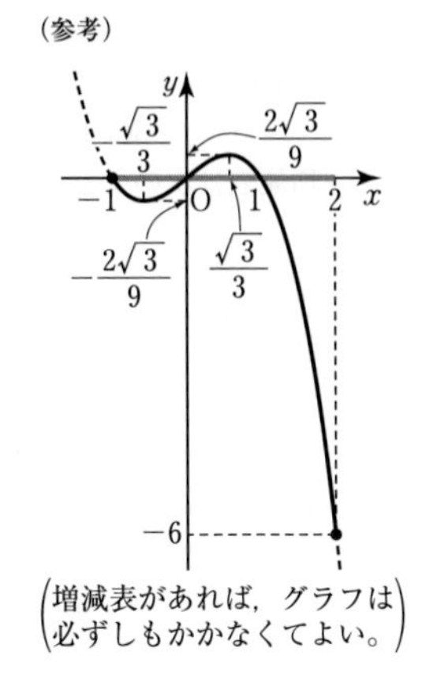

（増減表があれば，グラフは必ずしもかかなくてよい。）

56 $x^3-3x^2-9x=k$ とし

$y=x^3-3x^2-9x$ と $y=k$ のグラフで考える。

$y=f(x)=x^3-3x^2-9x$ とおくと

$f'(x)=3x^2-6x-9=3(x+1)(x-3)$

増減表は次のようになる。

x	$\cdots$	-1	$\cdots$	3	$\cdots$
$f'(x)$	$+$	0	$-$	0	$+$
$f(x)$	↗	5	↘	-27	↗

$f(-1)=(-1)^3-3\cdot(-1)^2-9\cdot(-1)=5$

$f(3)=3^3-3\cdot3^2-9\cdot3=-27$

右のグラフより，異なる3つの実数解をもつkの値の範囲は　$\boldsymbol{-27<k<5}$

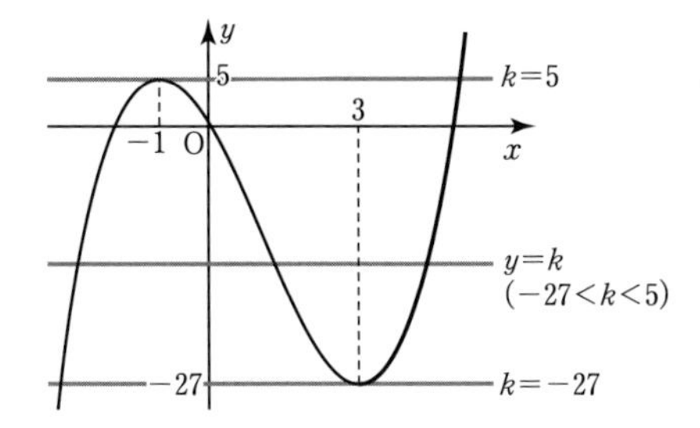

Challenge

(1) $f(x)=-x^3-6x^2-9x+1$

$f'(x)=-3x^2-12x-9$

$=-3(x+3)(x+1)$

増減表は次のようになる。

x	$\cdots$	-3	$\cdots$	-1	$\cdots$
$f'(x)$	$-$	0	$+$	0	$-$
$f(x)$	↘	1	↗	5	↘

$f(-3)=-(-3)^3-6\cdot(-3)^2-9\cdot(-3)+1=1$

$f(-1)=-(-1)^3-6\cdot(-1)^2-9\cdot(-1)+1=5$

これよりグラフをかくと右図のようになる。

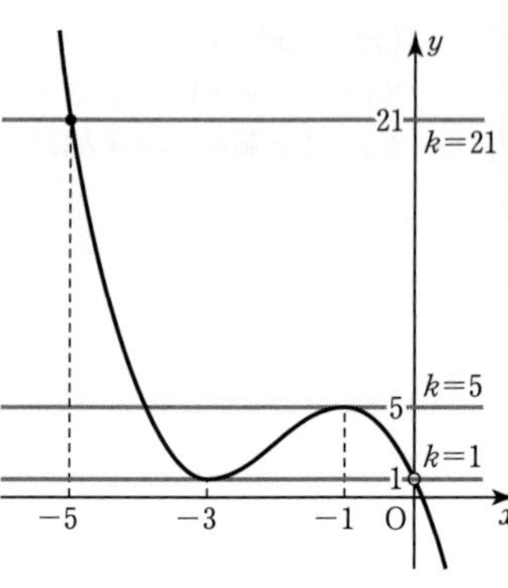

(2) 右のグラフで $-5\leqq x<0$ の範囲を考える。

$f(-5)=-(-5)^3-6\cdot(-5)^2-9\cdot(-5)+1=21$ だから，

$y=k$ との交点を考えて，解の個数は次のように分類される。

$k>21$ のとき 0 個

$5<k\leqq 21$ のとき 1 個

$k=5$ のとき 2 個

$1<k<5$ のとき 3 個

$k=1$ のとき 1 個

$k<1$ のとき 0 個

(分類の仕方は，次のようにしてもよい。

$k<1$，$21<k$ のとき 0 個

$k=1$，$5<k\leqq 21$ のとき 1 個

$k=5$ のとき 2 個

$1<k<5$ のとき 3 個)

$f(-5)=-(-5)^3-6\cdot(-5)^2$
$-9\cdot(-5)+1$
$=(-5)^2(5-6)+45+1$
└$(-5)^2$ でくくる。
$=-25+45+1=21$

57 $y=f(x)=x^3+1$ とし，接点を $(t,\ t^3+1)$ とおく。

$f'(x)=3x^2$ より $f'(t)=3t^2$

接線の方程式は

$y-(t^3+1)=3t^2(x-t)$ より

$y=3t^2x-2t^3+1$ ……①

点 $(1,\ a)$ を通るから

$a=3t^2-2t^3+1$ ……②

これが異なる 3 つの実数解をもてばよいから

$y=-2t^3+3t^2+1$ と $y=a$ のグラフの共有点で考える。

$y'=-6t^2+6t=-6t(t-1)$

t	$\cdots$	0	$\cdots$	1	$\cdots$
y'	$-$	0	$+$	0	$-$
y	↘	1	↗	2	↘

増減表よりグラフは右図。

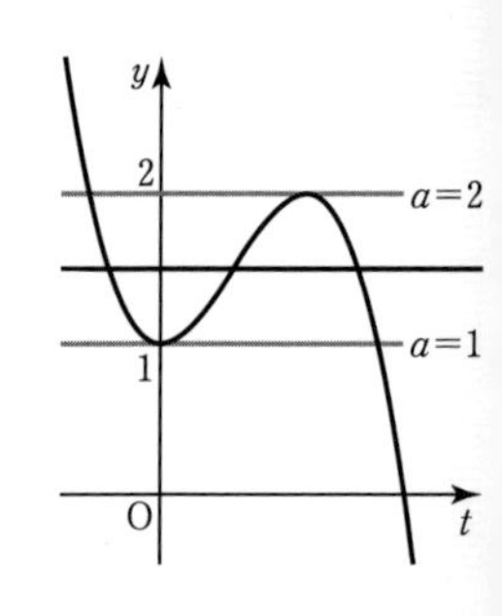

よって，異なる 3 個の実数解をもつ範囲は　**$1<a<2$**

Challenge

接線が2本引けるのは，②の方程式が異なる2つの実数解をもつときだから $a=1$ または $a=2$ である。

$\boldsymbol{a=1}$ のとき，②は

$-2t^3+3t^2+1=1$

$t^2(2t-3)=0$ より $t=0,\ \dfrac{3}{2}$

これを①に代入して

$\boldsymbol{y=1,\ y=\dfrac{27}{4}x-\dfrac{23}{4}}$

$\boldsymbol{a=2}$ のとき，②は

$-2t^3+3t^2+1=2$

$2t^3-3t^2+1=0$

$(t-1)^2(2t+1)=0$ より $t=1,\ -\dfrac{1}{2}$

これを①に代入して

$\boldsymbol{y=3x-1,\ y=\dfrac{3}{4}x+\dfrac{5}{4}}$

8 (1) $\displaystyle\int_0^1(3x^2+5x+4)\,dx$

$=\left[x^3+\dfrac{5}{2}x^2+4x\right]_0^1$

$=1+\dfrac{5}{2}+4=\boldsymbol{\dfrac{15}{2}}$

(2) $\displaystyle\int_{-2}^0(1-3x)^2\,dx=\int_{-2}^0(1-6x+9x^2)\,dx$

$=\left[x-3x^2+3x^3\right]_{-2}^0=-(-2-12-24)=\boldsymbol{38}$

Challenge

$f'(x)=2x^2+4$ より

$f(x)=\displaystyle\int(2x^2+4)\,dx$

$=\dfrac{2}{3}x^3+4x+C$

$f(0)=5$ だから，$C=5$

よって，$f(x)=\boldsymbol{\dfrac{2}{3}x^3+4x+5}$

$\displaystyle\int_0^1\left(\dfrac{2}{3}x^3+4x+5\right)dx$

$=\left[\dfrac{1}{6}x^4+2x^2+5x\right]_0^1$

$=\dfrac{1}{6}+2+5=\boldsymbol{\dfrac{43}{6}}$

59 $f(x)=x^2+ax+b$

$f'(x)=2x+a$

$f'(1)=2+a=1$ より $a=\mathbf{-1}$

$\int_0^2 f(x)\,dx=\int_0^2(x^2-x+b)\,dx$

$=\left[\frac{1}{3}x^3-\frac{1}{2}x^2+bx\right]_0^2$

$=\frac{8}{3}-2+2b=0$ より $b=\mathbf{-\frac{1}{3}}$

Challenge

$f(x)=ax^2+bx+1$ より

$f(1)=a+b+1=-6$, $b=-a-7$ ……①

$f'(x)=2ax+b$ だから

$\int_0^3(2ax+b)^2\,dx=\int_0^3(4a^2x^2+4abx+b^2)\,dx$

$=\left[\frac{4}{3}a^2x^3+2abx^2+b^2x\right]_0^3$

$=36a^2+18ab+3b^2=63$

$12a^2+6ab+b^2=21$ ……②

①を②に代入して

$12a^2+6a(-a-7)+(-a-7)^2=21$

$7a^2-28a+28=0$

$a^2-4a+4=0$

$(a-2)^2=0$ より $a=\mathbf{2}$

①に代入して $b=\mathbf{-9}$

60 (1) $\int_a^x f(t)\,dt=\frac{3}{2}x^2-3x+\frac{3}{2}$ の両辺を x で微分して

$\frac{d}{dx}\int_a^x f(t)\,dt=\left(\frac{3}{2}x^2-3x+\frac{3}{2}\right)'$

よって，$\mathbf{f(x)=3x-3}$

与式に $x=a$ を代入して

$\int_a^a f(t)\,dt=\frac{3}{2}a^2-3a+\frac{3}{2}=0$

$a^2-2a+1=0$

$(a-1)^2=0$ よって，$\mathbf{a=1}$

(2) $\int_0^1 f(t)\,dt=k$（定数）とおくと

$f(x)=x^2+4x-k$ だから

$k=\int_0^1 f(t)\,dt=\int_0^1(t^2+4t-k)\,dt$

$=\left[\frac{1}{3}t^3+2t^2-kt\right]_0^1=\frac{1}{3}+2-k$

◯ $\int_0^1 f(t)\,dt$ は，$f(x)=x^2+4x-k$ を $f(t)=t^2+4t-k$ の t の関数として定積分すること。

$$2k=\frac{7}{3} \quad より \quad k=\frac{7}{6}$$

よって，$f(x)=\boldsymbol{x^2+4x-\frac{7}{6}}$

Challenge

$\displaystyle\int_0^x f(t)\,dt=x^2+3x$ の両辺を x で微分して

$$\frac{d}{dx}\int_0^x f(t)\,dt=(x^2+3x)' \text{ より}$$

$$f(x)=2x+3$$

$$\int_0^1 f(x^2+x)\,dx=\int_0^1\{2(x^2+x)+3\}\,dx$$

$$=\int_0^1(2x^2+2x+3)\,dx=\left[\frac{2}{3}x^3+x^2+3x\right]_0^1$$

$$=\frac{2}{3}+1+3=\boldsymbol{\frac{14}{3}}$$

1 (1) $|x+1|=\begin{cases}x+1 & (x\geqq-1)\\ -(x+1) & (x\leqq-1)\end{cases}$ だから

$$\int_{-3}^0|x+1|\,dx$$

$$=\int_{-3}^{-1}(-x-1)\,dx+\int_{-1}^0(x+1)\,dx$$

$$=\left[-\frac{1}{2}x^2-x\right]_{-3}^{-1}+\left[\frac{1}{2}x^2+x\right]_{-1}^0$$

$$=\left(-\frac{1}{2}+1\right)-\left(-\frac{9}{2}+3\right)-\left(\frac{1}{2}-1\right)$$

$$=\frac{1}{2}+\frac{3}{2}+\frac{1}{2}=\boldsymbol{\frac{5}{2}}$$

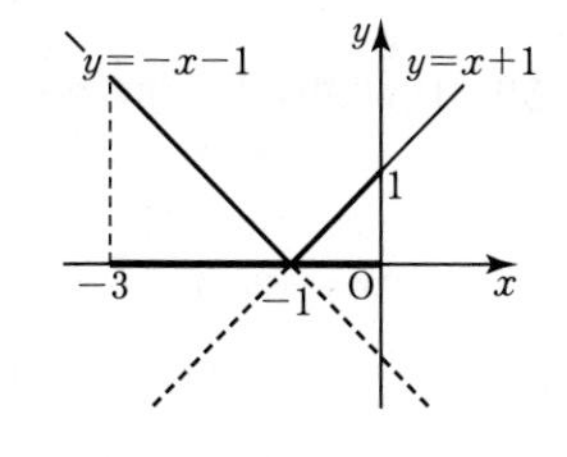

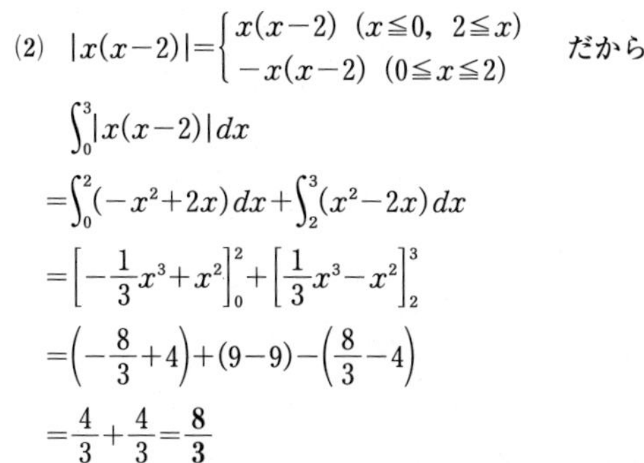

(2) $|x(x-2)|=\begin{cases}x(x-2) & (x\leqq0,\ 2\leqq x)\\ -x(x-2) & (0\leqq x\leqq2)\end{cases}$ だから

$$\int_0^3|x(x-2)|\,dx$$

$$=\int_0^2(-x^2+2x)\,dx+\int_2^3(x^2-2x)\,dx$$

$$=\left[-\frac{1}{3}x^3+x^2\right]_0^2+\left[\frac{1}{3}x^3-x^2\right]_2^3$$

$$=\left(-\frac{8}{3}+4\right)+(9-9)-\left(\frac{8}{3}-4\right)$$

$$=\frac{4}{3}+\frac{4}{3}=\boldsymbol{\frac{8}{3}}$$

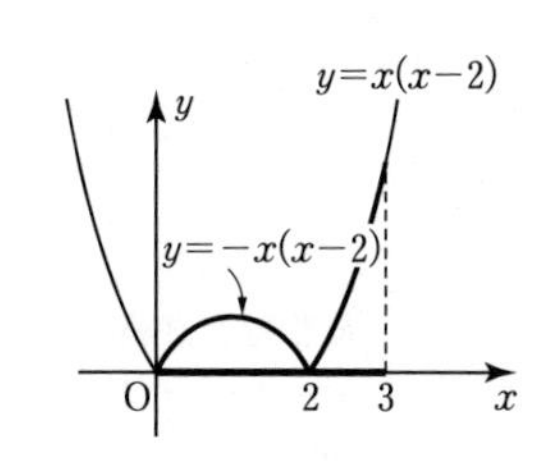

Challenge

$$f(2)=\int_0^2|t-2|\,dt=\int_0^2(2-t)\,dt$$

$$=\left[2t-\frac{1}{2}t^2\right]_0^2=4-2=\mathbf{2}$$

$x\leqq2$ のとき

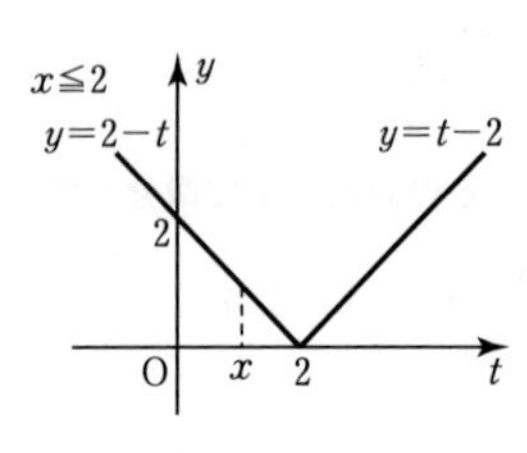

$$\int_0^x|t-2|\,dt=\int_0^x(-t+2)\,dt$$

$$=\left[-\frac{1}{2}t^2+2t\right]_0^x=-\frac{\mathbf{1}}{\mathbf{2}}x^2+\mathbf{2}x$$

$x\geqq2$ のとき

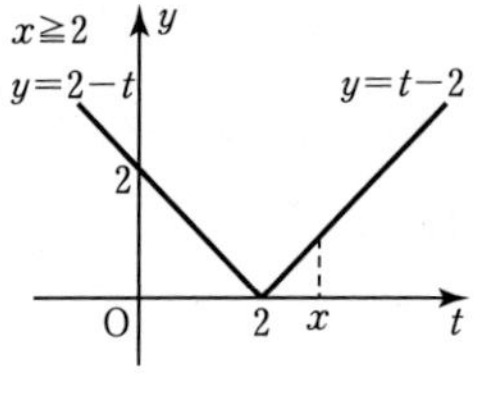

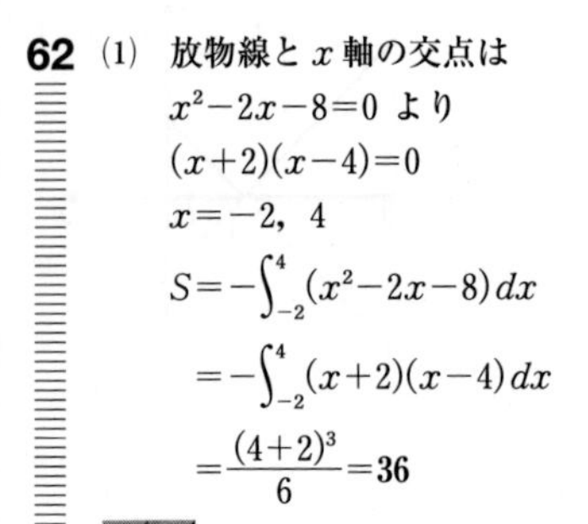

$$\int_0^x|t-2|\,dt$$

$$=\int_0^2(-t+2)\,dt+\int_2^x(t-2)\,dt$$

$$=\left[-\frac{1}{2}t^2+2t\right]_0^2+\left[\frac{1}{2}t^2-2t\right]_2^x$$

$$=(-2+4)+\left(\frac{1}{2}x^2-2x\right)-(2-4)$$

$$=\frac{\mathbf{1}}{\mathbf{2}}x^2-\mathbf{2}x+\mathbf{4}$$

62 (1) 放物線と x 軸の交点は

$x^2-2x-8=0$ より

$(x+2)(x-4)=0$

$x=-2,\ 4$

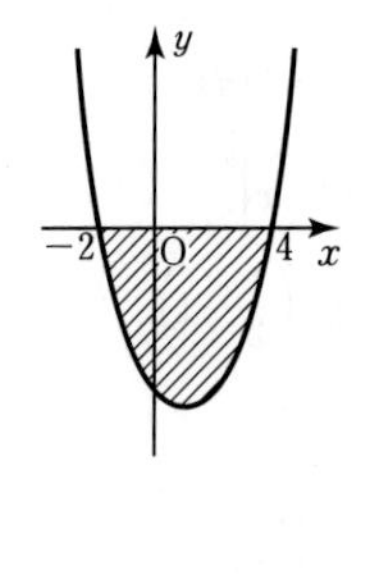

$$S=-\int_{-2}^4(x^2-2x-8)\,dx$$

$$=-\int_{-2}^4(x+2)(x-4)\,dx$$

$$=\frac{(4+2)^3}{6}=\mathbf{36}$$

別解

$$S=-\int_{-2}^4(x^2-2x-8)\,dx=-\left[\frac{1}{3}x^3-x^2-8x\right]_{-2}^4$$

$$=-\left(\frac{64}{3}-16-32\right)+\left(-\frac{8}{3}-4+16\right)=\mathbf{36}$$

(2) 放物線と直線の交点は

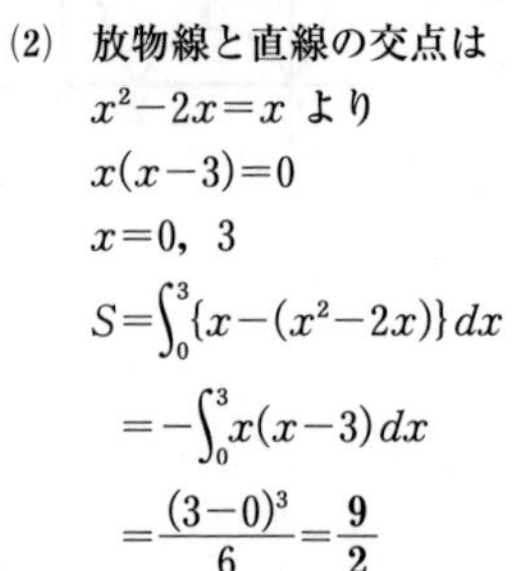

$x^2-2x=x$ より

$x(x-3)=0$

$x=0,\ 3$

$$S=\int_0^3\{x-(x^2-2x)\}\,dx$$

$$=-\int_0^3x(x-3)\,dx$$

$$=\frac{(3-0)^3}{6}=\frac{\mathbf{9}}{\mathbf{2}}$$

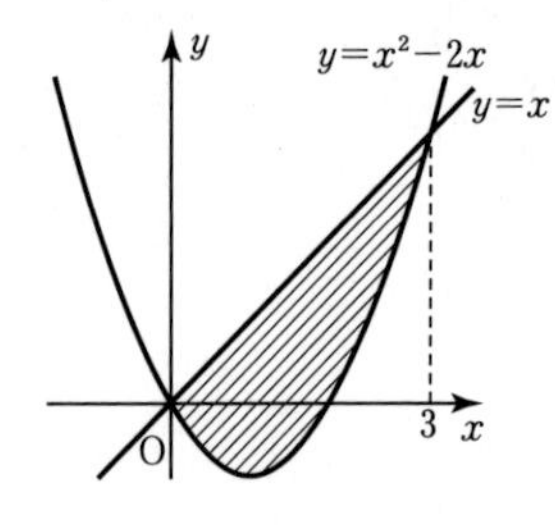

別解

$$S=\int_0^3\{x-(x^2-2x)\}\,dx=\int_0^3(-x^2+3x)\,dx$$

$$=\left[-\frac{1}{3}x^3+\frac{3}{2}x^2\right]_0^3=\left(-9+\frac{27}{2}\right)=\frac{\mathbf{9}}{\mathbf{2}}$$

(3) 放物線と直線の交点は

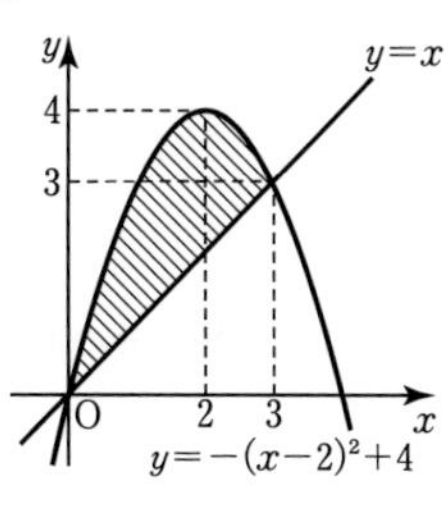

$-(x-2)^2+4=x$

$-x^2+4x=x$

$x(x-3)=0$

$x=0,\ 3$

$$S=\int_0^3\{(-x^2+4x)-x\}\,dx$$

$$=-\int_0^3 x(x-3)\,dx=\frac{(3-0)^3}{6}=\frac{\mathbf{9}}{\mathbf{2}}$$

Challenge

2つの放物線の交点は

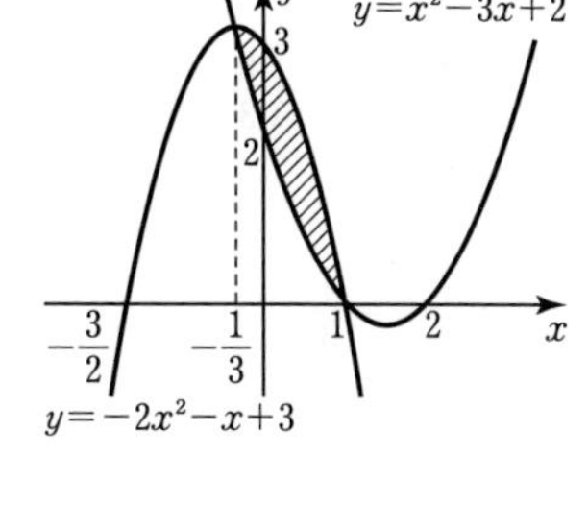

$x^2-3x+2=-2x^2-x+3$

$3x^2-2x-1=0$

$(3x+1)(x-1)=0$

$x=-\frac{1}{3},\ 1$

$$S=\int_{-\frac{1}{3}}^{1}\{(-2x^2-x+3)-(x^2-3x+2)\}\,dx$$

$$=-\int_{-\frac{1}{3}}^{1}(3x^2-2x-1)\,dx$$

$$=-\int_{-\frac{1}{3}}^{1}(3x+1)(x-1)\,dx$$

$$=-3\int_{-\frac{1}{3}}^{1}\left(x+\frac{1}{3}\right)\left(x-1\right)dx$$

$$=3\cdot\frac{\left(1+\frac{1}{3}\right)^3}{6}=\frac{1}{2}\cdot\left(\frac{4}{3}\right)^3=\frac{\mathbf{32}}{\mathbf{27}}$$

$y=x^2-3x+2$ と $y=-2x^2-x+3$ のグラフは x 軸との交点を求めてかいてもよい。

$x^2-3x+2=0$

$(x-1)(x-2)=0$

$x=1,\ 2$

$-2x^2-x+3=0$

$2x^2+x-3=0$

$(2x+3)(x-1)=0$

$x=-\frac{3}{2},\ 1$

⇦ $-a\int_\alpha^\beta(x-\alpha)(x-\beta)\,dx=\frac{a}{6}(\beta-\alpha)^3$

63 $y=(x-2)^2-1$，$x=-1$ のグラフより求める面積は，右図の斜線部分 S_1 と S_2 である。

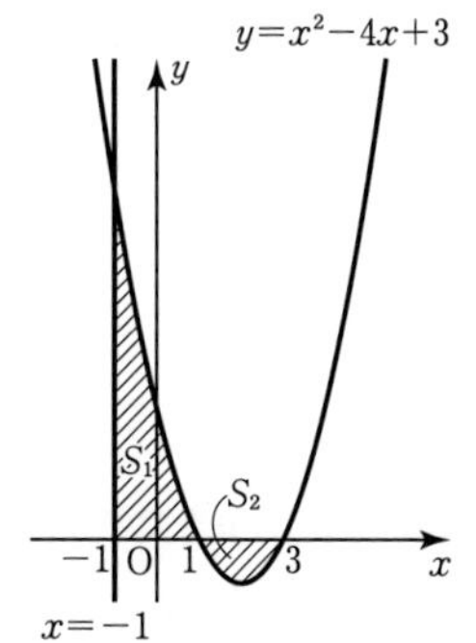

$$S_1=\int_{-1}^{1}(x^2-4x+3)\,dx$$

$$=\left[\frac{1}{3}x^3-2x^2+3x\right]_{-1}^{1}$$

$$=\left(\frac{1}{3}-2+3\right)-\left(-\frac{1}{3}-2-3\right)=\frac{20}{3}$$

$$S_2=\int_1^3(-x^2+4x-3)\,dx$$
$$=\left[-\frac{1}{3}x^3+2x^2-3x\right]_1^3$$
$$=(-9+18-9)-\left(-\frac{1}{3}+2-3\right)=\frac{4}{3}$$

よって，$S_1+S_2=\dfrac{20}{3}+\dfrac{4}{3}=\mathbf{8}$

S_1 と S_2 は次のように同時に求めてもよい。

$$S=\int_{-1}^1(x^2-4x+3)\,dx+\int_1^3(-x^2+4x-3)\,dx$$

Challenge

グラフをかくと右図のようになり，斜線部分の面積 S_1 と S_2 が等しくなればよい。

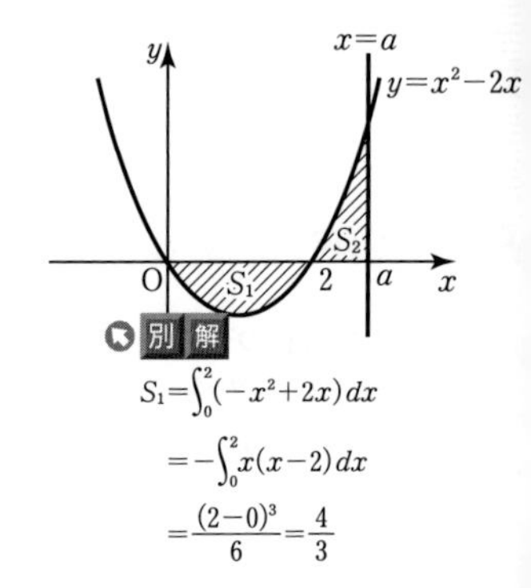

$$S_1=\int_0^2(-x^2+2x)\,dx$$
$$=\left[-\frac{1}{3}x^3+x^2\right]_0^2=\left(-\frac{8}{3}+4\right)=\frac{4}{3}$$
$$S_2=\int_2^a(x^2-2x)\,dx$$
$$=\left[\frac{1}{3}x^3-x^2\right]_2^a=\left(\frac{a^3}{3}-a^2\right)-\left(\frac{8}{3}-4\right)$$
$$=\frac{a^3}{3}-a^2+\frac{4}{3}$$

別解

$$S_1=\int_0^2(-x^2+2x)\,dx$$
$$=-\int_0^2x(x-2)\,dx$$
$$=\frac{(2-0)^3}{6}=\frac{4}{3}$$

$S_1=S_2$ より　$\dfrac{a^3}{3}-a^2+\dfrac{4}{3}=\dfrac{4}{3}$

$a^3-3a^2=0$,　$a^2(a-3)=0$

$a>2$ より，$\boldsymbol{a=3}$

64 初項を a，公差を d とする。$a_n=a+(n-1)d$ に代入して

$a_3=a+2d=14$　……①

$a_9=a+8d=-34$　……②

①，②を解いて

$\boldsymbol{a=30}$，$\boldsymbol{d=-8}$，$\boldsymbol{a_n=-8n+38}$

$$S_n=\frac{1}{2}n\{2\cdot30+(n-1)\cdot(-8)\}$$
$$=\frac{1}{2}n(-8n+68)=\boldsymbol{-4n^2+34n}$$

Challenge

$a_n=50+(n-1)\cdot(-3)=-3n+53$

a_n が負になるのは

$a_n=-3n+53<0$ より　$n>\dfrac{53}{3}=17.6\cdots$

よって，**第18項**

S_n が最大になるのは，初項から第17項までの和だから

$$S_{17}=\frac{1}{2}\cdot17\{2\cdot50+(17-1)\cdot(-3)\}=\frac{1}{2}\cdot17\cdot52=\mathbf{442}$$

65 (1) $a_n=ar^{n-1}$ に代入して

$a_2=ar=54$ ……①

$a_5=ar^4=16$ ……②

②÷①より

$\frac{ar^4}{ar}=\frac{16}{54}$, $r^3=\frac{8}{27}=\left(\frac{2}{3}\right)^3$

$r=\frac{2}{3}$ ①に代入して

$a\cdot\frac{2}{3}=54$ より $a=81$

よって，$\boldsymbol{a=81}$，$\boldsymbol{r=\frac{2}{3}}$，$\boldsymbol{a_n=81\cdot\left(\frac{2}{3}\right)^{n-1}}$

←①を②に代入して $54r^3=16$ より $r^3=\frac{8}{27}$ としてもよい。

(2) $a_n=ar^{n-1}$ とすると

$\begin{cases} a_1+a_2+a_3=a+ar+ar^2=1 & \cdots\cdots① \\ a_4+a_5+a_6=ar^3+ar^4+ar^5=8 & \cdots\cdots② \end{cases}$

$\begin{cases} a(1+r+r^2)=1 & \cdots\cdots①' \\ ar^3(1+r+r^2)=8 & \cdots\cdots②' \end{cases}$

②′÷①′より

$\frac{ar^3(1+r+r^2)}{a(1+r+r^2)}=\frac{8}{1}$, $r^3=8$

$r=2$ ①′に代入して

$a(1+2+2^2)=1$ より $a=\frac{1}{7}$

$a_7+a_8+a_9=ar^6+ar^7+ar^8$

$=ar^6(1+r+r^2)$

$=\frac{1}{7}\cdot2^6(1+2+2^2)=64$

よって，初項は $\boldsymbol{\frac{1}{7}}$，公比は **2**

第 7 項から第 9 項までの和は 64

←①′を②′に代入して $r^3=8$ としてもよい。

←$r^3-8=0$
$(r-2)(r^2+2r+4)=0$
$r=2$, $r=-1\pm\sqrt{3}\,i$
虚数となる r は不適である。

Challenge

$a_n=a(-2)^{n-1}=1536$ ……①

$S_n=\frac{a\{1-(-2)^n\}}{1-(-2)}=1026$

$a\{1-(-2)^n\}=3078$

$a-a(-2)^n=3078$

①を $a(-2)^n=-2\times1536=-3072$

として代入すると

$a+3072=3078$ だから $a=3078-3072=6$

①に代入して

$6(-2)^{n-1}=1536$, $(-2)^{n-1}=256=(-2)^8$

これより $n-1=8$ だから $n=9$

よって，**初項は 6，項数は 9**

←$a(-2)^{n-1}=1536$
$a(-2)^{n-1}\times(-2)=(-2)\times1536$
$a(-2)^n=-3072$

66 a, b, c が等差数列をなすから

$2b=a+c$ ……①

a, c, b が等比数列をなすから

$c^2=ab$ ……②

条件より　$abc=27$ ……③

②を③に代入して

$c^3=27=3^3$

c は実数だから $c=3$

①, ②に代入して

$2b=a+3$ ……①′, $9=ab$ ……②′

①′ を $a=2b-3$ として②′ に代入すると

$b(2b-3)=9$, $2b^2-3b-9=0$

$(b-3)(2b+3)=0$　より　$b=3$, $-\dfrac{3}{2}$

a, b, c は異なるから $b=3$ は不適。

$b=-\dfrac{3}{2}$ のとき　$a=-6$

よって, $\boldsymbol{a=-6}$, $\boldsymbol{b=-\dfrac{3}{2}}$, $\boldsymbol{c=3}$

$b-a=c-b$, $\dfrac{c}{a}=\dfrac{b}{c}$ から①, ②の式を出してもよい。

$c^3-3^3=0$
$(c-3)(c^2+3c+9)=0$
$c=3$, $\dfrac{-3\pm3\sqrt{3}i}{2}$

Challenge

(1) x, $2x-5$, y がこの順で等差数列をなすから

$2(2x-5)=x+y$ ……①

$2x-5$, y, z が等差数列をなすから

$2y=2x-5+z$ ……②

①より $\boldsymbol{y=3x-10}$　これを②に代入して

$2(3x-10)=2x-5+z$

よって, $\boldsymbol{z=4x-15}$

(2) x, y, z がこの順で等差数列をなすから

$y^2=xz$

(1)の y と z を代入して

$(3x-10)^2=x(4x-15)$

$9x^2-60x+100=4x^2-15x$

$5x^2-45x+100=0$

$x^2-9x+20=0$

$(x-4)(x-5)=0$

よって, $\boldsymbol{x=4,\ 5}$

67 (1) $\sum_{k=1}^{n} k(k-1)=\sum_{k=1}^{n} k^2-\sum_{k=1}^{n} k$

$=\frac{1}{6}n(n+1)(2n+1)-\frac{1}{2}n(n+1)$

$=\frac{1}{6}n(n+1)\{(2n+1)-3\}$

$=\frac{1}{6}n(n+1)(2n-2)$

$=\boldsymbol{\frac{1}{3}n(n+1)(n-1)}$

⊂ $\frac{1}{6}n(n+1)$ （$n(n+1)$：共通因数，6：分母の最小公倍数）

(2) 1^2, 3^2, 5^2, 7^2, ……

一般項は $a_k=(2k-1)^2$ だから

$\sum_{k=1}^{n}(2k-1)^2=4\sum_{k=1}^{n}k^2-4\sum_{k=1}^{n}k+\sum_{k=1}^{n}1$

$=4\cdot\frac{1}{6}n(n+1)(2n+1)-4\cdot\frac{1}{2}n(n+1)+n$

$=\frac{1}{3}n\{2(n+1)(2n+1)-6(n+1)+3\}$

$=\frac{1}{3}n(4n^2+6n+2-6n-6+3)$

$=\boldsymbol{\frac{1}{3}n(2n-1)(2n+1)}$

⊂ n が共通因数。

Challenge

$a_n=1+(n-1)\cdot\frac{4}{3}=\boldsymbol{\frac{4}{3}n-\frac{1}{3}}$

$\sum_{k=1}^{n}a_k=\sum_{k=1}^{n}\left(\frac{4}{3}k-\frac{1}{3}\right)$

$=\frac{4}{3}\sum_{k=1}^{n}k-\frac{1}{3}\sum_{k=1}^{n}1$

$=\frac{4}{3}\cdot\frac{1}{2}n(n+1)-\frac{1}{3}n$

$=\frac{2}{3}n^2+\frac{1}{3}n=\boldsymbol{\frac{1}{3}n(2n+1)}$

$\sum_{k=1}^{n}a_k{}^2=\sum_{k=1}^{n}\left(\frac{4}{3}k-\frac{1}{3}\right)^2$

$=\frac{16}{9}\sum_{k=1}^{n}k^2-\frac{8}{9}\sum_{k=1}^{n}k+\frac{1}{9}\sum_{k=1}^{n}1$

$=\frac{16}{9}\cdot\frac{1}{6}n(n+1)(2n+1)-\frac{8}{9}\cdot\frac{1}{2}n(n+1)+\frac{1}{9}n$

$=\frac{n}{27}\{8(n+1)(2n+1)-12(n+1)+3\}$

$=\frac{n}{27}(16n^2+24n+8-12n-12+3)$

$=\boldsymbol{\frac{n}{27}(16n^2+12n-1)}$

⊂ $\frac{n}{27}$ （n：共通因数，27：分母の最小公倍数）

68 数列 $\{a_n\}$ の階差数列を $\{b_n\}$ とする。

$1,\ 5,\ 11,\ 19,\ 29,\ 41,\ \cdots\cdots\{a_n\}$

$4\ \ 6\ \ 8\ \ 10\ \ 12\ \ \cdots\cdots\{b_n\}$

数列 $\{b_n\}$ は初項 4，公差 2 の等差数列だから

$b_n=4+(n-1)\cdot 2=2n+2$

$n\geqq 2$ のとき

$$a_n=1+\sum_{k=1}^{n-1}(2k+2)=1+2\sum_{k=1}^{n-1}k+\sum_{k=1}^{n-1}2$$

$$=1+2\cdot\frac{n(n-1)}{2}+2\cdot(n-1)$$

$$=1+n^2-n+2n-2$$

$$=n^2+n-1$$

$n=1$ のとき，$a_1=1^2+1-1=1$ で成り立つ。

よって，$\boldsymbol{a_n=n^2+n-1}$

Challenge

$1,\ 11,\ 111,\ 1111,\ \cdots\cdots\{a_n\}$

$10\ \ 100\ \ 1000\ \ \cdots\cdots\{b_n\}$

数列 $\{b_n\}$ は初項 10，公比 10 の等比数列だから

$b_n=10\cdot 10^{n-1}=10^n$

$n\geqq 2$ のとき

$$a_n=1+\sum_{k=1}^{n-1}10^k=1+\frac{10(10^{n-1}-1)}{10-1}$$

$$=1+\frac{10^n-10}{9}=\frac{10^n-1}{9}$$

← $\displaystyle\sum_{k=1}^{n}r^k=\frac{r(r^n-1)}{r-1}$

$n=1$ のとき，$a_1=\dfrac{10^1-1}{9}=1$ で成り立つ。

よって，$\boldsymbol{a_n=\dfrac{10^n-1}{9}}$ $\left(\text{または } \boldsymbol{\dfrac{1}{9}(10^n-1)}\right)$

69 (1) $a_k=\dfrac{1}{k(k+2)}=\dfrac{1}{2}\left(\dfrac{1}{k}-\dfrac{1}{k+2}\right)$ と変形すると

$$\sum_{k=1}^{10}a_k=\sum_{k=1}^{10}\frac{1}{2}\left(\frac{1}{k}-\frac{1}{k+2}\right)$$

$$=\frac{1}{2}\left\{\left(1-\frac{1}{3}\right)+\left(\frac{1}{2}-\frac{1}{4}\right)+\left(\frac{1}{3}-\frac{1}{5}\right)+\cdots\cdots+\left(\frac{1}{9}-\frac{1}{11}\right)+\left(\frac{1}{10}-\frac{1}{12}\right)\right\}$$

$$=\frac{1}{2}\left(1+\frac{1}{2}-\frac{1}{11}-\frac{1}{12}\right)$$

$$=\frac{1}{2}\left(\frac{3}{2}-\frac{23}{132}\right)=\frac{1}{2}\cdot\frac{175}{132}=\boldsymbol{\frac{175}{264}}$$

← $\dfrac{1}{k(k+2)}=\dfrac{1}{a}\left(\dfrac{1}{k}-\dfrac{1}{k+2}\right)$

とおいて，a を決定する。

$\dfrac{1}{a}\left(\dfrac{1}{k}-\dfrac{1}{k+2}\right)$

$=\dfrac{1}{a}\cdot\dfrac{k+2-k}{k(k+2)}$

$=\dfrac{1}{a}\cdot\dfrac{2}{k(k+2)}$

$a=2$ のとき

$\dfrac{1}{k(k+2)}$ となる。

(2) $\dfrac{1}{\sqrt{k+2}+\sqrt{k}}=\dfrac{\sqrt{k+2}-\sqrt{k}}{(\sqrt{k+2}+\sqrt{k})(\sqrt{k+2}-\sqrt{k})}$

$=\dfrac{\sqrt{k+2}-\sqrt{k}}{k+2-k}=\dfrac{1}{2}(\sqrt{k+2}-\sqrt{k})$

$\displaystyle\sum_{k=1}^{48}\frac{1}{\sqrt{k+2}+\sqrt{k}}=\frac{1}{2}\sum_{k=1}^{48}(\sqrt{k+2}-\sqrt{k})$

$=\dfrac{1}{2}\{(\sqrt{3}-\sqrt{1})+(\sqrt{4}-\sqrt{2})+(\sqrt{5}-\sqrt{3})$

$+\cdots\cdots+(\sqrt{49}-\sqrt{47})+(\sqrt{50}-\sqrt{48})\}$

$=\dfrac{1}{2}(-\sqrt{1}-\sqrt{2}+\sqrt{49}+\sqrt{50})=\dfrac{1}{2}(-1-\sqrt{2}+7+5\sqrt{2})$

$=\mathbf{3+2\sqrt{2}}$

Challenge

$a_n=\dfrac{1}{(2n-1)(2n+1)}=\dfrac{1}{2}\left(\dfrac{1}{2n-1}-\dfrac{1}{2n+1}\right)$

と変形できるから

$(与式)=\displaystyle\sum_{k=1}^{n}\frac{1}{2}\left(\frac{1}{2k-1}-\frac{1}{2k+1}\right)$

$=\dfrac{1}{2}\left\{\left(1-\dfrac{1}{3}\right)+\left(\dfrac{1}{3}-\dfrac{1}{5}\right)+\left(\dfrac{1}{5}-\dfrac{1}{7}\right)\right.$

$\left.+\cdots\cdots+\left(\dfrac{1}{2n-3}-\dfrac{1}{2n-1}\right)+\left(\dfrac{1}{2n-1}-\dfrac{1}{2n+1}\right)\right\}$

$=\dfrac{1}{2}\left(1-\dfrac{1}{2n+1}\right)=\boldsymbol{\dfrac{n}{2n+1}}$

➡ 1　3　5 ……$2n-1$
$1\cdot3,\ 3\cdot5,\ 5\cdot7$
3　5　7……$2n+1$

$a_n=\dfrac{1}{(2n-1)(2n+1)}$

$=\dfrac{1}{a}\left(\dfrac{1}{2n-1}-\dfrac{1}{2n+1}\right)$

$=\dfrac{2}{a(2n-1)(2n+1)}$

$a=2$ のとき

$\dfrac{1}{(2n-1)(2n+1)}$ となる。

70 初項は $a_1=S_1=1\cdot(2\cdot1+3)=5$

$a_n=S_n-S_{n-1}$　$(n\geqq2)$ より

$=2n^2+3n-\{2(n-1)^2+3(n-1)\}$

$=2n^2+3n-(2n^2-4n+2+3n-3)=4n+1$　……①

①に $n=1$ を代入すると

$4\cdot1+1=5$ で初項 $a_1=5$ と一致する。

よって，①は $n=1$ のときにも成り立つから

$\boldsymbol{a_n=4n+1}$

Challenge

初項は $a_1=S_1=3\cdot1^2+4\cdot1+2=9$

$a_n=S_n-S_{n-1}$ $(n\geqq2)$ より

$=3n^2+4n+2-\{3(n-1)^2+4(n-1)+2\}$

$=3n^2+4n+2-(3n^2-2n+1)=6n+1$　……①

①に $n=1$ を代入すると

$6\cdot1+1=7$ で初項 $a_1=9$ と一致しない。

よって，$\boldsymbol{a_n}=\begin{cases}\boldsymbol{a_1=9}\\ \boldsymbol{a_n=6n+1}\ (\boldsymbol{n\geqq2})\end{cases}$

➡ S_1 は第1項までの和だから，a_1 と S_1 は等しい。

71

$$
\begin{array}{rl}
S_n= & 1+2\left(\frac{1}{3}\right)+3\left(\frac{1}{3}\right)^2+4\left(\frac{1}{3}\right)^3+\cdots+n\left(\frac{1}{3}\right)^{n-1} \\
-\big)\ \frac{1}{3}S_n= & \frac{1}{3}+2\left(\frac{1}{3}\right)^2+3\left(\frac{1}{3}\right)^3+\cdots+(n-1)\left(\frac{1}{3}\right)^{n-1}+n\left(\frac{1}{3}\right)^n \\
\hline
\frac{2}{3}S_n= & \underbrace{1+\frac{1}{3}+\left(\frac{1}{3}\right)^2+\left(\frac{1}{3}\right)^3+\cdots+\left(\frac{1}{3}\right)^{n-1}}-n\left(\frac{1}{3}\right)^n
\end{array}
$$

◀ $\frac{1}{3}$, $\left(\frac{1}{3}\right)^2$, ……を縦にそろえてかく。
◀ 等比数列になる部分をしっかりよみとる。

初項 1，公比 $\frac{1}{3}$，項数 n の等比数列の和

$$=\frac{1\cdot\left\{1-\left(\frac{1}{3}\right)^n\right\}}{1-\frac{1}{3}}-n\left(\frac{1}{3}\right)^n$$

$$=\frac{3}{2}\left\{1-\left(\frac{1}{3}\right)^n\right\}-n\left(\frac{1}{3}\right)^n$$

$$=\frac{3}{2}-\left(n+\frac{3}{2}\right)\left(\frac{1}{3}\right)^n$$

よって，$S_n=\frac{9}{4}-\frac{3}{2}\left(n+\frac{3}{2}\right)\left(\frac{1}{3}\right)^n$

◀ ここまでの式でもよい。

$$=\boldsymbol{\frac{9}{4}-\frac{6n+9}{4}\left(\frac{1}{3}\right)^n}$$

Challenge

$$
\begin{array}{rl}
S_n= & 1+3\cdot3+5\cdot3^2+7\cdot3^3+\cdots+(2n-1)\cdot3^{n-1} \\
-\big)\ 3S_n= & 3+3\cdot3^2+5\cdot3^3+\cdots+(2n-3)\cdot3^{n-1}+(2n-1)\cdot3^n \\
\hline
-2S_n= & 1+2\cdot3+2\cdot3^2+2\cdot3^3+\cdots+2\cdot3^{n-1}-(2n-1)\cdot3^n \\
= & 1+2\underbrace{(3+3^2+3^3+\cdots\cdots+3^{n-1})}-(2n-1)\cdot3^n
\end{array}
$$

◀ 3，3^2，3^3，……を縦にそろえてかく。
◀ 等比数列になる部分をしっかりよみとる。

初項 3，公比 3，項数 $n-1$ の等比数列の和

$$=1+2\cdot\frac{3(3^{n-1}-1)}{3-1}-(2n-1)\cdot3^n$$

$$=1+3^n-3-(2n-1)\cdot3^n$$

$$=-2-(2n-2)\cdot3^n$$

よって，$\boldsymbol{S_n=1+(n-1)\cdot3^n}$

72 (1) 群を取り払った数列の一般項は

$a_m=2m$ ……①

第 7 群までの項の数は

$1+2+3+\cdots+7=\frac{7\times8}{2}=28$（個）

よって，8 群の最初の数は①の 29 項目だから

$a_{29}=2\times29=\boldsymbol{58}$

(2) 第 8 群は初項 58，公差 2，項数 8 の等差数列だから，その和は

$\frac{1}{2}\cdot8\{2\cdot58+(8-1)\cdot2\}=4\times130=\boldsymbol{520}$

別解

第 8 群までの項の数は

$$1+2+3+\cdots+8=\frac{8\times 9}{2}=36\ (個)$$

第 8 群の最後の項は $a_{36}=2\times 36=72$

したがって，第 8 群は

初項 58，末項 72，項数 8 の等差数列だから

$$\frac{8(58+72)}{2}=4\times 130=\mathbf{520}$$

← $\overbrace{|58,\ \cdots\cdots,\ 72|}^{8\text{個}}$ 初項 58，公差 2

Challenge

$2m=2012$ より $m=1006$ だから

2012 は 1006 番目の項である。

第 n 群までの項の数は

$1+2+3+\cdots+n=\dfrac{n(n+1)}{2}$ だから

1006 番目の項が第 n 群に含まれるとすると

$$\frac{n(n-1)}{2}<1006\leqq\frac{n(n+1)}{2}$$

$$n(n-1)<2012\leqq n(n+1)$$

$n^2\fallingdotseq 2000$ としておよその値を求めると

$44^2=1936$，$45^2=2025$ だから

第 44 群までの項の数は

$$\frac{44\times 45}{2}=990\ (個)$$

第 45 群までの項の数は

$$\frac{45\times 46}{2}=1035\ (個)$$

したがって，2012 は第 45 群にあり，第 45 群の初項は 991 項目だから 1006 項目になる 2012 は

$1006-990=16$

よって，**第 45 群の第 16 項**

← $n^2\fallingdotseq 2000$ としておよその n の値を求めて，不等式を満たす n を見つける。

990 項目 ↓　1006 項目 ↓

$\cdots●,●|●,●,\cdots 2012,●,\cdots,●|$

第 44 群　第 45 群

3 (1) $n\geqq 2$ のとき

$$a_n=1+\sum_{k=1}^{n-1}2=1+2(n-1)=2n-1$$

$n=1$ のとき $a_1=2\cdot 1-1=1$ で成り立つ。

よって，$\boldsymbol{a_n=2n-1}$

(2) $a_{n+1}-a_n=3n$ だから

$n\geqq 2$ のとき

$$a_n=-15+\sum_{k=1}^{n-1}3k$$

$$=-15+\frac{3}{2}(n-1)n=\frac{3}{2}n^2-\frac{3}{2}n-15$$

$n=1$ のとき，$a_1=\frac{3}{2}\cdot 1^2-\frac{3}{2}\cdot 1-15=-15$

で成り立つ。

よって，$\boldsymbol{a_n=\frac{3}{2}n^2-\frac{3}{2}n-15}$

Challenge

$\frac{1}{a_n}=b_n$ とすると

$b_{n+1}-b_n=n+\frac{3}{2}$，$b_1=\frac{1}{a_1}=\frac{3}{2}$

$n\geqq 2$ のとき

$$\begin{aligned} b_n&=b_1+\sum_{k=1}^{n-1}\left(k+\frac{3}{2}\right)\\ &=\frac{3}{2}+\sum_{k=1}^{n-1}k+\frac{3}{2}\sum_{k=1}^{n-1}1\\ &=\frac{3}{2}+\frac{1}{2}(n-1)n+\frac{3}{2}(n-1)\\ &=\frac{1}{2}n(n+2) \end{aligned}$$

$n=1$ のとき，$b_1=\frac{1}{2}\cdot 1\cdot(1+2)=\frac{3}{2}$

で成り立つ。

よって，$b_n=\frac{1}{2}n(n+2)$

ゆえに，$a_n=\frac{1}{b_n}=\boldsymbol{\frac{2}{n(n+2)}}$

74 (1) $a_{n+1}=4a_n-3$ を

$a_{n+1}-1=4(a_n-1)$

と変形すると，数列 $\{a_n-1\}$ は

初項 $a_1-1=5-1=4$，公比 4 の等比数列だから

$a_n-1=4\cdot 4^{n-1}=4^n$

よって，$\boldsymbol{a_n=4^n+1}$

> $\alpha=4\alpha-3$ より
> $\alpha=1$

(2) $a_{n+1}+3a_n=4$ を

$a_{n+1}=-3a_n+4$

$a_{n+1}-1=-3(a_n-1)$

と変形すると，数列 $\{a_n-1\}$ は

初項 $a_1-1=2-1=1$，公比 -3 の等比数列だから

$a_n-1=1\cdot(-3)^{n-1}$

よって，$\boldsymbol{a_n=(-3)^{n-1}+1}$

> $\alpha=-3\alpha+4$ より
> $\alpha=1$

Challenge

$2a_{n+1}+a_n-3=0$ を

$a_{n+1}=-\frac{1}{2}a_n+\frac{3}{2}$

$a_{n+1}-1=-\frac{1}{2}(a_n-1)$

$\alpha=-\frac{1}{2}\alpha+\frac{3}{2}$
より $\alpha=1$

⇦ $a_{n+1}=pa_n+q$ にする。
↑ a_{n+1} の係数を 1 に。

と変形すると，数列 $\{a_n-1\}$ は

初項 $a_1-1=2-1=1$，公比 $-\frac{1}{2}$ の等比数列だから

$a_n-1=1\cdot\left(-\frac{1}{2}\right)^{n-1}$　よって，$\boldsymbol{a_n=\left(-\frac{1}{2}\right)^{n-1}+1}$

5 (1)　$a_{n+1}=\frac{a_n}{3a_n+5}$　より両辺の逆数をとると

$\frac{1}{a_{n+1}}=\frac{3a_n+5}{a_n}=3+\frac{5}{a_n}$

$b_n=\frac{1}{a_n}$ とおくと

$b_{n+1}=5b_n+3$，$b_1=\frac{1}{a_1}=1$

⇦ b_1 の値をしっかり押さえる。

$b_{n+1}+\frac{3}{4}=5\left(b_n+\frac{3}{4}\right)$ と変形すると

$\alpha=5\alpha+3$ より
$\alpha=-\frac{3}{4}$

数列 $\left\{b_n+\frac{3}{4}\right\}$ は初項 $b_1+\frac{3}{4}=1+\frac{3}{4}=\frac{7}{4}$，公比 5

の等比数列だから

$b_n+\frac{3}{4}=\frac{7}{4}\cdot 5^{n-1}$　よって，$\boldsymbol{b_n=\frac{7\cdot 5^{n-1}-3}{4}}$

(2)　$\boldsymbol{a_n=\frac{1}{b_n}=\frac{4}{7\cdot 5^{n-1}-3}}$

Challenge

与式の両辺の逆数をとると

$\frac{1}{a_{n+1}}=\frac{3a_n+1}{a_n}=\frac{1}{a_n}+3$

$b_n=\frac{1}{a_n}$ とおくと

$b_{n+1}=b_n+3$

数列 $\{b_n\}$ は初項 $b_1=\frac{1}{a_1}=\frac{1}{2}$，公差 3

⇦ $b_{n+1}=b_n+3$ は，公差が 3 の等差数列の漸化式

の等差数列だから

$b_n=\frac{1}{2}+(n-1)\cdot 3=3n-\frac{5}{2}=\frac{6n-5}{2}$

よって，$a_n=\frac{1}{b_n}=\frac{2}{6n-5}$

ゆえに，$a_{50}=\frac{2}{6\cdot 50-5}=\boldsymbol{\frac{2}{295}}$

76 $1^3+2^3+3^3+\cdots\cdots+n^3=\dfrac{1}{4}n^2(n+1)^2$ ……① とおく。

［Ⅰ］ $n=1$ のとき

(左辺)$=1^3=1$，(右辺)$=\dfrac{1}{4}\cdot1^2\cdot(1+1)^2=1$

よって，①は成り立つ。

［Ⅱ］ $n=k$ のとき①が成り立つとすると

$1^3+2^3+3^3+\cdots\cdots+k^3=\dfrac{1}{4}k^2(k+1)^2$

$n=k+1$ のときは

$\underbrace{1^3+2^3+3^3+\cdots\cdots+k^3}+(k+1)^3$

$=\dfrac{1}{4}k^2(k+1)^2+(k+1)^3$

$=\dfrac{1}{4}(k+1)^2\{k^2+4(k+1)\}$

$=\dfrac{1}{4}(k+1)^2(k+2)^2$

となり，$n=k+1$ のときにも成り立つ。

［Ⅰ］，［Ⅱ］により①はすべての自然数 n で成り立つ。

◀公式としては
$\displaystyle\sum_{k=1}^{n}k^3=\left\{\frac{n(n+1)}{2}\right\}^2$

◀$n=k$ のときの式の右辺を代入。

Challenge

$2^n\geqq3n+4$ $(n\geqq4)$ ……① とおく。

［Ⅰ］ $n=4$ のとき

(左辺)$=2^4=16$，(右辺)$=3\cdot4+4=16$

よって，(左辺)=(右辺) より①は成り立つ。

［Ⅱ］ $n=k$ $(k\geqq4)$ のとき①が成り立つとすると

$2^k\geqq3k+4$

$n=k+1$ のときは

$2^{k+1}=2\cdot2^k\geqq2(3k+4)=6k+8>3(k+1)+4$

よって，$2^{k+1}>3(k+1)+4$

が成り立つから①は $n=k+1$ のときにも成り立つ。

［Ⅰ］，［Ⅱ］により①は $n\geqq4$ の自然数 n で成り立つ。

◀$n\geqq4$ のときだから $n=4$ から始まる。

$n=k$ の関係式 $2^k\geqq3k+4$ が使える形に変形する。

◀$2\cdot2^k\geqq2\cdot(3k+4)$
（$2^k\geqq3k+4$）

◀$6k+8>3(k+1)+4$ の部分は次のようにしてもよい。
$6k+8-\{3(k+1)+4\}=3k+1>0$
よって，$2^{k+1}>3(k+1)+4$
が成り立つ。

77 さいころを投げたとき，それぞれの目の出方は $\dfrac{1}{6}$

X のとりうる値は，1から6までの目の数を4で割ったときの余りだから

$X=0$，1，2，3 で，そのときのさいころの目の出方は，次の通り。

$X=0$　のとき　4

$X=1$　のとき　1と5

$X=2$　のとき　2と6

$X=3$　のとき　3

X の確率分布は，次のようになる。

X	0	1	2	3	計
P	$\frac{1}{6}$	$\frac{2}{6}$	$\frac{2}{6}$	$\frac{1}{6}$	1

Xの期待値を$E(X)$とすると

$$E(X)=0\times\frac{1}{6}+1\times\frac{2}{6}+2\times\frac{2}{6}+3\times\frac{1}{6}=\frac{9}{6}=\mathbf{\frac{3}{2}}$$

期待値を求める計算では，確率の分母は約分しないでおくほうが計算が楽。

Challenge

Xのとりうる値は0，1，2，3で，そのときの確率は

$X=0$　のとき　$\frac{2}{5}$

$X=1$　のとき　$\frac{3}{5}\times\frac{2}{4}=\frac{3}{10}$

$X=2$　のとき　$\frac{3}{5}\times\frac{2}{4}\times\frac{2}{3}=\frac{1}{5}$

$X=3$　のとき　$\frac{3}{5}\times\frac{2}{4}\times\frac{1}{3}\times\frac{2}{2}=\frac{1}{10}$

確率分布は，次のようになる。

X	0	1	2	3	計
P	$\frac{2}{5}$	$\frac{3}{10}$	$\frac{1}{5}$	$\frac{1}{10}$	1

よって，Xの期待値を$E(X)$とすると

$$E(X)=0\times\frac{2}{5}+1\times\frac{3}{10}+2\times\frac{1}{5}+3\times\frac{1}{10}$$

$$=\frac{1}{10}(3+4+3)=\mathbf{1}$$

78　Xの期待値を$E(X)$，分散を$V(X)$とすると

$$E(X)=1\times\frac{1}{8}+2\times\frac{1}{8}+3\times\frac{1}{8}+4\times\frac{1}{8}$$

$$+5\times\frac{1}{8}+6\times\frac{1}{8}+7\times\frac{1}{8}+8\times\frac{1}{8}$$

$$=\frac{1}{8}(1+2+3+4+5+6+7+8)$$

$$=\frac{36}{8}=\mathbf{\frac{9}{2}}$$

それぞれのカードを引く確率は$\frac{1}{8}$

$$V(X)=\left(1-\frac{9}{2}\right)^2\times\frac{1}{8}+\left(2-\frac{9}{2}\right)^2\times\frac{1}{8}+\left(3-\frac{9}{2}\right)^2\times\frac{1}{8}$$

$$+\left(4-\frac{9}{2}\right)^2\times\frac{1}{8}+\left(5-\frac{9}{2}\right)^2\times\frac{1}{8}+\left(6-\frac{9}{2}\right)^2\times\frac{1}{8}$$

$$+\left(7-\frac{9}{2}\right)^2\times\frac{1}{8}+\left(8-\frac{9}{2}\right)^2\times\frac{1}{8}$$

$$=\frac{1}{8}\left(\frac{49}{4}+\frac{25}{4}+\frac{9}{4}+\frac{1}{4}+\frac{1}{4}+\frac{9}{4}+\frac{25}{4}+\frac{49}{4}\right)$$

$$=\frac{168}{32}=\mathbf{\frac{21}{4}}$$

別解

$$E(X^2)=\frac{1}{8}(1^2+2^2+3^2+4^2+5^2+6^2+7^2+8^2)$$

◀ X^2 の期待値。

$$=\frac{1}{8}\cdot\frac{8(8+1)(2\cdot8+1)}{6}=\frac{51}{2}$$

◀ $\sum_{k=1}^{n}k^2=\frac{1}{6}n(n+1)(2n+1)$

よって，$V(X)=\frac{51}{2}-\left(\frac{9}{2}\right)^2=\mathbf{\frac{21}{4}}$

◀ $V(X)=E(X^2)-\{E(X)\}^2$

Challenge

さいころの目の出方は $6\times6=36$（通り）

X のとりうる値は 0，1，2，3，4，5

　$X=0$　となるのは　6 通り

　$X=1$　となるのは　10通り

　$X=2$　となるのは　8 通り

　$X=3$　となるのは　6 通り

　$X=4$　となるのは　4 通り

　$X=5$　となるのは　2 通り

	⚀	⚁	⚂	⚃	⚄	⚅
⚀	0	1	2	3	4	5
⚁	1	0	1	2	3	4
⚂	2	1	0	1	2	3
⚃	3	2	1	0	1	2
⚄	4	3	2	1	0	1
⚅	5	4	3	2	1	0

確率分布は，次のようになる。

X	0	1	2	3	4	5	計
P	$\frac{3}{18}$	$\frac{5}{18}$	$\frac{4}{18}$	$\frac{3}{18}$	$\frac{2}{18}$	$\frac{1}{18}$	1

◀ $\frac{6}{36}$，$\frac{10}{36}$，$\frac{8}{36}$，$\frac{4}{36}$，$\frac{2}{36}$ を 2 で約分した。

X の期待値を $E(X)$，分散を $V(X)$，標準偏差を $\sigma(X)$ とすると

$$E(X)=0\times\frac{3}{18}+1\times\frac{5}{18}+2\times\frac{4}{18}+3\times\frac{3}{18}+4\times\frac{2}{18}+5\times\frac{1}{18}$$

$$=\frac{1}{18}(5+8+9+8+5)=\mathbf{\frac{35}{18}}$$

$$E(X^2)=0^2\times\frac{3}{18}+1^2\times\frac{5}{18}+2^2\times\frac{4}{18}+3^2\times\frac{3}{18}+4^2\times\frac{2}{18}+5^2\times\frac{1}{18}$$

$$=\frac{1}{18}(5+16+27+32+25)=\frac{105}{18}$$

$$V(X)=\frac{105}{18}-\left(\frac{35}{18}\right)^2=\frac{665}{18^2}$$

◀ $V(X)=E(X^2)-\{E(X)\}^2$

◀ $105=35\times3$

$\frac{105}{18}-\frac{35^2}{18^2}=\frac{35(3\times18-35)}{18^2}$

$=\frac{35\times19}{18^2}=\frac{665}{18^2}$

よって，$\sigma(X)=\sqrt{V(X)}=\sqrt{\frac{665}{18^2}}=\mathbf{\frac{\sqrt{665}}{18}}$

79 カードの取り出し方は ${}_5C_2=10$（通り）

X のとりうる値は 1，2，3，4 であり

$X=1$ のとき

　([1]，[2])，([2]，[3])，([3]，[4])，([4]，[5]) の 4 通り。

$X=2$ のとき　([1]，[3])，([2]，[4])，([3]，[5]) の 3 通り。

$X=3$ のとき　([1]，[4])，([2]，[5]) の 2 通り。

$X=4$ のとき　([1]，[5]) の 1 通り。

確率分布は，次のようになる。

X	1	2	3	4	計
P	$\frac{4}{10}$	$\frac{3}{10}$	$\frac{2}{10}$	$\frac{1}{10}$	1

$$E(X)=1\times\frac{4}{10}+2\times\frac{3}{10}+3\times\frac{2}{10}+4\times\frac{1}{10}=\frac{20}{10}=2$$

$$E(X^2)=1^2\times\frac{4}{10}+2^2\times\frac{3}{10}+3^2\times\frac{2}{10}+4^2\times\frac{1}{10}=\frac{50}{10}=5$$

$$V(X)=E(X^2)-\{E(X)\}^2=5-2^2=1$$

これより

$$E(2X+3)=2E(X)+3=2\times2+3=\mathbf{7}$$

$$V(3X+1)=3^2V(X)=9\times1=\mathbf{9}$$

◀ $E(X)=x_1p_1+x_2p_2+\cdots+x_np_n$

◀ $V(X)=$(2 乗の期待値)－(期待値の 2 乗)

◀ $E(aX+b)=aE(X)+b$
$V(aX+b)=a^2V(X)$

Challenge

$$E(5X^2+3)=5E(X^2)+3=5\times5+3=\mathbf{28}$$

30 四面体のさいころの出る目の数を X，ふつうのさいころの出る目の数を Y とする。X と Y の確率分布は，次のようになる。

X	1	2	3	4	計
P	$\frac{1}{4}$	$\frac{1}{4}$	$\frac{1}{4}$	$\frac{1}{4}$	1

Y	1	2	3	4	5	6	計
P	$\frac{1}{6}$	$\frac{1}{6}$	$\frac{1}{6}$	$\frac{1}{6}$	$\frac{1}{6}$	$\frac{1}{6}$	1

$$E(X)=1\times\frac{1}{4}+2\times\frac{1}{4}+3\times\frac{1}{4}+4\times\frac{1}{4}=\frac{5}{2}$$

$$E(Y)=1\times\frac{1}{6}+2\times\frac{1}{6}+3\times\frac{1}{6}+4\times\frac{1}{6}+5\times\frac{1}{6}+6\times\frac{1}{6}$$

$$=\frac{21}{6}=\frac{7}{2}$$

$$V(X)=1^2\times\frac{1}{4}+2^2\times\frac{1}{4}+3^2\times\frac{1}{4}+4^2\times\frac{1}{4}-\left(\frac{5}{2}\right)^2$$

$$=\frac{30}{4}-\frac{25}{4}=\frac{5}{4}$$

$$V(Y)=1^2\times\frac{1}{6}+2^2\times\frac{1}{6}+3^2\times\frac{1}{6}+4^2\times\frac{1}{6}+5^2\times\frac{1}{6}+6^2\times\frac{1}{6}-\left(\frac{7}{2}\right)^2$$

$$=\frac{91}{6}-\frac{49}{4}=\frac{35}{12}$$

よって，出た目の数の和 $X+Y$ の

期待値は $E(X+Y)=E(X)+E(Y)$

$$=\frac{5}{2}+\frac{7}{2}=\mathbf{6}$$

分散は $V(X+Y)=V(X)+V(Y)$

$$=\frac{5}{4}+\frac{35}{12}=\mathbf{\frac{25}{6}}$$

Challenge

$2X+Y$ の期待値と分散は

$E(2X+Y)=2E(X)+E(Y)=2\times\frac{5}{2}+\frac{7}{2}=\mathbf{\frac{17}{2}}$

$V(2X+Y)=V(2X)+V(Y)$

$=2^2V(X)+V(Y)=4\times\frac{5}{4}+\frac{35}{12}=\mathbf{\frac{95}{12}}$

$2XY$ の期待値は

$E(2XY)=2E(XY)=2E(X)E(Y)$

$=2\times\frac{5}{2}\times\frac{7}{2}=\mathbf{\frac{35}{2}}$

81 (1) 1の目または6の目が出る確率は $\frac{1}{3}$ だから

X は二項分布 $B\left(9,\ \frac{1}{3}\right)$ に従う。

◀二項分布 $B(n,\ p)$（n：試行回数，p：起こる確率）

よって，$E(X)=9\times\frac{1}{3}=\mathbf{3}$

$V(X)=9\times\frac{1}{3}\times\frac{2}{3}=\mathbf{2}$

(2) 1の目または6の目が出る回数を X とすると，それ以外の目は $(9-X)$ 回出るから得点の合計 Y は

$Y=2X-1\times(9-X)=3X-9$

よって，Y の期待値と分散は

$E(Y)=E(3X-9)=3E(X)-9=3\times3-9=\mathbf{0}$

◀$E(aX+b)=aE(X)+b$

$V(Y)=V(3X-9)=3^2V(X)=9\times2=\mathbf{18}$

◀$V(aX+b)=a^2V(X)$

Challenge

$E(Z)=E(aX+b)=aE(X)+b=3a+b=10$ ……①

$V(Z)=V(aX+b)=a^2V(X)=2a^2=8$ ……②

②より $a^2=4$

$a>0$ だから $a=2$

①に代入して，$b=4$

よって，$\boldsymbol{a=2,\ b=4}$

82 $\int_1^5 kx\,dx=1$ より $\left[\frac{k}{2}x^2\right]_1^5=12k=1$

◀$\int_a^b f(x)\,dx=1$

よって，$\boldsymbol{k=\frac{1}{12}}$

$P(2\leqq X\leqq4)=\int_2^4\frac{1}{12}x\,dx=\left[\frac{1}{24}x^2\right]_2^4=\mathbf{\frac{1}{2}}$

期待値 $E(X)=\int_1^5 x\cdot\frac{1}{12}x\,dx=\left[\frac{1}{36}x^3\right]_1^5=\frac{1}{36}(125-1)=\mathbf{\frac{31}{9}}$

◀期待値 $E(X)=\int_a^b xf(x)\,dx$

Challenge

(1) 直線OA，ABおよびx軸で囲まれた部分の面積は1だから

$$\frac{1}{2}\times\frac{1}{2}\times a+\frac{1}{2}\times\left(2-\frac{1}{2}\right)\times a=1$$

$$\frac{a}{4}+\frac{3}{4}a=1$$ よって，$\boldsymbol{a=1}$

(2) $P(1\leqq X\leqq 2)$ の値は右の斜線部分の面積である。

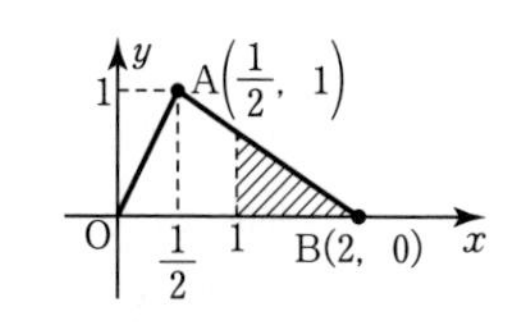

直線ABの方程式は

$$y=\frac{0-1}{2-\frac{1}{2}}(x-2)=-\frac{2}{3}x+\frac{4}{3}$$

$x=1$ のとき　$y=\frac{2}{3}$

よって，$P(1\leqq X\leqq 2)=\frac{1}{2}\times(2-1)\times\frac{2}{3}=\boldsymbol{\frac{1}{3}}$

◀直線ABの方程式から高さを求め，面積を計算する。

3　缶詰の重さをXとすると，Xは正規分布$N(200,\ 3^2)$に従うから，$Z=\frac{X-200}{3}$ とおくとZは$N(0,\ 1)$に従う。

$X=194$ のとき，$Z=\frac{194-200}{3}=-2$

$X=209$ のとき，$Z=\frac{209-200}{3}=3$　だから

$$\begin{aligned}P(194\leqq X\leqq 209)&=P(-2\leqq Z\leqq 3)\\&=P(0\leqq Z\leqq 2)+P(0\leqq Z\leqq 3)\\&=0.4772+0.4987\\&=0.9759\end{aligned}$$

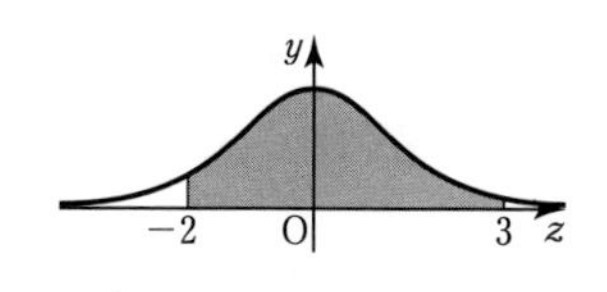

$1000\times 0.9759=975.9$

よって，規格品の個数はおよそ**976個**

Challenge

試験の得点をXとおくと，Xは正規分布$N(62,\ 16^2)$に従うから，

$Z=\frac{X-62}{16}$ とおくとZは$N(0,\ 1)$に従う。

$X=30$ のとき，$Z=\frac{30-62}{16}=-2$

だから

$$\begin{aligned}P(X\leqq 30)&=P(Z\leqq -2)\\&=0.5-P(0\leqq Z\leqq 2)\\&=0.5-0.4772\\&=0.0228\end{aligned}$$

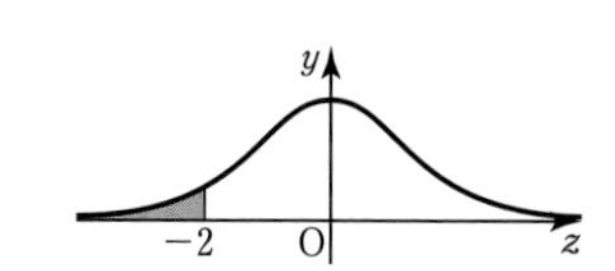

$500\times 0.0228=11.4$

よって，不合格者はおよそ**11人**

84 1個のさいころを投げるとき，1の目または6の目が出る確率は $\frac{1}{3}$ である。

1の目または6の目の出る回数を X とすると，X は二項分布 $B\left(450,\ \frac{1}{3}\right)$ に従うから

$E(X)=450\times\frac{1}{3}=150$

$\sigma(X)=\sqrt{450\times\frac{1}{3}\times\frac{2}{3}}=\sqrt{100}=10$

$n=450$ は十分大きな値だから

$Z=\frac{X-150}{10}$ とおくと，Z は近似的に正規分布 $N(0,\ 1)$ に従う。 ◀ $Z=\frac{X-np}{np(1-p)}$

(1) $X=140$ のとき，$Z=\frac{140-150}{10}=-1$ だから

$P(X\leqq 140)=P(Z\leqq -1)$
$=0.5-P(0\leqq Z\leqq 1)$
$=0.5-0.3413=\mathbf{0.1587}$

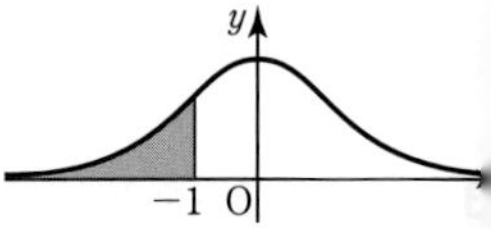

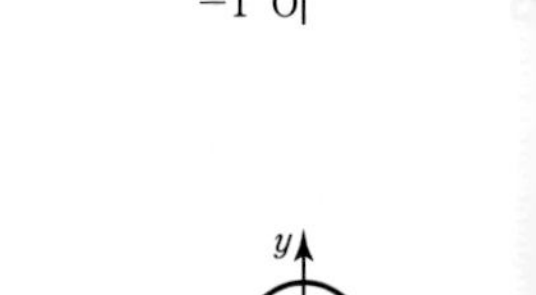

(2) $X=160$ のとき，$Z=\frac{160-150}{10}=1$

$X=180$ のとき，$Z=\frac{180-150}{10}=3$ だから

$P(160\leqq X\leqq 180)=P(1\leqq Z\leqq 3)$
$=P(0\leqq Z\leqq 3)-P(0\leqq Z\leqq 1)$
$=0.4987-0.3413=\mathbf{0.1574}$

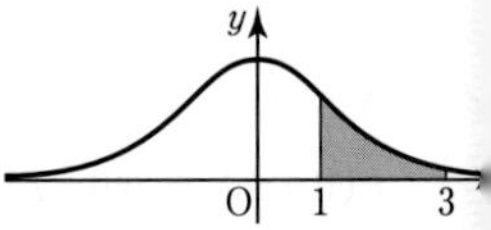

Challenge

X は二項分布 $B\left(400,\ \frac{1}{2}\right)$ に従うから

$E(X)=400\times\frac{1}{2}=200$

$\sigma(X)=\sqrt{400\times\frac{1}{2}\times\frac{1}{2}}=10$

$n=400$ は十分大きな値だから
X は正規分布 $N(200,\ 10^2)$ に従う。

$Z=\frac{X-200}{10}$ とおくと，Z は近似的に $N(0,\ 1)$ に従う。

$X=190$ のとき，$Z=\frac{190-200}{10}=-1$

$X=210$ のとき，$Z=\frac{190-210}{10}=1$

よって，$P(190\leqq X\leqq 210)=P(-1\leqq Z\leqq 1)$
$=2P(0\leqq Z\leqq 1)$
$=2\times 0.3413$
$=\mathbf{0.6826}$

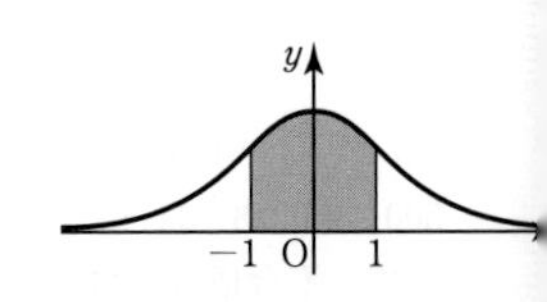

5 $n=100$, $\mu=120$, $\sigma=150$ で，n は十分大きいから，$\overline{X}$ は正規分布 $N\left(120,\ \dfrac{150^2}{100}\right)$，すなわち $N(120,\ 15^2)$ で近似できる。

$Z=\dfrac{\overline{X}-120}{15}$ とおくと，Z は $N(0,\ 1)$ に従う。

105 以上 135 以下となる確率は

$\overline{X}=105$ のとき，$Z=\dfrac{105-120}{15}=-1$

$\overline{X}=135$ のとき，$Z=\dfrac{135-120}{15}=1$　だから

$P(105\leqq\overline{X}\leqq135)=P(-1\leqq Z\leqq1)=\mathbf{0.6826}$

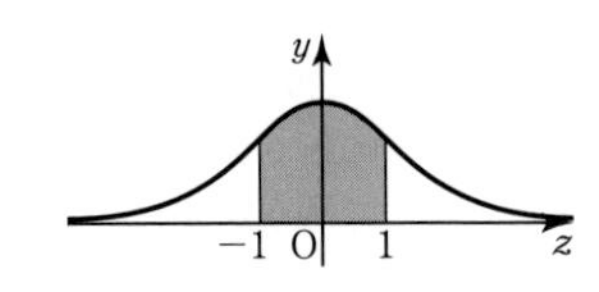

Challenge

$\overline{X}=150$ のとき，$Z=\dfrac{150-120}{15}=2$

$\overline{X}=75$ のとき，$Z=\dfrac{75-120}{15}=-3$　だから

$\overline{X}$ が 150 以上 75 以下となる確率は

$$P(\overline{X}\geqq150)+P(\overline{X}\leqq75)=P(Z\geqq2)+P(Z\leqq-3)$$
$$=1-P(0\leqq Z\leqq2)-P(0\leqq Z\leqq3)$$
$$=1-(0.4772+0.4987)=\mathbf{0.0241}$$

6 標本平均は $\overline{X}=300$,

標本の大きさは $n=400$

標準偏差は $\sigma=50$　だから

$$300-\frac{1.96\times50}{\sqrt{400}}\leqq\mu\leqq300+\frac{1.96\times50}{\sqrt{400}}$$

$$300-4.9\leqq\mu\leqq300+4.9$$

よって，$\mathbf{295.1\leqq\mu\leqq304.9}$

Challenge

信頼度 95 %の信頼区間の幅は

$2\times\dfrac{1.96\sigma}{\sqrt{n}}$　だから　$2\times\dfrac{1.96\times12.5}{\sqrt{n}}\leqq5$

$5\sqrt{n}\geqq49$　より　$n\geqq96.04$

よって，標本の大きさを **97** 以上にすればよい。

7 標本の大きさは $n=100$

標本比率は $\dfrac{20}{100}=0.2$　だから

母比率 p に対する信頼度 95%の信頼区間は

$$0.2-1.96\times\sqrt{\frac{0.2\times0.8}{100}}\leqq p\leqq0.2+1.96\times\sqrt{\frac{0.2\times0.8}{100}}$$

$$0.2-1.96\times0.04\leqq p\leqq0.2+1.96\times0.04$$

よって，$\mathbf{0.1216\leqq p\leqq0.2784}$

Challenge

標本比率は $\frac{30}{100}=0.3$

だから，母比率 p に対する信頼度 95% の信頼区間は

$$0.3-1.96\times\sqrt{\frac{0.3\times0.7}{100}}\leqq p\leqq0.3+1.96\times\sqrt{\frac{0.3\times0.7}{100}}$$

$$0.3-1.96\times0.046\leqq p\leqq0.3+1.96\times0.046$$

$$0.3-0.09016\leqq p\leqq0.3+0.09016$$

$$\mathbf{0.20984\leqq p\leqq0.39016}$$

88 帰無仮説は「新しい機械によって重さに変化はなかった」

有意水準 5 %の検定なので $|z|>1.96$ を棄却域とする。

100 個の製品の標本平均は，正規分布 $N\left(168,\ \frac{12^2}{100}\right)$ に従う。

$$z=\frac{168-170}{\frac{12}{10}}=\frac{10\times(-2)}{12}$$

$$=-1.66\cdots$$

$|z|=1.66\cdots<1.96$

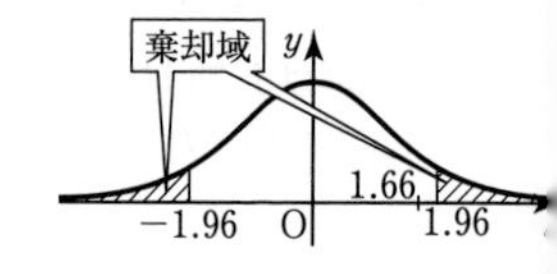

z は棄却域に含まれないので仮説は棄却されない。

よって，新しい機械によって製品の重さに変化があったとはいえない。

Challenge

帰無仮説は「表が出る確率は $\frac{1}{2}$ である」

有意水準 5 %の検定なので $|z|>1.96$ を棄却域とする。

標本平均 $\overline{X}$ は二項分布 $B\left(800,\ \frac{1}{2}\right)$ に従うから

$$E(\overline{X})=800\times\frac{1}{2}=400$$

$$\sigma(\overline{X})=\sqrt{800\times\frac{1}{2}\times\frac{1}{2}}=10\sqrt{2}$$

$\overline{X}$ は近似的に正規分布 $N(400,\ (10\sqrt{2})^2)$ に従うと考えてよい。

$$z=\frac{430-400}{10\sqrt{2}}=\frac{3}{\sqrt{2}}\fallingdotseq2.12$$

$|z|\fallingdotseq2.12>1.96$

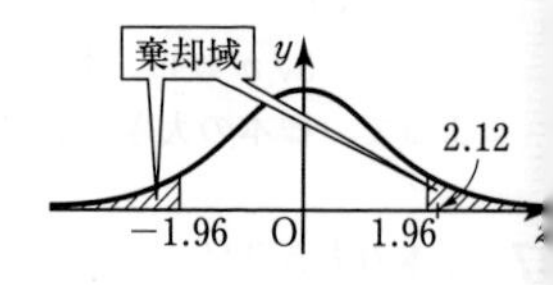

z は棄却域に含まれるから仮説は棄却される。

よって，硬貨は正しく作られているとはいえない。

9 帰無仮説は「ワクチンＢを接種すると効果のある人は 75 %である」

有意水準 5 %の検定なので $|z|>1.96$ を棄却域とする。

母比率は $p=0.75$

標本比率は $p_0=\dfrac{80}{100}=0.8$

$$z=\frac{0.8-0.75}{\sqrt{\dfrac{0.75\times0.25}{100}}}=\frac{0.05}{\dfrac{\sqrt{3}}{40}}=\frac{2}{\sqrt{3}}=\frac{2\sqrt{3}}{3}=1.154\cdots$$

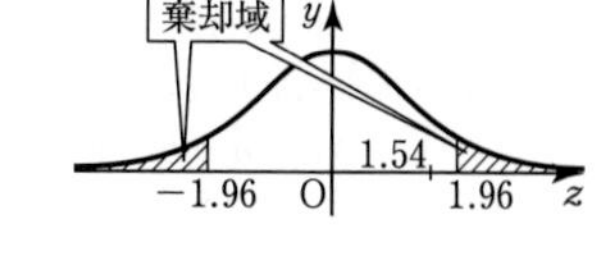

$|z|=1.154\cdots<1.96$

z は棄却域に含まれないので仮説は棄却されない。

　よって，A，B のワクチンには効果の違いはあるとはいえない。

Challenge

母比率は $p=0.75$

標本比率は $p_0=\dfrac{85}{100}=0.85$ だから

$$z=\frac{0.85-0.75}{\sqrt{\dfrac{0.85\times0.15}{100}}}=\frac{1}{0.36}\fallingdotseq2.78$$

$$\left(z=\frac{85-75}{\sqrt{100\times0.85\times0.15}}=\frac{10}{3.6}\fallingdotseq2.78 \text{ としてもよい}\right)$$

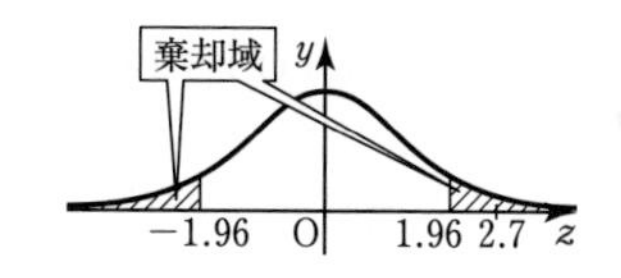

$|z|=2.7>1.96$

$|z|$ は棄却域に含まれるので仮説は棄却される。

よって，A，B のワクチンには効果の違いがあるといえる。

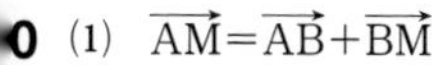

0 (1) $\overrightarrow{AM}=\overrightarrow{AB}+\overrightarrow{BM}$

$\overrightarrow{BM}=\dfrac{1}{2}\overrightarrow{AO}=\dfrac{1}{2}(\vec{a}+\vec{b})$

$\overrightarrow{AM}=\vec{a}+\dfrac{1}{2}(\vec{a}+\vec{b})=\boldsymbol{\dfrac{3}{2}\vec{a}+\dfrac{1}{2}\vec{b}}$

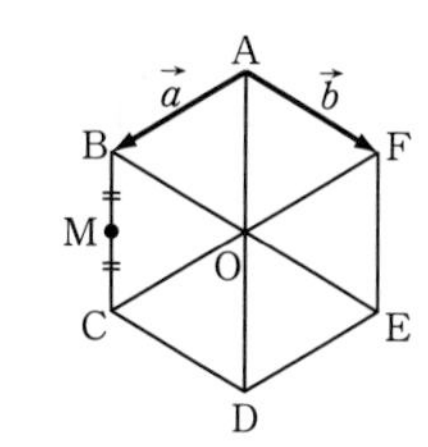

(2) $\overrightarrow{OM}=\overrightarrow{AM}-\overrightarrow{AO}$

$=\dfrac{3}{2}\vec{a}+\dfrac{1}{2}\vec{b}-(\vec{a}+\vec{b})=\boldsymbol{\dfrac{1}{2}\vec{a}-\dfrac{1}{2}\vec{b}}$

別解

$\overrightarrow{OM}=\overrightarrow{OB}+\overrightarrow{BM}$

$=-\vec{b}+\dfrac{1}{2}(\vec{a}+\vec{b})=\boldsymbol{\dfrac{1}{2}\vec{a}-\dfrac{1}{2}\vec{b}}$

(3) $\overrightarrow{EM}=\overrightarrow{AM}-\overrightarrow{AE}$

$\overrightarrow{AE}=\overrightarrow{AF}+\overrightarrow{FE}$，$\overrightarrow{FE}=\overrightarrow{AO}$ だから

$\overrightarrow{AE}=\vec{b}+(\vec{a}+\vec{b})=\vec{a}+2\vec{b}$

よって，　$\overrightarrow{EM}=\dfrac{3}{2}\vec{a}+\dfrac{1}{2}\vec{b}-(\vec{a}+2\vec{b})=\boldsymbol{\dfrac{1}{2}\vec{a}-\dfrac{3}{2}\vec{b}}$

別解

$$\overrightarrow{\mathrm{EM}}=\overrightarrow{\mathrm{EB}}+\overrightarrow{\mathrm{BM}}$$

$$=-2\vec{b}+\frac{1}{2}(\vec{a}+\vec{b})=\boldsymbol{\frac{1}{2}\vec{a}-\frac{3}{2}\vec{b}}$$

Challenge

$$\overrightarrow{\mathrm{AC}}+\overrightarrow{\mathrm{AE}}=(\overrightarrow{\mathrm{AB}}+\overrightarrow{\mathrm{BC}})+(\overrightarrow{\mathrm{AF}}+\overrightarrow{\mathrm{FE}})$$

$\overrightarrow{\mathrm{BC}}=\overrightarrow{\mathrm{FE}}=\overrightarrow{\mathrm{AO}}=\vec{a}+\vec{b}$ だから

$$\overrightarrow{\mathrm{AC}}+\overrightarrow{\mathrm{AE}}=\vec{a}+\vec{b}+2(\vec{a}+\vec{b})=\boldsymbol{3\vec{a}+3\vec{b}}$$

$$\overrightarrow{\mathrm{FM}}+\overrightarrow{\mathrm{EM}}=(\overrightarrow{\mathrm{AM}}-\overrightarrow{\mathrm{AF}})+(\overrightarrow{\mathrm{AM}}-\overrightarrow{\mathrm{AE}})$$

$$=2\overrightarrow{\mathrm{AM}}-\overrightarrow{\mathrm{AF}}-\overrightarrow{\mathrm{AE}}$$

$$=2\left(\frac{3}{2}\vec{a}+\frac{1}{2}\vec{b}\right)-\vec{b}-(\vec{a}+2\vec{b})$$

$$=3\vec{a}+\vec{b}-\vec{b}-\vec{a}-2\vec{b}=\boldsymbol{2\vec{a}-2\vec{b}}$$

91

$$\overrightarrow{\mathrm{OC}}=\frac{2\overrightarrow{\mathrm{OA}}+1\cdot\overrightarrow{\mathrm{OB}}}{1+2}=\boldsymbol{\frac{2}{3}}\overrightarrow{\mathrm{OA}}+\boldsymbol{\frac{1}{3}}\overrightarrow{\mathrm{OB}}$$

$$\overrightarrow{\mathrm{OD}}=\frac{-1\cdot\overrightarrow{\mathrm{OA}}+3\overrightarrow{\mathrm{OB}}}{3-1}=\boldsymbol{-\frac{1}{2}}\overrightarrow{\mathrm{OA}}+\boldsymbol{\frac{3}{2}}\overrightarrow{\mathrm{OB}}$$

$$\overrightarrow{\mathrm{OF}}=\frac{\overrightarrow{\mathrm{OE}}+\overrightarrow{\mathrm{OD}}}{2}=\frac{1}{2}\left(\frac{1}{2}\overrightarrow{\mathrm{OA}}-\frac{1}{2}\overrightarrow{\mathrm{OA}}+\frac{3}{2}\overrightarrow{\mathrm{OB}}\right)$$

$$=\boldsymbol{\frac{3}{4}}\overrightarrow{\mathrm{OB}}$$

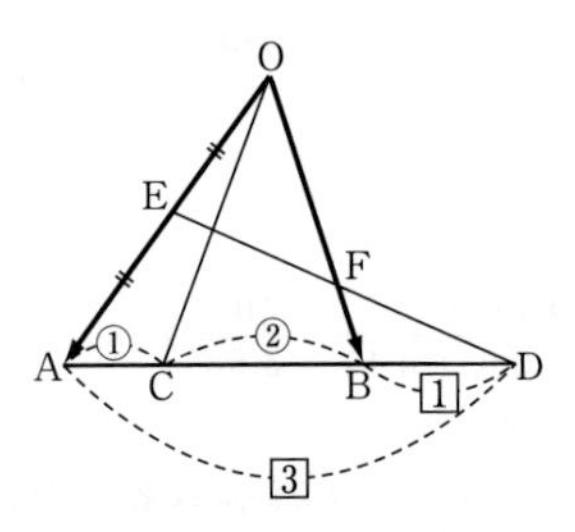

Challenge

ADが∠Aの2等分線だから

AB：AC＝BD：DC＝8：6＝4：3

$$\overrightarrow{\mathrm{AD}}=\frac{3\overrightarrow{\mathrm{AB}}+4\overrightarrow{\mathrm{AC}}}{4+3}=\boldsymbol{\frac{3}{7}}\overrightarrow{\mathrm{AB}}+\boldsymbol{\frac{4}{7}}\overrightarrow{\mathrm{AC}}$$

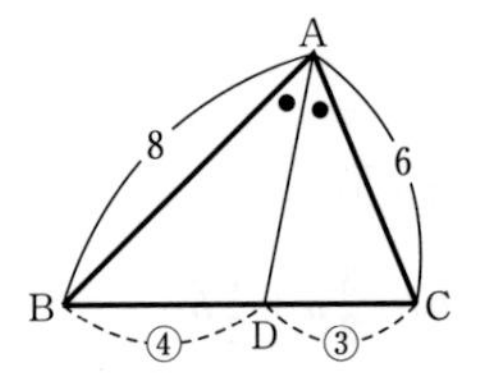

92

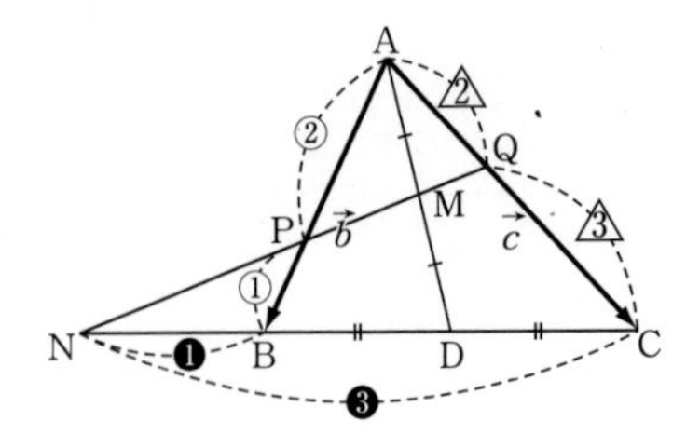

$$\overrightarrow{\mathrm{AP}}=\frac{2}{3}\vec{b},\quad \overrightarrow{\mathrm{AQ}}=\frac{2}{5}\vec{c}$$

$$\overrightarrow{\mathrm{AM}}=\frac{1}{2}\overrightarrow{\mathrm{AD}}=\frac{1}{2}\left(\frac{\vec{b}+\vec{c}}{2}\right)=\frac{1}{4}(\vec{b}+\vec{c})$$

$\overrightarrow{PM}=\overrightarrow{AM}-\overrightarrow{AP}=\frac{1}{4}(\vec{b}+\vec{c})-\frac{2}{3}\vec{b}=-\frac{1}{12}(5\vec{b}-3\vec{c})$

◀ $5\vec{b}-3\vec{c}=-12\overrightarrow{PM}$

$\overrightarrow{PQ}=\overrightarrow{AQ}-\overrightarrow{AP}=\frac{2}{5}\vec{c}-\frac{2}{3}\vec{b}=-\frac{2}{15}(5\vec{b}-3\vec{c})$

◀ $5\vec{b}-3\vec{c}=-\frac{15}{2}\overrightarrow{PQ}$

$12\overrightarrow{PM}=\frac{15}{2}\overrightarrow{PQ}$ より $\overrightarrow{PQ}=\frac{8}{5}\overrightarrow{PM}$

よって，$\overrightarrow{PQ}=\frac{8}{5}\overrightarrow{PM}$ が成り立つから

P，M，Q は同一直線上にある。

Challenge

$\overrightarrow{AN}=\frac{-3\vec{b}+\vec{c}}{1-3}=\frac{1}{2}(3\vec{b}-\vec{c})$

$\overrightarrow{QM}=\overrightarrow{AM}-\overrightarrow{AQ}$

$=\frac{1}{4}(\vec{b}+\vec{c})-\frac{2}{5}\vec{c}=\frac{1}{20}(5\vec{b}-3\vec{c})$

$\overrightarrow{QN}=\overrightarrow{AN}-\overrightarrow{AQ}$

$=\frac{1}{2}(3\vec{b}-\vec{c})-\frac{2}{5}\vec{c}=\frac{3}{10}(5\vec{b}-3\vec{c})$

$20\overrightarrow{QM}=\frac{10}{3}\overrightarrow{QN}$ より　$\overrightarrow{QN}=6\overrightarrow{QM}$

◀ $\overrightarrow{NM}=-\frac{1}{4}(5\vec{b}-3\vec{c})$
$\overrightarrow{NQ}=-\frac{3}{10}(5\vec{b}-3\vec{c})$ より
$\overrightarrow{NM}=\frac{5}{6}\overrightarrow{NQ}$ を示してもよい。

よって，$\overrightarrow{QN}=6\overrightarrow{QM}$ が成り立つから

Q，M，N は同一直線上にある。

3 (1) $\overrightarrow{AB}=(5-2,\ 2+1)=$ **(3, 3)**

$|\overrightarrow{AB}|=\sqrt{3^2+3^2}=\mathbf{3\sqrt{2}}$

(2) $3\overrightarrow{AB}-\frac{1}{2}\overrightarrow{BC}=3(3,\ 3)-\frac{1}{2}(-1-5,\ 8-2)$

$=(9,\ 9)-(-3,\ 3)=$ **(12, 6)**

(3) $\overrightarrow{OD}=\left(\frac{1\cdot2+2\cdot5}{2+1},\ \frac{1\cdot(-1)+2\cdot2}{2+1}\right)=(4,\ 1)$

$\overrightarrow{OE}=\left(\frac{2\cdot5+1\cdot(-1)}{1+2},\ \frac{2\cdot2+1\cdot8}{1+2}\right)=(3,\ 4)$

よって，$\overrightarrow{DE}=(3-4,\ 4-1)=$ **(−1, 3)**

Challenge

$\overrightarrow{AD}=\overrightarrow{BC}$ が成り立てば平行四辺形になるから

◀ 四角形 ABCD が平行四辺形である条件　$\overrightarrow{AD}=\overrightarrow{BC}$
（$\overrightarrow{AB}=\overrightarrow{DC}$ でもよい）

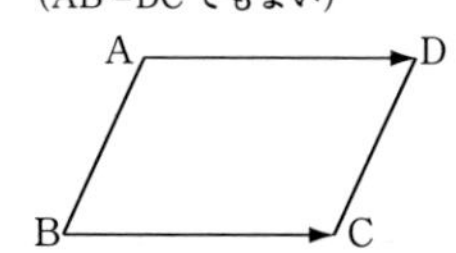

D$(x,\ y)$ とすると

$\overrightarrow{AD}=(x,\ y)-(1,\ 3)=(x-1,\ y-3)$

$\overrightarrow{BC}=(4,\ 1)-(3,\ -2)=(1,\ 3)$

$x-1=1,\ y-3=3$

これより　$x=2,\ y=6$

よって，**D(2, 6)**

94 (1) $\vec{a}+\vec{b}=(1,\ 4)$ ……①

$\vec{a}-2\vec{b}=(4,\ -5)$ ……② とすると

①−②より

$3\vec{b}=(-3,\ 9)$ ゆえに $\vec{b}=(-1,\ 3)$

①×2+②より

$3\vec{a}=2(1,\ 4)+(4,\ -5)$

$=(2,\ 8)+(4,\ -5)$

$=(2+4,\ 8-5)$

$=(6,\ 3)$ ゆえに $\vec{a}=(2,\ 1)$

$2\vec{a}-\vec{b}=2(2,\ 1)-(-1,\ 3)$

$=(4,\ 2)-(-1,\ 3)$

$=(4+1,\ 2-3)$

$=(5,\ -1)$

よって，$|2\vec{a}-\vec{b}|=\sqrt{5^2+(-1)^2}=\boldsymbol{\sqrt{26}}$

(2) $\vec{c}=m\vec{a}+n\vec{b}$ より

$(-13,\ 7)=m(3,\ -2)+n(4,\ 4)$

$=(3m+4n,\ -2m+4n)$

$$\begin{cases} 3m+4n=-13 & \cdots\cdots ① \\ -2m+4n=7 & \cdots\cdots ② \end{cases}$$

①，②を解いて，$\boldsymbol{m=-4,\ n=-\frac{1}{4}}$

◯ x 成分と y 成分をそれぞれ比較する。

Challenge

$\vec{a}+t\vec{b}=(2,\ 4)+t(1,\ -1)$

$=(2+t,\ 4-t)$

$|\vec{a}+t\vec{b}|=\sqrt{(2+t)^2+(4-t)^2}$

$=\sqrt{2t^2-4t+20}$

$=\sqrt{2(t-1)^2+18}$

よって，$\boldsymbol{t=1}$ **のとき，最小値** $\boldsymbol{\sqrt{18}=3\sqrt{2}}$

◯ $\vec{a}+t\vec{b}$ の大きさは $|\vec{a}+t\vec{b}|$

95 (1) $|\vec{p}|^2=|3\vec{a}-\vec{b}|^2$

$=9|\vec{a}|^2-6\vec{a}\cdot\vec{b}+|\vec{b}|^2$

$=9\cdot1^2-6\cdot3+5^2=16$

よって，$\boldsymbol{|\vec{p}|=4}$

(2) $|\vec{a}+\vec{b}|^2=(\sqrt{13})^2$ より

$|\vec{a}|^2+2\vec{a}\cdot\vec{b}+|\vec{b}|^2=13$

$3^2+2\vec{a}\cdot\vec{b}+1^2=13$

$2\vec{a}\cdot\vec{b}=3$ よって，$\boldsymbol{\vec{a}\cdot\vec{b}=\frac{3}{2}}$

$\vec{a}$ と $\vec{b}$ のなす角を θ とすると

$$\cos\theta=\frac{\vec{a}\cdot\vec{b}}{|\vec{a}||\vec{b}|}=\frac{\frac{3}{2}}{3\cdot1}=\frac{1}{2}$$

◯ $|\vec{a}+\vec{b}|^2$ の展開は
$=(\vec{a}+\vec{b})\cdot(\vec{a}+\vec{b})$
$=\vec{a}\cdot\vec{a}+\vec{a}\cdot\vec{b}+\vec{b}\cdot\vec{a}+\vec{b}\cdot\vec{b}$
$=|\vec{a}|^2+2\vec{a}\cdot\vec{b}+|\vec{b}|^2$
の途中を省略したものである。

$0 \leqq \theta \leqq 180^\circ$ より　$\theta = \mathbf{60^\circ}$

$$|\vec{a}-\vec{b}|^2 = |\vec{a}|^2 - 2\vec{a}\cdot\vec{b} + |\vec{b}|^2$$

$$= 3^2 - 2\cdot\frac{3}{2} + 1^2 = 7$$

よって，$|\vec{a}-\vec{b}| = \sqrt{\mathbf{7}}$

Challenge

$(\vec{a}+\vec{b})\cdot(\vec{a}-2\vec{b}) = 2$ より

$|\vec{a}|^2 - \vec{a}\cdot\vec{b} - 2|\vec{b}|^2 = 2$

$9 - \vec{a}\cdot\vec{b} - 8 = 2$

よって，$\vec{a}\cdot\vec{b} = \mathbf{-1}$

$$\cos\theta = \frac{\vec{a}\cdot\vec{b}}{|\vec{a}||\vec{b}|} = \frac{-1}{3\cdot 2} = -\frac{\mathbf{1}}{\mathbf{6}}$$

$2\vec{a}+\vec{b}$ の大きさは

$$|2\vec{a}+\vec{b}|^2 = 4|\vec{a}|^2 + 4\vec{a}\cdot\vec{b} + |\vec{b}|^2$$

$$= 4\cdot 3^2 + 4\cdot(-1) + 2^2$$

$$= 36 - 4 + 4 = 36$$

よって，$|2\vec{a}+\vec{b}| = \sqrt{36} = \mathbf{6}$

◯ベクトルの大きさは必ず絶対値をつけ，２乗して求める。

6 (1)　$\vec{a}\cdot\vec{b} = 2\times 5 + 3\times 1 = \mathbf{13}$

$\vec{a}$ と $\vec{b}$ のなす角を θ とすると

$$\cos\theta = \frac{2\times 5 + 3\times 1}{\sqrt{2^2+3^2}\sqrt{5^2+1^2}} = \frac{13}{\sqrt{13}\sqrt{26}} = \frac{1}{\sqrt{2}}$$

$0 \leqq \theta \leqq 180^\circ$ より　$\theta = \mathbf{45^\circ}$

(2)　$\vec{a}\cdot\vec{b} = 0$ のとき垂直だから

$\vec{a}\cdot\vec{b} = 2\times(-4) + (t-3)\times 2 = 0$

$-8 + 2t - 6 = 0$　より　$t = \mathbf{7}$

$\vec{a} = k\vec{b}$ が成り立つとき平行だから

$(2,\ t-3) = k(-4,\ 2) = (-4k,\ 2k)$

$2 = -4k$，$t-3 = 2k$ より

$$k = -\frac{1}{2},\ t = 2$$

よって，$t = \mathbf{2}$

Challenge

A，B，C が同一直線上にある条件は

$\overrightarrow{AB} = k\overrightarrow{AC}$ が成り立つとき。

$\overrightarrow{AB} = \overrightarrow{OB} - \overrightarrow{OA} = (1,\ 2) - (4,\ x) = (1-4,\ 2-x)$

$= (-3,\ 2-x)$

$\overrightarrow{AC} = \overrightarrow{OC} - \overrightarrow{OA} = (x,\ 6) - (4,\ x)$

$= (x-4,\ 6-x)$

$\overrightarrow{\mathrm{AB}}=k\overrightarrow{\mathrm{AC}}$ のとき

$(-3,\ 2-x)=k(x-4,\ 6-x)$

$-3=k(x-4)$ ……①

$2-x=k(6-x)$ ……②

①÷②より

$\dfrac{-3}{2-x}=\dfrac{k(x-4)}{k(6-x)}$

$-3(6-x)=(2-x)(x-4)$

$x^2-3x-10=0,\quad (x-5)(x+2)=0$

よって，$\boldsymbol{x=5,\ -2}$

$\left(x=5\ のとき\ k=-3,\ x=-2\ のとき\ k=\dfrac{1}{2}\right)$

◯ $k=\dfrac{-3}{x-4}$ として②に代入してもよい。

$2-x=\dfrac{-3}{x-4}(6-x)$

$(2-x)(x-4)=-3(6-x)$

97 $|\vec{a}|=\sqrt{2^2+1^2}=\sqrt{5}$

だから，同じ向きの単位ベクトルは

$\dfrac{\vec{a}}{|\vec{a}|}=\dfrac{1}{\sqrt{5}}(2,\ 1)=\boldsymbol{\left(\dfrac{2}{\sqrt{5}},\ \dfrac{1}{\sqrt{5}}\right)}$

また，$\vec{a}$ と垂直な単位ベクトルを $\vec{e}=(x,\ y)$ とすると

$\vec{a}\cdot\vec{e}=2x+y=0$ ……①

$|\vec{e}|^2=x^2+y^2=1$ ……②

①より $y=-2x$ を②に代入して

$x^2+(-2x)^2=1$

$5x^2=1$ より $x=\pm\dfrac{1}{\sqrt{5}}$

$x=\dfrac{1}{\sqrt{5}}$ のとき $y=-\dfrac{2}{\sqrt{5}}$

$x=-\dfrac{1}{\sqrt{5}}$ のとき $y=\dfrac{2}{\sqrt{5}}$

よって，$\boldsymbol{\left(\dfrac{1}{\sqrt{5}},\ -\dfrac{2}{\sqrt{5}}\right),\ \left(-\dfrac{1}{\sqrt{5}},\ \dfrac{2}{\sqrt{5}}\right)}$

Challenge

$\overrightarrow{\mathrm{OA}}$ と同じ向きの単位ベクトルを $\overrightarrow{\mathrm{OA'}}$，

$\overrightarrow{\mathrm{OB}}$ と同じ向きの単位ベクトルを $\overrightarrow{\mathrm{OB'}}$

とすると

$\overrightarrow{\mathrm{OA'}}=\dfrac{\overrightarrow{\mathrm{OA}}}{|\overrightarrow{\mathrm{OA}}|}=\dfrac{1}{4}(4,\ 0)=(1,\ 0)$

$\overrightarrow{\mathrm{OB'}}=\dfrac{\overrightarrow{\mathrm{OB}}}{|\overrightarrow{\mathrm{OB}}|}=\dfrac{1}{\sqrt{3^2+4^2}}(3,\ 4)=\left(\dfrac{3}{5},\ \dfrac{4}{5}\right)$

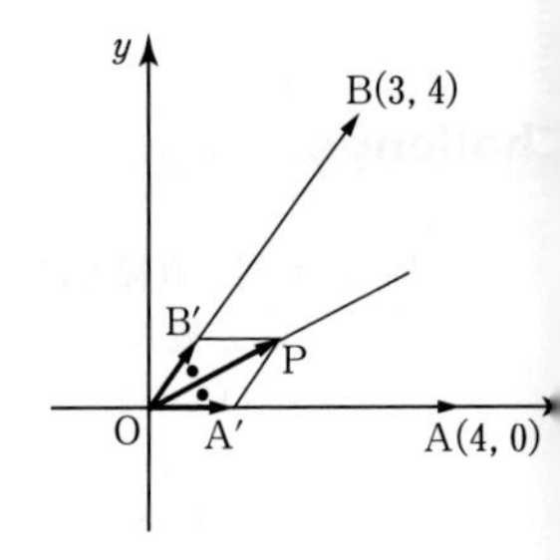

∠AOB の 2 等分線上のベクトルの 1 つを $\overrightarrow{\mathrm{OP}}$ とすると

$\overrightarrow{\mathrm{OP}}=\overrightarrow{\mathrm{OA'}}+\overrightarrow{\mathrm{OB'}}=(1,\ 0)+\left(\dfrac{3}{5},\ \dfrac{4}{5}\right)=\left(\dfrac{8}{5},\ \dfrac{4}{5}\right)$

よって，$\overrightarrow{\mathrm{OP}}$ と同じ向きの単位ベクトルは

$$\frac{\overrightarrow{OP}}{|\overrightarrow{OP}|}=\frac{1}{\sqrt{\left(\frac{8}{5}\right)^2+\left(\frac{4}{5}\right)^2}}\left(\frac{8}{5},\ \frac{4}{5}\right)=\frac{5}{\sqrt{80}}\left(\frac{8}{5},\ \frac{4}{5}\right)$$

$$=\frac{1}{4\sqrt{5}}(8,\ 4)=\left(\boldsymbol{\frac{2}{\sqrt{5}}},\ \boldsymbol{\frac{1}{\sqrt{5}}}\right)$$

角の2等分線上のベクトルは $t\overrightarrow{OP}$ と表せるから，その1つを $\frac{5}{4}\left(\frac{8}{5},\ \frac{4}{5}\right)=(2,\ 1)$ としてもよい。その場合は $\frac{1}{\sqrt{2^2+1^2}}(2,\ 1)=\left(\frac{2}{\sqrt{5}},\ \frac{1}{\sqrt{5}}\right)$ となる。

8 (1) $7\overrightarrow{AP}+2\overrightarrow{BP}+3\overrightarrow{CP}=\vec{0}$

$7\overrightarrow{AP}+2(\overrightarrow{AP}-\overrightarrow{AB})+3(\overrightarrow{AP}-\overrightarrow{AC})=\vec{0}$

$12\overrightarrow{AP}=2\overrightarrow{AB}+3\overrightarrow{AC}$

よって，$\overrightarrow{AP}=\boldsymbol{\frac{1}{6}}\overrightarrow{AB}+\boldsymbol{\frac{1}{4}}\overrightarrow{AC}$

(2) $\overrightarrow{AP}=\frac{2\overrightarrow{AB}+3\overrightarrow{AC}}{12}=\frac{5}{12}\times\frac{2\overrightarrow{AB}+3\overrightarrow{AC}}{3+2}$

$\frac{2\overrightarrow{AB}+3\overrightarrow{AC}}{3+2}$ は辺 BC を 3：2 に内分する点 Q を表す。

よって，$\overrightarrow{AP}=\boldsymbol{\frac{5}{12}}\overrightarrow{AQ}$，BQ：QC=**3：2**

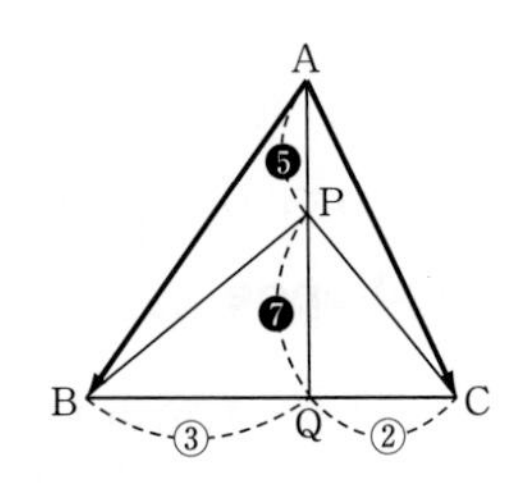

Challenge

△ABC の面積を S とすると

$\triangle PAB=\frac{5}{12}\triangle ABQ=\frac{5}{12}\times\frac{3}{5}S=\frac{1}{4}S$

$\triangle ABQ=\frac{3}{5}S$

$\triangle PBC=\frac{7}{12}S$

$\triangle PCA=\frac{5}{12}\triangle ACQ=\frac{5}{12}\times\frac{2}{5}S=\frac{1}{6}S$

$\triangle ACQ=\frac{2}{5}S$

よって，$\triangle PAB:\triangle PBC:\triangle PCA=\frac{1}{4}S:\frac{7}{12}S:\frac{1}{6}S$

$=\mathbf{3:7:2}$

別解

$\triangle PCA=S$ とすると

$\triangle PAB=\frac{3}{2}S$

$\triangle PBC=\triangle PBQ+\triangle PCQ$

$=\frac{3}{2}S\times\frac{7}{5}+S\times\frac{7}{5}=\frac{35}{10}S=\frac{7}{2}S$

よって，$\triangle PAB:\triangle PBC:\triangle PCA$

$=\frac{3}{2}S:\frac{7}{2}S:S=\mathbf{3:7:2}$

99 OC が ∠AOB の 2 等分線だから

AC：CB＝OA：OB＝6：4＝3：2

$$\overrightarrow{OC}=\frac{2\overrightarrow{OA}+3\overrightarrow{OB}}{3+2}$$

$$=\frac{\mathbf{2}}{\mathbf{5}}\overrightarrow{OA}+\frac{\mathbf{3}}{\mathbf{5}}\overrightarrow{OB}$$

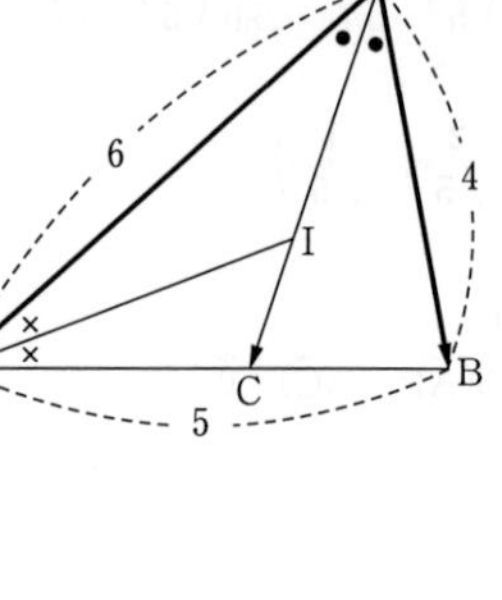

内心 I は ∠OAC の 2 等分線と線分 OC との交点である。

$$AC=5\times\frac{3}{3+2}=3$$

OI：IC＝AO：AC＝6：3＝2：1

よって，$\overrightarrow{OI}=\frac{2}{2+1}\overrightarrow{OC}=\frac{2}{3}\left(\frac{2}{5}\overrightarrow{OA}+\frac{3}{5}\overrightarrow{OB}\right)=\frac{\mathbf{4}}{\mathbf{15}}\overrightarrow{OA}+\frac{\mathbf{2}}{\mathbf{5}}\overrightarrow{OB}$

Challenge

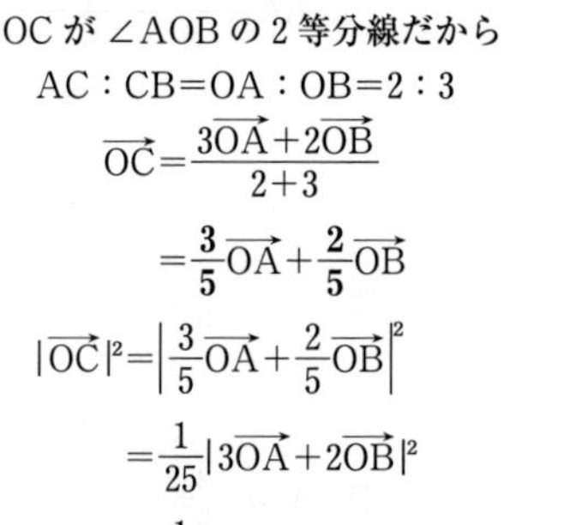

OC が ∠AOB の 2 等分線だから

AC：CB＝OA：OB＝2：3

$$\overrightarrow{OC}=\frac{3\overrightarrow{OA}+2\overrightarrow{OB}}{2+3}$$

$$=\frac{\mathbf{3}}{\mathbf{5}}\overrightarrow{OA}+\frac{\mathbf{2}}{\mathbf{5}}\overrightarrow{OB}$$

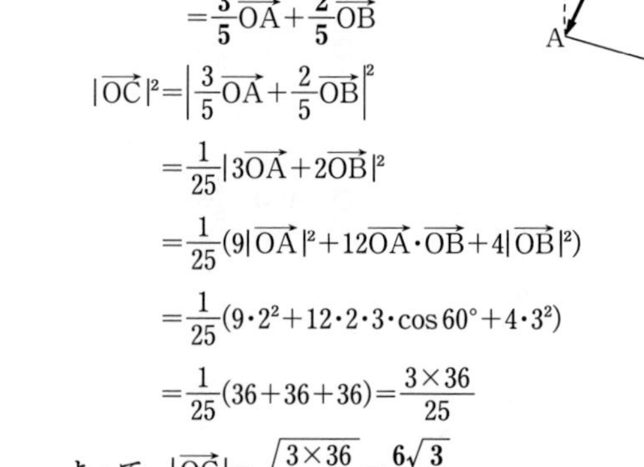

$$|\overrightarrow{OC}|^2=\left|\frac{3}{5}\overrightarrow{OA}+\frac{2}{5}\overrightarrow{OB}\right|^2$$

$$=\frac{1}{25}|3\overrightarrow{OA}+2\overrightarrow{OB}|^2$$

$$=\frac{1}{25}(9|\overrightarrow{OA}|^2+12\overrightarrow{OA}\cdot\overrightarrow{OB}+4|\overrightarrow{OB}|^2)$$

$$=\frac{1}{25}(9\cdot2^2+12\cdot2\cdot3\cdot\cos60^\circ+4\cdot3^2)$$

$$=\frac{1}{25}(36+36+36)=\frac{3\times36}{25}$$

よって，$|\overrightarrow{OC}|=\sqrt{\frac{3\times36}{25}}=\frac{\mathbf{6\sqrt{3}}}{\mathbf{5}}$

⬅ 大きさ $|\overrightarrow{OC}|$ を求めるときは必ず 2 乗して $|\overrightarrow{OC}|^2$ を計算する。

⬅ $\left|\frac{1}{5}(3\overrightarrow{OA}+2\overrightarrow{OB})\right|^2$
$=\frac{1}{25}|3\overrightarrow{OA}+2\overrightarrow{OB}|^2$
とすると計算が見やすくなる。

100 点 H は線分 BC 上の点だから

$\overrightarrow{AH}=(1-t)\overrightarrow{AB}+t\overrightarrow{AC}$ $(0<t<1)$ と表せる。

AH⊥BC より　$\overrightarrow{AH}\cdot\overrightarrow{BC}=0$

$\{(1-t)\overrightarrow{AB}+t\overrightarrow{AC}\}\cdot(\overrightarrow{AC}-\overrightarrow{AB})=0$

$(t-1)|\overrightarrow{AB}|^2+(1-2t)\overrightarrow{AB}\cdot\overrightarrow{AC}+t|\overrightarrow{AC}|^2=0$

$|\overrightarrow{AB}|=5$，$|\overrightarrow{AC}|=4$，$\overrightarrow{AB}\cdot\overrightarrow{AC}=5\cdot4\cdot\cos60^\circ=10$

だから

$25(t-1)+10(1-2t)+16t=0$

$21t=15$　より　$t=\frac{5}{7}$

よって，$\overrightarrow{AH}=\frac{\mathbf{2}}{\mathbf{7}}\overrightarrow{AB}+\frac{\mathbf{5}}{\mathbf{7}}\overrightarrow{AC}$

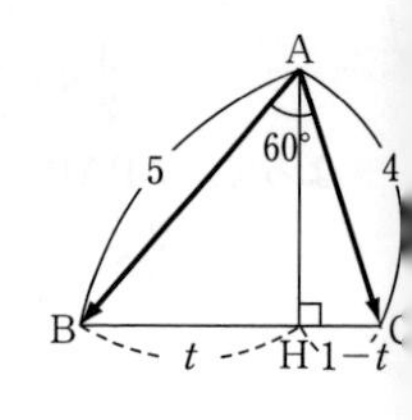

Challenge

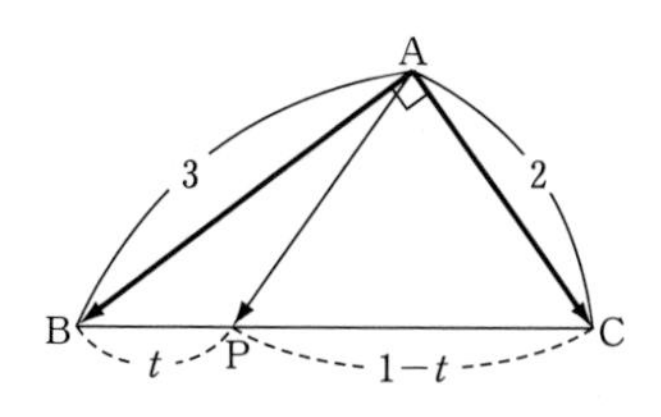

点 P は線分 BC 上の点だから
$\overrightarrow{AP}=(1-t)\overrightarrow{AB}+t\overrightarrow{AC}$ $(0<t<1)$ と表せる。
$|\overrightarrow{AP}|=2$ より

$|\overrightarrow{AP}|^2=|(1-t)\overrightarrow{AB}+t\overrightarrow{AC}|^2=4$

$(1-t)^2|\overrightarrow{AB}|^2+2t(1-t)\overrightarrow{AB}\cdot\overrightarrow{AC}+t^2|\overrightarrow{AC}|^2=4$

$|\overrightarrow{AB}|=3$, $|\overrightarrow{AC}|=2$, $\overrightarrow{AB}\cdot\overrightarrow{AC}=3\cdot2\cdot\cos90^\circ=0$

だから

$9(1-t)^2+4t^2=4$

$13t^2-18t+5=0$

$(t-1)(13t-5)=0$

$0<t<1$ より　$t=\dfrac{5}{13}$

よって，$\boldsymbol{\overrightarrow{AP}=\dfrac{8}{13}\overrightarrow{AB}+\dfrac{5}{13}\overrightarrow{AC}}$

1 BP：PE$=s:(1-s)$
CP：PD$=t:(1-t)$　とおくと

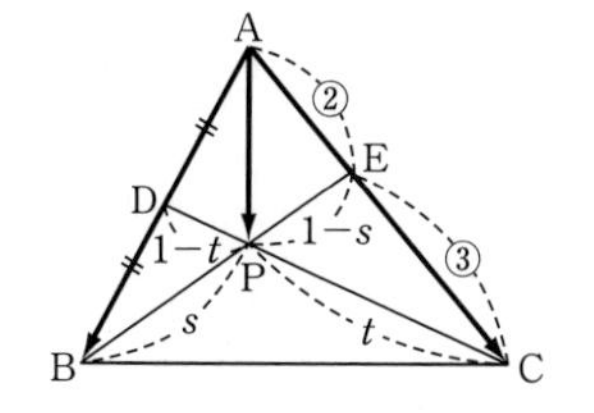

$\overrightarrow{AP}=(1-s)\overrightarrow{AB}+s\overrightarrow{AE}$

$=(1-s)\overrightarrow{AB}+\dfrac{2}{5}s\overrightarrow{AC}$　……①

$\overrightarrow{AP}=t\overrightarrow{AD}+(1-t)\overrightarrow{AC}$

$=\dfrac{1}{2}t\overrightarrow{AB}+(1-t)\overrightarrow{AC}$　……②

①=② で $\overrightarrow{AB}$ と $\overrightarrow{AC}$ は1次独立だから

$1-s=\dfrac{1}{2}t$　……③，$\dfrac{2}{5}s=1-t$　……④

③，④を解いて

$s=\dfrac{5}{8}$，$t=\dfrac{3}{4}$

よって，$\overrightarrow{AP}=\dfrac{3}{8}\overrightarrow{AB}+\dfrac{1}{4}\overrightarrow{AC}$

③より $2-2s=t$　……③′
④より $2s=5-5t$　……④′
③′+④′ より
$2=5-4t$
よって，$s=\dfrac{5}{8}$，$t=\dfrac{3}{4}$

Challenge

$\overrightarrow{PD}=\overrightarrow{AD}-\overrightarrow{AP}$

$=\dfrac{1}{2}\overrightarrow{AB}-\left(\dfrac{3}{8}\overrightarrow{AB}+\dfrac{1}{4}\overrightarrow{AC}\right)$

$=\dfrac{1}{8}\overrightarrow{AB}-\dfrac{1}{4}\overrightarrow{AC}=\dfrac{1}{8}(\overrightarrow{CB}-\overrightarrow{CA})+\dfrac{1}{4}\overrightarrow{CA}$

よって，$\overrightarrow{PD}=\dfrac{1}{8}\overrightarrow{CA}+\dfrac{1}{8}\overrightarrow{CB}$

まず，始点を A にそろえて $\overrightarrow{AB}$，$\overrightarrow{AC}$ で表す。

始点を C にそろえて $\overrightarrow{CA}$，$\overrightarrow{CB}$ で表す。
$\overrightarrow{AB}=\overrightarrow{CB}-\overrightarrow{CA}$ と表せる。

102 (1) $\overrightarrow{\mathrm{AB}}=(3,\ -2)$, $\overrightarrow{\mathrm{AC}}=(1,\ 4)$ だから

$|\overrightarrow{\mathrm{AB}}|=\sqrt{3^2+(-2)^2}=\sqrt{13}$, $|\overrightarrow{\mathrm{AC}}|=\sqrt{1^2+4^2}=\sqrt{17}$

$\overrightarrow{\mathrm{AB}}\cdot\overrightarrow{\mathrm{AC}}=3\cdot1+(-2)\cdot4=-5$

$$S=\frac{1}{2}\sqrt{|\overrightarrow{\mathrm{AB}}|^2|\overrightarrow{\mathrm{AC}}|^2-(\overrightarrow{\mathrm{AB}}\cdot\overrightarrow{\mathrm{AC}})^2}$$

$$=\frac{1}{2}\sqrt{(\sqrt{13})^2(\sqrt{17})^2-(-5)^2}$$

$$=\frac{1}{2}\sqrt{13\cdot17-25}=\frac{1}{2}\sqrt{196}=\mathbf{7}$$

別解

$\overrightarrow{\mathrm{AB}}=(3,\ -2)$, $\overrightarrow{\mathrm{AC}}=(1,\ 4)$ より

$$S=\frac{1}{2}|3\cdot4-(-2)\cdot1|=\frac{1}{2}|12+2|=\mathbf{7}$$

(2) $|\vec{a}-2\vec{b}|^2=(\sqrt{7})^2$ より

$|\vec{a}|^2-4\vec{a}\cdot\vec{b}+4|\vec{b}|^2=7$

$3^2-4\vec{a}\cdot\vec{b}+4\cdot2^2=7$

$-4\vec{a}\cdot\vec{b}=-18$ より $\vec{a}\cdot\vec{b}=\mathbf{\frac{9}{2}}$

$$S=\frac{1}{2}\sqrt{|\vec{a}|^2|\vec{b}|^2-(\vec{a}\cdot\vec{b})^2}$$

$$=\frac{1}{2}\sqrt{3^2\cdot2^2-\left(\frac{9}{2}\right)^2}$$

$$=\frac{1}{2}\sqrt{\frac{63}{4}}=\mathbf{\frac{3\sqrt{7}}{4}}$$

Challenge

$\overrightarrow{\mathrm{AB}}=(2,\ 1,\ 1)$, $\overrightarrow{\mathrm{AC}}=(1,\ 2,\ -1)$ だから

$|\overrightarrow{\mathrm{AB}}|=\sqrt{2^2+1^2+1^2}=\sqrt{6}$, $|\overrightarrow{\mathrm{AC}}|^2=\sqrt{1^2+2^2+(-1)^2}=\sqrt{6}$

$\overrightarrow{\mathrm{AB}}\cdot\overrightarrow{\mathrm{AC}}=2\cdot1+1\cdot2+1\cdot(-1)=3$

$$S=\frac{1}{2}\sqrt{|\overrightarrow{\mathrm{AB}}|^2|\overrightarrow{\mathrm{AC}}|^2-(\overrightarrow{\mathrm{AB}}\cdot\overrightarrow{\mathrm{AC}})^2}$$

$$=\frac{1}{2}\sqrt{(\sqrt{6})^2(\sqrt{6})^2-3^2}=\frac{1}{2}\sqrt{27}=\mathbf{\frac{3\sqrt{3}}{2}}$$

103 (1) $s+t=2$ より $\frac{s}{2}+\frac{t}{2}=1$

$$\overrightarrow{\mathrm{OP}}=\frac{s}{2}\cdot2\overrightarrow{\mathrm{OA}}+\frac{t}{2}\cdot2\overrightarrow{\mathrm{OB}}$$

と変形できるから,
点 P は $2\overrightarrow{\mathrm{OA}}$ と $2\overrightarrow{\mathrm{OB}}$ の終点を通る直線上にある。

$2\overrightarrow{\mathrm{OA}}=\overrightarrow{\mathrm{OA'}}$, $2\overrightarrow{\mathrm{OB}}=\overrightarrow{\mathrm{OB'}}$

となる点をとると, 点 P は右図の直線 **A′B′** 上。

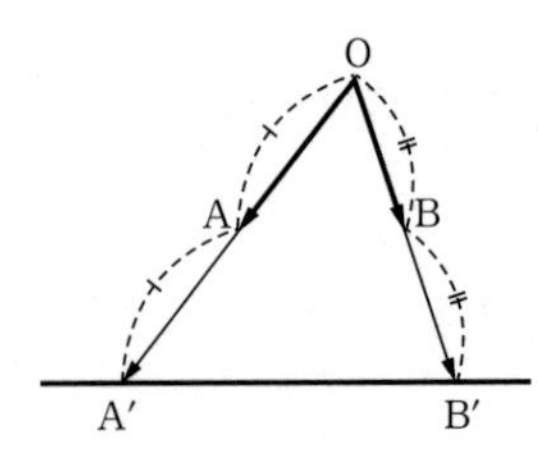

◀ $\overrightarrow{\mathrm{OP}}=●m\vec{a}+□n\vec{b}$ の形に変形する。

(2)　$3s+2t=3$　より　$s+\dfrac{2}{3}t=1$

$\overrightarrow{OP}=s\overrightarrow{OA}+\dfrac{2}{3}t\cdot\dfrac{3}{2}\overrightarrow{OB}$

と変形できるから，点 P は $\overrightarrow{OA}$ と $\dfrac{3}{2}\overrightarrow{OB}$ の終点を通る直線上にある。

$\dfrac{3}{2}\overrightarrow{OB}=\overrightarrow{OB'}$ となる点をとると，点 P は右図の直線 **AB′** 上。

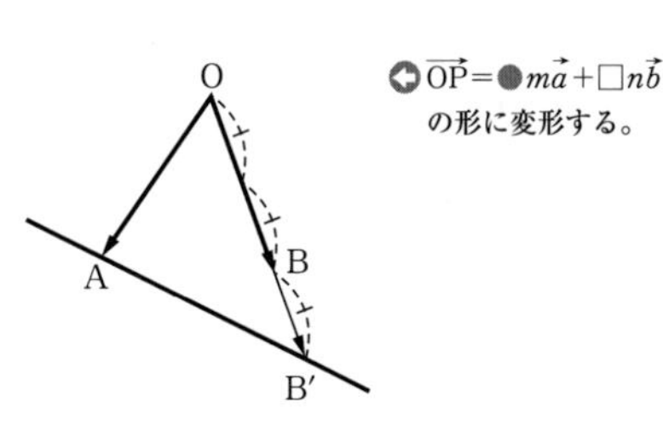

◀ $\overrightarrow{OP}=●m\vec{a}+□n\vec{b}$ の形に変形する。

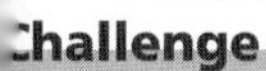

Challenge

$s+t=1$，$s\geqq0$，$t\geqq0$ のとき
P は線分 AB 上であり，
$s+t=2$，$s\geqq0$，$t\geqq0$ のとき
P は線分 A′B′ 上である。
$1\leqq s+t\leqq2$，$s\geqq0$，$t\geqq0$ のとき P は
AB，A′B′ にはさまれた**下図の斜線部分にある。
ただし，境界を含む。**

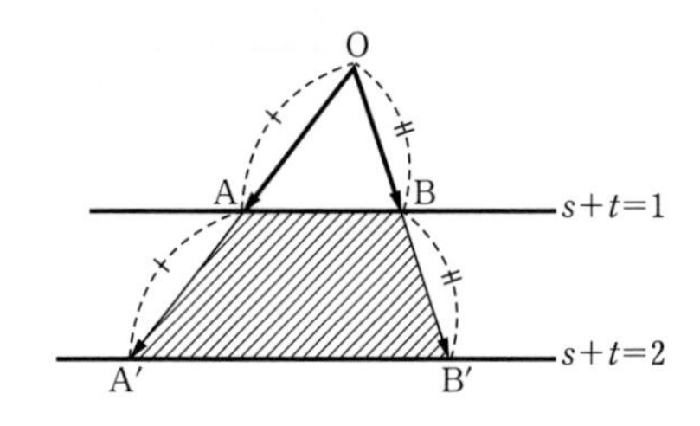

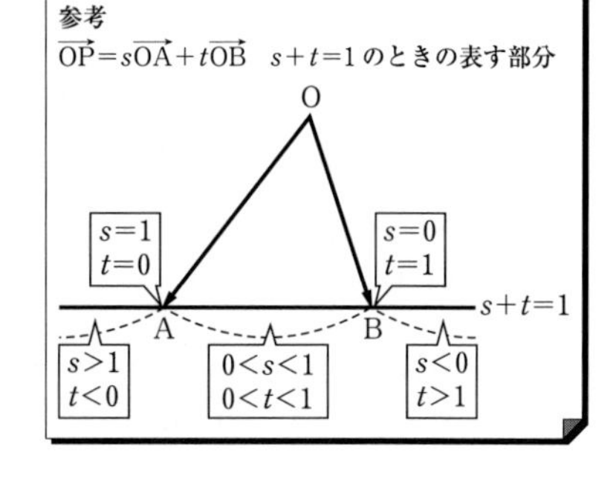

04 (1)　$OA=\sqrt{(-4)^2+2^2+4^2}=\sqrt{36}=\mathbf{6}$

$OB=\sqrt{(-2)^2+0+6^2}=\sqrt{40}=\mathbf{2\sqrt{10}}$

$AB=\sqrt{(-2+4)^2+(0-2)^2+(6-4)^2}$

$=\sqrt{4+4+4}=\mathbf{2\sqrt{3}}$

(2)　x 軸上の点を $(x,\ 0,\ 0)$ とおくと

$\sqrt{(x+4)^2+(0-2)^2+(0-4)^2}=\sqrt{(x+2)^2+(0-0)^2+(0-6)^2}$

$x^2+8x+16+4+16=x^2+4x+4+36$

$4x=4$　より　$x=1$

よって，$\mathbf{(1,\ 0,\ 0)}$

(3)　$\overrightarrow{OP}=\dfrac{1\cdot\overrightarrow{OA}+3\cdot\overrightarrow{OB}}{3+1}=\dfrac{1}{4}\overrightarrow{OA}+\dfrac{3}{4}\overrightarrow{OB}$

$=\dfrac{1}{4}(-4,\ 2,\ 4)+\dfrac{3}{4}(-2,\ 0,\ 6)$

$=\left(-\dfrac{10}{4},\ \dfrac{2}{4},\ \dfrac{22}{4}\right)=\left(-\dfrac{\mathbf{5}}{\mathbf{2}},\ \dfrac{\mathbf{1}}{\mathbf{2}},\ \dfrac{\mathbf{11}}{\mathbf{2}}\right)$

$$\overrightarrow{OQ}=\frac{-2\overrightarrow{OA}+1\cdot\overrightarrow{OB}}{1-2}=2\overrightarrow{OA}-\overrightarrow{OB}$$
$$=2(-4,\ 2,\ 4)-(-2,\ 0,\ 6)$$
$$=\mathbf{(-6,\ 4,\ 2)}$$

別解

A$(-4,\ 2,\ 4)$，B$(-2,\ 0,\ 6)$

を分点の座標の公式にあてはめる。

$$\overrightarrow{OP}=\left(\frac{1\cdot(-4)+3\cdot(-2)}{3+1},\ \frac{1\cdot2+3\cdot0}{3+1},\ \frac{1\cdot4+3\cdot6}{3+1}\right)$$
$$=\left(-\frac{5}{2},\ \frac{1}{2},\ \frac{11}{2}\right)$$
$$\overrightarrow{OQ}=\left(\frac{-2\cdot(-4)+1\cdot(-2)}{1-2},\ \frac{-2\cdot2+1\cdot0}{1-2},\ \frac{-2\cdot4+1\cdot6}{1-2}\right)$$
$$=\mathbf{(-6,\ 4,\ 2)}$$

Challenge

C$(x,\ y,\ z)$とすると，△ABC の重心の座標が$(1,\ 1,\ 1)$だから

$$\frac{-4-2+x}{3}=1,\ \frac{2+0+y}{3}=1,\ \frac{4+6+z}{3}=1 \quad \text{より}$$

$x=9,\ y=1,\ z=-7$

よって，**C$(9,\ 1,\ -7)$**

三角形の重心の座標
$$\left(\frac{x_1+x_2+x_3}{3},\ \frac{y_1+y_2+y_3}{3},\ \frac{z_1+z_2+z_3}{3}\right)$$

105 (1) $\overrightarrow{AB}=(3-1,\ 4-1,\ 3-2)=\mathbf{(2,\ 3,\ 1)}$

$\overrightarrow{AC}=(-5-1,\ -1-1,\ 6-2)=\mathbf{(-6,\ -2,\ 4)}$

$|\overrightarrow{AB}|=\sqrt{2^2+3^2+1^2}=\mathbf{\sqrt{14}}$

$|\overrightarrow{AC}|=\sqrt{(-6)^2+(-2)^2+4^2}=\sqrt{56}=\mathbf{2\sqrt{14}}$

(2) $$\cos\theta=\frac{2\times(-6)+3\times(-2)+1\times4}{\sqrt{2^2+3^2+1^2}\sqrt{(-6)^2+(-2)^2+4^2}}$$
$$=\frac{-12-6+4}{\sqrt{14}\cdot2\sqrt{14}}=-\frac{1}{2}$$

$0^\circ\leqq\theta\leqq180^\circ$ より　$\theta=\mathbf{120^\circ}$

← $\cos\theta=\dfrac{\overrightarrow{AB}\cdot\overrightarrow{AC}}{|\overrightarrow{AB}||\overrightarrow{AC}|}$

Challenge

$\overrightarrow{AB}=(3,\ 2,\ 1)-(2,\ 1,\ 3)=(1,\ 1,\ -2)$

$\overrightarrow{AC}=(x,\ y,\ 0)-(2,\ 1,\ 3)=(x-2,\ y-1,\ -3)$

A，B，C が同一直線上にあるとき

$\overrightarrow{AC}=k\overrightarrow{AB}$ が成り立つから

$(x-2,\ y-1,\ -3)=k(1,\ 1,\ -2)$

これより

$x-2=k,\ y-1=k,\ -3=-2k$

よって，$k=\dfrac{3}{2}$，$x=\mathbf{\dfrac{7}{2}}$，$y=\mathbf{\dfrac{5}{2}}$

6 $\vec{e}=(x,\ y,\ z)$ とおくと，大きさが1だから

$|\vec{e}|=\sqrt{x^2+y^2+z^2}=1$

$x^2+y^2+z^2=1$ ……①

$\vec{a}\perp\vec{e}$ だから　$\vec{a}\cdot\vec{e}=2\times x+1\times y=0$

$2x+y=0$ ……②

$\vec{b}\perp\vec{e}$ だから　$\vec{b}\cdot\vec{e}=-2\times x+1\times z=0$

$-2x+z=0$ ……③

②より $y=-2x$，　③より $z=2x$

これらを①に代入して

$x^2+(-2x)^2+(2x)^2=1$

$9x^2=1$ より　$x=\pm\dfrac{1}{3}$

②，③に代入して

$x=\dfrac{1}{3}$ のとき　$y=-\dfrac{2}{3}$，$z=\dfrac{2}{3}$

$x=-\dfrac{1}{3}$ のとき　$y=\dfrac{2}{3}$，$z=-\dfrac{2}{3}$

よって，$\vec{e}=\left(\boldsymbol{\dfrac{1}{3}},\ \boldsymbol{-\dfrac{2}{3}},\ \boldsymbol{\dfrac{2}{3}}\right)$，$\left(\boldsymbol{-\dfrac{1}{3}},\ \boldsymbol{\dfrac{2}{3}},\ \boldsymbol{-\dfrac{2}{3}}\right)$

Challenge

求める単位ベクトルを $\vec{e}=(x,\ y,\ z)$ とおくと

$|\vec{e}|=\sqrt{x^2+y^2+z^2}=1$

$x^2+y^2+z^2=1$ ……①

$\overrightarrow{AB}=(2-1,\ 1+1,\ 4-2)=(1,\ 2,\ 2)$

$\overrightarrow{AC}=(-1-1,\ 2+1,\ 5-2)=(-2,\ 3,\ 3)$

$\overrightarrow{AB}\perp\vec{e}$ だから　$\overrightarrow{AB}\cdot\vec{e}=1\times x+2\times y+2\times z=0$

$x+2y+2z=0$ ……②

$\overrightarrow{AC}\perp\vec{e}$ だから　$\overrightarrow{AC}\cdot\vec{e}=-2\times x+3\times y+3\times z=0$

$-2x+3y+3z=0$ ……③

②×3−③×2 より

$7x=0$　よって，$x=0$

$$\begin{array}{rl} 3x+6y+6z=0 & \cdots②\times3 \\ -)\ -4x+6y+6z=0 & \cdots③\times2 \\ \hline 7x\qquad\qquad=0 & \end{array}$$

②より $z=-y$ として①に代入すると

$y^2+(-y)^2=1$　より　$2y^2=1$

よって，$y=\pm\dfrac{\sqrt{2}}{2}$

$y=\dfrac{\sqrt{2}}{2}$ のとき　$z=-\dfrac{\sqrt{2}}{2}$

$y=-\dfrac{\sqrt{2}}{2}$ のとき　$z=\dfrac{\sqrt{2}}{2}$

よって，$\left(\boldsymbol{0},\ \boldsymbol{\dfrac{\sqrt{2}}{2}},\ \boldsymbol{-\dfrac{\sqrt{2}}{2}}\right)$，$\left(\boldsymbol{0},\ \boldsymbol{-\dfrac{\sqrt{2}}{2}},\ \boldsymbol{\dfrac{\sqrt{2}}{2}}\right)$

107 (1) 点 F は △OAB の重心だから

$$\overrightarrow{OF}=\frac{1}{3}(\overrightarrow{OA}+\overrightarrow{OB})$$

(2) 点 G は △OAC の重心だから

$$\overrightarrow{OG}=\frac{1}{3}(\overrightarrow{OA}+\overrightarrow{OC})$$

$$\overrightarrow{FG}=\overrightarrow{OG}-\overrightarrow{OF}$$

$$=\frac{1}{3}(\overrightarrow{OA}+\overrightarrow{OC})-\frac{1}{3}(\overrightarrow{OA}+\overrightarrow{OB})$$

$$=\frac{1}{3}(\overrightarrow{OC}-\overrightarrow{OB})=\frac{1}{3}\overrightarrow{BC}$$

よって，$\overrightarrow{FG}/\!/\overrightarrow{BC}$ である。

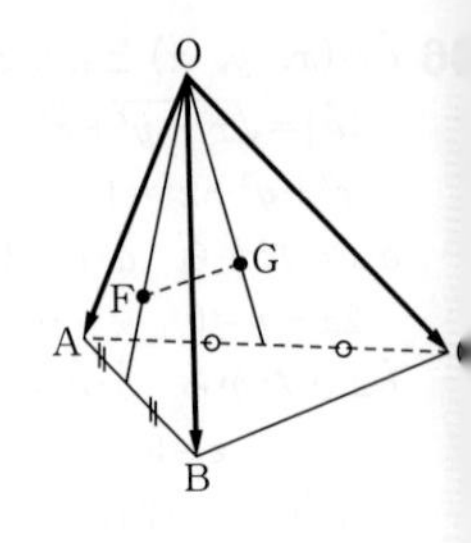

ベクトルの平行条件
$\vec{a}/\!/\vec{b} \Longleftrightarrow \vec{a}=k\vec{b}$

$$|\overrightarrow{FG}|=\frac{1}{3}|\overrightarrow{BC}|$$

OB＝OC＝1，∠BOC＝90°　より

$$|\overrightarrow{BC}|^2=|\overrightarrow{OC}-\overrightarrow{OB}|^2$$

$$=|\overrightarrow{OC}|^2-2\overrightarrow{OC}\cdot\overrightarrow{OB}+|\overrightarrow{OB}|^2$$

$$=1+1=2$$

$$|\overrightarrow{BC}|=\sqrt{2}$$

よって，$\mathrm{FG}=\dfrac{\sqrt{2}}{3}$

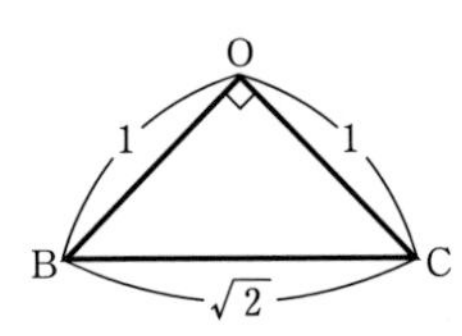

余弦定理を用いると
$BC^2=1^2+1^2-2\cdot1\cdot1\cdot\cos 90°$
$=2$
$BC=\sqrt{2}$

三平方の定理を用いると
$BC=\sqrt{1^2+1^2}=\sqrt{2}$

108 (1) $\overrightarrow{OP}=\dfrac{1}{2}\vec{a}+\dfrac{1}{2}\vec{b}$

$$\overrightarrow{OQ}=\frac{2\vec{b}+1\cdot\vec{c}}{1+2}=\frac{2}{3}\vec{b}+\frac{1}{3}\vec{c}$$

(2) 1 辺が 1 の正四面体だから

$$|\vec{a}|=|\vec{b}|=|\vec{c}|=1$$

$$\vec{a}\cdot\vec{b}=\vec{b}\cdot\vec{c}=\vec{c}\cdot\vec{a}=1\cdot1\cdot\cos 60°=\frac{1}{2}$$

$$\overrightarrow{OP}\cdot\overrightarrow{OQ}=\left(\frac{1}{2}\vec{a}+\frac{1}{2}\vec{b}\right)\cdot\left(\frac{2}{3}\vec{b}+\frac{1}{3}\vec{c}\right)$$

$$=\frac{1}{6}(\vec{a}+\vec{b})\cdot(2\vec{b}+\vec{c})$$

$$=\frac{1}{6}(2\vec{a}\cdot\vec{b}+\vec{a}\cdot\vec{c}+2|\vec{b}|^2+\vec{b}\cdot\vec{c})$$

$$=\frac{1}{6}\left(2\cdot\frac{1}{2}+\frac{1}{2}+2+\frac{1}{2}\right)=\frac{2}{3}$$

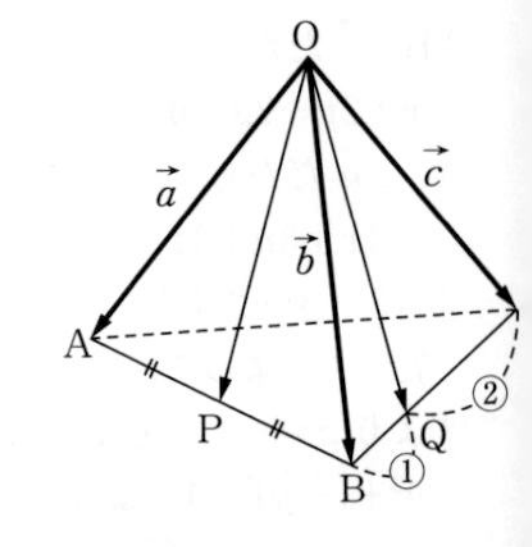

(3) $|\overrightarrow{\mathrm{OP}}|^2=\left|\frac{1}{2}\vec{a}+\frac{1}{2}\vec{b}\right|^2$

$=\frac{1}{4}(|\vec{a}|^2+2\vec{a}\cdot\vec{b}+|\vec{b}|^2)$

$=\frac{1}{4}\left(1+2\cdot\frac{1}{2}+1\right)=\frac{3}{4}$

$|\overrightarrow{\mathrm{OQ}}|^2=\left|\frac{2}{3}\vec{b}+\frac{1}{3}\vec{c}\right|^2$

$=\frac{1}{9}(4|\vec{b}|^2+4\vec{b}\cdot\vec{c}+|\vec{c}|^2)$

$=\frac{1}{9}\left(4+4\cdot\frac{1}{2}+1\right)=\frac{7}{9}$

$\triangle\mathrm{OPQ}=\frac{1}{2}\sqrt{|\overrightarrow{\mathrm{OP}}|^2|\overrightarrow{\mathrm{OQ}}|^2-(\overrightarrow{\mathrm{OP}}\cdot\overrightarrow{\mathrm{OQ}})^2}$

$=\frac{1}{2}\sqrt{\frac{3}{4}\cdot\frac{7}{9}-\left(\frac{2}{3}\right)^2}$

$=\frac{1}{2}\sqrt{\frac{5}{36}}=\boldsymbol{\frac{\sqrt{5}}{12}}$

◯三角形の面積の公式は本冊 p. 108 102参照。

Challenge

$\overrightarrow{\mathrm{AB}}\cdot\overrightarrow{\mathrm{OC}}$

$=(\overrightarrow{\mathrm{OB}}-\overrightarrow{\mathrm{OA}})\cdot\overrightarrow{\mathrm{OC}}$

$=\overrightarrow{\mathrm{OB}}\cdot\overrightarrow{\mathrm{OC}}-\overrightarrow{\mathrm{OA}}\cdot\overrightarrow{\mathrm{OC}}$

ここで，正四面体の 1 辺の長さを l とすると

$|\overrightarrow{\mathrm{OA}}|=|\overrightarrow{\mathrm{OB}}|=|\overrightarrow{\mathrm{OC}}|=l$

各辺のなす角はすべて 60° だから

$\overrightarrow{\mathrm{OA}}\cdot\overrightarrow{\mathrm{OC}}=l\cdot l\cos 60^\circ=\frac{1}{2}l^2$

$\overrightarrow{\mathrm{OB}}\cdot\overrightarrow{\mathrm{OC}}=l\cdot l\cos 60^\circ=\frac{1}{2}l^2$

$\overrightarrow{\mathrm{OB}}\cdot\overrightarrow{\mathrm{OC}}-\overrightarrow{\mathrm{OA}}\cdot\overrightarrow{\mathrm{OC}}=0$

よって，$\overrightarrow{\mathrm{AB}}\perp\overrightarrow{\mathrm{OC}}$

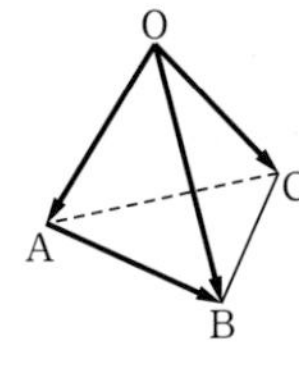

◯$\overrightarrow{\mathrm{AB}}=\overrightarrow{\mathrm{OB}}-\overrightarrow{\mathrm{OA}}$
$\overrightarrow{\mathrm{OA}}$，$\overrightarrow{\mathrm{OB}}$，$\overrightarrow{\mathrm{OC}}$ の 3 つのベクトルで表すことを考える。

◯正四面体の 4 つの面は正三角形である。1 辺を l とすると
$|\overrightarrow{\mathrm{OA}}|=|\overrightarrow{\mathrm{OB}}|=|\overrightarrow{\mathrm{OC}}|=l$
$\overrightarrow{\mathrm{OA}}\cdot\overrightarrow{\mathrm{OB}}=\overrightarrow{\mathrm{OB}}\cdot\overrightarrow{\mathrm{OC}}=\overrightarrow{\mathrm{OC}}\cdot\overrightarrow{\mathrm{OA}}$
$=l\cdot l\cos 60^\circ=\frac{1}{2}l^2$

109 平面 ALM 上の点 P は

$\overrightarrow{OP}=\overrightarrow{OA}+s\overrightarrow{AL}+t\overrightarrow{AM}$　と表せる。

$=\overrightarrow{OA}+s(\overrightarrow{OL}-\overrightarrow{OA})+t(\overrightarrow{OM}-\overrightarrow{OA})$

$=\vec{a}+s\left(\frac{2}{3}\vec{b}-\vec{a}\right)+t\left(\frac{1}{2}\vec{c}-\vec{a}\right)$

$=(1-s-t)\vec{a}+\frac{2}{3}s\vec{b}+\frac{1}{2}t\vec{c}$　……①

始点をすべて O にそろえる。

また，△ABC の重心は

$\overrightarrow{OG}=\frac{\vec{a}+\vec{b}+\vec{c}}{3}$　だから

$\overrightarrow{OP}=k\overrightarrow{OG}=k\cdot\frac{\vec{a}+\vec{b}+\vec{c}}{3}$

$=\frac{k}{3}\vec{a}+\frac{k}{3}\vec{b}+\frac{k}{3}\vec{c}$　……②

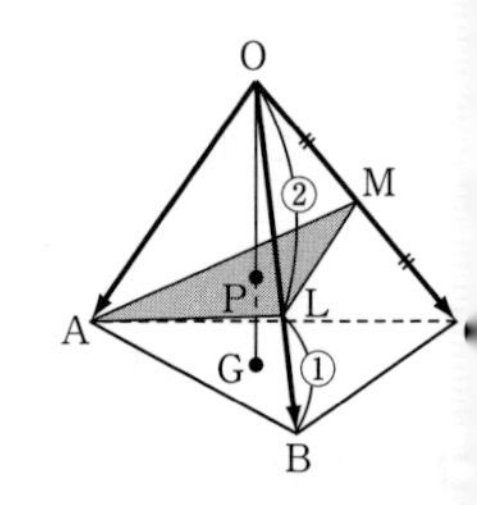

①=②で，$\vec{a}$，$\vec{b}$，$\vec{c}$ は1次独立だから

$1-s-t=\frac{k}{3}$，$\frac{2}{3}s=\frac{k}{3}$，$\frac{1}{2}t=\frac{k}{3}$

$s=\frac{k}{2}$，$t=\frac{2}{3}k$ を代入して

$1-\frac{k}{2}-\frac{2}{3}k=\frac{k}{3}$，$9k=6$　より

$k=\frac{2}{3}$　　$\left(s=\frac{1}{3},\ t=\frac{4}{9}\right)$

よって，$\overrightarrow{OP}=\frac{2}{9}\vec{a}+\frac{2}{9}\vec{b}+\frac{2}{9}\vec{c}$

Challenge

点 Q は直線 AP 上の点だから

$\overrightarrow{OQ}=(1-t)\overrightarrow{OA}+t\overrightarrow{OP}$

$=(1-t)\vec{a}+t\left(\frac{2}{9}\vec{a}+\frac{2}{9}\vec{b}+\frac{2}{9}\vec{c}\right)$

$=\left(1-\frac{7}{9}t\right)\vec{a}+\frac{2}{9}t\vec{b}+\frac{2}{9}t\vec{c}$　……①

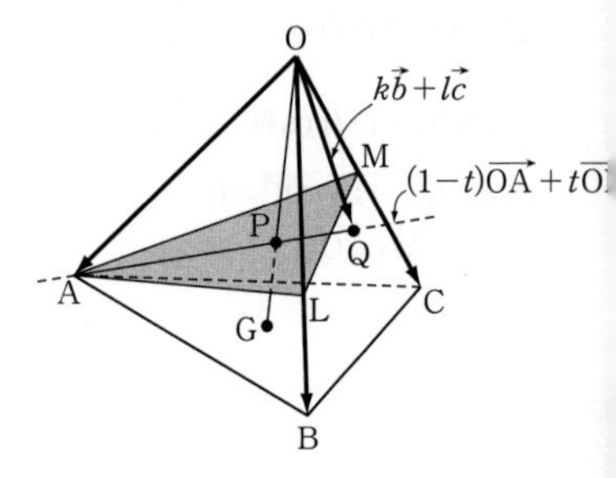

また，点 Q は平面 OBC 上の点だから

$\overrightarrow{OQ}=k\overrightarrow{OB}+l\overrightarrow{OC}$

$=k\vec{b}+l\vec{c}$　……②

と表せる。

①=②で，$\vec{a}$，$\vec{b}$，$\vec{c}$ は1次独立だから

$1-\frac{7}{9}t=0$，$\frac{2}{9}t=k$，$\frac{2}{9}t=l$

これより　$t=\frac{9}{7}$　$\left(k=l=\frac{2}{7}\right)$

よって，$\overrightarrow{OQ}=\frac{2}{7}\vec{b}+\frac{2}{7}\vec{c}$

0 直線 AB 上の点 P は

$\overrightarrow{OP}=\overrightarrow{OA}+t\overrightarrow{AB}$　と表せる。

ここで，$\overrightarrow{AB}=(1,\ 1,\ -2)$ だから

$\overrightarrow{OP}=(0,\ 0,\ 2)+t(1,\ 1,\ -2)$

$=(t,\ t,\ 2-2t)$

$\overrightarrow{OP}\perp\overrightarrow{AB}$ だから $\overrightarrow{OP}\cdot\overrightarrow{AB}=0$

$\overrightarrow{OP}\cdot\overrightarrow{AB}=t\times1+t\times1-(2-2t)\times2$

$=6t-4=0$　より

$t=\dfrac{2}{3}$

よって，P の座標は $\left(\dfrac{2}{3},\ \dfrac{2}{3},\ \dfrac{2}{3}\right)$

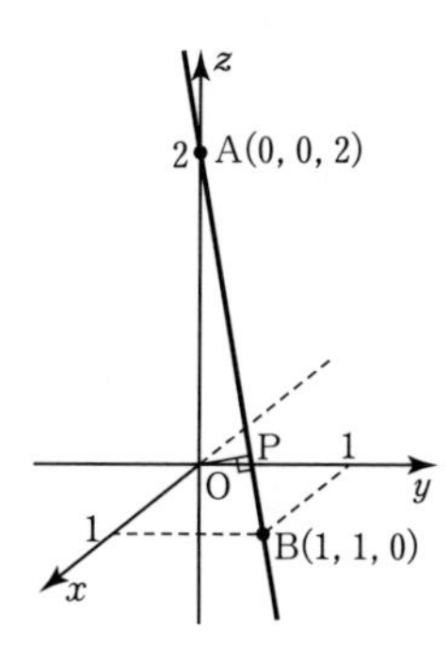

参考

A，B を通る直線の方程式は次の①，②どちらでもよい

$\overrightarrow{OP}=\overrightarrow{OA}+t\overrightarrow{AB}$　……①

$=\overrightarrow{OA}+t(\overrightarrow{OB}-\overrightarrow{OA})$

$=(1-t)\overrightarrow{OA}+t\overrightarrow{OB}$　……②

空間では①，平面の場合は②の式から始まることが多い。

Challenge

2 点 A，B を通る直線の方程式は

$\overrightarrow{OP}=\overrightarrow{OA}+t\overrightarrow{AB}$

$\overrightarrow{AB}=(1+2,\ 1+3,\ 2-4)=(3,\ 4,\ -2)$ だから

$\overrightarrow{OP}=(-2,\ -3,\ 4)+t(3,\ 4,\ -2)$

$=(3t-2,\ 4t-3,\ -2t+4)$

直線 AB と xy 平面の交点は $z=0$　だから

$-2t+4=0$　より　$t=2$

よって，$\overrightarrow{OP}=(4,\ 5,\ 0)$

ゆえに，P の座標は **(4, 5, 0)**

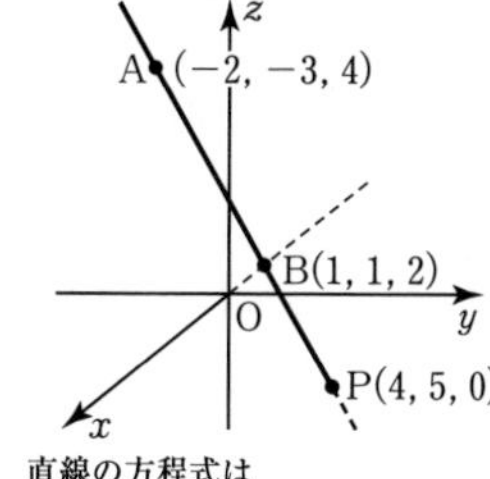

直線の方程式は

$\overrightarrow{OP}=(1-t)\overrightarrow{OA}+t\overrightarrow{OB}$

$=(1-t)(-2,\ -3,\ 4)+t(1,\ 1,\ 2)$

$=(3t-2,\ 4t-3,\ -2t+4)$

としてもよい。

1 (1)　(ア)　$z=1+2i$

(イ)　$\bar{z}=1-2i$

(ウ)　$-z=-1-2i$

(エ)　$-\bar{z}=-1+2i$

(2)　$AB=|(4+10i)-(-1-2i)|$

$=|5+12i|$

$=\sqrt{5^2+12^2}=\sqrt{169}=\mathbf{13}$

$BC=|(11+3i)-(4+10i)|$

$=|7-7i|$

$=\sqrt{7^2+(-7)^2}=\sqrt{98}=\mathbf{7\sqrt{2}}$

$CA=|(-1-2i)-(11+3i)|$

$=|-12-5i|$

$=\sqrt{(-12)^2+(-5)^2}=\sqrt{169}=\mathbf{13}$

よって，**AB=AC** の二等辺三角形

Challenge

$\mathrm{OA}=|a+bi|=\sqrt{a^2+b^2}=\sqrt{10}$ より

$a^2+b^2=10$ ……①

$\mathrm{AB}=|(6-3i)-(a+bi)|$

$=\sqrt{(6-a)^2+(-3-b)^2}=5$

$a^2-12a+36+b^2+6b+9=25$

$a^2+b^2-12a+6b+20=0$ ……②

①を②に代入して

$-12a+6b+30=0$ より $b=2a-5$

①に代入して

$a^2+(2a-5)^2=10$, $a^2-4a+3=0$

$(a-1)(a-3)=0$ より $a=1, 3$

$a=1$ のとき $b=-3$

$a=3$ のとき $b=1$

よって, $\boldsymbol{1-3i}$ または $\boldsymbol{3+i}$

112 $z_1+z_2=(-1+4i)+(2+i)=\boldsymbol{1+5i}$

$z_1-z_2=(-1+4i)-(2+i)=\boldsymbol{-3+3i}$

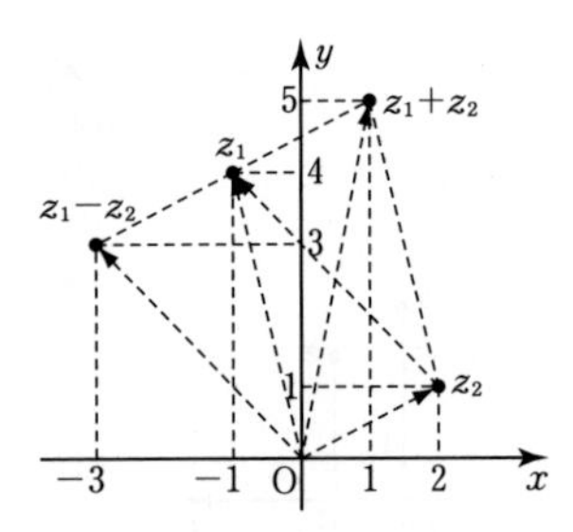

Challenge

$$z_3=\frac{2z_1+z_2}{1+2}=\frac{2(-1+4i)+(2+i)}{3}=\boldsymbol{3i}$$

$$z_4=\frac{-z_1+3z_2}{3-1}=\frac{-(-1+4i)+3(2+i)}{2}=\boldsymbol{\frac{7}{2}-\frac{1}{2}i}$$

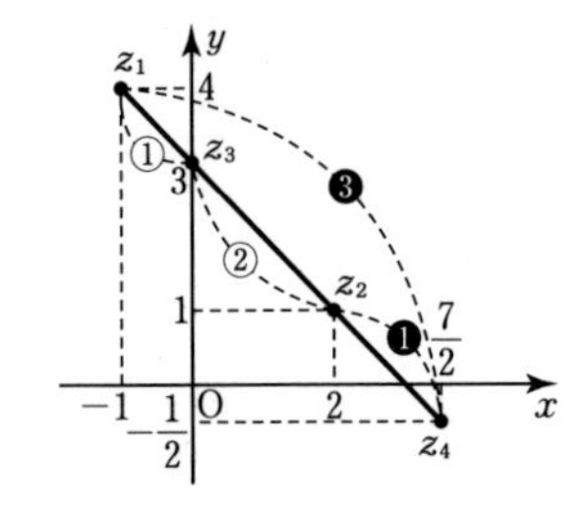

3 (1) (i) $z=\dfrac{4(\sqrt{3}+i)}{(\sqrt{3}-i)(\sqrt{3}+i)}=\sqrt{3}+i$

$|z|=\sqrt{(\sqrt{3})^2+1^2}=2$, $\arg z=\dfrac{\pi}{6}$

よって, $\boldsymbol{z=2\left(\cos\dfrac{\pi}{6}+i\sin\dfrac{\pi}{6}\right)}$

(ii) $z=\dfrac{(-5+i)(2+3i)}{(2-3i)(2+3i)}=\dfrac{-13-13i}{13}=-1-i$

$|z|=\sqrt{(-1)^2+(-1)^2}=\sqrt{2}$,

$\arg z=\dfrac{5}{4}\pi$

よって, $\boldsymbol{z=\sqrt{2}\left(\cos\dfrac{5}{4}\pi+i\sin\dfrac{5}{4}\pi\right)}$

(2) $z+\dfrac{1}{z}=1$, $z^2-z+1=0$

$z=\dfrac{1}{2}\pm\dfrac{\sqrt{3}}{2}i$

$|z|=\sqrt{\left(\dfrac{1}{2}\right)^2+\left(\dfrac{\sqrt{3}}{2}\right)^2}=1$

$z=\dfrac{1}{2}+\dfrac{\sqrt{3}}{2}i$ のとき, $\arg z=\dfrac{\pi}{3}$

$z=\dfrac{1}{2}-\dfrac{\sqrt{3}}{2}i$ のとき, $\arg z=\dfrac{5}{3}\pi$

よって, $\boldsymbol{z=\cos\dfrac{\pi}{3}+i\sin\dfrac{\pi}{3}}$ または $\boldsymbol{z=\cos\dfrac{5}{3}\pi+i\sin\dfrac{5}{3}\pi}$

Challenge

$\dfrac{z-1}{z}$ の大きさが1で偏角が $\dfrac{5}{6}\pi$ だから

$\dfrac{z-1}{z}=1\cdot\left(\cos\dfrac{5}{6}\pi+i\sin\dfrac{5}{6}\pi\right)=-\dfrac{\sqrt{3}}{2}+\dfrac{1}{2}i$

$2(z-1)=(-\sqrt{3}+i)z$

$(2+\sqrt{3}-i)z=2$

よって, $z=\dfrac{2}{2+\sqrt{3}-i}$

$=\dfrac{2(2+\sqrt{3}+i)}{(2+\sqrt{3}-i)(2+\sqrt{3}+i)}$

$=\dfrac{2(2+\sqrt{3}+i)}{(2+\sqrt{3})^2+1}=\dfrac{2+\sqrt{3}+i}{4+2\sqrt{3}}$

$=\dfrac{(2+\sqrt{3}+i)(4-2\sqrt{3})}{(4+2\sqrt{3})(4-2\sqrt{3})}$

$=\dfrac{2+(4-2\sqrt{3})i}{4}=\boldsymbol{\dfrac{1}{2}+\dfrac{2-\sqrt{3}}{2}i}$

$\dfrac{z-1}{z}$ を極形式で表して, 複素数を求め, z について解く。

114 $1+i=\sqrt{2}\left(\cos\frac{\pi}{4}+i\sin\frac{\pi}{4}\right)$

$1+\sqrt{3}i=2\left(\cos\frac{\pi}{3}+i\sin\frac{\pi}{3}\right)$

$$\frac{1+\sqrt{3}i}{1+i}=\frac{2\left(\cos\frac{\pi}{3}+i\sin\frac{\pi}{3}\right)}{\sqrt{2}\left(\cos\frac{\pi}{4}+i\sin\frac{\pi}{4}\right)}$$

$$=\sqrt{2}\left(\cos\frac{\pi}{12}+i\sin\frac{\pi}{12}\right)$$

$\frac{r_1(\cos\theta_1+i\sin\theta_1)}{r_2(\cos\theta_2+i\sin\theta_2)}$
$=\frac{r_1}{r_2}\{\cos(\theta_1-\theta_2)+i\sin(\theta_1-\theta_2)\}$

Challenge

$$\frac{1+\sqrt{3}i}{1+i}=\frac{(1+\sqrt{3}i)(1-i)}{(1+i)(1-i)}=\frac{1+\sqrt{3}+(\sqrt{3}-1)i}{2}$$

よって

$$\sqrt{2}\left(\cos\frac{\pi}{12}+i\sin\frac{\pi}{12}\right)=\frac{1+\sqrt{3}+(\sqrt{3}-1)i}{2}$$

だから

$$\cos\frac{\pi}{12}+i\sin\frac{\pi}{12}=\frac{\sqrt{6}+\sqrt{2}+(\sqrt{6}-\sqrt{2})i}{4}$$

これより

$$\cos\frac{\pi}{12}=\frac{\sqrt{6}+\sqrt{2}}{4},\quad \sin\frac{\pi}{12}=\frac{\sqrt{6}-\sqrt{2}}{4}$$

115 (1) $1+i=\sqrt{2}\left(\cos\frac{\pi}{4}+i\sin\frac{\pi}{4}\right)$

$1-\sqrt{3}i=2\left\{\cos\left(-\frac{\pi}{3}\right)+i\sin\left(-\frac{\pi}{3}\right)\right\}$

$$\left(\frac{1+i}{1-\sqrt{3}i}\right)^3=\left(\frac{\sqrt{2}\left(\cos\frac{\pi}{4}+i\sin\frac{\pi}{4}\right)}{2\left\{\cos\left(-\frac{\pi}{3}\right)+i\sin\left(-\frac{\pi}{3}\right)\right\}}\right)^3$$

$$=\left(\frac{1}{\sqrt{2}}\right)^3\left(\cos\frac{7}{12}\pi+i\sin\frac{7}{12}\pi\right)^3$$

$$=\frac{1}{2\sqrt{2}}\left(\cos\frac{7}{4}\pi+i\sin\frac{7}{4}\pi\right)$$

$$=\frac{1}{2\sqrt{2}}\left(\frac{\sqrt{2}}{2}-\frac{\sqrt{2}}{2}i\right)=\mathbf{\frac{1}{4}-\frac{1}{4}i}$$

(2) $\frac{7-3i}{2-5i}=\frac{(7-3i)(2+5i)}{(2-5i)(2+5i)}=\frac{29+29i}{29}=1+i$

$$\left(\frac{7-3i}{2-5i}\right)^8=(1+i)^8$$

$$=\left\{\sqrt{2}\left(\cos\frac{\pi}{4}+i\sin\frac{\pi}{4}\right)\right\}^8$$

$$=(\sqrt{2})^8(\cos 2\pi+i\sin 2\pi)=\mathbf{16}$$

$$\frac{i}{\sqrt{3}-i}=\frac{\cos\frac{\pi}{2}+i\sin\frac{\pi}{2}}{2\left\{\cos\left(-\frac{\pi}{6}\right)+i\sin\left(-\frac{\pi}{6}\right)\right\}}$$

$$=\frac{1}{2}\left(\cos\frac{2}{3}\pi+i\sin\frac{2}{3}\pi\right)$$

だから

$$z=\left(\frac{i}{\sqrt{3}-i}\right)^{n-4}=\left\{\frac{1}{2}\left(\cos\frac{2}{3}\pi+i\sin\frac{2}{3}\pi\right)\right\}^{n-4}$$

$$=\frac{1}{2^{n-4}}\left\{\cos\frac{2(n-4)}{3}\pi+i\sin\frac{2(n-4)}{3}\pi\right\}$$

これが実数となるのは $\sin\frac{2(n-4)}{3}\pi=0$ のときだから

$\frac{2(n-4)}{3}\pi=k\pi$ （k は整数）

$2(n-4)=3k$　より　$n=\frac{3}{2}k+4$

自然数 n の最小値は $k=-2$ のとき

$n=1$ で，このとき $z=\frac{1}{2^{-3}}\cos(-2\pi)=8$

6 (1)　$z=r(\cos\theta+i\sin\theta)$ とおくと

$z^2=r^2(\cos 2\theta+i\sin 2\theta)$　……①

$-i=\cos\frac{3}{2}\pi+i\sin\frac{3}{2}\pi$　……②

①，②は等しいから

$r^2=1$，　$r>0$ より　$r=1$

$2\theta=\frac{3}{2}\pi+2k\pi$ （k は整数），$\theta=\frac{3}{4}\pi+k\pi$

よって，$z_k=\cos\left(\frac{3}{4}\pi+k\pi\right)+i\sin\left(\frac{3}{4}\pi+k\pi\right)$

$k=0$，1 を代入して

$z_0=\cos\frac{3}{4}\pi+i\sin\frac{3}{4}\pi=-\frac{\sqrt{2}}{2}+\frac{\sqrt{2}}{2}i$

$z_1=\cos\frac{7}{4}\pi+i\sin\frac{7}{4}\pi=\frac{\sqrt{2}}{2}-\frac{\sqrt{2}}{2}i$

これより，求める解は

$$-\frac{\sqrt{2}}{2}+\frac{\sqrt{2}}{2}i,\ \frac{\sqrt{2}}{2}-\frac{\sqrt{2}}{2}i$$

(2)　$z=r(\cos\theta+i\sin\theta)$ とおくと

$z^6=r^6(\cos 6\theta+i\sin 6\theta)$　……①

$-1=\cos\pi+i\sin\pi$　……②

①，②は等しいから

$r^6=1$，　$r>0$ より　$r=1$

$$6\theta=\pi+2k\pi\ (k\text{ は整数}),\ \theta=\frac{\pi}{6}+\frac{k}{3}\pi$$

よって，$z_k=\cos\left(\frac{\pi}{6}+\frac{k}{3}\pi\right)+i\sin\left(\frac{\pi}{6}+\frac{k}{3}\pi\right)$

$k=0,\ 1,\ 2,\ 3,\ 4,\ 5$ を代入して

$$z_0=\cos\frac{\pi}{6}+i\sin\frac{\pi}{6}=\frac{\sqrt{3}}{2}+\frac{1}{2}i$$

$$z_1=\cos\frac{\pi}{2}+i\sin\frac{\pi}{2}=i$$

$$z_2=\cos\frac{5}{6}\pi+i\sin\frac{5}{6}\pi=-\frac{\sqrt{3}}{2}+\frac{1}{2}i$$

$$z_3=\cos\frac{7}{6}\pi+i\sin\frac{7}{6}\pi=-\frac{\sqrt{3}}{2}-\frac{1}{2}i$$

$$z_4=\cos\frac{3}{2}\pi+i\sin\frac{3}{2}\pi=-i$$

$$z_5=\cos\frac{11}{6}\pi+i\sin\frac{11}{6}\pi=\frac{\sqrt{3}}{2}-\frac{1}{2}i$$

これより，求める解は

$$\boldsymbol{\frac{\sqrt{3}}{2}\pm\frac{1}{2}i,\ -\frac{\sqrt{3}}{2}\pm\frac{1}{2}i,\ \pm i}$$

117 (1)　z は点 -1 と点 -3 から等しい距離にある点だから，**この点 -1 と点 -3 を結んだ線分の垂直 2 等分線（右図）**

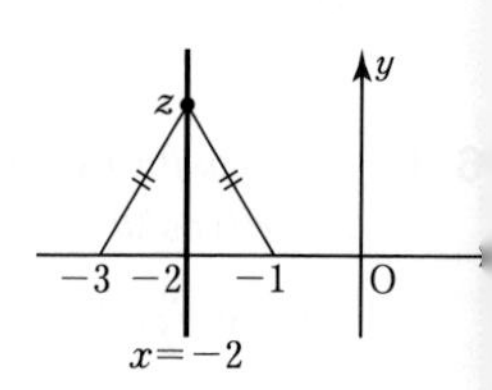

$z=x+yi$（x，y は実数）とおくと

$$|x+yi+3|=|x+yi+1|$$

$$|(x+3)+yi|=|(x+1)+yi|$$

$$\sqrt{(x+3)^2+y^2}=\sqrt{(x+1)^2+y^2}$$

両辺を 2 乗して

$$x^2+6x+9+y^2=x^2+2x+1+y^2$$

$$4x=-8\quad\text{より}\quad x=-2$$

よって，**直線 $x=-2$**

(2)　$|z-3|=2|z|$ より

$$|z-3|^2=4|z|^2$$

$$(z-3)(\overline{z-3})=4z\overline{z}$$

$$(z-3)(\overline{z}-3)=4z\overline{z}$$

$$z\overline{z}-3z-3\overline{z}+9=4z\overline{z}$$

$$z\overline{z}+z+\overline{z}=3$$

$$(z+1)(\overline{z}+1)=4$$

$$|z+1|^2=4\ \text{より}\ |z+1|=2$$

よって，**点 -1 を中心とする半径 2 の円（右図）**

$z=x+yi$（x，y は実数）とおき，

$|z-3|=2|z|$ に代入すると

$|x+yi-3|=2|x+yi|$

$|(x-3)+yi|=2|x+yi|$

$\sqrt{(x-3)^2+y^2}=2\sqrt{x^2+y^2}$

両辺を 2 乗して

$x^2-6x+9+y^2=4(x^2+y^2)$

$3x^2+3y^2+6x-9=0$

$x^2+y^2+2x-3=0$

$(x+1)^2+y^2=4$

よって，点 -1 を中心とする半径 2 の円

(3) $z\bar{z}+iz-i\bar{z}=0$

$z(\bar{z}+i)-i(\bar{z}+i)+i^2=0$

$(z-i)(\bar{z}+i)=1$

$(z-i)(\overline{z-i})=1$

$|z-i|^2=1$　より　$|z-i|=1$

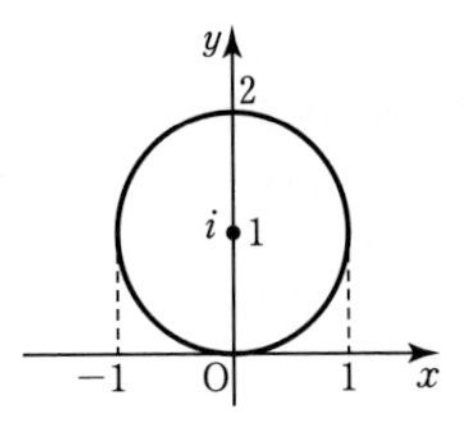

よって，点 i を中心とする半径 1 の円（右図）

別解

$z=x+yi$（x，y は実数）とおくと

$\bar{z}=x-yi$　これを与式に代入して

$(x+yi)(x-yi)+i(x+yi)-i(x-yi)=0$

$x^2+y^2-2y=0$

$x^2+(y-1)^2=1$

よって，点 i を中心とする半径 1 の円

(4) $|3z-4i|=2|z-3i|$ より

$|3z-4i|^2=4|z-3i|^2$

$(3z-4i)(\overline{3z-4i})=4(z-3i)(\overline{z-3i})$

$(3z-4i)(3\bar{z}+4i)=4(z-3i)(\bar{z}+3i)$

$9z\bar{z}+12zi-12i\bar{z}+16=4(z\bar{z}+3zi-3\bar{z}i+9)$

$5z\bar{z}=20$

$|z|^2=4$ より $|z|=2$

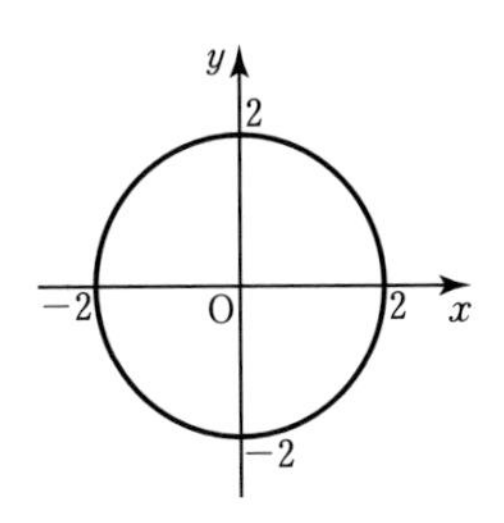

よって，原点 O を中心とする半径 2 の円（右図）

別解

$z=x+yi$（x，y は実数）とおき，$|3z-4i|=2|z-3i|$ に代入すると

$|3(x+yi)-4i|=2|x+yi-3i|$

$|3x+(3y-4)i|=2|x+(y-3)i|$

$\sqrt{(3x)^2+(3y-4)^2}=2\sqrt{x^2+(y-3)^2}$

両辺を 2 乗して

$9x^2+9y^2-24y+16=4(x^2+y^2-6y+9)$

$5x^2+5y^2=20$

$x^2+y^2=4$

よって，原点 O を中心とする半径 2 の円

118 解1　$\dfrac{z}{2}+\dfrac{1}{z}$ が実数のとき，$\overline{\left(\dfrac{z}{2}+\dfrac{1}{z}\right)}=\dfrac{z}{2}+\dfrac{1}{z}$

が成り立つ。

$$\frac{\overline{z}}{2}+\frac{1}{\overline{z}}=\frac{z}{2}+\frac{1}{z}$$

両辺に $2z\overline{z}$ $(=2|z|^2)$ を掛けて

$$|z|^2\overline{z}+2z=|z|^2z+2\overline{z}$$

$$|z|^2(z-\overline{z})-2(z-\overline{z})=0$$

$$(z-\overline{z})(|z|^2-2)=0$$

よって，$z=\overline{z}$　または $|z|^2=2$

ゆえに，**z は実軸（$z\neq0$）または $|z|=\sqrt{2}$**

図は右のような図形をえがく。

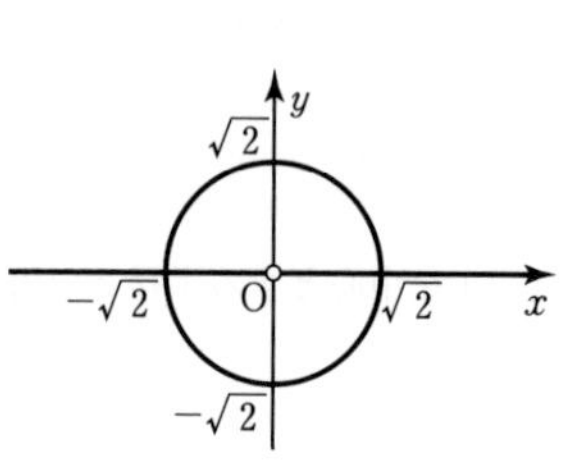

解2　$z=x+yi$ (x，y は $x\neq0$，$y\neq0$ の実数)とおくと

$$\frac{z}{2}+\frac{1}{z}=\frac{x+yi}{2}+\frac{1}{x+yi}$$

$$=\frac{x+yi}{2}+\frac{x-yi}{(x+yi)(x-yi)}$$

$$=\frac{x+yi}{2}+\frac{x-yi}{x^2+y^2}$$

$$=\left(\frac{x}{2}+\frac{x}{x^2+y^2}\right)+\left(\frac{y}{2}-\frac{y}{x^2+y^2}\right)i$$

$$=\frac{x(x^2+y^2+2)}{2(x^2+y^2)}+\frac{y(x^2+y^2-2)}{2(x^2+y^2)}i$$

これが実数となるためには

$$y(x^2+y^2-2)=0$$

よって，**$y=0$（$x\neq0$ かつ $y\neq0$）または $x^2+y^2=2$**

図は解1と同じ。

解3　$z=r(\cos\theta+i\sin\theta)$　$(0\leqq\theta<2\pi)$

とおくと

$$\frac{z}{2}+\frac{1}{z}=\frac{r}{2}(\cos\theta+i\sin\theta)+\frac{1}{r(\cos\theta+i\sin\theta)}$$

$$=\frac{r}{2}(\cos\theta+i\sin\theta)+\frac{1}{r}(\cos\theta-i\sin\theta)$$

$$=\left(\frac{r}{2}+\frac{1}{r}\right)\cos\theta+i\left(\frac{r}{2}-\frac{1}{r}\right)\sin\theta\quad\cdots\cdots①$$

これが実数となるためには

$\dfrac{r}{2}-\dfrac{1}{r}=0$　または　$\sin\theta=0$

$r^2-2=0$　より　$r=\sqrt{2}$　$(r>0)$

よって，$|z|=\sqrt{2}$

$\sin\theta=0$　より　$\theta=0,\ \pi$

よって，z は実軸上

ゆえに，**$|z|=\sqrt{2}$ または実軸（$z\neq0$）**

図は解1と同じ。

hallenge

$w=\dfrac{z+1}{1-z}$ より $w(1-z)=z+1$

$z(w+1)=w-1$

よって　$z=\dfrac{w-1}{w+1}$　$(w\neq -1)$

分母=0 について調べると，$w=-1$ のとき，$0=-2$ となり成り立たない。

$z=\dfrac{w-1}{w+1}$　$(w\neq -1)$　で z が虚数であるとき，

$$\overline{\left(\frac{w-1}{w+1}\right)}=-\frac{w-1}{w+1}$$

$$\frac{\overline{w}-1}{\overline{w}+1}=-\frac{w-1}{w+1}$$

$$(\overline{w}-1)(w+1)=-(w-1)(\overline{w}+1)$$

$$w\overline{w}-w+\overline{w}-1=-(w\overline{w}+w-\overline{w}-1)$$

$$2w\overline{w}=2$$

よって，$|w|^2=1$ より

$$|w|=1$$

ゆえに，w は原点 O を中心とする半径 1 の円をえがく。ただし，点 -1 は除く。

図は右のような図形をえがく。

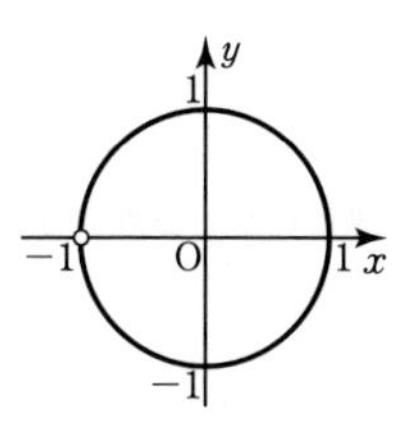

別解

$w=x+yi$（x，y は実数）とおくと

$$z=\frac{x+yi-1}{x+yi+1}$$

$$=\frac{\{(x-1)+yi\}\{(x+1)-yi\}}{\{(x+1)+yi\}\{(x+1)-yi\}}$$

$$=\frac{(x^2-1)+y^2+2yi}{(x+1)^2+y^2}$$

z が虚軸上を動く $\Longleftrightarrow$ z は純虚数

これが純虚数になればよいから，実部の分子が 0 であればよい。

よって，$x^2+y^2-1=0$

ゆえに，w は原点を中心とする半径 1 の円をえがく。ただし，点 -1 は除く。（図は解と同じ）

9 $w=\dfrac{1}{z+1}$ から $w(z+1)=1$

$$z=\frac{1-w}{w}\quad (w\neq 0)$$

$|z|=1$ に代入して

$$\left|\frac{1-w}{w}\right|=1,\ |1-w|=|w|$$

よって，$|w-1|=|w|$

$|1-w|=|w-1|$ 絶対値記号の中の符号は反対であっても同じである。

ゆえに，w は原点 O と点 1 から等しい距離にある点だから，点 0 と点 1 を結ぶ線分の垂直 2 等分線（次図）。

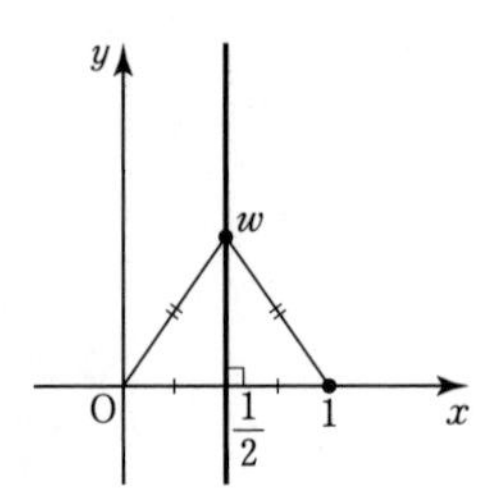

別解

$w=x+yi$ とおくと

$|x+yi-1|=|x+yi|$ より

$\sqrt{(x-1)^2+y^2}=\sqrt{x^2+y^2}$

両辺を 2 乗して

$x^2-2x+1+y^2=x^2+y^2$

よって，$x=\dfrac{1}{2}$

ゆえに，点 $\boldsymbol{\dfrac{1}{2}}$ を通り，実軸（$\boldsymbol{x}$ 軸）と垂直な直線。

Challenge

$w=\dfrac{z-1}{z-i}$ から $w(z-i)=z-1$

$z(w-1)=wi-1$，$z=\dfrac{wi-1}{w-1}$ $(w\neq 1)$

$|z|=\sqrt{2}$ だから代入して

$\left|\dfrac{wi-1}{w-1}\right|=\sqrt{2}$，$|wi-1|=\sqrt{2}|w-1|$

$w=x+yi$（x，y は実数）とおいて代入する。

$|(x+yi)i-1|=\sqrt{2}|x+yi-1|$

$|-(y+1)+xi|=\sqrt{2}|(x-1)+yi|$

$\sqrt{(y+1)^2+x^2}=\sqrt{2}\sqrt{(x-1)^2+y^2}$

両辺を 2 乗して

$y^2+2y+1+x^2=2(x^2-2x+1+y^2)$

$x^2+y^2-4x-2y+1=0$

$(x-2)^2+(y-1)^2=4$

よって，点 $\boldsymbol{2+i}$ を中心とする半径 2 の円（右図）。

◀ 分母=0 について調べる $w=1$ のとき，$z\cdot 0=i-1$ とな 成り立たない。

◀ z は原点を中心とする半径 $\sqrt{}$ の円周上を動くから $|z|=2$ 表せる。

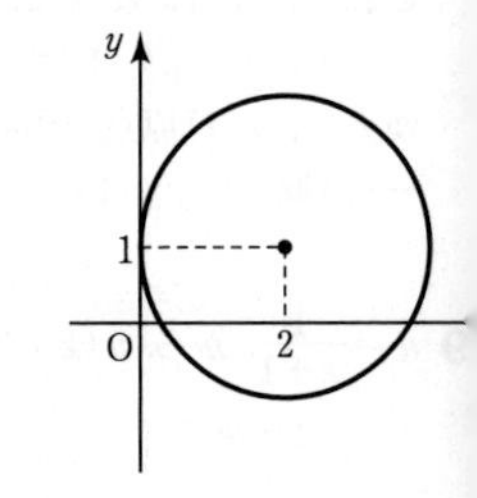

別解

$|wi-1|^2=2|w-1|^2$ として

$(wi-1)(\overline{wi-1})=2(w-1)(\overline{w-1})$

$(wi-1)(-\overline{w}i-1)=2(w-1)(\overline{w}-1)$

$w\overline{w}-wi+\overline{w}i+1=2(w\overline{w}-w-\overline{w}+1)$

$w\overline{w}-(2-i)w-(2+i)\overline{w}+1=0$

$\{w-(2+i)\}\{\overline{w}-(2-i)\}-(4-i^2)+1=0$

$\{w-(2+i)\}\{\overline{w-(2+i)}\}=4$

$|w-2-i|^2=4$ より $|w-2-i|=2$

よって，点 $2+i$ を中心とする半径 2 の円。

$|wi-1|=\sqrt{2}|w-1|$ より
$|i(w+i)|=\sqrt{2}|w-1|$
$|i||w+i|=\sqrt{2}|w-1|$
$|w+1|^2=2|w-1|^2$
$(w+i)(\overline{w+i})=2(w-1)(\overline{w-1})$
$(w+i)(\overline{w}-i)=2(w-1)(\overline{w}-1)$
と計算してもよい。

0　$\alpha=-1+2i$，$\beta=1+i$，$\gamma=-3+ki$ とする。

$$\frac{\gamma-\alpha}{\beta-\alpha}=\frac{(-3+ki)-(-1+2i)}{(1+i)-(-1+2i)}$$
$$=\frac{-2+(k-2)i}{2-i}$$
$$=\frac{\{-2+(k-2)i\}(2+i)}{(2-i)(2+i)}$$
$$=\frac{(-2-k)+(2k-6)i}{5}\quad\cdots①$$

(1)　AB⊥AC となるのは，①が純虚数のとき。
よって，$-2-k=0$ より $\boldsymbol{k=-2}$

(2)　A，B，C が一直線上にあるのは，①が実数のとき。
よって，$2k-6=0$ より $\boldsymbol{k=3}$

Challenge

O，P_1，P_2 が同一直線上にあるとき，$\dfrac{z_2}{z_1}$ が実数であればよい。

$$\frac{z_2}{z_1}=\frac{(a+2)-i}{3+(2a-1)i}$$
$$=\frac{\{(a+2)-i\}\{3-(2a-1)i\}}{\{3+(2a-1)i\}\{3-(2a-1)i\}}$$
$$=\frac{(a+7)-(2a^2+3a+1)i}{9+(2a-1)^2}$$

これが実数になるためには，虚部$=0$ になればよい。

よって，$2a^2+3a+1=0$

$(2a+1)(a+1)=0$ より

$\boldsymbol{a=-\frac{1}{2},\ -1}$

別解

$\dfrac{z_2}{z_1}$ が実数のとき，$\overline{\left(\dfrac{z_2}{z_1}\right)}=\dfrac{z_2}{z_1}$ が成り立つ。

$\dfrac{\overline{z_2}}{\overline{z_1}}=\dfrac{z_2}{z_1}$ より $z_1\overline{z_2}=\overline{z_1}z_2$

$\{3+(2a-1)i\}\{(a+2)+i\}=\{3-(2a-1)i\}\{(a+2)-i\}$

$(a+7)+(2a^2+3a+1)i=(a+7)-(2a^2+3a+1)i$

よって，$2a^2+3a+1=0$

(以下同様)

複素数 z について
$\overline{z}=z \iff z$ は実数
$\overline{z}=-z \iff z$ は純虚数
(ただし，$z \neq 0$)

121 $\dfrac{\gamma-\alpha}{\beta-\alpha}=\sqrt{3}-i$ より

$\dfrac{\gamma-\alpha}{\beta-\alpha}=2\left\{\cos\left(-\dfrac{\pi}{6}\right)+i\sin\left(-\dfrac{\pi}{6}\right)\right\}$ だから

$\left|\dfrac{\gamma-\alpha}{\beta-\alpha}\right|=2$

$\dfrac{\mathrm{AC}}{\mathrm{AB}}=2$ より $\dfrac{\mathrm{AB}}{\mathrm{AC}}=\boldsymbol{\dfrac{1}{2}}$

$\arg\dfrac{\gamma-\alpha}{\beta-\alpha}=-\dfrac{\pi}{6}$

だから $\angle\mathrm{BAC}=\boldsymbol{\dfrac{\pi}{6}}$

(この三角形は右図のようになっている。)

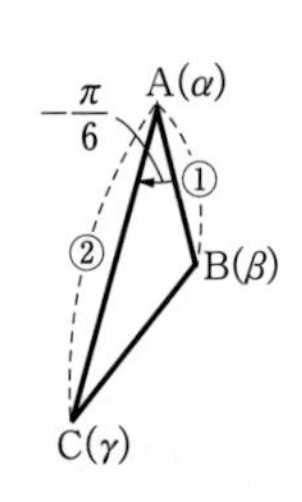

$\arg\dfrac{\gamma-\alpha}{\beta-\alpha}=-\dfrac{\pi}{6}$ は方向をもった角。
$\angle\mathrm{BAC}=\dfrac{\pi}{6}$ は図形としての角

Challenge

$z_1+iz_2=(1+i)z_3$

$z_1-z_3=-i(z_2-z_3)$

よって，$\dfrac{z_1-z_3}{z_2-z_3}=-i$

$-i=\cos\left(-\dfrac{\pi}{2}\right)+i\sin\left(-\dfrac{\pi}{2}\right)$ だから

$\left|\dfrac{z_1-z_3}{z_2-z_3}\right|=|-i|=1$

よって，$|z_1-z_3|=|z_2-z_3|$

$\arg\dfrac{z_1-z_3}{z_2-z_3}=-\dfrac{\pi}{2}$

これより，z_1，z_2，z_3 は右図のような直角二等辺三角形をつくる。

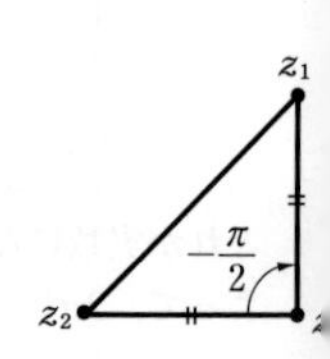

2 (1)　$2\beta=(1+\sqrt{3}i)\alpha$ より

$$\frac{\beta}{\alpha}=\frac{1+\sqrt{3}i}{2}=\cos\frac{\pi}{3}+i\sin\frac{\pi}{3}$$

$\left|\frac{\beta}{\alpha}\right|=1$ より $|\alpha|=|\beta|$

よって，OA＝OB

$\arg\frac{\beta}{\alpha}=\frac{\pi}{3}$　だから　$\angle\mathrm{AOB}=\frac{\pi}{3}$

ゆえに，右図のような正三角形。

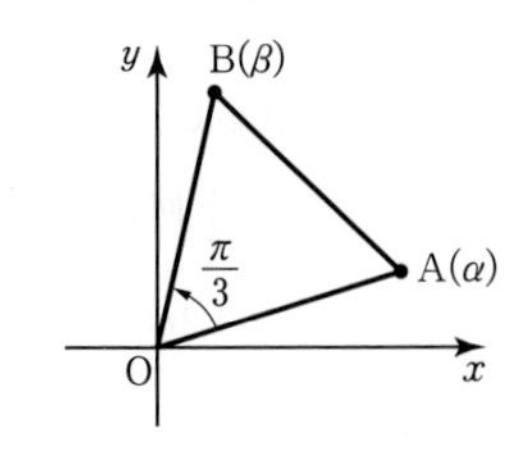

(2)　$\alpha^2-2\alpha\beta+2\beta^2=0$ の両辺を β^2 $(\beta\neq0)$ で割ると

$\left(\frac{\alpha}{\beta}\right)^2-2\left(\frac{\alpha}{\beta}\right)+2=0$　より　$\frac{\alpha}{\beta}=1\pm i$

よって，

$$\frac{\alpha}{\beta}=\sqrt{2}\left\{\cos\left(\pm\frac{\pi}{4}\right)+i\sin\left(\pm\frac{\pi}{4}\right)\right\}$$ （複号同順）

$\left|\frac{\alpha}{\beta}\right|=\sqrt{2}$　より　$|\alpha|=\sqrt{2}|\beta|$

よって，OA＝$\sqrt{2}$OB

$\arg\frac{\alpha}{\beta}=\pm\frac{\pi}{4}$　だから　$\angle\mathrm{AOB}=\frac{\pi}{4}$

ゆえに，右図のような直角二等辺三角形。

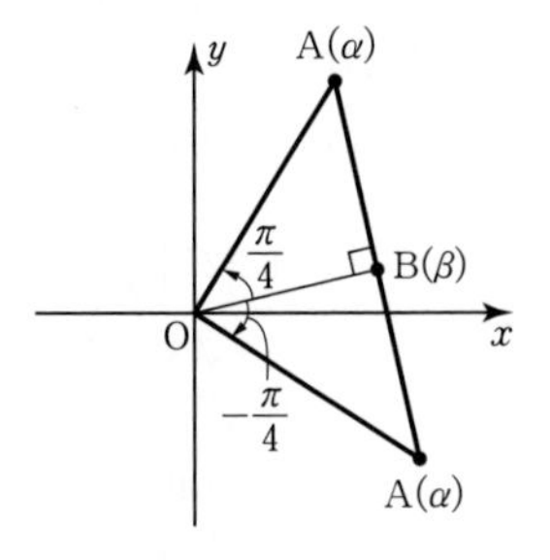

Challenge

$\alpha^2+\beta^2=0$ の両辺を β^2 $(\beta\neq0)$ で割ると

$\left(\frac{\alpha}{\beta}\right)^2+1=0$　より　$\frac{\alpha}{\beta}=\pm i$

よって，

$$\frac{\alpha}{\beta}=\cos\left(\pm\frac{\pi}{2}\right)+i\sin\left(\pm\frac{\pi}{2}\right)$$ （複号同順）

$\left|\frac{\alpha}{\beta}\right|=1$　より　$|\alpha|=|\beta|$

よって，OA＝OB

$\arg\frac{\alpha}{\beta}=\pm\frac{\pi}{2}$　だから　$\angle\mathrm{AOB}=\frac{\pi}{2}$

ゆえに，右図のような直角二等辺三角形。

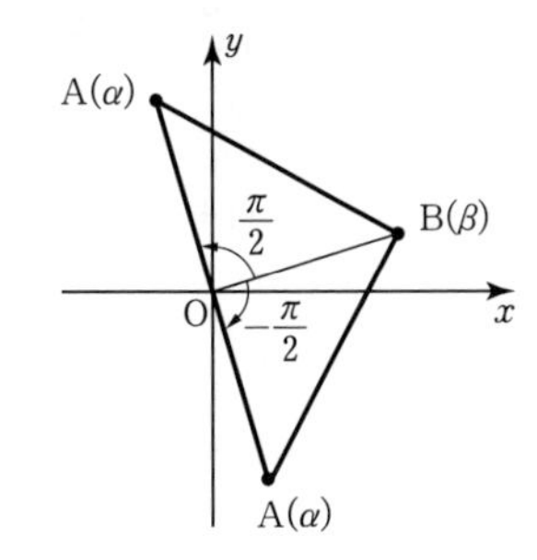

123 点 A$(2+3i)$ が原点にくるように $-(2+3i)$ だけ平行移動すると，点 B$(-4+5i)$ は

$-4+5i-(2+3i)=-6+2i$ に移る。

他の頂点を C(r) とすると，点 C は点 A を中心として点 B を $\pm\frac{\pi}{3}$ 回転したものである。

$$r=(-6+2i)\left(\cos\frac{\pi}{3}+i\sin\frac{\pi}{3}\right)+2+3i$$

$$=(-6+2i)\left(\frac{1}{2}+\frac{\sqrt{3}}{2}i\right)+2+3i$$

$$=(-3-\sqrt{3})+(1-3\sqrt{3})i+2+3i$$

$$=-1-\sqrt{3}+(4-3\sqrt{3})i \quad \leftarrow\text{C}$$

または

$$r=(-6+2i)\left\{\cos\left(-\frac{\pi}{3}\right)+i\sin\left(-\frac{\pi}{3}\right)\right\}+2+3i$$

$$=(-6+2i)\left(\frac{1}{2}-\frac{\sqrt{3}}{2}i\right)+2+3i$$

$$=(-3+\sqrt{3})+(1+3\sqrt{3})i+2+3i$$

$$=-1+\sqrt{3}+(4+3\sqrt{3})i \quad \leftarrow\text{C}'$$

よって，他の頂点は

$-1-\sqrt{3}+(4-3\sqrt{3})i$，$-1+\sqrt{3}+(4+3\sqrt{3})i$

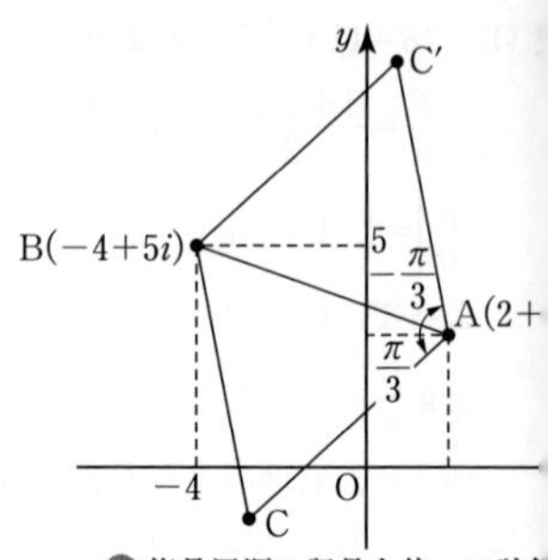

複号同順の記号を使って計算すると

$\cos\left(\pm\frac{\pi}{3}\right)+i\sin\left(\pm\frac{\pi}{3}\right)$

$=\frac{1}{2}\pm\frac{\sqrt{3}}{2}i$ だから

$r=(-6+2i)\left(\frac{1}{2}\pm\frac{\sqrt{3}}{2}i\right)+2+$

$=(-3+i)(1\pm\sqrt{3}i)+2+3i$

$=(-3\mp\sqrt{3})+(1\mp3\sqrt{3})i$

$+2+$

$=-1\mp\sqrt{3}+(4\mp3\sqrt{3})i$

（実際に計算するには やりにくいかもしれない。）

124 $\frac{\alpha}{1+\alpha^2}$ が実数となるとき

$\overline{\left(\frac{\alpha}{1+\alpha^2}\right)}=\frac{\alpha}{1+\alpha^2}$ が成り立つ。

$\frac{\overline{\alpha}}{1+\overline{\alpha}^2}=\frac{\alpha}{1+\alpha^2}$

$\alpha(1+\overline{\alpha}^2)=(1+\alpha^2)\overline{\alpha}$

$\alpha+\alpha\overline{\alpha}^2=\overline{\alpha}+\alpha^2\overline{\alpha}$

$\alpha\overline{\alpha}\cdot\alpha-\alpha\overline{\alpha}\cdot\overline{\alpha}+\overline{\alpha}-\alpha=0$

$|\alpha|^2(\alpha-\overline{\alpha})-(\alpha-\overline{\alpha})=0$

$(\alpha-\overline{\alpha})(|\alpha|^2-1)=0$

$\alpha\neq\overline{\alpha}$ だから　$|\alpha|^2=1$

よって，**$|\alpha|=1$**

hallenge

$$\left|\frac{\alpha+z}{1+\bar{\alpha}z}\right|<1 \iff |\alpha+z|<|1+\bar{\alpha}z| \quad \cdots\cdots①$$

だから

$|\alpha+z|^2<|1+\bar{\alpha}z|^2$

$(\alpha+z)(\overline{\alpha+z})<(1+\bar{\alpha}z)(\overline{1+\bar{\alpha}z})$

$(\alpha+z)(\bar{\alpha}+\bar{z})<(1+\bar{\alpha}z)(1+\alpha\bar{z})$

$\alpha\bar{\alpha}+\alpha\bar{z}+z\bar{\alpha}+z\bar{z}<1+\alpha\bar{z}+\bar{\alpha}z+\alpha\bar{\alpha}z\bar{z}$

$|\alpha|^2|z|^2-|\alpha|^2-|z|^2+1>0$

$(|\alpha|^2-1)(|z|^2-1)>0$

$|\alpha|<1$ だから　$|\alpha|^2-1<0$

よって，$|z|^2-1<0$

ゆえに，①が成り立つ必要十分条件は

$|z|^2<1$　したがって，$|z|<1$ である。

5 (1)　$y^2=12x$ より　$y^2=4\cdot3x$

◯ $y^2=4px$ の標準形にする。

よって，**焦点 (3, 0)**

準線 $x=-3$

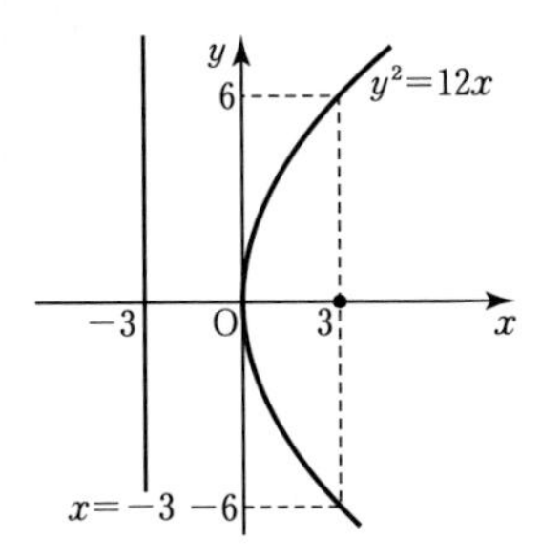

(2)　$y=\frac{1}{4}x^2$ より　$x^2=4\cdot1\cdot y$

よって，**焦点 (0, 1)**

準線 $y=-1$

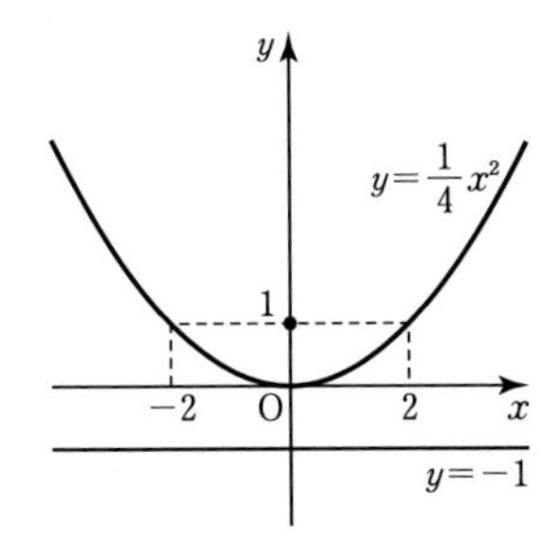

(3) $y^2=-6x$ より $y^2=4\cdot\left(-\frac{3}{2}\right)\cdot x$

よって，焦点 $\left(-\frac{3}{2},\ 0\right)$

準線 $x=\frac{3}{2}$

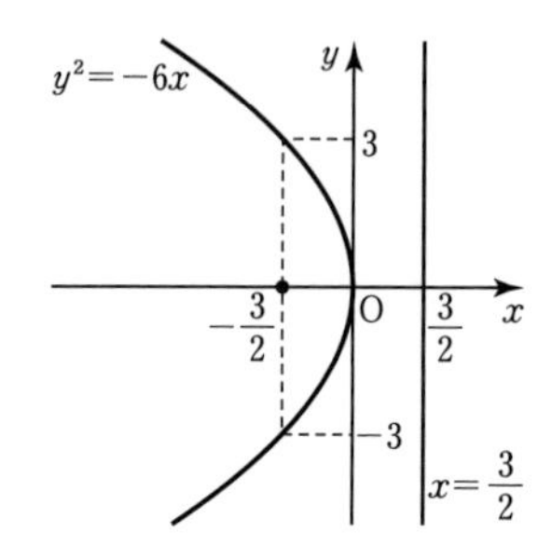

Challenge

$x^2+y^2-4x=0$ より $(x-2)^2+y^2=4$

P$(x,\ y)$ とおくと，右図より円の半径は等しいから

$|x-(-2)|=\sqrt{(x-2)^2+y^2}-2$

$x>-2$ だから　$x+2>0$

ゆえに　$x+4=\sqrt{(x-2)^2+y^2}$

両辺を 2 乗して

$x^2+8x+16=x^2-4x+4+y^2$

$y^2=12x+12$

よって，放物線 $y^2=12(x+1)$

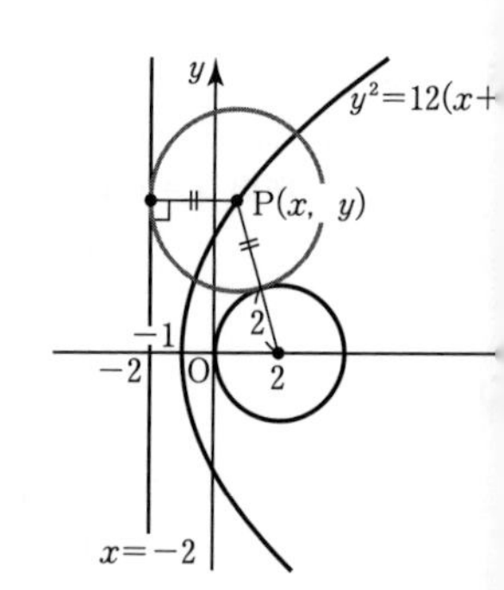

126 (1) 楕円の方程式を $\frac{x^2}{a^2}+\frac{y^2}{b^2}=1$ とおくと，焦点からの距離の和が 6 だから

$2a=6$ より $a=3$

焦点が $(\pm\sqrt{5},\ 0)$ だから　$\sqrt{a^2-b^2}=\sqrt{5}$

$\sqrt{9-b^2}=\sqrt{5}$　より　$b^2=4$

よって，$\frac{x^2}{9}+\frac{y^2}{4}=1$

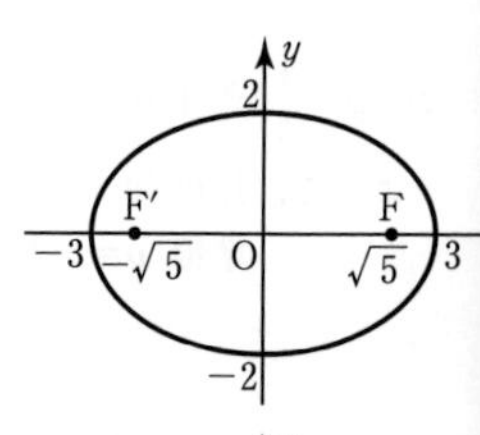

(2) 焦点が y 軸上にあるから，楕円の方程式は

$\frac{x^2}{a^2}+\frac{y^2}{b^2}=1$ $(b>a>0)$　……①

とおける。

焦点が $(0,\ \pm1)$ だから，

$\sqrt{b^2-a^2}=1$　……②

$(0,\ 2)$ を通るから①より $\frac{4}{b^2}=1$，$b^2=4$

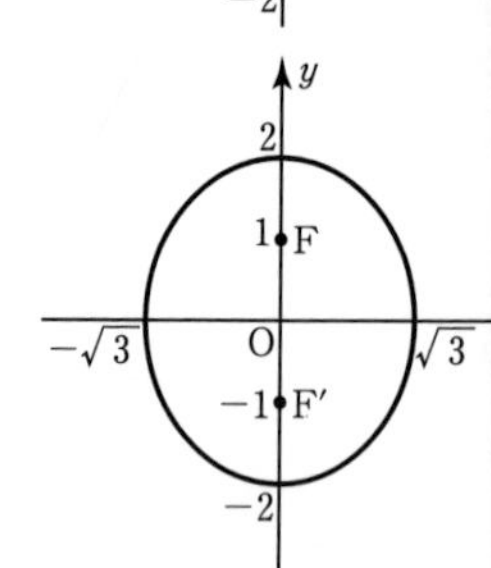

これを②に代入して $a^2=3$

よって，$\boldsymbol{\dfrac{x^2}{3}+\dfrac{y^2}{4}=1}$

hallenge

焦点が $(\pm3,\ 0)$ だから，楕円の方程式を

$\dfrac{x^2}{a^2}+\dfrac{y^2}{b^2}=1$ とおくと

$\sqrt{a^2-b^2}=3$ より $a^2-b^2=9$ ……①

長軸と短軸の差が 2 だから

$2a-2b=2$ より $a-b=1$ ……②

①，②を解いて $a=5$，$b=4$

よって，$\boldsymbol{\dfrac{x^2}{25}+\dfrac{y^2}{16}=1}$

7 双曲線の方程式を $\dfrac{x^2}{a^2}-\dfrac{y^2}{b^2}=1$ とおくと，焦点からの距離の差が 4 だから

$2a=4$ より $a=2$

焦点が $(\pm3,\ 0)$ だから $\sqrt{a^2+b^2}=3$

$\sqrt{4+b^2}=3$ より $b^2=5$

よって，$\boldsymbol{\dfrac{x^2}{4}-\dfrac{y^2}{5}=1}$

hallenge

漸近線が $y=2x$，$y=-2x$ だから

$y=\dfrac{b}{a}x \Longleftrightarrow y=2x$ より

$\dfrac{b}{a}=2$，$b=2a$ ……①

点 $(3,\ 0)$ を通るから

$\dfrac{3^2}{a^2}-\dfrac{0^2}{b^2}=1$ より $a=3$

①に代入して，$b=6$

よって，$\boldsymbol{\dfrac{x^2}{9}-\dfrac{y^2}{36}=1}$

焦点は $\sqrt{a^2+b^2}=\sqrt{45}=3\sqrt{5}$ より

$\boldsymbol{(3\sqrt{5},\ 0),\ (-3\sqrt{5},\ 0)}$

128 (1) $y^2-6y-6x+3=0$ より

$(y-3)^2-9=6x-3$

$(y-3)^2=6(x+1)$

この放物線は，放物線

$y^2=4\cdot\frac{3}{2}x$ …①

を x 軸方向に -1，y 軸方向に 3 だけ平行移動したもの。

①の焦点は $\left(\frac{3}{2},\ 0\right)$，準線は $x=-\frac{3}{2}$

よって，**焦点 $\left(\frac{1}{2},\ 3\right)$，準線 $x=-\frac{5}{2}$**（右図）

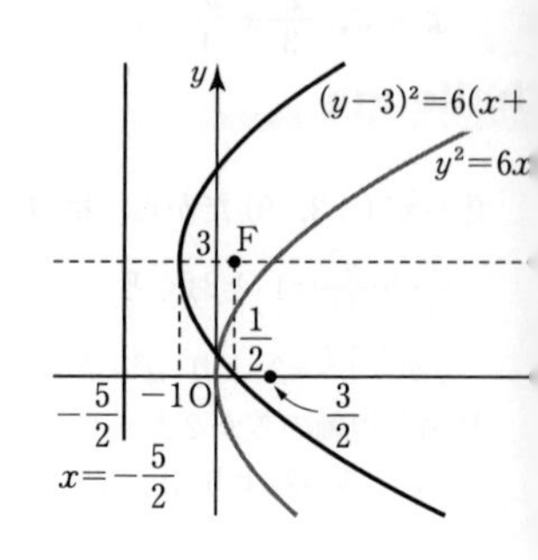

(2)

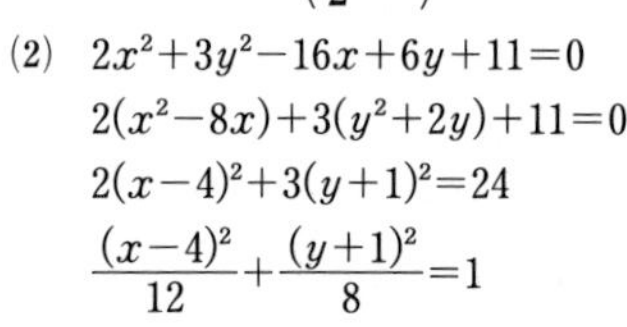

$2x^2+3y^2-16x+6y+11=0$

$2(x^2-8x)+3(y^2+2y)+11=0$

$2(x-4)^2+3(y+1)^2=24$

$\frac{(x-4)^2}{12}+\frac{(y+1)^2}{8}=1$

この楕円は，楕円

$\frac{x^2}{12}+\frac{y^2}{8}=1$ …①

を x 軸方向に 4，y 軸方向に -1 だけ平行移動したもの。

①の中心は原点 (0, 0)，焦点は $(\pm2,\ 0)$

よって，**中心 $(4,\ -1)$，焦点 $(6,\ -1)$，$(2,\ -1)$**（右図）

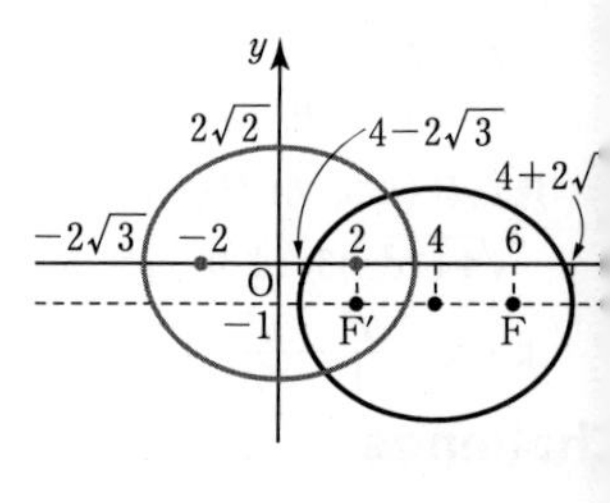

Challenge

$x^2-4y^2-6x+16y-3=0$

$(x^2-6x)-4(y^2-4y)-3=0$

$(x-3)^2-4(y-2)^2=-4$

$\frac{(x-3)^2}{4}-(y-2)^2=-1$

この双曲線は，双曲線

$\frac{x^2}{4}-y^2=-1$ …①

を x 軸方向に 3，y 軸方向に 2 だけ平行移動したもの。

①は，焦点 $(0,\ \pm\sqrt{5})$，漸近線は $y=\pm\frac{1}{2}x$

よって，**焦点 $(3,\ 2+\sqrt{5})$，$(3,\ 2-\sqrt{5})$**

漸近線は $y-2=\pm\frac{1}{2}(x-3)$ より

$\boldsymbol{y=\frac{1}{2}x+\frac{1}{2},\ y=-\frac{1}{2}x+\frac{7}{2}}$（概形は右図）

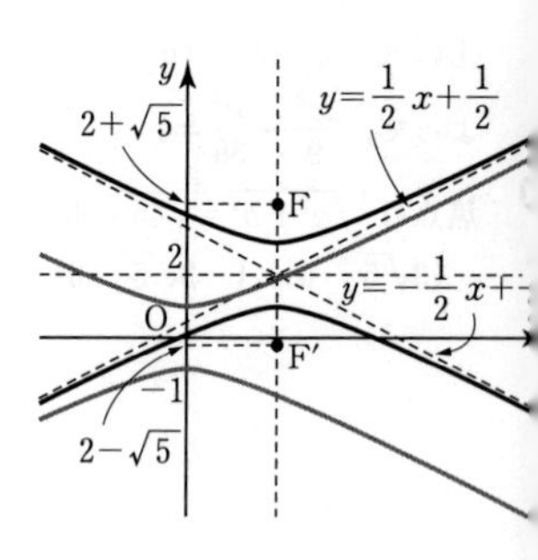

(1) 直線の方程式を $y=2x+n$ とおいて
$4x^2+y^2=4$ に代入する。

$4x^2+(2x+n)^2=4$

$8x^2+4nx+n^2-4=0$

判別式を D とすると，接するから $D=0$

$\frac{D}{4}=(2n)^2-8(n^2-4)$

$=-4n^2+32=0$ より $n=\pm 2\sqrt{2}$

よって，$\boldsymbol{y=2x\pm 2\sqrt{2}}$

(2) $y=mx+2$ を $y^2=2x+3$ に代入して

$(mx+2)^2=2x+3$

$m^2x^2+(4m-2)x+1=0$

判別式を D とすると，接するから $D=0$

$\frac{D}{4}=(2m-1)^2-m^2$

$=3m^2-4m+1$

$=(3m-1)(m-1)=0$

よって，接するのは $\boldsymbol{m=\frac{1}{3}}$，**1** のとき。

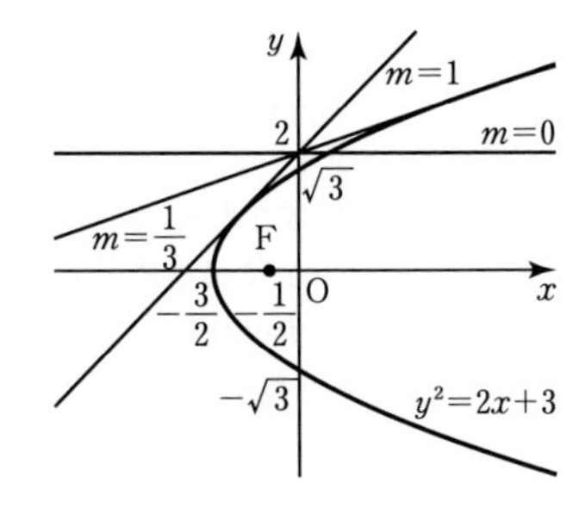

hallenge

$\frac{D}{4}=(3m-1)(m-1)$ だから

$D>0$ すなわち $m<\frac{1}{3}$，$1<m$ のとき，共有点は 2 個

ただし，$m=0$ のときは放物線の軸と平行になるから
共有点は 1 個。

$D<0$ すなわち $\frac{1}{3}<m<1$ のとき，共有点はない。

よって，$\boldsymbol{m<0}$，$\boldsymbol{0<m<\frac{1}{3}}$，$\boldsymbol{1<m}$ のとき **2 個**。

$\boldsymbol{m=\frac{1}{3}}$，**1**，**0** のとき **1 個**。

$\boldsymbol{\frac{1}{3}<m<1}$ のとき，**共有点はない。**

双曲線上の点を $\mathrm{P}(x,\ y)$ とすると

$\mathrm{AP}^2=x^2+\left(y-\frac{1}{2}\right)^2$

$x^2=1+y^2$ を代入して

$\mathrm{AP}^2=2y^2-y+\frac{5}{4}=2\left(y-\frac{1}{4}\right)^2+\frac{9}{8}$

$y=\frac{1}{4}$ のとき，AP は最小値 $\sqrt{\frac{9}{8}}=\frac{3\sqrt{2}}{4}$ をとり，これが最も近い距離（最短距離）となる。

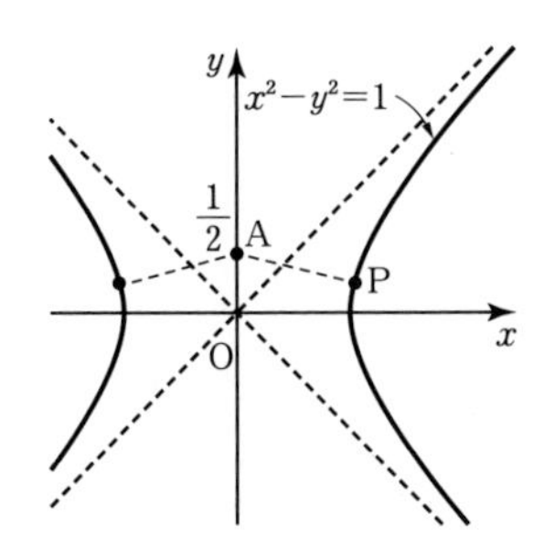

このとき，$x^2=1+\left(\frac{1}{4}\right)^2=\frac{17}{16}$ より $x=\pm\frac{\sqrt{17}}{4}$

よって，$\left(\pm\frac{\sqrt{17}}{4},\ \frac{1}{4}\right)$ のとき，**最短距離** $\boldsymbol{\frac{3\sqrt{2}}{4}}$

Challenge

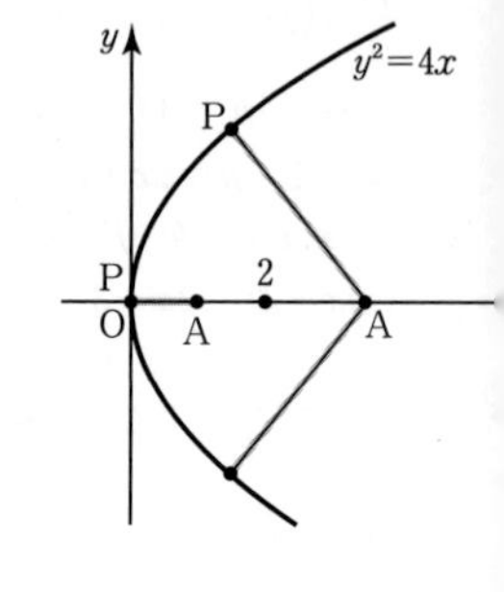

放物線上の点を $\mathrm{P}(x,\ y)$ とすると

$\mathrm{AP}^2=(x-a)^2+y^2$

$y^2=4x$ を代入して

$\mathrm{AP}^2=x^2-2ax+a^2+4x$

$=x^2-(2a-4)x+a^2$

$=\{x-(a-2)\}^2+4a-4$

$x\geqq 0$ だから

$a-2\geqq 0$ すなわち $a\geqq 2$ のとき

$x=a-2$ で最小値 $2\sqrt{a-1}$

$a-2<0$ すなわち $0<a<2$ のとき

$x=0$ で最小値 $\sqrt{a^2}=a$

よって，$\boldsymbol{a\geqq 2}$ **のとき** $\boldsymbol{2\sqrt{a-1}}$

$\boldsymbol{0<a<2}$ **のとき** $\boldsymbol{a}$

131 $x+2y=k$ より $y=-\frac{1}{2}x+\frac{k}{2}$ を $x^2+4y^2=4$ に代入して

$x^2+4\left(-\frac{1}{2}x+\frac{k}{2}\right)^2=4$

$2x^2-2kx+k^2-4=0$ ……①

2つの共有点をもつためには

判別式を D とすると，$D>0$

$\frac{D}{4}=k^2-2(k^2-4)=-k^2+8>0$

$(k-2\sqrt{2})(k+2\sqrt{2})<0$

よって，$\boldsymbol{-2\sqrt{2}<k<2\sqrt{2}}$

中点を $\mathrm{M}(X,\ Y)$ とおき，点P，Qの x 座標を α，β とすると，α，β は①の解だから，解と係数の関係より　$\alpha+\beta=k$

よって，$X=\frac{\alpha+\beta}{2}=\frac{k}{2}$ となる。

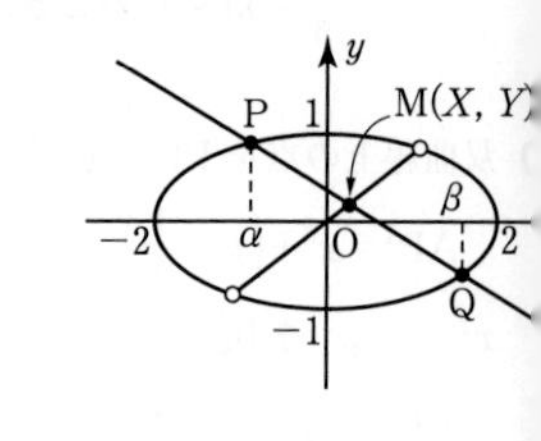

Mは $y=-\frac{1}{2}x+\frac{k}{2}$ 上の点だから

$Y=-\frac{1}{2}X+\frac{k}{2}$

$=-\frac{1}{2}\cdot\frac{k}{2}+\frac{k}{2}=\frac{k}{4}$

ゆえに，$\boldsymbol{\mathrm{M}\left(\frac{k}{2},\ \frac{k}{4}\right)}$

$-\sqrt{2}<\frac{k}{2}<\sqrt{2}$ より

MのX座標のとりうる値の範囲は

$-\sqrt{2}<X<\sqrt{2}$ だから　$\boldsymbol{-\sqrt{2}<x<\sqrt{2}}$

$X=\frac{k}{2}$，$Y=\frac{k}{4}$ からkを消去すると

$Y=\frac{1}{2}X$

よって，Mの軌跡の方程式は

$\boldsymbol{y=\frac{1}{2}x}$ $(\boldsymbol{-\sqrt{2}<x<\sqrt{2}})$

2 点$\mathrm{P}(2\cos\theta,\ \sin\theta)$ $\left(0<\theta<\frac{\pi}{2}\right)$ とする。

➡ 楕円 $\frac{x^2}{4}+y^2=1$ の媒介変数表示は $x=2\cos\theta$，$y=\sin\theta$

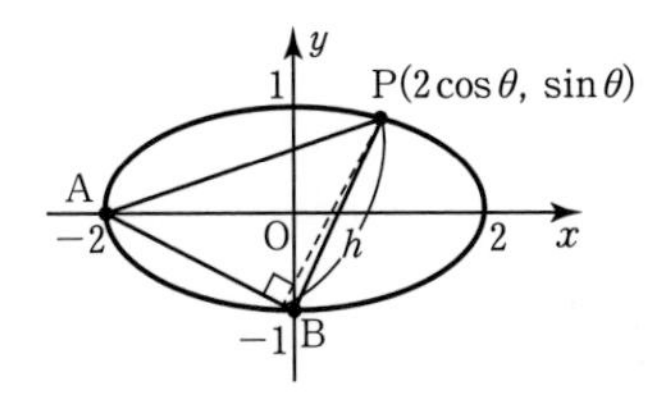

ABを底辺とすると，高さhは直線ABと点Pとの距離である。

$\mathrm{AB}=\sqrt{2^2+(-1)^2}=\sqrt{5}$

直線ABの方程式は

$y=-\frac{1}{2}x-1$ より $x+2y+2=0$　だから

$h=\frac{|2\cos\theta+2\sin\theta+2|}{\sqrt{1^2+2^2}}$

$=\frac{\left|2\sqrt{2}\sin\left(\theta+\frac{\pi}{4}\right)+2\right|}{\sqrt{5}}$

➡

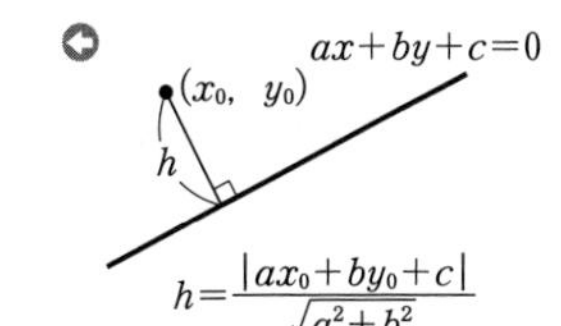

$\frac{\pi}{4}<\theta+\frac{\pi}{4}<\frac{3}{4}\pi$ だから

$\frac{\sqrt{2}}{2}<\sin\left(\theta+\frac{\pi}{4}\right)\leqq 1$

より最大値は $\sin\left(\theta+\frac{\pi}{4}\right)=1$ のとき。

このとき　$h=\frac{2\sqrt{2}+2}{\sqrt{5}}$

よって，$\triangle\mathrm{PAB}=\frac{1}{2}\mathrm{AB}\cdot h=\frac{1}{2}\sqrt{5}\cdot\frac{2\sqrt{2}+2}{\sqrt{5}}$

$=\boldsymbol{\sqrt{2}+1}$

別解

$\overrightarrow{PA}=(-2\cos\theta-2,\ -\sin\theta)$

$\overrightarrow{PB}=(-2\cos\theta,\ -\sin\theta-1)$

$$\triangle PAB=\frac{1}{2}|(2\cos\theta+2)(\sin\theta+1)-\sin\theta\cdot2\cos\theta|$$

$$=\frac{1}{2}|2\sin\theta\cos\theta+2\sin\theta+2\cos\theta+2-2\sin\theta\cos\theta|$$

$$=|\sin\theta+\cos\theta+1|$$

$$=\left|\sqrt{2}\sin\left(\theta+\frac{\pi}{4}\right)+1\right|$$

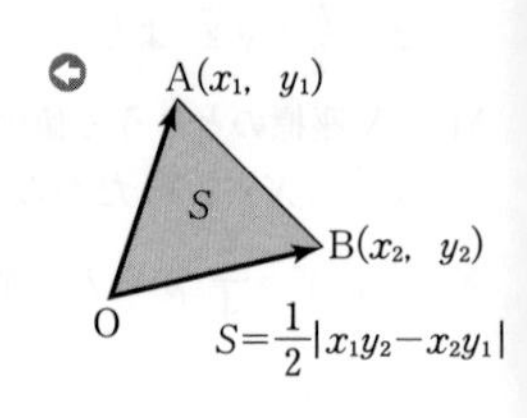

$\dfrac{\pi}{4}<\theta+\dfrac{\pi}{4}<\dfrac{3}{4}\pi$ だから

$\dfrac{\sqrt{2}}{2}<\sin\left(\theta+\dfrac{\pi}{4}\right)\leqq1$

よって，最大値は $\sin\left(\theta+\dfrac{\pi}{4}\right)=1$ のとき

$\triangle PAB=\sqrt{2}+1$

Challenge

楕円上の点を $x=3\cos\theta$，$y=2\sin\theta$ とおくと

$$2x+3y=2\cdot3\cos\theta+3\cdot2\sin\theta$$

$$=6(\sin\theta+\cos\theta)$$

$$=6\sqrt{2}\sin\left(\theta+\frac{\pi}{4}\right)$$

三角関数の合成
$a\sin\theta+b\cos\theta$
$=\sqrt{a^2+b^2}\sin(\theta+\alpha)$

$-1\leqq\sin\left(\theta+\dfrac{\pi}{4}\right)\leqq1$ だから

$\sin\left(\theta+\dfrac{\pi}{4}\right)=1$ のとき，最大値 $6\sqrt{2}$ をとる。

このとき，$\theta+\dfrac{\pi}{4}=\dfrac{\pi}{2}$ より $\theta=\dfrac{\pi}{4}$ で，

$x=3\cos\dfrac{\pi}{4}=\dfrac{3\sqrt{2}}{2}$，$y=2\sin\dfrac{\pi}{4}=\sqrt{2}$

よって，$(x,\ y)=\left(\dfrac{3\sqrt{2}}{2},\ \sqrt{2}\right)$ のとき，最大値 $6\sqrt{2}$

133 $P(x_1,\ y_1)$ とおくと

直線PAの方程式は

$$y=\frac{y_1-1}{x_1}x+1$$

$y=0$ として，Qの座標は　$Q\left(\dfrac{x_1}{1-y_1},\ 0\right)$

直線PBの方程式は

$$y=\frac{y_1+1}{x_1}x-1$$

$y=0$ として，Rの座標は　$R\left(\dfrac{x_1}{1+y_1},\ 0\right)$

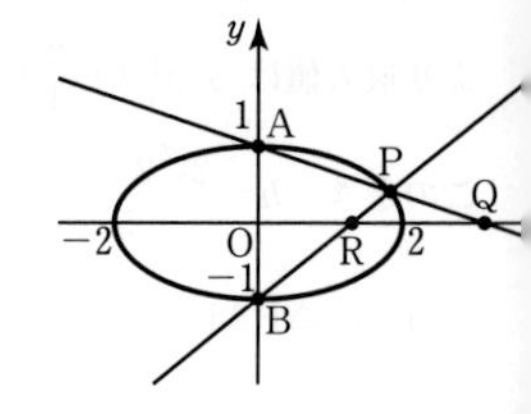

$$\mathrm{OQ}\cdot\mathrm{OR}=\frac{x_1}{1-y_1}\cdot\frac{x_1}{1+y_1}=\frac{x_1{}^2}{1-y_1{}^2}$$

ここで，点 $\mathrm{P}(x_1,\ y_1)$ は楕円上の点だから

$\dfrac{x_1{}^2}{4}+y_1{}^2=1$ より $y_1{}^2=1-\dfrac{x_1{}^2}{4}$ を代入して

$$\mathrm{OQ}\cdot\mathrm{OR}=\frac{x_1{}^2}{1-\left(1-\frac{x_1{}^2}{4}\right)}=4$$

よって，$\mathrm{OQ}\cdot\mathrm{OR}=4$ で一定である。

◀楕円上の点 $(x_1,\ y_1)$ を代入した式 $\dfrac{x_1{}^2}{a^2}+\dfrac{y_1{}^2}{b^2}=1$ を必ず使う。

◀$x_1{}^2=4(1-y_1{}^2)$ を代入してもよい。

hallenge

$\mathrm{P}(2\cos\theta,\ \sin\theta)$ とおくと

直線 PA の方程式は

$$y=\frac{\sin\theta-1}{2\cos\theta}x+1$$

$y=0$ として，Q の座標は

$$\mathrm{Q}\left(\frac{2\cos\theta}{1-\sin\theta},\ 0\right)$$

直線 PB の方程式は

$$y=\frac{\sin\theta+1}{2\cos\theta}x-1$$

$y=0$ として，R の座標は

$$\mathrm{R}\left(\frac{2\cos\theta}{1+\sin\theta},\ 0\right)$$

$$\mathrm{OQ}\cdot\mathrm{OR}=\frac{2\cos\theta}{1-\sin\theta}\cdot\frac{2\cos\theta}{1+\sin\theta}$$

$$=\frac{4\cos^2\theta}{1-\sin^2\theta}=\frac{4\cos^2\theta}{\cos^2\theta}=4$$

よって，$\mathrm{OQ}\cdot\mathrm{OR}=4$ で一定である。

4 (1) $r\cos\left(\theta+\dfrac{\pi}{6}\right)=1$

$$r\left(\cos\theta\cos\frac{\pi}{6}-\sin\theta\sin\frac{\pi}{6}\right)=1$$

$$r\left(\frac{\sqrt{3}}{2}\cos\theta-\frac{1}{2}\sin\theta\right)=1$$

$x=r\cos\theta,\ y=r\sin\theta$ を代入して

$$\frac{\sqrt{3}}{2}x-\frac{1}{2}y=1$$

よって，$\boldsymbol{\sqrt{3}x-y=2}$

(2) $r=4\sin\theta-2\cos\theta$

両辺に r を掛けて

$$r^2=4r\sin\theta-2r\cos\theta$$

$r^2=x^2+y^2,\ x=r\cos\theta,\ y=r\sin\theta$ を代入して

$$x^2+y^2=4y-2x$$

よって，$\boldsymbol{(x+1)^2+(y-2)^2=5}$

Challenge

$$r=\frac{\sqrt{6}}{2+\sqrt{6}\cos\theta}$$

$$2r+\sqrt{6}\,r\cos\theta=\sqrt{6}$$

$r=\sqrt{x^2+y^2}$, $x=r\cos\theta$ を代入して

$$2\sqrt{x^2+y^2}+\sqrt{6}\,x=\sqrt{6}$$

$$2\sqrt{x^2+y^2}=\sqrt{6}(1-x)$$

両辺を2乗して

$$4(x^2+y^2)=6(1-x)^2$$

$$x^2-6x-2y^2+3=0$$

$$(x-3)^2-2y^2=6$$

よって，$\boldsymbol{\dfrac{(x-3)^2}{6}-\dfrac{y^2}{3}=1}$

(曲線は右図の双曲線)

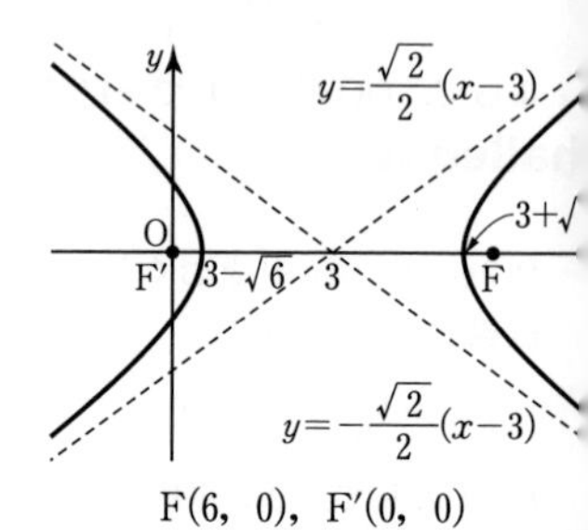

F(6, 0)，F′(0, 0)

135 楕円上の点を P$(x,\ y)$ とすると

$$x=1+r\cos\theta,\ y=r\sin\theta$$

と表せる。

$\dfrac{x^2}{4}+\dfrac{y^2}{3}=1$ に代入して

$$\frac{(1+r\cos\theta)^2}{4}+\frac{r^2\sin^2\theta}{3}=1$$

$$3(1+2r\cos\theta+r^2\cos^2\theta)+4r^2\sin^2\theta=12$$

$$r^2(3\cos^2\theta+4\sin^2\theta)+6r\cos\theta-9=0$$

$$r^2(4-\cos^2\theta)+6r\cos\theta-9=0$$

$$r=\frac{-3\cos\theta\pm\sqrt{36}}{4-\cos^2\theta}=\frac{-3(\cos\theta\pm2)}{4-\cos^2\theta}$$

$r>0$ だから

$$r=\frac{3(2-\cos\theta)}{(2-\cos\theta)(2+\cos\theta)}$$

よって，$\boldsymbol{r=\dfrac{3}{2+\cos\theta}}$

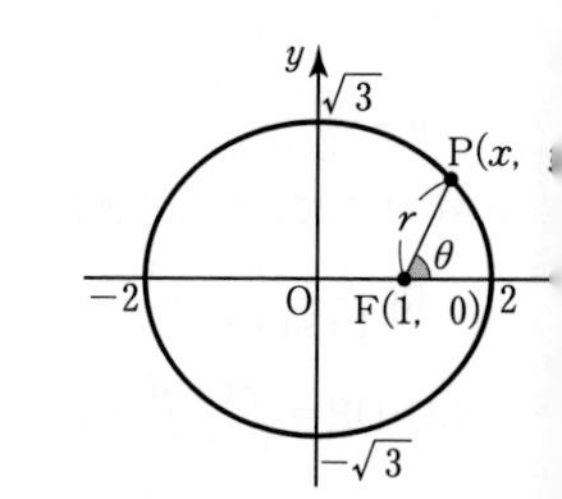

別解

$$(2+\cos\theta)(2-\cos\theta)r^2+6(\cos\theta)r-9=0$$

$$\{(2+\cos\theta)r-3\}\{(2-\cos\theta)r+3\}=0$$

$(2-\cos\theta)r+3>0$ だから

$$(2+\cos\theta)r-3=0$$

よって，$\boldsymbol{r=\dfrac{3}{2+\cos\theta}}$

allenge

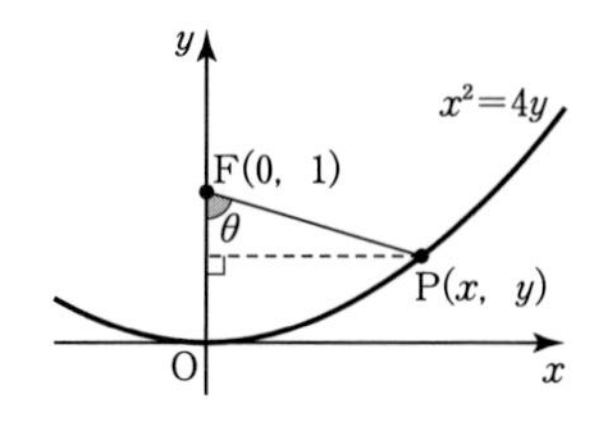

放物線上の点を P(x, y) とすると

$$x=r\sin\theta,\ y=1-r\cos\theta$$

と表せる。

$x^2=4y$ に代入して

$$r^2\sin^2\theta=4(1-r\cos\theta)$$

$$r^2\sin^2\theta+4r\cos\theta-4=0$$

$$r=\frac{-2\cos\theta\pm\sqrt{4(\cos^2\theta+\sin^2\theta)}}{\sin^2\theta}$$

$$=\frac{-2\cos\theta\pm2}{1-\cos^2\theta}$$

$r>0$ だから

$$r=\frac{2(1-\cos\theta)}{(1+\cos\theta)(1-\cos\theta)}$$

よって，$\boldsymbol{r=\frac{2}{1+\cos\theta}}$

別解

$$(1+\cos\theta)(1-\cos\theta)r^2+4(\cos\theta)r-4=0$$

$$\{(1+\cos\theta)r-2\}\{(1-\cos\theta)r+2\}=0$$

$(1-\cos\theta)r+2>0$ だから

$$(1+\cos\theta)r-2=0$$

よって，$\boldsymbol{r=\frac{2}{1+\cos\theta}}$